ライブ講義

大学生のための

応用

数学入門

Kenio Nasahara

奈佐原顕郎

講談社

はじめに

本書は，数学や物理学を専門としない，主に農学系や環境系の大学生及び卒業生の為の応用数学の教科書・自習書です。主に筑波大学生物資源学類の1年次後期の授業で開発してきたものです。

数学を専門としない私たちが数学を学ぶのは，数学が楽しいから，そして役立つからです。数学そのものの美しさが私たちを楽しませて（苦しめて？）くれる一方で，数学は，いろんな分野での勉強や仕事で私たちを助けて（苦しめて？）くれます。

しかし，数学の勉強には精神の集中と時間が必要です。多くの人にはその余裕がありません。学生なら多くの授業や卒論に加えて，人生に悩んだり旅をしたり就活をしたりと忙しく，卒業後は尚更，仕事や生活で多くの ToDo を抱えるものです。本書はそんな方々の為に作りました。

方針

本書の方針は以下のとおりです：

方針1：前著『ライブ講義 大学1年生のための数学入門』の続編です。読者がそのレベルの数学（高校と大学1年次前期程度）を習得済みであることを前提とします。本書内でも必要に応じて復習しますが，同書をお手元に置いて参照して頂けると効率が良いでしょう。

方針2：体系性を大切にします。テーマどうしの関連を強調し，効果的な積み重ねを心がけます。数学の醍醐味の一つは，無関係に思えるテーマどうしが，深い基礎や高い視点で関連し合うことにあります。それは長時間かけて学ぶ中で学習者が自分で気づくのが理想ですが，実際はそこまで粘るのは難しいものです。そこで本書は，「これとこれはこう繋がる」ということを，1冊の中で多く体験・理解できるよう，伏線を埋め込み，それを早い段階でネタばらしします（伏線になっていませんね）。その結

果，読者が自分で気づいたり発見したりする喜びが多少は損なわれることをあらかじめお詫びしておきます（笑）。

方針3：農学・環境科学の教育・研究に現れる多くの実例も一緒に学ぶように心がけます。英語の教科書は現実的な状況から例文を採りますよね。数学もそうあって欲しいと思いませんか？

方針4：楽しさを大切にします。深い学びは「楽しさ」に促されます。数学が楽しいから人は数学を学び発展させるのです。でもそれは実用性・有用性を犠牲にすることではありません。抽象的な数学が現実の課題と関連し，役立つという場面を皆さんは本書で体験するでしょう。そのような現実とのつながりこそが数学の深い理解を促し，「数学って楽しい！」と思わせてくれるのです。

方針5：しんどさをなるべく減らします。自力で考えて解決する能力を養うことは，数学力を上げるためには不可欠です。しかし本書はあえてその方向は目指さず，素直にわかる記述を心がけ，導出過程は細かく書き，読者が迷ったり考え込んだりするような行間はできるだけ削ります。厳密性にはこだわらず，たとえば微分積分の極限操作は「ϵ-δ 論法」には依らず，近似的・直感的な理解にとどめます。ひらめきや技巧が必要な問題は除き，定義を素直に使えばわかる問題を多く採用します。そのかわり，そういう問題の解答は省略します。本文を丁寧に読んで素直に考えればきっとわかるでしょう。

方針6：コンピュータを活用し，実際の数値に触れつつ学びます。それによって，研究者・技術者に必要な定量的議論のスキルを養います。数学の緻密な論理操作や解析的な手法には深入りせず，かわりに数値解析を重視します。数値解析には本当は誤差や効率の議論が必要ですが，それらは省き，計算の手順をシンプルに具体的に学びます。それによっ

て，微分や積分，微分方程式などの発想や目的が実感できるでしょう。実際の応用現場で使われる解析ソフトウェアを手なずけるために，どのような問題が計算機で解けるのか，数値解と解析解の本質的な違いは何なのか，ということを理解しましょう。

　以上を優先し，理系大学のオーソドックスな初年次数学教育のカリキュラムにはこだわりません。有用・必要ならば，高度な内容であっても採用し，そうでなければ基本的な重要事項でも割愛します。

目標

　農学・環境科学系の学生がキャリアの中で必要となりそうな大学初年時の数学は，主に以下の6つでしょう。これらをマスターするのが，前著と本書をあわせた目標です。

(1) 誤差伝播の法則（独立な確率変数の分散の加法性）

(2) 微分方程式（現象を微小量で表現・解析する手法）

(3) 重ね合わせの原理（多くの自然法則で成り立つ数学的構造。フーリエ級数等の基礎）

(4) 対称行列の理論と応用

(5) ベクトル解析（空間的に広がる現象の解析の基礎）

(6) 機械学習に必要な微積分と線型代数

　(1) は統計学の基礎であり，前著で触れました。統計学の多くのアイデアはここから派生します。

　(2) は物理学・化学・生物学・経済学等の様々な科学で，法則を定量的に記述し，それをもとに現象を予測（シミュレーション）する方法です。コンピュータも活用します。感染症の数理モデルにも使われます。

　(3) は，(2) とも関係しますがこの世の自然法則の多くに共通するシンプルで強力な性質であり，現象の理解に役立ちます。

　(4) は，(1)(3) にも関係し，多変量の統計学（多変量解析）や量子力学，材料学等で決定的な働きをします。

　(5) は電磁気学や流体力学の基礎です（流体力学は，水理学，つまり水の動きの物理学の基礎であり，

農業土木工学や食品科学で重要です）。また，経済学等で現れる最適化問題の基礎でもあります。

　(6) は (1)(4)(5) に関係し，それに加えて特徴空間の考え方，大きな数ベクトルや行列の扱い，多変数関数の微積分（連鎖律），線型写像と非線形写像の役割などが重要になります。

本書の構成

　一部の重要な定理の証明を省略しています。気になる方は，たとえば以下の本をご参照ください：

＊長谷川浩司『線型代数』日本評論社，2015
＊Lay DC *et al.* (2015) Linear Algebra and Its Applications (5th Global Edition), Pearson Education

　重要語句は下線で示し，索引に掲載しています。証明の終わりには ■ という記号を使います。例の終わりには「（例おわり）」と記載しますが，省略しても紛らわしくない限り省略します。

　本文中の問は理解の重要なステップですので，飛ばさずに解くことをお薦めします。章末の演習問題は理解を深めるための問題で，やや難しいものもあるので，飛ばしても構いません。問題の解答は章末に掲載しています。章末に解答が無いものは，解答省略（本文をよく読めばわかりやすい問題）です。

　筑波大学の授業での質問・コメント・反応をもとに，よくある質問・感想と回答を編集して適宜掲載します。それらが読者の皆さんに寄り添えることを願っています。たとえばこんな感じです：

よくある質問1　中身を見て，難しそうで不安になりました。ついていけるでしょうか？ … 大学の内容ですから簡単ではないですよ。でも，だからこそ学び甲斐があるのです。丁寧に取り組めばきっと大丈夫ですよ。

よくある質問2　どういう授業科目や勉強につながるのですか？ … 筑波大学生物資源学類の先輩が寄せてくれたメッセージを載せます：シュレーディンガー方程式や定常状態とエネルギーの話は，化学結合論や生物資源学類の化学を学ぶ上で役に立つと思います。第11

章を学ぶことで，どうしてそうなるのか数学的に理解できます。個人的にテキストの後半で特に役に立つのは，第10章の変数分離法や第15章のフラックス，面積分，拡散方程式だと思いました。これらは1年生の物理学，2年生の土の物理学，流れの科学，熱・物質移動の科学など生物資源に関する様々な科目で必ずといってよいほど出てきます。特に変数分離は物理で出てくる式をいじるのに必要ですし，拡散方程式や，熱流束を求める熱伝導方程式，粒子のフラックスを求めるフィックの法則などは様々な分野で使われます。

よくある質問3　生物学にも役立ちますか？ … たとえばP.37のロトカ・ヴォルテラ方程式や，P.216の感染症の数理モデルをご覧ください。このように，多くの学問は相互につながっているので，「これは必要」「これは不要」と予言するのは難しいですね。

よくある質問4　でも，何もかも全てを勉強するのは無理ですよね？ … そうですね。だからこそ，「基礎」を学んではいかがでしょうか？ 基礎は多くの学問に共通する考え方でありスキルです。基礎があれば，必要なことを必要な時に手際よく学べます。特に数学は汎用性があって「お買い得」な基礎だと思いますよ。

付記：コロナ禍と反転授業について

　2020年春に広まった新型コロナウィルス感染症（COVID-19）のために，大学では授業のオンライン化が急激に進み，学生はキャンパスに行けなくて友達ができずにつらい，という声が多く聞かれました。しかし，もともと私達の数学教育は，授業時間外でテキストを自学自習し，授業時間はグループワークでの演習・ディスカッションを中心とするもので，それは友達作りの場でもありました。これはオンライン授業でも効果を発揮しました。数学の授業を通して学生同士がオンラインで知り合ってつながり，助け合い，友達になったのです。

　実はこのような授業は「反転授業」と呼ばれるもので，世界中の教育現場で広まりつつあります。反転授業では，授業はコミュニケーションの場です。それを充実させるためには，学生が楽しく自学自習できるライブ感のある教材が必要であり，前著と本書はそれを目指して作ってきました。前著・本書が

コロナ禍の中で，そしてその後も，そのような目的で役立つことを願っています。

目次

はじめに iii

第1章　基本事項　1

1.1	数学記号	1
1.2	微分	2
1.3	指数関数・対数関数	5
1.4	ユークリッド空間とベクトル	7
1.5	極座標と三角関数	8
1.6	ベクトルの内積	11
1.7	三角関数の微分	11
1.8	積分	12
1.9	テーラー展開	14
1.10	複素数	15
1.11	オイラーの公式	16
1.12	双曲線関数	17
1.13	偏微分と全微分	19
1.14	幾何ベクトルと数ベクトル	20
1.15	行列	22
1.16	行列式（2次・3次）	23
1.17	行列の積	23
1.18	逆行列	24
1.19	行列の固有値と固有ベクトル	25
1.20	正方行列の対角化	26
1.21	多値多変数関数の微分と連鎖律	27
1.22	多変数関数の積分（重積分）	28

第2章 微分方程式　　30

2.1	放射性炭素14の崩壊	30
2.2	微分方程式の解法：変数分離法	30
2.3	温度計の感度	31
2.4	生物の個体群動態：ロジスティック方程式	32
2.5	微分方程式の解法：テーラー展開	34
2.6	微分方程式の解法：数値解析	35
2.7	生物の個体群動態：ロトカ・ヴォルテラ方程式	37
2.8	化学反応速度論	39
2.9	運動方程式の数値解	41

第3章 線型代数1：対称行列と直交行列　　45

3.1	転置行列	45
3.2	正方行列のトレース	46
3.3	転置しても変わらないのが対称行列	47
3.4	統計学で出てくる分散共分散行列は対称行列	47
3.5	転置したら逆行列になるのが直交行列	49
3.6	対称行列の固有ベクトルは直交する！	49
3.7	主成分分析は分散共分散行列の対角化	51
3.8	多次元の数ベクトルをどうイメージするか？	54
3.9	ベクトルと機械学習	55

第4章 線型代数2：線型空間　　59

4.1	「閉じている」と体	59
4.2	線型空間のキモはスカラー倍と和	59
4.3	線型空間にはいろいろある	60
4.4	線型結合と重ね合わせ	64

第5章 線型代数3：線型同次微分方程式　66

5.1　線型同次方程式・線型同次微分方程式 66
5.2　演算子法で微分方程式を解く 67
5.3　常微分方程式と偏微分方程式 70
5.4　重ね合わせの原理 71

第6章 線型代数4：線型写像と線型微分演算子　75

6.1　写像は関数を拡張したもの 75
6.2　線型写像と線型結合 77
6.3　線型微分演算子 79
6.4　線型微分方程式 80

第7章 線型代数5：線型独立・基底・座標　85

7.1　線型独立 85
7.2　線型空間の基底と次元 88
7.3　線型空間に座標が入る 89
7.4　線型写像を行列で表現する 90
7.5　線型写像と機械学習 92

第8章 線型代数6：計量空間　96

8.1　内積はもともと入っていない 96
8.2　内積が入ると計量空間 98
8.3　クロネッカーのデルタ 100
8.4　正規直交基底 100
8.5　フーリエ級数で関数を表現する 101

| 8.6 | 複素計量空間 | 105 |

第9章　線型偏微分方程式1：波動方程式　109

9.1	波動方程式	109
9.2	弦を伝わる波	111
9.3	人口の年齢構成	112
9.4	正弦波がわかれば波がわかる	114
9.5	波動方程式で津波を考える	116
9.6	波動方程式で音を考える	118
9.7	面を伝わる波の波動方程式	120

第10章　線型偏微分方程式2：変数分離法・拡散方程式　126

10.1	線型偏微分方程式の変数分離法	126
10.2	波動方程式の初期条件・境界条件	128
10.3	熱伝導方程式・拡散方程式	132
10.4	変数分離法で拡散方程式を解く	133
10.5	拡散方程式の初期条件と境界条件	134
10.6	線型偏微分方程式と固有値・固有関数	135

第11章　量子力学入門　140

11.1	状態ベクトルが量子の全てを表す	140
11.2	線型写像が状態ベクトルを変化させる	142
11.3	シュレーディンガー方程式（行列表示）	143
11.4	定常状態ではエネルギーが確定する	144
11.5	分子軌道法で共有結合を理解しよう	145
11.6	固有状態どうしは直交する	147
11.7	シュレーディンガー方程式（偏微分方程式）	147

11.8 シュレーディンガー方程式は拡散・波動方程式 148

11.9 ここから始まる量子力学の旅 149

第12章 線型代数7：行列式　151

12.1 2次の行列式は平行四辺形の面積 151

12.2 3次の行列式は平行六面体の体積 154

12.3 空間ベクトルどうしの外積 157

12.4 行列式をn次に拡張する 158

12.5 分析化学と線型代数 161

第13章 極座標・重積分・ヤコビアン　167

13.1 極座標を3次元に拡張する 167

13.2 2次元極座標上での積分 168

13.3 3次元極座標上での積分 171

13.4 多変数の置換積分はヤコビアンで 172

第14章 ベクトル解析1：場の量の演算　176

14.1 スカラー場とベクトル場 176

14.2 ナブラ演算子と勾配・発散・回転 177

14.3 スカラー場の勾配 178

14.4 仕事は線積分で定義 181

14.5 ポテンシャルエネルギーと力 183

14.6 電場・電位・電圧 184

第15章 ベクトル解析2：フラックスとその応用　187

15.1 フラックスは「流れ」を表す 187

15.2 面の向きとフラックス 187

15.3 流れの向きとフラックス 190

15.4 内積による面積分 191

15.5 ベクトル場の発散 191

15.6 フーリエの法則と拡散方程式の拡張 193

15.7 線型微分演算子ラプラシアン 194

第16章 ベクトル解析3：ガウスとストークスの定理   197

16.1 ガウスの発散定理 197

16.2 ベクトル場の回転 200

16.3 ベクトル場の回転の意味 201

16.4 ストークスの定理 203

第17章 マクスウェル方程式と電磁気学   208

17.1 基本法則マクスウェル方程式 208

17.2 点電荷まわりの電場（クーロンの法則） 209

17.3 直線電流のまわりの磁束密度 210

17.4 電磁誘導 211

17.5 電荷の保存則 212

17.6 マクスウェル方程式が予言した電磁波 212

おわりに：感染症の数理モデル 216

索引 218

第1章

基本事項

まず，基本的な事項を確認しましょう。本章の前半部は高校や大学 1 年前期の学習内容なので既知かもしれませんが，本書全体の基礎なのでここで確認します。ただし普通のやり方だとつまらないので，この先の数学とうまくつながるように工夫して説明しました。その結果，多くの教科書や入門書とは違った方向の説明になっている箇所もあります。既知の事柄について，「そういう風に考えることもできるのか」という思いで読んで頂けると嬉しいです。もうちょっとゆっくり丁寧な説明が欲しいとか，問題演習をやりたいという方は，前著『ライブ講義 大学 1 年生のための数学入門』を参照して下さい。

本章で扱う数は，特に述べない限りは実数とする。

1.1 数学記号

本書では数学記号を多用するので，本題に入る前に少しその復習と練習をしておこう。本文中でも随時説明するので，よくわからないものがあってもあまり気にしないで先を読んでいこう。

:= 「左辺を右辺で定義する」
≒ 「近似的に等しい」
$\mathbb{R}$ 「全ての実数からなる集合」
$\mathbb{C}$ 「全ての複素数からなる集合」
$\mathbb{N}$ 「全ての自然数からなる集合」[*1]
$\mathbb{Z}$ 「全ての整数からなる集合」
$\{1,2\}$ 「1 と 2 を要素とする集合」
$(1,2)$ 「1 と 2 を順に並べたもの（ベクトル）」
$A=\{x\,|-1<x<2, x\in\mathbb{R}\}$ 「A は $-1<x<2$ を満たすような全ての実数 x からなる集合」

[*1] 自然数は本書では 1 以上の整数とする（0 以上の整数とする流儀もあるが）。

$x\in A$ 「x は集合 A の要素」
$X\subset A$ 「集合 X は集合 A の部分集合」
$A\times B$ 「集合 A と集合 B の直積」
$\mathbf{A}\times\mathbf{B}$ 「ベクトル $\mathbf{A}$ とベクトル $\mathbf{B}$ の外積」
$\forall$ 「全ての」
$\exists$ 「ある」「存在する」
s.t. 「〜〜であるような」（such that）
$\therefore$ 「従って」
$\because$ 「なぜなら」
dx 「x の微小量（限りなく 0 に近い量）」
Δx 「x の変化量（限りなく 0 に近いとは限らない）」

特にこの中で，直積について戸惑う人が多いので，ここで説明しておこう：

「複数の集合 A, B のそれぞれからとりだしたひとつずつの要素 a, b を順に並べたもの (a,b)」の集合，つまり $\{(a,b)\,|\,a\in A, b\in B\}$ を A, B の直積とよび，$A\times B$ と書く（定義）。

たとえば，$A=\{1,2\}$，$B=\{3,4\}$ のときは，$A\times B=\{(1,3),(1,4),(2,3),(2,4)\}$ である。このとき，( ) の中の順序は大切で，$A\times B$ と書いたら，A の要素を先に，B の要素を後に置かねばならない。例えば $(1,3)$ を $(3,1)$ と書いてはダメ。

集合どうしに共通する要素があってもよい。たとえば，$A=\{1,2\}$，$C=\{1,3\}$ なら，$A\times C=\{(1,1),(1,3),(2,1),(2,3)\}$ である。

同じ集合の直積を考えてもよい。たとえば，$A=\{1,2\}$ なら，$A\times A=\{(1,1),(1,2),(2,1),(2,2)\}$ である。これを A^2 と書いたりする。

3 つ以上の集合の直積を考えてもよい。たとえば，$A=\{1,2\}$ なら，$A^3=A\times A\times A=\{(1,1,1),(1,1,2),(1,2,1),\cdots,(2,2,2)\}$ である。

次に，$\forall$ と $\exists$ の使い方を説明する。「自然数と自

然数の和は自然数である」という命題を数学記号で書くとこうなる：

$$\forall a, \forall b \in \mathbb{N}, \quad a + b \in \mathbb{N} \tag{1.1}$$

この $\forall$ は「全ての」「任意の」を意味する。$\in$ は「左は右の集合の要素」を意味する。$\mathbb{N}$ は「全ての自然数からなる集合」である。つまり，式 (1.1) を日本語に直訳すると，「全ての自然数からなる集合の任意の要素 a と任意の要素 b について，$a + b$ は全ての自然数からなる集合の要素である」となる。これはあまりに冗長だ！ それに比べて，記号を使えば式 (1.1) のように簡潔に書けるので便利である。

ただし，記号ばかりでは味気ないので，日本語もそれなりに使いたい。では上の冗長な日本語のどこを削れるだろうか？ よく考えると「全ての」は削ってもよさそうだ。たとえば「人の命は大切だ」と言うとき，それは暗に「全ての人の命は大切だ」を意味するのであり，「誰か特定の人の命は大切だ」ではない。それと同じで，数学の日本語でも「全ての」はしばしば省略されることに注意しよう。また，「～～からなる集合の要素 a」は，「～～ a」でOK だろう。というわけで，式 (1.1) を平易な日本語に訳すと「自然数 a と b について，$a + b$ は自然数である」であり，さらに踏み込んで訳すと，「自然数どうしの和は自然数になる」である。

では次はどうだろう？

$$\exists a, \exists b \in \mathbb{N}, \quad a - b \notin \mathbb{N} \tag{1.2}$$

$\exists$ は「ある」「存在する」を意味する。式 (1.2) を適度に省略しながら直訳すると「自然数 a, b が存在し，$a - b$ は自然数ではない」となるが，さらに踏み込んで訳すと，「自然数どうしの差が自然数にならないことがある」である。

1.2 微分

では本題に入ろう。

応用数学で最も重要な概念は「微分」だろう。

誤解を恐れずに言えば，微分とは「関数を一次式で近似すること」（それを線型近似という）の極限だ。実数 x に実数 y を対応させるような，ある関数 $y = f(x)$ を，$x = x_0$ という点の付近で，x の一次

式で以下のように近似しよう：

$$y = b + ax \tag{1.3}$$

a と b は何らかの定数である（a と b が普通とは逆？ なのはとりあえず気にしないで欲しい）。つまり，

$$f(x) \fallingdotseq b + ax \tag{1.4}$$

が $x = x_0$ の付近で成り立つようにしたいのだ。

まず，$x = x_0$ では，ぴったり一致させよう。つまり，$x = x_0$ では式 (1.4) が $\fallingdotseq$ でなく＝で成り立つように要求しよう。すなわち，

$$f(x_0) = b + ax_0 \tag{1.5}$$

を成り立たせるのである。それには，$b = f(x_0) - ax_0$ であればよい。これを式 (1.4) に代入すると，

$$f(x) \fallingdotseq f(x_0) + a(x - x_0) \tag{1.6}$$

となる。実際この式に $x = x_0$ を入れると左辺と右辺が＝で一致する（しかし $x = x_0$ 以外ではぴったり一致するとは限らないから，$\fallingdotseq$ のままにしておく）。

式 (1.6) はまだ係数 a が未知である。それをどう求めるかは後回しにして，この a を，関数 $f(x)$ の，$x = x_0$ における微分係数と呼び，$f'(x_0)$ と表すのだ。つまり，

$$f(x) \fallingdotseq f(x_0) + f'(x_0)(x - x_0) \tag{1.7}$$

である。このとき，近似式（一次式）すなわち式 (1.3) は次式になる。

$$y = f(x_0) + f'(x_0)(x - x_0) \tag{1.8}$$

よくある質問 5　式 (1.8) はグラフに描くと，$(x_0, f(x_0))$ を通り，傾き $f'(x_0)$ の直線ですよね（高校数学）。要するに，微分係数って「接線の傾き」ってことですよね？… そうなのですが，実はその言葉は避けていたのです。そのことは後でわかります。

$f'(x_0)$ を x_0 に関する関数とみなしたものを，関数 $f(x)$ の導関数とよぶ。つまり，それぞれの x について，そこでの $f(x)$ の線型近似の係数を与えるような関数が導関数 $f'(x)$ である。関数の微分係数や導関数を求めることを「微分する」という。

さて，以後の議論のために，式 (1.7) を少し変形

する：$x = x_0$ 付近の x を，$x = x_0 + \Delta x$ と表そう。つまり $\Delta x = x - x_0$ である[*2]。すると，式 (1.7) は次式のようになる：

$$f(x_0 + \Delta x) \fallingdotseq f(x_0) + f'(x_0)\Delta x \qquad (1.9)$$

では，実際の関数で微分を考えてみよう。

例 1.1 関数 $f(x) = x^2$ を考える。この場合，式 (1.9) の左辺は以下のようになる[*3]：

$$f(x_0 + \Delta x) = (x_0 + \Delta x)^2 = x_0^2 + 2x_0\Delta x + \Delta x^2$$
$$= f(x_0) + 2x_0\Delta x + \Delta x^2 \qquad (1.10)$$

これを式 (1.9) の右辺の形に寄せていきたいのだが，それには「Δx^2 を無視するという近似」をすることで，

$$f(x_0 + \Delta x) \fallingdotseq f(x_0) + 2x_0\Delta x \qquad (1.11)$$

とし，そのうえで $f'(x_0) = 2x_0$ とみなせばよい。これで微分係数が求まった !!

よくある質問 6　これ，$(x^2)' = 2x$ ってやつでしょ？ $(x^n)' = nx^{n-1}$ という高校数学の公式を使えば一瞬じゃないですか？… それが「なぜそうなるのか」を今，振り返っているのです。足場固めです。

ここで，「Δx^2 を無視するという近似」はどのようなときに妥当なのだろうか？ もし Δx が 0 に近い数だと（つまり x が x_0 に近い数だと），Δx^2 はとても 0 に近い数になる。なぜかというと，「0 に近い数」どうしの掛け算は，すごく 0 に近くなるからである（0.001 の 2 乗や 0.0000001 の 2 乗を想像して欲しい）。というわけで，**Δx が 0 に近ければ近いほど，Δx^2 を無視できる**（$\fallingdotseq$ が $=$ に近づく）**のだ !!**

そこで，「Δx を 0 に限りなく近づける（けど 0 ではない）」という仮想的な状況を考え，そのときの Δx を dx と書くことにする。そのとき式 (1.9) は，$\fallingdotseq$ を $=$ に置き換えてよいことにする。つまり，

$$f(x_0 + dx) = f(x_0) + f'(x_0)dx \qquad (1.12)$$

と書くのだ。この dx を，微小量とか無限小とよぶ。そして，式 (1.12) を満たすような数 $f'(x_0)$ を，関数 $f(x)$ の $x = x_0$ における微分係数とよぶ（定義）。

よくある質問 7　近似式はあくまで $\fallingdotseq$ であって，$=$ は使っちゃダメでしょう？… 確かに厳密に考えればそうです。でもそこは突っ込まないで下さい（笑）。"$=$" は，近似式の誤差が dx の大きさより格段に小さいという意味だと思って下さい。

よくある質問 8　無限小って，限りなく 0 に近いけど 0 じゃない数ってことですが，そんな数あるのですか？… そこも突っ込まないで下さい（笑）。厳密に考えたらそのような数は存在しません。しかしそのような数があたかもあるように考えるとうまくいくのです。それが「仮想的な状況」の意味です。

よくある質問 9　この微分係数の定義，高校数学や，他の教科書と違いますけど… 高校を含め，多くの教科書では

$$f'(x_0) := \lim_{\Delta x \to 0} \frac{f(x_0 + \Delta x) - f(x_0)}{\Delta x} \qquad (1.13)$$

というのが，微分係数の定義ですね（$:=$ は，左辺を右辺で定義するという意味の記号；Δx を h と書く流儀も多い）。この式で，lim を外して，そのかわりに $=$ を $\fallingdotseq$ に替えて，両辺に Δx をかけて適当に移項すれば，式 (1.9) が出てきます（確認して下さい）。つまり式 (1.12) も式 (1.13) も，式 (1.9) が発想の原点であり，本質的に同じものを表しています。ただ，式 (1.13) には「近似」や「無限小」が無く，そのかわりに "lim" すなわち「極限」があります。ところが極限は，厳密に扱うには手数がかかり，使いづらいのです。式 (1.12) は厳密さは落ちますが，使い勝手が良く，直感的で，拡張性にも優れるので，我々はこちらを微分係数の定義とし，極限とのお付き合いをできるだけ避けるのです。

よくある質問 10　数学は厳密さが命じゃないですか？… 数学を専門で学ぶ人はそうですが，そうでない人が厳密にやるのは大変で，挫折とやり直しを繰り返すことになりかねません。それを避けるために，我々はあえて厳密性に目をつぶるのです。

[*2]　Δx は $\Delta \times x$ ではなく，Δx でひとつの数を表す。漢字が部首の組み合わせでできるように，Δ と x それぞれが部首のようなものである。Δ は英語の D に相当するギリシア文字で，difference，つまり「差」を意味するために，数学や科学でよく使われる。今の場合は，x と x_0 の差（$x - x_0$）を意味する。ちなみに dx の d も difference を意味する。

[*3]　Δx^2 は $\Delta x \times \Delta x$ であり，$\Delta x \times x$ ではないことに注意！

よくある質問 11　拡張性に優れるって，どういうことですか？… そのうちわかりますが，端的には，式 (1.13) には分母があるけど式 (1.12) には分母が無いということです。式 (1.13) は「割り算」ができるときにしか使えないのです。たとえば Δx をベクトルに拡張しようとしても，「何かをベクトルで割る」ってできませんよね。ついでに言うと，これは「傾き」という語を慎重に避けた理由でもあります。

よくある質問 12　Δx がベクトルに拡張される…？よくわかりません。… 本章の後半でやりますのでお楽しみに（笑）。

　式 (1.12) や式 (1.13) のような $f'(x_0)$ が存在する時，関数 $f(x)$ は $x = x_0$ で微分可能という。本書では特に断らない限り，全ての実数について微分可能な関数を考える。

よくある質問 13　逆に微分可能じゃない場合ってどういうことですか？… たとえば関数が途切れている（不連続）とか，グラフが尖っているとか，傾きが $\pm\infty$ とかです。数学の専門家はこのあたりを厳密に定義して処理しますが，我々はそういうのをスルーして，とりあえず微分可能な関数を中心に考えます。

　では，式 (1.12) を使って，いくつかの関数を微分してみよう。煩雑さを避けるため，これまでは Δx を使っていたところを dx に，$\fallingdotseq$ を使っていたところを＝に，x_0 を x に書き換えて議論を進めよう。

例 1.2　関数 $f(x) = 1/x$ を考える。まず，

$$f(x + dx) = \frac{1}{x + dx} \tag{1.14}$$

である。やや技巧的だが，右辺の分母と分子に $x - dx$ を掛けて，

$$\begin{aligned}
f(x + dx) &= \frac{x - dx}{(x + dx)(x - dx)} = \frac{x - dx}{x^2 - dx^2} \\
&= \frac{x - dx}{x^2 - 0} = \frac{x - dx}{x^2} = \frac{1}{x} - \frac{dx}{x^2} \\
&= f(x) - \frac{1}{x^2}dx \tag{1.15}
\end{aligned}$$

となる。ここで，分母に現れた dx^2 を 0 と置いたことに注意して欲しい。これは既に述べたように，「2

乗が無視できるような Δx のことを dx と書く」からである。この式を式 (1.12) と比べて，dx の係数，つまり $-1/x^2$ が $1/x$ の微分係数（導関数）である。

問 1　関数 $f(x)$, $g(x)$ について，次式を証明しよう。

$$(f(x)g(x))' = f'(x)g(x) + f(x)g'(x) \tag{1.16}$$

(1) 微分係数の定義（式 (1.12)）に基づき，$f(x + dx) = f(x) + f'(x)dx$, $g(x + dx) = g(x) + g'(x)dx$ となることを確認せよ。(2) それに基づき，$f(x + dx)g(x + dx)$ を $f(x)$, $g(x)$, $f'(x)$, $g'(x)$, dx で表せ。(3) それと微分係数の定義（式 (1.12)）に基づき，式 (1.16) が成り立つことを示せ。

　このように，微分係数の定義（式 (1.12)）に基づいて，たとえば以下のような，微分の様々な公式が得られる（$f(x), g(x)$ は微分可能な関数で，a, b は任意の実数定数とする。$g(x)$ が分母にくるときは $g(x) \neq 0$ とする）：

$$(af(x) + bg(x))' = af'(x) + bg'(x) \tag{1.17}$$

$$(g(f(x)))' = g'(f(x))f'(x) \tag{1.18}$$

$$(f(ax + b))' = af'(ax + b) \tag{1.19}$$

$$\left(\frac{f(x)}{g(x)}\right)' = \frac{f'(x)g(x) - f(x)g'(x)}{(g(x))^2} \tag{1.20}$$

$$(x^a)' = ax^{a-1} \tag{1.21}$$

これらは読者諸君は既知として，詳細は割愛する。

　関数 $f(x)$ の導関数 $f'(x)$ がさらに微分可能な場合，$f'(x)$ の導関数 $f''(x)$ を考えることができる。同様に，さらにその導関数 $f'''(x)$，さらにその導関数，…というような関数の何重もの導関数を，高階導関数とよぶ。その特定の値を高階微分係数とよぶ。たとえば $f''(x)$ は $f(x)$ の 2 階導関数であり，$f''(0)$ は $f(x)$ の $x = 0$ における 2 階微分係数である。$f(x)$ の n 階導関数を $f^{(n)}(x)$ と書く。

　微分の話の最後に，今後の話を展開しやすくするために，微分の定義式（式 (1.12)）：

$$f(x_0 + dx) = f(x_0) + f'(x_0)dx$$

を，形式的に書き直しておこう：右辺の $f(x_0)$ を左辺に移項して $f(x_0 + dx) - f(x_0)$ を df とする。こ

れは f の微小変化（差；difference）を意味する。そして，x_0 を改めて x とおく。すると上の式はこうなる：

$$df = f'(x)dx \tag{1.22}$$

つまり，微分係数 $f'(x)$ は，微小変化 dx と微小変化 df の比例関係の比例係数である。この観点は，本章後半で関数が多変数になったときに再び現れる。

1.3　指数関数・対数関数

では，数学的にも実用的にも重要ないくつかの関数について復習しよう。まず重要なのは，指数関数である。すなわち，a を 0 でない定数として，a^x という関数である。指数関数には，以下の式が成り立つ（a も b も正の実数とする[*4]）：

$$a^x a^y = a^{x+y} \tag{1.23}$$

$$(a^x)^y = a^{xy} \tag{1.24}$$

$$(ab)^x = a^x b^x \tag{1.25}$$

これを指数法則とよぶ。これは x, y が正の整数のときは自明だろう（a を x 回かけたものを a^x とする，という定義で証明できる）。これを x, y が正の整数でないとき（負の整数や有理数）にも成り立つように拡張した結果が，

$$a^0 = 1 \tag{1.26}$$

$$a^{-x} = 1/a^x \tag{1.27}$$

$$a^{1/n} = \sqrt[n]{a} \quad (n \text{ は正の整数とする}) \tag{1.28}$$

である[*5]。このように累乗を「実数乗」に拡張して定義することで，上の指数法則は，任意の実数 x, y について成り立つ。

さて，指数関数の中でも，特に，a がネイピア数と呼ばれる実数 $e = 2.7182\cdots$ のときの指数関数 e^x が大切である（それを $\exp x$ と書く）。というのも，e^x は微分したら自分自身（e^x）に戻る（導関数が自分自身になる）という性質がある（というか，むしろそうなるように e を定義する）からである。それ

を確認しておこう。まず，微分係数（導関数）の定義（式 (1.12)）より，

$$f(x + dx) = f(x) + f'(x)dx \tag{1.29}$$

である。ここで $f(x) = a^x$ とすれば，

$$a^{x+dx} = a^x + (a^x)'dx \tag{1.30}$$

である（$(a^x)'$ をまだ未知とする）。これを整理すると，

$$(a^x)'dx = a^{x+dx} - a^x = a^x(a^{dx} - 1) \tag{1.31}$$

すなわち，

$$(a^x)' = a^x \frac{a^{dx} - 1}{dx} \tag{1.32}$$

となる。ここで右辺の $(a^{dx} - 1)/dx$ が 1 になる（dx が限りなく 0 に近いことに注意！）ように a を定めることができれば，$(a^x)' = a^x$ が成り立つ。そのような a が e なのだが，そのことをもうちょっと調べてみよう。このように a を定めると，$(a^{dx} - 1)/dx = 1$ より，$a^{dx} - 1 = dx$，$a^{dx} = 1 + dx$ となり，両辺を $1/dx$ 乗して，$a = (1 + dx)^{1/dx}$ となる。これが e だ。高校や大学の多くの数学では，dx を h と書いて，h を 0 に近づける極限で a（すなわち e）を表す：

$$e = \lim_{h \to 0}(1 + h)^{1/h} \tag{1.33}$$

もしくは，$h = 1/n$ とおいて，次式のように表すことも多い：

$$e = \lim_{n \to \infty}\left(1 + \frac{1}{n}\right)^n \tag{1.34}$$

式 (1.33) または式 (1.34) がネイピア数 e の定義である。このように e を決めれば，式 (1.32) から，$(e^x)' = e^x$ となることがわかる。

e^x は，次のようにも表すことができる[*6]：

[*4]　a や b が 0 や負の場合は途端にややこしくなるので，ここでは正に限定する

[*5]　詳しくは高校の教科書を参照。また，x, y を無理数に拡張する話はやっかいなのでここでは割愛する。

[*6]　まず，式 (1.35) について，$x = 0$ のときは両辺とも 1 で自明。次に $0 < x$ のときを考える。$N = nx$ と置こう。すると，$n = N/x$。式 (1.34) の lim の内側にこれを入れると，$(1 + x/N)^{N/x}$。$n \to \infty$ のときはこれが e に収束するはずなので，この x 乗，つまり $(1 + x/N)^N$ は e^x に収束する。$n \to \infty$ のとき $N \to \infty$ となるので，$e^x = \lim_{N \to \infty}(1 + x/N)^N$ となる。ここで改めて N を n と置き換えれば，式 (1.35) になる。$x < 0$ のときは $n + x = m$ と置いて（$n = m - x$），$(1 + x/n)^n = \{(n+x)/n\}^n = \{m/(m-x)\}^{m-x} = \{1/(1 - x/m)\}^{m-x} = \{1/(1 - x/m)\}^m \times \{1/(1 -$

$$e^x = \lim_{n \to \infty} \left(1 + \frac{x}{n}\right)^n \tag{1.35}$$

$$e^x = \lim_{h \to 0} (1 + hx)^{1/h} \tag{1.36}$$

このことは後で使う。

さて，「a を何乗したら x になるか」を求める関数を「対数関数」とか単に「対数」とよび，$\log_a x$ と書く（定義）。つまり，

$$x = a^y \text{のとき}, y = \log_a x \tag{1.37}$$

である[*7]。この右の式の y を左の式に入れれば，

$$x = a^{\log_a x} \tag{1.38}$$

となる。この式がよくわからないという人がいるが，難しいことはない。a の「a を何乗かすると x になるような数」乗が x になるというだけである（かえってわかりにくいか？（笑））。

ところで，対数 $\log_a x$ について，a を対数の<u>底</u>，x を<u>真数</u>とよぶ。真数は正の実数に限定し（真数条件という），底は 1 以外の正の実数に限定する。以下の議論も，特に断らずにそういうことにする。

ここで対数に関する一般的な定理を確認しておこう。使うのは式 (1.37) と式 (1.38) と指数法則である。

まず，1 以外の任意の正の実数 a について，$a^0 = 1, a^1 = a$ なので，次式が成り立つ[*8]：

$$\log_a 1 = 0 \tag{1.39}$$

$$\log_a a = 1 \tag{1.40}$$

さて，b を正の実数とする。式 (1.38) より $a^{\log_a b} = b$ だが，両辺の逆数をとると，$a^{-\log_a b} = 1/b$ となる。従って次式が成り立つ：

$$\log_a(1/b) = -\log_a b \tag{1.41}$$

指数法則より，$a^{\log_a b + \log_a c} = (a^{\log_a b})(a^{\log_a c}) =$

$x/m)\}^{-x} = \{1/(1 - x/m)^m\} \times (1 - x/m)^x$。ここで，$n \to \infty$ のとき，$m \to \infty$ であり，$0 < -x$ であることに留意して，$1/(1 - x/m)^m \to 1/e^{-x} = e^x$，$(1 - x/m)^x \to 1$。これで式 (1.35) が得られた。$n = 1/h$ とすれば式 (1.36) が得られる。

[*7] これは，対数関数 $\log_a x$ と指数関数 a^x が互いに逆関数であることを意味する。

[*8] $a = 1$ としてしまうと 1 は何乗しても 1 なので，$\log_1 1$ はあらゆる実数ということになってしまってめんどくさいため，$a = 1$ は考えない（それが上記の「底は 1 以外」の理由のひとつである）。

---

bc なので，次式が成り立つ：

$$\log_a bc = \log_a b + \log_a c \tag{1.42}$$

こんな調子で，以下のような定理も証明できる（高校や大学初年級の教科書を見るか，自分でやってみよう！）。b, c は正の実数とする。

$$\log_a b^c = c \log_a b \tag{1.43}$$

$$\log_a b \times \log_b c = \log_a c \tag{1.44}$$

$$\log_a b = \frac{1}{\log_b a} \tag{1.45}$$

$$\log_a b = \frac{\log_c b}{\log_c a} \tag{1.46}$$

さて，特に $a = e$ のときの対数を「自然対数」と呼び，$\ln x$ と表す。すなわち，

$$\ln x := \log_e x \tag{1.47}$$

である。

この節の仕上げとして，指数関数と対数関数の微分（導関数）を見ておこう。まず，指数関数 a^x について（a は 1 以外の正の実数）の微分を考えよう。式 (1.38) で a を e に，x を a に書き換えると，$a = e^{\ln a}$ となる。従って，

$$(a^x)' = \{(e^{\ln a})^x\}' = (e^{(\ln a)x})' = (\ln a) e^{(\ln a)x}$$
$$= (\ln a)(e^{\ln a})^x = (\ln a) a^x \tag{1.48}$$

となる。当然だが，$a = e$ のときは（$\ln e = 1$ だから），

$$(e^x)' = e^x \tag{1.49}$$

となる。

次に，対数関数 $\ln x$ の微分を考える。まず，微分係数（導関数）の定義（式 (1.12)）より，

$$f(x + dx) = f(x) + f'(x)dx \tag{1.50}$$

である（dx は微小量）。これを変形して $f(x) = \ln x$ を入れると，

$$f'(x) = \frac{f(x + dx) - f(x)}{dx} = \frac{\ln(x + dx) - \ln x}{dx}$$
$$= \frac{\ln\{(x + dx)/x\}}{dx} = \frac{\ln(1 + dx/x)}{dx}$$
$$= \frac{1}{dx} \ln\left(1 + \frac{dx}{x}\right) = \ln\left(1 + \frac{dx}{x}\right)^{1/dx} \tag{1.51}$$

ここで，この最後の式の ln の中身：

$$\left(1+\frac{dx}{x}\right)^{1/dx} \tag{1.52}$$

は，式 (1.36) において x を $1/x$ に置き換えたものに相当する（0 に近づく h が dx に相当する）。従ってこれは $e^{1/x}$ である。従って，式 (1.51) は，$f'(x) = \ln e^{1/x} = 1/x$ となり，諸君がよくご存知の次式が成り立つ：

$$(\ln x)' = \frac{1}{x} \tag{1.53}$$

問2　式 (1.53) の導出を再現せよ。

1.4　ユークリッド空間とベクトル

指数関数・対数関数と来れば，次に三角関数を考えたいのだが，それにはベクトルが有用である。そこで，ひとまず関数の話題から離れてベクトルの復習をする。

我々が円や三角形，球，立方体などの平面図形や立体を考えるときの，その舞台となる平面と空間のことをユークリッド空間という。それは要するに我々が素朴に直感的に平面とか空間とよぶものである。

よくある質問14　なら，普通に「平面」「空間」でよいのでは？…「平面」はそのままでよいし，「空間」も高校数学までならよいのですが，大学数学では（本書でも）「空間」をもっと広く抽象的な意味で使いますので，区別するために，我々に馴染み深い空間をあえてユークリッド空間とよぶのです。

よくある質問15　なら，平面は平面のままで，空間をユークリッド空間というのですか？…いえ，両方ともユークリッド空間です。厳密には平面は 2 次元ユークリッド空間，空間は 3 次元ユークリッド空間とよびます。しかし平面と空間の両方に共通の話が多いので，特に両者を区別する必要がなければまとめて単にユークリッド空間とよびます。平面に限定の話では単に平面と言います。

ユークリッド空間の中で，大きさと向きをもつ量をベクトルとよぶ。

ベクトルは記号としては $\mathbf{x}, \mathbf{a}$ のような太字のアルファベットか $\vec{x}, \vec{a}$ のような上矢印つきアルファベットで表し，図形的には 1 本の矢印で表す。「大きさ」を矢印の長さで表現し，「向き」を矢印の向きで表現するのだ。ベクトルがユークリッド空間の中のどこにあるか，ということは考えない（というか問題にしない）。

ベクトル $\mathbf{x}$ の大きさを $|\mathbf{x}|$ と表す。大きさが 0 であるようなベクトルを零ベクトルと呼び，$\mathbf{0}$ と書く。すなわち $|\mathbf{0}| = 0$ である。

「向きを持たず，大きさだけを持つ量」をスカラーとよぶ。要するに普通の実数（2 とか 3.14 とか -5 等）のことだ。

ベクトルの「スカラー倍」を，ベクトルの向きはそのままで，大きさをスカラー倍する（ただしスカラーが負の場合は向きは逆にする）ことと定義する（図 1.1）。

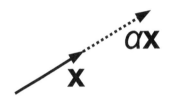

図1.1　ベクトル $\mathbf{x}$ のスカラー倍 $\alpha\mathbf{x}$。

ベクトルどうしの足し算（和）を次のように定義する：2 つのベクトル $\mathbf{x}, \mathbf{y}$ について，それらの始点を同じ点に置いたとき，$\mathbf{x}$ と $\mathbf{y}$ が張る平行四辺形の対角線に対応するベクトルを $\mathbf{x}$ と $\mathbf{y}$ の和，すなわち $\mathbf{x}+\mathbf{y}$ と定義する（図 1.2）。もしくは，$\mathbf{x}$ の終点に $\mathbf{y}$ の始点を置いたときに，$\mathbf{x}$ の始点から $\mathbf{y}$ の終点までを結ぶベクトルが $\mathbf{x}+\mathbf{y}$ である，と定義してもよい。

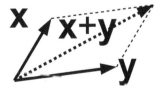

図1.2　ベクトル $\mathbf{x}, \mathbf{y}$ の和 $\mathbf{x}+\mathbf{y}$。

次に，位置ベクトルという概念を説明する。ユークリッド空間の中に 2 つの点 A, B があり，A を始点とし B を終点とするような矢印は，向きと大き

さ（距離）を持つので，ベクトルとみなせる。そのようなベクトルを $\overrightarrow{AB}$ と書く。

　特に，どこかひとつの点を選び，それを原点とよび，O と名付ければ，ユークリッド空間内の任意の点 P について，$\overrightarrow{OP}$ というベクトルが定まる。これを点 P の位置ベクトルとよぶ。

よくある質問 16　ベクトルがユークリッド空間の中のどこにあるか考えないんですよね。でも位置ベクトルの始点は常に原点にあるってことですか？… 「位置ベクトル」についてはそうです。他のベクトルについてはそうでなくても構いません。

　ただし，物理学などで位置ベクトルを考えるときは，その原点が具体的にどこなのかは，多くの場合は問題にされない。その場合も，どこかに原点があって，そこを始点とするベクトルを考えているのだという意識を持とう。どこかは知らなくても，どこかにあるのだ。

　さて，ベクトルは数の並びによって表すこともできる：まずユークリッド空間の中に，先程述べたように原点 O を定める。次に，O を通る互いに直交した軸（数直線）を定める。そして，任意のベクトルについて，その始点を O に置いたとき，その終点から垂直に各軸に下ろしたそれぞれの足にあたる数を並べたものを，そのベクトルのデカルト座標という。そしてデカルト座標を構成する個々の数を成分とよぶ。そしてデカルト座標の基準となる「原点」と「互いに直交した軸」の組み合わせをデカルト座標系とよぶ。

　たとえば図 1.3 では，平面ベクトル **a** をデカルト座標で $(3, 2)$ のように表している。3 と 2 が成分である。

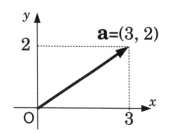

図1.3　ベクトルをデカルト座標で表す。

よくある質問 17　位置ベクトル以外は始点は原点じゃなくてよい，ってさっき言ってたのと矛盾しません？… 原点でなくてもよいし，原点であってもよいのです。というわけで，原点にいったん「持ってくる」のです。あるいは，そのベクトルの始点に原点を「持っていく」でも構いません。そうすることでデカルト座標が決まります。

　ベクトルがデカルト座標で表されている場合，ベクトルのスカラー倍やベクトルどうしの和・差は，成分のスカラー倍や成分どうしの和・差で求まることは諸君の知るとおりである。

　ベクトルの大きさは，三平方の定理を使って，デカルト座標の成分で表すことができる。すなわち，$\mathbf{a} = (a_1, a_2)$ のときは（平面ベクトルの場合），

$$|\mathbf{a}| = \sqrt{a_1^2 + a_2^2} \tag{1.54}$$

であり，$\mathbf{a} = (a_1, a_2, a_3)$ のときは（空間ベクトルの場合），

$$|\mathbf{a}| = \sqrt{a_1^2 + a_2^2 + a_3^2} \tag{1.55}$$

である。

　点の位置ベクトルをデカルト座標で表せば，これはなんてことない，中学校や高校で習った，点の（デカルト）座標そのものである。というわけで，「点のデカルト座標」と，その点の「位置ベクトルのデカルト座標」は同じものとして区別せずに扱う。

　ところで，そもそも「座標」とは，位置やベクトルを数値の組で表すことをいう。その数値のとり方をどのように約束するかによって，いろんな座標がありえるのだ。デカルト座標はそのひとつであり，それとは違う「座標」もあるのだ。その一つである「極座標」を次節で紹介しよう。それに伴って三角関数が導入される。

1.5　極座標と三角関数

　そもそも「ベクトルは大きさと向きを持つ量」ということを素直に考えれば，むしろ「大きさ」と「向き」という 2 つの量を素直に並べればよかろう。すなわち，図 1.4 の点 P の位置（またはベクトル $\overrightarrow{OP}$）を表すのに，原点からの距離 OP で「大きさ」を表し，x 軸と線分 OP のなす角（x 軸から左回りで）

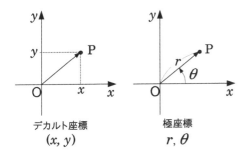

デカルト座標
(x, y)

極座標
r, θ

図 1.4　2 つの座標：デカルト座標と極座標。

を θ とすればよい。この r と θ の組み合わせを極座標とよぶ[*9]。

　極座標の大事な要素である「向き」を表すためには，「角」のしっかりした表現法が必要である。一般社会では「度」を使うことが多いが，数学や物理学，工学ではこれから述べる「ラジアン」を使うことが多い[*10]：

　ある角について，それを頂角とする扇型を考え，その弧長 l を扇型の半径 r で割った値 l/r，つまり**弧長が半径の何個ぶんに相当するか**でその角（の大きさ）θ を表す（図 1.5）：

$$\theta := l/r \tag{1.56}$$

このような角の表し方を弧度法とよぶ。

　弧度法で表された角は無次元なので（弧長/半径なので長さ/長さとなり単位を失う），単位は不要である。しかし，弧度法で表した角である，ということ

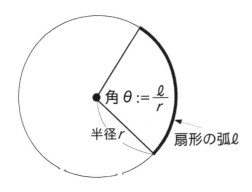

$$\text{角 } \theta := \frac{\ell}{r}$$

半径 r

扇形の弧 ℓ

図 1.5　弧度法

[*9]　ただしこのやり方は明らかに平面にしか通用しない。空間の点やベクトルの「極座標」は，後の章で述べる。

[*10]　ラジアンの方が数学的な理論展開，特に微分積分がやりやすいのが理由である（ただし測量や製図のような分野では度を採用することもある）。本書も以後，原則的に角はラジアンで表現する。

とを強調するために，形式的にラジアン（radian）という単位（っぽいもの）をつける。ラジアンは「半径」（radius）を語源とする。たとえば「0.5 ラジアン」は，「半径 0.5 個ぶんの長さの弧長を持つ扇型の頂角に相当する角」である。

　角 θ は扇型の頂角で定義されるため，素朴に考えれば，扇がたたまれた状態の 0 から，扇が丸く全開した状態の 2π までの値をとる。これを拡張し，0 より小さい値や 2π より大きい θ も許容しよう。すなわち，θ が 2π を超えるたびに，角は 0 にリセットされるものと約束する。たとえば 2.5π は 0.5π と同じ角を表す。また，負の角は，扇が逆向きに開く状況を表すと約束する。すなわち，-0.5π は 1.5π と同じ角を表す。

　さて，式 (1.56) より次式が成り立つ：

$$l = r\theta \tag{1.57}$$

これは当たり前の式だが，よく使うのであえて強調した。

　式 (1.57) は，特に扇型の半径 r を 1 とすると次式になる：

$$l = \theta \quad （半径が 1 のとき） \tag{1.58}$$

つまり，半径 1 の扇形において，弧の長さと（ラジアンで表した）頂角は一致する。たとえば前述した「0.5 ラジアン」は，「半径 1 で弧長が 0.5 であるような扇型の頂角に相当する角」でもある。また，半径 1 の円の周長は 2π だから，全周（360 度）は 2π ラジアン，半周（180 度）は π ラジアン，1/4 周（直角）は $\pi/2$ ラジアンである。

　このように，角を考えるときは「半径を 1」とするとシンプルになって便利である。半径 1 の円を単位円とよぶ。この単位円が，以後の話で大きな役割を果たす。

　角（つまり向き）の表現法が定義できたので，極座標の話に戻ろう。これから，極座標とデカルト座標の関係を見ていく。図 1.6 のように，デカルト座標系の入った平面上に，点 P(x, y) があるとする。OP 間の距離を r とし，x 軸と線分 OP のなす角（x 軸から左回りで）を θ とする。

　図 1.6 には原点を中心とする単位円が描かれていることに注意しよう。半直線[*11]OP と単位円の交点

[*11]　線の片方は端点があり，もう片方は端点が無いようなまっす

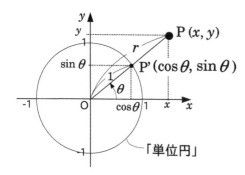

図1.6　極座標と単位円。

を P' とする。このとき, OP=r, OP'=1 で, $\overrightarrow{OP}$ と $\overrightarrow{OP'}$ は同じ向きなので, $\overrightarrow{OP} = r\overrightarrow{OP'}$ である。

さて, 単位円上の点 P' の x 座標と y 座標は, θ だけで決まる。そこで, これらを θ の関数とみなして, $\cos\theta$, $\sin\theta$ とよぶことにする。すなわち, **原点を中心とする単位円上で, x 軸から左回りに角 θ にある点のデカルト座標を $(\cos\theta, \sin\theta)$ とよぶ**(定義)。ついでに, $\sin\theta/\cos\theta$ を $\tan\theta$ と定義する。これらが三角関数である。

これを使うと, $\overrightarrow{OP'} = (\cos\theta, \sin\theta)$ なので,

$$\overrightarrow{OP} = (x, y) = r\overrightarrow{OP'} = r(\cos\theta, \sin\theta) \quad (1.59)$$
$$\text{ただし}, r = \sqrt{x^2 + y^2}$$

となる。式 (1.59) の最右辺は極座標をデカルト座標に変換する式だが, 慣習的にこれを極座標ということも多い。

三角関数は, 指数関数・対数関数に劣らぬ重要な関数であり, 極座標以外にも活躍の場は非常に多い。そこで三角関数の性質を復習しておこう。

まず, 三角関数の定義から, 以下の定理が証明できる(知りたい人は, 難しくないので自力でやってみるか, 高校や大学初年級の教科書を参照しよう)。θ, α, β を任意の実数, n を任意の整数とする。

周期性:

$$\cos(\theta + 2n\pi) = \cos\theta \quad (1.60)$$
$$\sin(\theta + 2n\pi) = \sin\theta \quad (1.61)$$
$$\tan(\theta + n\pi) = \tan\theta \quad (1.62)$$
$$\cos n\pi = (-1)^n \quad (1.63)$$

ぐな線のこと。ここでは O が端点で, $\overrightarrow{OP}$ の方向にずっと続いているまっすぐな線。

$$\sin n\pi = 0 \quad (1.64)$$
$$\tan n\pi = 0 \quad (1.65)$$

対称性:

$$\cos(-\theta) = \cos\theta \quad (1.66)$$
$$\sin(-\theta) = -\sin\theta \quad (1.67)$$
$$\tan(-\theta) = -\tan\theta \quad (1.68)$$

三平方の定理:

$$\cos^2\theta + \sin^2\theta = 1 \quad (1.69)$$
$$1 + \tan^2\theta = \frac{1}{\cos^2\theta} \quad (1.70)$$

π もしくは $\pi/2$ だけずらす:

$$\cos(\theta + \pi) = -\cos\theta \quad (1.71)$$
$$\sin(\theta + \pi) = -\sin\theta \quad (1.72)$$
$$\cos(\theta + \pi/2) = -\sin\theta \quad (1.73)$$
$$\sin(\theta + \pi/2) = \cos\theta \quad (1.74)$$

加法定理:

$$\cos(\alpha + \beta) = \cos\alpha\cos\beta - \sin\alpha\sin\beta \quad (1.75)$$
$$\sin(\alpha + \beta) = \sin\alpha\cos\beta + \cos\alpha\sin\beta \quad (1.76)$$

倍角公式:

$$\cos 2\theta = \cos^2\theta - \sin^2\theta \quad (1.77)$$
$$= 2\cos^2\theta - 1 \quad (1.78)$$
$$= 1 - 2\sin^2\theta \quad (1.79)$$
$$\sin 2\theta = 2\sin\theta\cos\theta \quad (1.80)$$
$$\cos^2\theta = \frac{1 + \cos 2\theta}{2} \quad (1.81)$$
$$\sin^2\theta = \frac{1 - \cos 2\theta}{2} \quad (1.82)$$

余弦定理:三角形 ABC について, 頂点 A, B, C のそれぞれの対辺の長さを a, b, c とすると,

$$a^2 = b^2 + c^2 - 2bc\cos A \quad (1.83)$$
$$b^2 = c^2 + a^2 - 2ca\cos B \quad (1.84)$$
$$c^2 = a^2 + b^2 - 2ab\cos C \quad (1.85)$$
$$\cos A = \frac{b^2 + c^2 - a^2}{2bc} \quad (1.86)$$
$$\cos B = \frac{c^2 + a^2 - b^2}{2ca} \quad (1.87)$$
$$\cos C = \frac{a^2 + b^2 - c^2}{2ab} \quad (1.88)$$

正弦定理：三角形 ABC について，頂点 A, B, C のそれぞれの対辺の長さを a, b, c とし，外接円の半径を R とすると，

$$\frac{a}{\sin A} = \frac{b}{\sin B} = \frac{c}{\sin C} = 2R \tag{1.89}$$

1.6　ベクトルの内積

角と三角関数が定義できたら，ベクトルの「内積」が定義できる。2つのベクトル $\mathbf{a}, \mathbf{b}$ について，$\mathbf{a}$ と $\mathbf{b}$ の内積と呼ばれる演算 $\mathbf{a} \bullet \mathbf{b}$ を，次のように定義する：

$$\mathbf{a} \bullet \mathbf{b} := |\mathbf{a}||\mathbf{b}| \cos\theta \tag{1.90}$$

ここで θ は $\mathbf{a}$ と $\mathbf{b}$ を共通の始点に置いた時に $\mathbf{a}$ と $\mathbf{b}$ がなす角である（$0 \le \theta \le \pi$ とする）[*12]。

もしも $\mathbf{a}, \mathbf{b}$ が互いに直交していたら，$\mathbf{a}$ と $\mathbf{b}$ のなす角 θ は $\pi/2$ なので，$\cos\theta = 0$ となり，従って内積 $\mathbf{a} \bullet \mathbf{b}$ は 0 になる。逆に，$\mathbf{a} \bullet \mathbf{b} = 0$ の場合，もし $\mathbf{a}$ も $\mathbf{b}$ も零ベクトルでなければ，$\cos\theta = 0$ となるしかないので，$\mathbf{a}$ と $\mathbf{b}$ は直交する。

さて，ベクトルがデカルト座標で表されている場合，内積は簡単に計算できる。すなわち，$\mathbf{a} = (a_1, a_2)$，$\mathbf{b} = (b_1, b_2)$ とすると（平面ベクトルの場合），

$$\mathbf{a} \bullet \mathbf{b} = a_1 b_1 + a_2 b_2 \tag{1.91}$$

となる。あるいは，$\mathbf{a} = (a_1, a_2, a_3)$，$\mathbf{b} = (b_1, b_2, b_3)$ とすると（空間ベクトルの場合），

$$\mathbf{a} \bullet \mathbf{b} = a_1 b_1 + a_2 b_2 + a_3 b_3 \tag{1.92}$$

となる。式 (1.91)，式 (1.92) は自明ではないが，内積の定義（式 (1.90)）と余弦定理（式 (1.85)）を使って容易に証明できる（ここでは述べない。確認したい人は高校や大学初年級の教科書を参照しよう）。

1.7　三角関数の微分

では，いよいよ三角関数の微分を導こう。ここでは多くの教科書のやりかたとは異なるアプローチを

とる[*13]。

平面のデカルト座標上で原点を中心とする単位円の上で，x 軸からそれぞれ角 $\theta, \theta + d\theta$ にある点 P，点 Q の座標は，三角関数の定義から，

$$\mathbf{p} = (\cos\theta, \sin\theta) \tag{1.93}$$
$$\mathbf{q} = (\cos(\theta + d\theta), \sin(\theta + d\theta)) \tag{1.94}$$

と書ける。$\mathbf{p}, \mathbf{q}$ はそれぞれ点 P，点 Q の位置ベクトルである。$d\theta$ は正の微小量とする。すると，始点を P，終点を Q とするようなベクトル $d\mathbf{s}$ は，

$$
\begin{aligned}
d\mathbf{s} &= \mathbf{q} - \mathbf{p} \\
&= (\cos(\theta + d\theta), \sin(\theta + d\theta)) - (\cos\theta, \sin\theta) \\
&= (\cos(\theta + d\theta) - \cos\theta, \sin(\theta + d\theta) - \sin\theta)
\end{aligned}
\tag{1.95}
$$

となる。ところが，微分の定義（式 (1.12)）より，

$$\cos(\theta + d\theta) = \cos\theta + (\cos\theta)' d\theta \tag{1.96}$$
$$\sin(\theta + d\theta) = \sin\theta + (\sin\theta)' d\theta \tag{1.97}$$

であり，これを式 (1.95) に代入すると，

$$d\mathbf{s} = ((\cos\theta)' d\theta, (\sin\theta)' d\theta) \tag{1.98}$$

となる。$d\theta$ が限りなく 0 に近い数であるから，角 OPQ はほぼ直角である（底辺が小さい細長い 2 等辺三角形を想像しよう）。従って，$\mathbf{p}$ と $d\mathbf{s}$ は直交するとみなしてよい。従ってそれらどうしの内積は 0 である：

$$
\begin{aligned}
\mathbf{p} \bullet d\mathbf{s} &= (\cos\theta, \sin\theta) \bullet ((\cos\theta)' d\theta, (\sin\theta)' d\theta) \\
&= \{(\cos\theta)(\cos\theta)' + (\sin\theta)(\sin\theta)'\} d\theta = 0
\end{aligned}
\tag{1.99}
$$

従って，

$$(\cos\theta)(\cos\theta)' + (\sin\theta)(\sin\theta)' = 0 \tag{1.100}$$

である。すなわち，

$$-(\cos\theta)(\cos\theta)' = (\sin\theta)(\sin\theta)' \tag{1.101}$$

となる。この両辺を $(\cos\theta)(\sin\theta)$ で割ると，

[*12] 内積は「スカラー積」とも呼ばれる。式 (1.90) から明らかなように，内積の結果はスカラーである。それに対して後述する「外積」の結果はベクトルである。

[*13] θ が 0 に近いとき $\sin\theta/\theta \fallingdotseq 1$ になることを示し，それを元に加法定理を使って cos と sin の微分を導くのが多くの教科書のやり方だが，ここで示すのは違う。故・生井澤寛先生が講義で紹介されたものをベースにしている。

$$-\frac{(\cos\theta)'}{\sin\theta} = \frac{(\sin\theta)'}{\cos\theta} \tag{1.102}$$

となる。これを k と置くと，

$$(\cos\theta)' = -k\sin\theta \tag{1.103}$$

$$(\sin\theta)' = k\cos\theta \tag{1.104}$$

となる。これを式 (1.98) に代入すると，

$$d\mathbf{s} = k\,d\theta(-\sin\theta, \cos\theta) \tag{1.105}$$

となる。さて，ベクトル $d\mathbf{s}$ は P と Q を結ぶので，その長さは線分 PQ の長さに等しい。ところが，扇型 POQ の頂角 $d\theta$ が微小量なので，弧 PQ の「曲がり」は無視でき，弧 PQ の長さ（それは頂角 $d\theta$ に一致する）と線分 PQ の長さ（$|d\mathbf{s}|$）は等しいとみなせる。つまり，

$$d\theta = |d\mathbf{s}| \tag{1.106}$$

である。ところが，式 (1.105) より，

$$|d\mathbf{s}| = |k\,d\theta(-\sin\theta, \cos\theta)| = |k\,d\theta||(-\sin\theta, \cos\theta)|$$
$$= |k||d\theta|\sqrt{\sin^2\theta + \cos^2\theta} = |k|\,d\theta \tag{1.107}$$

となる（ここで $d\theta > 0$ を使った）。式 (1.106), 式 (1.107) より，

$$d\theta = |k|\,d\theta \tag{1.108}$$

すなわち，$|k| = 1$ を得る。つまり，$k = 1$ か $k = -1$ である。θ が 0 に近い時，θ が増えるにつれて，P の y 座標，つまり $\sin\theta$ は増える。つまり，$(\sin\theta)'$ は正である。従って，式 (1.104) より，$k\cos\theta$ は正である。ところが θ が 0 に近い時は $\cos\theta$ は正である。従って，k も正でなければ辻褄が合わない。従って，$k = -1$ は却下され，$k = 1$ となる。改めてこれを式 (1.103), 式 (1.104) に代入して，以下の式を得る：

$$(\cos\theta)' = -\sin\theta \tag{1.109}$$

$$(\sin\theta)' = \cos\theta \tag{1.110}$$

これで $\cos$ と $\sin$ の微分が得られた !! さらに P.4 式 (1.20) において $f = \sin\theta, g = \cos\theta$ とすると，

$$(\tan\theta)' = \left(\frac{\sin\theta}{\cos\theta}\right)' = \frac{(\sin\theta)'\cos\theta - (\cos\theta)'\sin\theta}{\cos^2\theta}$$
$$= \frac{\cos^2\theta + \sin^2\theta}{\cos^2\theta} = \frac{1}{\cos^2\theta} \tag{1.111}$$

となる。これが $\tan\theta$ の微分である !!

問 3　$\sin\theta, \cos\theta, \tan\theta$ の導関数の導出を再現せよ。

1.8　積分

次に「積分」を復習しよう。多くの人にとって，「積分って，微分の逆でしょ？ たとえば x^2 の積分は $x^3/3$ だよね？」というのが正直なところだろう。しかし，それは「不定積分」や「原始関数」と呼ばれる概念であり，積分の本質ではない。それらは，具体的な関数の積分を計算には便利だが，積分の本質的な定義は別にある。

「関数 $f(x)$ の，$x = a$ から $x = b$ までの定積分」を $\int_a^b f(x)\,dx$ と書き，次式で定義する：

$$\int_a^b f(x)\,dx := \lim_{\substack{n \to \infty \\ \Delta x_k \to 0}} \sum_{k=1}^{n} f(\xi_k)\Delta x_k \tag{1.112}$$

ただし，$a = x_0 < x_1 < x_2 < \cdots < x_n = b$，$\Delta x_k = x_k - x_{k-1}$ とし，ξ_k は x_{k-1} 以上 x_k 以下の任意の数である。

ここで，$x_0, x_1, x_2, \cdots, x_n$ は a 以上 b 以下の区間を n 個に分割する点（両端を含む）である。分割されたそれぞれの区間の幅は Δx_k である。そのような Δx_k を関数の値 $f(\xi_k)$ に掛けて足し上げながら，n を無限に増やし，Δx_k を（全ての k について）0 に近づける（つまり Δx_k を微小量にする）ことを，右辺の "$\lim \sum$" は命じている。すなわち，定積分とは**一定区間を無数の微小区間に分割し，それぞれの微小区間で関数の値に微小区間の幅を掛けて足し合わせること**である。要するに「関数に微小量をかけて足すこと」である。

「関数の値」を定めるための ξ_k を微小区間の中のどこに置くかは自由である。というか，ξ_k を微小区間の中のどこに置いても，式 (1.112) の右辺が一定値に定まるようなときにのみ，「定積分」は定義されるのだ。

よくある質問18　これ，高校数学で習った「区分求積法」と似てません？… そうです。$x_k = a + k(b-a)/n$ とおけば $\Delta x_k = (b-a)/n$ となって高校の区分求積法になります。要するに積分の本質は区分求積法なのです。

よくある質問 19　高校では「積分は微分の逆」って習いましたが…　高校の範囲ではその方が厳密性を失わずに話が展開できるからです。実は，式 (1.112) を定義としてしまうと，厳密性を大切にする人たちには片付けないといけない話がいろいろ出てくる[*14]のです。

よくある質問 20　なら，大学もその方がよいのでは？…　いえ，そうすると，その先の勉強がやりにくいのです。式 (1.112) は変数が 1 つで実数の関数の積分ですが，いずれ変数が複数になったり複素数になったりするときにも，形式的にはそのままいけます。ところが「微分の逆」ではそういうときに「詰む」のです。要するに，式 (1.112) で定義してこそ，積分はいろんなことに拡張できるし役立つのです。従って，我々は，式 (1.112) の厳密性に関わる問題を華麗にスルー（笑）して，先に進むのです。

さてここで，微分と積分の間の大切な関係を説明する。

今，関数 $F(x)$ について，2 つの値 $F(a), F(b)$ の関係を考えよう（$a < b$ とする）。式 (1.112) で考えたように，a から b の間をたくさんの区間に分割する。すなわち，$a = x_0 < x_1 < x_2 < \cdots < x_n = b$ とし，$\Delta x_k = x_k - x_{k-1}$ とする。当然ながら $x_k = \Delta x_k + x_{k-1}$ である。さて，

$$f(b) = f(x_n) = f(x_{n-1} + \Delta x_n)$$
$$\fallingdotseq f(x_{n-1}) + f'(x_{n-1})\Delta x_n \qquad (1.113)$$

となる。ここで P.3 式 (1.9) を使った。すなわち，式 (1.9) の x_0 と Δx をそれぞれ x_{n-1} と Δx_n とした。同様に，

$$f(x_{n-1}) = f(x_{n-2} + \Delta x_{n-1})$$
$$\fallingdotseq f(x_{n-2}) + f'(x_{n-2})\Delta x_{n-1} \quad (1.114)$$

となる。式 (1.114) で式 (1.113) の右辺の $f(x_{n-1})$ を置き換えると，

$$f(b) \fallingdotseq f(x_{n-2}) + f'(x_{n-2})\Delta x_{n-1} + f'(x_{n-1})\Delta x_n$$
$$(1.115)$$

となる。この右辺の $f(x_{n-2})$ をさらに置き換え，… という操作をどんどん続けると，

$$f(b) \fallingdotseq f(a) + f'(x_0)\Delta x_1 + f'(x_1)\Delta x_2 + \cdots$$
$$\cdots + f'(x_{n-2})\Delta x_{n-1} + f'(x_{n-1})\Delta x_n$$
$$\fallingdotseq f(a) + \sum_{k=1}^{n} f'(x_{k-1})\Delta x_k \qquad (1.116)$$

となる。ここで，x_{k-1} を ξ_k と置けば，

$$f(b) \fallingdotseq f(a) + \sum_{k=1}^{n} f'(\xi_k)\Delta x_k \qquad (1.117)$$

となる。この分割を限りなく増やして（$n \to \infty$），Δx_k を 0 に近づければ，式 (1.112) より，

$$f(b) = f(a) + \int_a^b f'(x)dx \qquad (1.118)$$

となる。これを微積分学の基本定理という[*15]。

式 (1.118) を P.3 式 (1.12) と見比べて欲しい。なんとなく似ているではないか。x_0 と a を同じようなものとみなそう。式 (1.12) はそこからほんのちょっとだけ離れた $x_0 + dx$ における関数の値を表すのに対して，式 (1.118) は，そこからだいぶ離れた b における関数の値を表す。いずれも，関数について「あるところでの値と別のところでの値の関係」を表すという点では共通している。つまり，微分も積分も，そういうことを表現するツールなのである。そして，「あるところと別のところ」が近い時は微分を素直に使い，遠い時はそれに積分をかませるのである。

よくある質問 21　ということは，微分と積分は結局同じなのですか？…　そうは言っていません（笑）。式 (1.118) をもう一度見ましょう。関数 $f(x)$ の導関数 $f'(x)$ がわかれば，a から遠いところ b での値が積分によってわかる，という形になっています。つまり，遠い先のことを知りたければ，まず近くを知ろう（微分），そしてそれを積み上げよう（積分），ということです。

問 4　(1) 微分係数と定積分のそれぞれの定義を述べよ。(2) それらに基づき，式 (1.118) の導出を再現せよ。

問 5　点 P が x 軸上を運動する。時刻 t での

[*14] リーマン積分可能性やダルブーの定理等と呼ばれる話題。

[*15] その名前で呼ばれる定理は他にも 2 つあるが，応用上は式 (1.118) が特に重要である。

位置を $x(t)$, 速度を $v(t)$, 加速度を $a(t)$ とする。$a(t) = a$, つまり加速度が t によらず一定値 a の場合, 以下が成り立つことを証明せよ（式 (1.118) を使うこと。ヒント：$v(t) = x'(t)$, $a(t) = v'(t)$):

$$v(t) = v(0) + at \tag{1.119}$$

$$x(t) = x(0) + v(0)t + \frac{1}{2}at^2 \tag{1.120}$$

1.9 テーラー展開

第 1.2 節 (P.2) で学んだように, 微分は関数を一次式で近似する考え方である。それは微小量でしか成り立たない。微小でない量まで射程距離を広げるにはどうすればよいだろうか？ ひとつの方法は, 微分を積み重ねること, すなわち前節で見た微積分学の基本定理である。ところが別の方法もある。「一次式」のかわりに, 2 次以上の多項式を使うのである。それが「テーラー展開」である。

以下のように関数 $f(x)$ を $x = x_0$ の付近において多項式で近似できるとしよう：

$$f(x) = f(x_0) + a_1(x - x_0) + a_2(x - x_0)^2 + \cdots$$
$$+ a_n(x - x_0)^n + \cdots \tag{1.121}$$

ここで $a_1, a_2, \ldots, a_n, \ldots$ は未知の定数とする。まず, この式が $x = x_0$ で成立することは簡単に確かめられるだろう。そして, この式が成立するなら, 左辺と右辺をそれぞれを $x = x_0$ において何回か微分した微分係数（つまり $x = x_0$ での高階微分係数）も互いに等しいはずなので, $f'(x_0) = a_1 \times 1$, $f''(x_0) = a_2 \times 2 \times 1, \cdots, f^{(n)}(x_0) = a_n n!$ となるはずだ。すると, $a_1 = f'(x_0)/1, a_2 = f''(x_0)/(1 \times 2)$, $\cdots, a_n = f^{(n)}(x_0)/n!$ となることがわかる。すなわち, 式 (1.121) は, 次式のようになる（$0! = 1$ に注意）：

$$f(x) = \frac{f(x_0)}{0!} + \frac{f'(x_0)}{1!}(x - x_0) + \frac{f''(x_0)}{2!}(x - x_0)^2$$
$$+ \cdots + \frac{f^{(n)}(x_0)}{n!}(x - x_0)^n + \cdots \tag{1.122}$$

これを, 関数 $f(x)$ の $x = x_0$ のまわりでのテーラー展開とよぶ。$(x - x_0)$ の 2 次以上の項を無視すれば（1.2 節で Δx の 2 乗を無視した近似と同じこと），

$$f(x) \fallingdotseq f(x_0) + f'(x_0)(x - x_0) \tag{1.123}$$

となる。これは式 (1.7) に一致する。つまりテーラー展開は P.2 式 (1.7) の拡張である。式 (1.7) は微分の定義 (P.3 式 (1.12)):

$$f(x_0 + dx) = f(x_0) + f'(x_0) dx \tag{1.124}$$

の原型である。微分は x_0 からわずかに（dx だけ）離れたところ（$x_0 + dx$）での関数の値を求める話だが, テーラー展開は, x_0 からけっこう離れたところでの関数の値を求めることができるのだ。

よくある質問 22 同じような話が積分で出てきましたが…？… そうです。式 (1.118) の「微積分学の基本定理」がそれです。式 (1.122) と見比べてください。なんとなく似ていますよね。どちらも「あるところでの値と別のところでの値の関係」を表す式であり, 遠く離れていても OK というのも共通です。

よくある質問 23 でも理屈はぜんぜん違いますよね？… はい, どちらも「微分」の拡張になっていますが, 理屈も発想も違います。積分（微積分学の基本定理）は, 「ここ」から「そこ」までの間の多くの場所での微分係数を組み合わせて「そこ」に至る。テーラー展開は, 「ここ」の微分を何回も繰り返し, それらを組み合わせて「そこ」を推定する。そんな感じです。前者は 1 回だけ微分ができれば OK なので多くの関数について使えますが, 後者は無限回の微分が可能な関数でないと使えませんし, たとえ無限回の微分が可能であっても使える範囲が限られるときがあります。しかし使えるときは非常に強力です。どのように強力なのか知りたければ, 「複素関数論」などの数学にチャレンジしてみて下さい。

特に, $x_0 = 0$ のときのテーラー展開（次式）をマクローリン展開という：

$$f(x) = \frac{f(0)}{0!} + \frac{f'(0)}{1!}x + \frac{f''(0)}{2!}x^2 + \cdots$$
$$+ \frac{f^{(n)}(0)}{n!}x^n + \cdots \tag{1.125}$$

$e^x, \sin x, \cos x$ をそれぞれマクローリン展開すると, 以下の式になる：

$$e^x = \frac{1}{0!} + \frac{x}{1!} + \frac{x^2}{2!} + \frac{x^3}{3!} + \frac{x^4}{4!} + \cdots \tag{1.126}$$

$$\sin x = \frac{x}{1!} - \frac{x^3}{3!} + \frac{x^5}{5!} - \frac{x^7}{7!} + \cdots \tag{1.127}$$

$$\cos x = \frac{1}{0!} - \frac{x^2}{2!} + \frac{x^4}{4!} - \frac{x^6}{6!} + \cdots \tag{1.128}$$

問 6 式 (1.126), 式 (1.127), 式 (1.128) を導出せよ。

1.10 複素数

$i^2 = -1$ となるような数 i を虚数単位とよぶ。そして, 虚数単位 i と任意の 2 つの実数 x, y によって以下のように表される数 z を複素数という（複素数は z や w という文字で表すことが多い）。

$$z = x + yi \tag{1.129}$$

このとき, x を z の実数部または実部, y を z の虚数部または虚部とよぶ。たとえば $2 + 3i$ の実数部は 2, 虚数部は 3 である。

虚数は英語で "imaginary number" という。いわば「空想上の数」である。虚数単位の記号 "i" はそこからとられた。「空想上」と言っても, 実際は, 虚数は数学や物理学の中で重要な, 確固たる存在である。後の章で述べるが, 量子力学は虚数を使わないと構築できない。ちなみに実数は英語で "real number" という。直訳は「現実的な数」である。

複素数 $z = x + yi$ の実部 x と虚部 y をそれぞれ Re(z), Im(z) と書くこともある（Re は real, Im は imaginary からとっている）。たとえば Re($2 + 3i$)=2, Im($2 + 3i$)=3 である。

複素数 $z = x + yi$ について (x, y は実数), $x - yi$ という複素数を, z の複素共役または共役複素数と呼び, $\bar{z}$ と表す（定義）。$\sqrt{x^2 + y^2}$ を z の絶対値と呼び, $|z|$ と表す（定義）。

複素数の和や差は, 実部と虚部をそれぞれ独立に足したり引いたりすることと定義する。複素数の積は, 分配法則を用いて行う。複素数の商は, 分母の複素共役を分子と分母に掛けて分母の i を追い出す（これを有理化という）。

例 1.3

$\overline{2 + 3i} = 2 - 3i$

$|2 + 3i| = \sqrt{2^2 + 3^3} = \sqrt{13}$

$(2 + 3i) + (1 - 2i) = (2 + 1) + (3i - 2i) = 3 + i$

$(2 + 3i) \times (1 - 2i) = 2 \times (1 - 2i) + 3i \times (1 - 2i)$
$= 2 - 4i + 3i - 6i^2 = 2 - i + 6 = 8 - i$

$\dfrac{2 + 3i}{1 - 2i} = \dfrac{(2 + 3i)(1 + 2i)}{(1 - 2i)(1 + 2i)} = \dfrac{-4 + 7i}{1^2 + 2^2} = \dfrac{-4 + 7i}{5}$

（例おわり）

任意の複素数 z, w について, 以下が成り立つことが容易に証明できる。

$$\overline{z + w} = \bar{z} + \bar{w} \tag{1.130}$$

$$\overline{z \times w} = \bar{z} \times \bar{w} \tag{1.131}$$

$$|\bar{z}| = |z| \tag{1.132}$$

$$z\bar{z} = |z|^2 \tag{1.133}$$

$$|zw| = |z| \, |w| \tag{1.134}$$

$$\left| \frac{z}{w} \right| = \frac{|z|}{|w|} \tag{1.135}$$

よくある質問 24　「2 乗したら -1 になるような数を i とする」という定義は厳密には正しくない, と聞いたことがあります。どういうことですか？… i だけでなく $-i$ も「2 乗したら -1 になるような数」です。従って「2 乗したら -1 になるような数」を i と定義したら, $-i$ も i とよぶべきです。従って $-i = i$, 左辺を右辺に移項して $0 = 2i$, 両辺を 2 で割って $0 = i$ となってしまいます。しかし 0 は 2 乗しても 0 であり, -1 にはなりません。つまりこの定義は矛盾をはらんでいるのです。そこで, 「2 乗したら -1 になるような数のうち片方を i とする」という定義が正しいのです。どちらでもよいから片方を君が選んで i と決めるのです。そうしたらもうひとつの「2 乗したら -1 になるような数」は $-i$ になるのです。なんといい加減な！と思うかもしれませんが, それでうまくいくのです。

次に「複素平面」（高校では「複素数平面」とよんだ）を復習する。まず平面上にデカルト座標系をとる。そして, 複素数 $z = x + yi$ について, その実部 x と虚部 y をそれぞれ x 成分, y 成分とするようなデカルト座標 (x, y) を持つ点（もしくは, 同じことだがその位置ベクトル）を対応付ける。そうすると, 平面上の点（ベクトル）と複素数が 1 対 1 に対応する（図 1.7）。この平面を複素平面やガウス平面とよぶ。デカルト座標系の横軸（x 軸）を実軸また

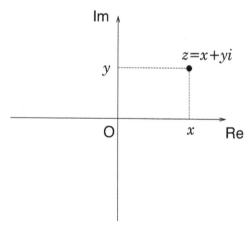

図 1.7　複素平面。

は実数軸と呼び，Re と表記する。縦軸（y 軸）を<u>虚軸</u>または<u>虚数軸</u>と呼び，Im と表記する。

　実数が数直線上の 1 点で表されるように，複素数は複素平面上の 1 点（ひとつのベクトル）で表される。そう考えると，複素平面は，実数における数直線という概念を複素数に拡張したものといえる。

　さて，上述のように，複素平面上の複素数 $x + yi$ は，平面ベクトル (x, y) に対応する。複素数どうしの和や差は，それらに対応するベクトルどうしの和や差と同じである。

　複素数 $x = x + yi$ の絶対値は $|z| = \sqrt{x^2 + y^2}$ だが，それは平面ベクトル (x, y) の大きさ（もしくは原点から点 (x, y) までの距離）と同じである。また，その極座標を

$$(x, y) = r(\cos\theta, \sin\theta) \tag{1.136}$$

と表すと，$r = \sqrt{x^2 + y^2}$, $x = r\cos\theta$, $y = r\sin\theta$ となり，それを $z = x + yi$ に代入することで

$$r = \sqrt{x^2 + y^2} = |z|$$
$$z = x + yi = r(\cos\theta + i\sin\theta) \tag{1.137}$$

となる。ここでいったん話は次節の「オイラーの公式」に移る。その最後にこの話は再登場する。

1.11　オイラーの公式

　次式は，オイラーの公式と呼ばれる，有名で重要な公式である（必ず記憶しよう）：θ を任意の実数として，

$$e^{i\theta} = \cos\theta + i\sin\theta \tag{1.138}$$

この公式は，複素数の世界では指数関数が三角関数と結びついてしまうことを示している。

　この左辺は，e を「虚数乗」している。しかし我々は 1.3 節では「実数乗」は定義したが（厳密に言えば，「無理数乗」はうやむやにした笑），「虚数乗」はまだ定義していない。というのも，この式 (1.138) が「虚数乗」の定義なのである。それは，実数乗やその他の数学ともうまく整合する，巧妙な定義なのだ。

　ではオイラーの公式を導いてみよう。それには e^x のマクローリン展開（P.14 式 (1.126)）の x に，$i\theta$ を代入すればよい[*16]：

$$\begin{aligned}
e^{i\theta} &= \frac{1}{0!} + \frac{i\theta}{1!} + \frac{(i\theta)^2}{2!} + \frac{(i\theta)^3}{3!} + \frac{(i\theta)^4}{4!} \\
&\quad + \frac{(i\theta)^5}{5!} + \cdots \\
&= \frac{1}{0!} + i\frac{\theta}{1!} - \frac{\theta^2}{2!} - i\frac{\theta^3}{3!} + \frac{\theta^4}{4!} + i\frac{\theta^5}{5!} - \cdots \\
&= \frac{1}{0!} - \frac{\theta^2}{2!} + \frac{\theta^4}{4!} - \cdots \\
&\quad + i\left(\frac{\theta}{1!} - \frac{\theta^3}{3!} + \frac{\theta^5}{5!} - \cdots\right) \\
&= \cos\theta + i\sin\theta
\end{aligned}$$

∎

　さて，式 (1.138) の右辺は，複素平面上で，$\cos\theta + i\sin\theta$ という点，つまり実部が $\cos\theta$，虚部が $\sin\theta$ という点となる。そのような点の集合は原点中心の単位円である。つまりオイラーの公式は，複素平面における単位円を表すものである。

　ここで前節の話に戻る。複素数 $z = x + yi$ について，式 (1.137) をオイラーの公式で書き換えると，

$$r = \sqrt{x^2 + y^2} = |z|$$
$$z = r(\cos\theta + i\sin\theta) = r\,e^{i\theta} \tag{1.139}$$

と表すことができる。この式 (1.139) の最右辺の $r\,e^{i\theta}$ のような表現法を複素数の<u>極形式</u>とよぶ。こ

[*16] ここで，右辺の第 2 式から第 3 式の変形で，無限和の順序を入れ替えているが，厳密性にこだわる人はここが気になるかもしれない（気にならない人はスルーしよう）。これは形式的な入れ替えであり，実際は有限個の項の和の入れ替えの極限とみなせばよい。その場合，2 つに別れる部分のそれぞれが $\cos\theta$ と $i\sin\theta$ に収束するので，結果的には問題ない。「絶対収束」という概念を持ち出す人もいるが，それは不要である。

のとき $r = |z|$ を動径, θ を偏角とよぶ。一方, 元々の $z = x + yi$ のような表現法を座標形式とよぶ。複素数は, 座標形式と極形式のどちらで表してもよいが, 極形式は後の章の微分方程式や量子力学といった話題で活躍する。それは, 極形式に現れる指数関数 $e^{i\theta}$ が微分方程式と相性が良いからである。

さて, オイラーの公式は, 三角関数の性質を調べるのにも便利である。たとえば, 任意の実数 α, β について,

$$e^{i\alpha} = \cos\alpha + i\sin\alpha \tag{1.140}$$

$$e^{i\beta} = \cos\beta + i\sin\beta \tag{1.141}$$

だが, 両式の積をとると, 左辺どうしの積は $e^{i(\alpha+\beta)} = \cos(\alpha+\beta) + i\sin(\alpha+\beta)$ となり, 右辺どうしの積は $(\cos\alpha + i\sin\alpha)(\cos\beta + i\sin\beta) = \cos\alpha\cos\beta - \sin\alpha\sin\beta + i(\sin\alpha\cos\beta + \cos\alpha\sin\beta)$ となり, 実部, 虚部をそれぞれ比較すると, 三角関数の加法定理 (式 (1.75), 式 (1.76)) が得られる。

また, 式 (1.138) の θ を $-\theta$ にすると, $\sin(-\theta) = -\sin\theta$ だから,

$$e^{-i\theta} = \cos\theta - i\sin\theta \tag{1.142}$$

となる (つまり偏角の符号が逆転するとオイラーの公式は複素共役になる)。これを式 (1.138) に足して 2 で割ったり, 引いて $2i$ で割ったりすると, 次式を得る:

$$\sin x = \frac{e^{ix} - e^{-ix}}{2i} \tag{1.143}$$

$$\cos x = \frac{e^{ix} + e^{-ix}}{2} \tag{1.144}$$

問7 式 (1.143), 式 (1.144) を 2 乗して倍角公式を導け。3 乗して 3 倍角公式を導け。

1.12　双曲線関数

次に「双曲線関数」という 3 つの関数を学ぶ。これらは, 磁石の性質の温度依存性や, 棒の曲げ, 電線やケーブルの垂れ下がりなどの物理現象に, 深く関与している。生物の個体群動態に関する「ロジスティック曲線」も双曲線関数である (諸君は後にそれを確認するだろう)。経済学や人工知能の技術にも使われている, 応用範囲の広い関数である。

いきなりだが, イタズラ心を発揮して, 式 (1.143), 式 (1.144) において, 虚数単位 i をぜんぶ消してしまおう。すると, 次式のような関数ができる:

$$\sinh x := \frac{e^x - e^{-x}}{2} \tag{1.145}$$

$$\cosh x := \frac{e^x + e^{-x}}{2} \tag{1.146}$$

$$\tanh x := \frac{\sinh x}{\cosh x} = \frac{e^x - e^{-x}}{e^x + e^{-x}} \tag{1.147}$$

これらを双曲線関数という (定義)。cosh, sinh, tanh はそれぞれ, ハイパボリックコサイン, ハイパボリックサイン, ハイパボリックタンジェントとよばれる (書くときは, sin h のように h の前に空白をあけたりせず, sinh と続けて書くこと)。これらはもはや三角関数とは全く異なる関数だが, 興味深いことに三角関数で見おぼえのある以下のような式を満たす。

問8 双曲線関数の定義から, 以下の式を証明せよ。

$$\cosh^2 x - \sinh^2 x = 1 \tag{1.148}$$

$$(\cosh x)' = \sinh x \tag{1.149}$$

$$(\sinh x)' = \cosh x \tag{1.150}$$

$$(\tanh x)' = \frac{1}{\cosh^2 x} \tag{1.151}$$

双曲線関数をグラフに描いてみよう。まず, 式 (1.145), 式 (1.146), 式 (1.147) から, $\sinh 0 = 0$, $\cosh 0 = 1$, $\tanh 0 = 0$ である。

では $y = f(x) = \sinh x$ のグラフを考える。この関数には以下のような性質がある:

- $f(0) = \sinh 0 = 0$ だから, 原点を通る。
- $f'(0) = \cosh 0 = 1$ なので, $x = 0$ での傾きは 1。
- $x \to \infty$ で $e^x \to \infty$, $e^{-x} \to 0$ なので, $f(x) \to \infty$。
- 式 (1.145) より $\sinh(-x) = -\sinh x$ なので $\sinh x$ は奇関数, よってグラフは原点対称。

以上より, $y = \sinh x$ のグラフは図 1.8 のようになる。

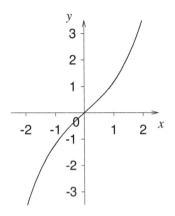

図 1.8　$y = \sinh x$ のグラフ。原点での傾きに注意！

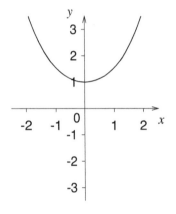

図 1.9　$y = \cosh x$ のグラフ

こんどは $y = f(x) = \cosh x$ のグラフを考える。

- $f(0) = \cosh 0 = 1$ だから，$(0, 1)$ を通る。
- $f'(0) = \sinh 0 = 0$ なので，$x = 0$ での傾きは 0。
- $x \to \infty$ で $e^x \to \infty$，$e^{-x} \to 0$ なので $f(x) \to \infty$。
- 式 (1.146) より $\cosh(-x) = \cosh x$ なので $\cosh x$ は偶関数。よってグラフは y 軸対称。

以上より，$y = \cosh x$ のグラフは図 1.9 のようになる。

最後に $y = f(x) = \tanh x$ のグラフを考える。

- $f(0) = \tanh 0 = 0$ だから，原点を通る。
- $f'(0) = 1/\cosh^2 0 = 1$ なので $x = 0$ で傾き 1。
- $x \to \infty$ では $y \to 1$。

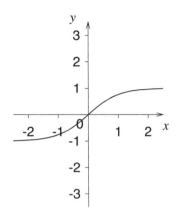

図 1.10　$y = \tanh x$ のグラフ

- 式 (1.147) より $\tanh(-x) = -\tanh x$ なので $\tanh x$ は奇関数，よってグラフは原点対称。

以上より，$y = \tanh x$ のグラフは図 1.10 のようになる。

ところで，座標平面上で点 $(x, y) = (\cos\theta, \sin\theta)$ は，θ が様々な値をとるときに円を描く。

では $(x, y) = (\cosh t, \sinh t)$ は，t が様々な値をとるときにどういう図形を描くだろう？ このとき，式 (1.148) より，

$$x^2 - y^2 = 1 \tag{1.152}$$

である。この陰関数の描く図形は，図 1.11 のような双曲線である[*17]。「双曲線関数」の名の由来は，このことから明らかだろう。ただし，式 (1.146) より，$x = \cosh t$ は正の値しか取り得ない。従って，$(x, y) = (\cosh t, \sinh t)$ が描くのはこの双曲線の右半分だけである。

よくある質問 25　ハイパボリックって，なんか強そうなカッコイイ響きですね… 私も昔，そう思いましたが，「ハイパボリック」とは「強い」とか「スゴイ」

[*17] この陰関数は $F(x, y) = x^2 - y^2 - 1 = 0$ と書ける。$F(-x, y) = F(x, -y) = F(x, y)$ なので，$F(x, y) = 0$ なら $F(x, -y) = F(x, y) = 0$。従って，(x, y) が図形上の点なら，$(-x, y)$ も $(x, -y)$ も図形上の点。つまりこの図形は x 軸対称かつ y 軸対称。また，$y = 0$ のとき $x = \pm 1$ より，x 軸とは $(1, 0)$，$(-1, 0)$ で交わる。$x = 0$ のとき y は実数解を持たないので，y 軸と接したり交わったりしない。$0 < x, 0 < y$ に限定すると，与式は $y = \sqrt{x^2 - 1}$ と変形できるが，これは x が十分大きい値では $y \fallingdotseq \sqrt{x^2} = x$ となるので，直線 $y = x$ に漸近する。以上より，図 1.11 のような図形になる。

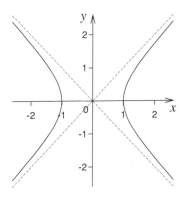

図 1.11　$x^2 - y^2 = 1$ のグラフ。y 軸より右側が $(\cosh t,$
$\sinh t)$ の軌跡。点線は漸近線 $(y = \pm x)$。

という意味ではないのです。双曲線のことを「ハイパボ
ラ」とよぶのです。

1.13　偏微分と全微分

　ここまでは変数が 1 つの関数について見てきた。
ここからは変数がたくさんある関数の話に移る。

　多変数関数 $f(x, y, \cdots)$ において、どれかひとつの
変数、たとえば x についてのみ微分して得られる関
数を x による偏導関数と呼び、$\partial f / \partial x$ と表す（∂ は
偏微分を表現するための記号で、「ラウンドディー」
「ラウンド」と呼ばれる。普通の微分の df/dx の "d"
に相当するが、d でなく ∂ と書くのは「偏微分であ
る」ことを明示するため）。そのとき、他の変数は
定数とみなされる。偏導関数を求めることを偏微分
(partial derivative) するという。偏微分を繰り返
して得られる関数を高階偏導関数とよぶ。

例 1.4　$f(x, y) = x^3 + x^2 y^2 + y$ について、

$$\frac{\partial f}{\partial x} = 3x^2 + 2xy^2, \quad \frac{\partial f}{\partial y} = 2x^2 y + 1 \quad (1.153)$$

$$\frac{\partial^2 f}{\partial x^2} = 6x + 2y^2, \quad \frac{\partial^2 f}{\partial y^2} = 2x^2 \quad (1.154)$$

$$\frac{\partial^2 f}{\partial y \partial x} = \frac{\partial^2 f}{\partial x \partial y} = 4xy \quad (1.155)$$

　ここで、式 (1.153) がそれぞれ x, y による f の偏
導関数であり、式 (1.154) がそれぞれ x, y による f
の 2 階偏導関数である。

　注意すべきなのは式 (1.155) であり、これも 2 階
偏導関数の一種だ。これは式 (1.153) の左の式を y

で偏微分したものでもあり、右の式を x で偏微分し
たものでもある。どちらのやりかたでも結果は同じ
になる。

　このように、高階偏導関数は異なる複数の変数に
よる偏微分を重ねたものだが、その重ねる順序はど
うでもよい。つまり、どの変数から先に偏微分して
も、結果は一緒、ということが多くの関数に成り立
つことが証明されている（ここでは証明しないが、
その関数の n 階偏導関数が全て存在し、しかもそれ
らが連続であれば、n 階偏導関数についてこれが成
り立つ）。

　さて、$(x, y, \cdots)$ がある特定の値での偏導関数と
高階偏導関数の値を、それぞれ偏微分係数と高階偏
微分係数とよぶ。

例 1.5　$f(x, y) = x^3 + x^2 y^2 + y$ について、

$$\frac{\partial f}{\partial x}(1, 2) = 11, \qquad \frac{\partial^2 f}{\partial y^2}(1, 0) = 2 \quad (1.156)$$

　さて、1 変数関数の微分の式（P.3 式 (1.12)）：

$$f(x + dx) = f(x) + f'(x) \, dx \quad (1.157)$$

を多変数関数に拡張しよう：

　いま、dx, dy を微小量とする。2 つの変数 x, y の
関数 $f(x, y)$ について、$\partial f / \partial x$ を f_x と書けば、式
(1.157) から、

$$f(x + dx, y + dy)$$
$$= f(x, y + dy) + f_x(x, y + dy) \, dx$$

となる。右辺の $f(x, y + dy)$ を y だけの関数とみな
し、$\partial f / \partial y$ を f_y と書けば、

$$f(x, y + dy) = f(x, y) + f_y(x, y) \, dy$$

従って、

$$f(x + dx, y + dy)$$
$$= f(x, y) + f_x(x, y + dy) \, dx + f_y(x, y) \, dy$$

となる。この右辺第 2 項について、再び y に関する
微分を考えると、

$$f_x(x, y + dy) \, dx = f_x(x, y) \, dx + f_{xy}(x, y) \, dx \, dy$$

となる（f_{xy} は $\frac{\partial^2 f}{\partial y \partial x}$ のこと）。dx も dy も微小量な

ので，その積である $dx\,dy$ を 0 とみなす。従って，

$$f_x(x, y+dy)\,dx = f_x(x, y)\,dx \quad \text{従って,}$$

$$f(x+dx, y+dy)$$
$$= f(x, y) + f_x(x, y)\,dx + f_y(x, y)\,dy$$

となる。すなわち，

$$f(x+dx, y+dy) = f(x, y) + \frac{\partial f}{\partial x}dx + \frac{\partial f}{\partial y}dy \tag{1.158}$$

これを<u>全微分</u>とよぶ。形式的なことだが，$df :=$ $f(x+dx, y+dy) - f(x, y)$ とすると，

$$df = \frac{\partial f}{\partial x}dx + \frac{\partial f}{\partial y}dy \tag{1.159}$$

とも書ける。全微分はこの形でもよく現れる。

　これらの式は，1 変数関数の微分係数の定義式，すなわち P.3 式 (1.12) や P.5 式 (1.22) を，形式的に素直に 2 変数関数に拡張した形になっている。

　全微分は，もっとたくさん変数を持つ関数にも拡張される。すなわち，$f(x, y, z, \cdots)$ に対して，

$$df = f(x+dx, y+dy, z+dz, \cdots)$$
$$\quad - f(x, y, z, \cdots)$$

とすれば，

$$df = \frac{\partial f}{\partial x}dx + \frac{\partial f}{\partial y}dy + \frac{\partial f}{\partial z}dz + \cdots \tag{1.160}$$

となる。こうなる理由は，上の 2 変数の場合から類推できるだろう。

　さて，式 (1.158) は，(x, y) を固定すれば，f を dx, dy の一次式で表している。P.2 で，微分とは関数を一次式で近似すること（線型近似）の極限，と述べたが，その話を多変数に素直に拡張したのがこの式である。

1.14　幾何ベクトルと数ベクトル

　次に，多変数関数などの話題で，多くの量を同時に扱うときに便利な道具「数ベクトル」を導入する。

　P.7 の 1.4 節でベクトルを考えたとき，ベクトルはデカルト座標で表せることを確かめた。デカルト座標は，端的に言えば，「数を並べたもの」である。

　数学はここでアイデアを大きく飛躍させる。ベクトルの表現手段として「数を並べたもの」（デカル

ト座標）があると思っていたが，その主従関係を切り離して，「数を並べたもの」自体も一種のベクトルとして格上げしてもよいのではないか？　と。

　そこで，「数を並べたもの」（複数個の数を順番に並べたもの）を数ベクトルと定義する。数ベクトルを構成する，k 番目の数を「第 k 成分」とよぶ。成分の数を次元とよぶ。

　それに対して，「ユークリッド空間の中で大きさと向きを持つもの」という従来の意味でのベクトルを幾何ベクトルとよぶ（ユークリッドベクトルとか空間ベクトルとよばれることもある）。

例 1.6　$(2, 1, 3, -1.1)$ は数ベクトルである。その次元は 4 であり，その第 2 成分は 1 である。

よくある質問 26　ちょっと待って下さい！　4 次元のベクトルって想像できません… それは数ベクトルです。単に数を並べたものです。幾何ベクトルではないから矢印っぽいものを想像する必要はありません。

よくある質問 27　ベクトルには幾何ベクトルと数ベクトルがあるってことですか？… そうです。実はそれ以外にもあるんですけど（それは後のお楽しみ），今はその 2 つだと思って OK です。

　では，$(1, 2)$ は幾何ベクトルだろうか？　それとも数ベクトルだろうか？　答えは「どちらでもある」だ。$(1, 2)$ をデカルト座標とみなせばこれは平面の幾何ベクトル（の一表現）だし，単に 1 と 2 という数の並びとみなせば 2 次元の数ベクトルである。一般に，2 次元の数ベクトルはそれをデカルト座標に持つような幾何ベクトルと 1 対 1 に対応付けられるので，両者は同じものとみなす。そういうのを数学では<u>同一視</u>という。同様に，空間の幾何ベクトルは 3 次元の数ベクトルと同一視する。そうすれば「ベクトル」はこれまでと何ら変わらない。変わるのは 4 次元以上の数ベクトルの存在である。「よくある質問 26」で述べたように，4 次元以上の数ベクトルには同一視できる幾何ベクトルは無いが，それでも存在を容認するのである。

　さて，例 1.6 のように数ベクトルを成分を横に並べて書いたものを<u>行ベクトル</u>とよぶ。それに対して，数ベクトルを成分を縦に並べて表記したものを

列ベクトルとよぶ。

例 1.7 ↓これは列ベクトルである。

$$\begin{bmatrix} 2 \\ 1 \\ 3 \\ -1.1 \end{bmatrix} \tag{1.161}$$

とりあえず，「行ベクトル」「列ベクトル」は数ベクトルの表記上の選択肢であり，適宜，便利な方を使えばよい[*18]。

n 次元の数ベクトルからなる集合を $\mathbb{R}^n$ と書き[*19]，n 次元の数ベクトル空間とよぶ（特に，実数であることを強調したいときは「実数ベクトル空間」と言ったりもする）。上の 2 つの例の数ベクトルは，4 次元の数ベクトル空間 $\mathbb{R}^4$ の要素である。

よくある質問 28　4 次元の数ベクトルは 4 つ数を並べただけということで納得しましたが，それが空間になるのですか？ やっぱり想像できません……　この「空間」は，単に「集合」という意味です。ドラえもんのポケットみたいなものを想像しようとする必要はありません。数学では，何か特徴をもつ集合のことを「空間」とよびます（$\mathbb{R}^n$ は，後に述べる「線型空間」という特徴をもっています）。

数ベクトル（および後で述べる行列）を表すときの括弧として，丸括弧 "( )" を使っても角括弧 "[ ]" を使っても，どちらでもよい。

さて，数ベクトルは「数を並べたもの」と述べたが，単に「数を並べたもの」と言えば「数列」である。実は，数ベクトルは数列に「和」や「スカラー倍」を定義した概念である。いま，$\mathbf{x}, \mathbf{y}$ をともに n 次元の数ベクトルとしよう。つまり $\mathbf{x} \in \mathbb{R}^n, \mathbf{y} \in \mathbb{R}^n$ である：

$$\mathbf{x} = \begin{bmatrix} x_1 \\ x_2 \\ \vdots \\ x_n \end{bmatrix}, \qquad \mathbf{y} = \begin{bmatrix} y_1 \\ y_2 \\ \vdots \\ y_n \end{bmatrix} \tag{1.162}$$

[*18] ただしこの両者をきっちり区別すべき時もいずれやってくる。
[*19] P.1 で述べたように，$\mathbb{R}$ は全ての実数からなる集合。$\mathbb{R}^n$ の「n 乗」は数の積ではなく，集合の直積。

（$x_1, x_2, \cdots, x_n, y_1, y_2, \cdots, y_n$ は実数）。このとき任意の実数（スカラー）α について，

$$\alpha\mathbf{x} := \begin{bmatrix} \alpha x_1 \\ \alpha x_2 \\ \vdots \\ \alpha x_n \end{bmatrix} \tag{1.163}$$

と定義する。これを数ベクトルのスカラー倍とよぶ。また，

$$\mathbf{x} + \mathbf{y} := \begin{bmatrix} x_1 + y_1 \\ x_2 + y_2 \\ \vdots \\ x_n + y_n \end{bmatrix} \tag{1.164}$$

と定義する。これを数ベクトルどうしの和とよぶ。また，

$$\mathbf{x} \bullet \mathbf{y} := x_1 y_1 + x_2 y_2 \cdots + x_n y_n \tag{1.165}$$

と定義する。これを数ベクトルどうしの内積とよぶ。

これらはもちろん行ベクトルについても成り立つものとする。

例 1.8 $\mathbf{a} = (1, 3, 2, -1)$ と $\mathbf{b} = (0, -2, 4, 5)$ について，

$$2\mathbf{a} = (2, 6, 4, -2)$$
$$\mathbf{a} + \mathbf{b} = (1, 1, 6, 4)$$
$$\mathbf{a} \bullet \mathbf{b} = 1 \times 0 + 3 \times (-2) + 2 \times 4 + (-1) \times 5$$
$$= -3$$

よくある質問 29　ちょっと待って下さい！ 内積って，$\mathbf{a} \bullet \mathbf{b} = |\mathbf{a}||\mathbf{b}|\cos\theta$ じゃないんですか？ 4 次元の数ベクトルのなす角 θ は何ですか？… それは幾何ベクトルの内積です。ここで考えているのは数ベクトルの内積です。単に成分どうしを掛けて足したものです。それを数ベクトルの内積とよぶのです。

よくある質問 30　4 次元以上の数ベクトルや内積に何の意味があるのですか？… それが本書の大きなテーマのひとつです。この先を読めばわかるでしょうけど，ベクトルは図形処理だけの道具ではなく，もっと広い対象を扱う道具なのです。

さて，数ベクトルと内積は，微分を多変数関数に拡張するのに役立つことをこれから示す。関数 $f(x, y, \cdots)$ に関する全微分は，式 (1.160) より，次式になる：

$$df = \frac{\partial f}{\partial x} dx + \frac{\partial f}{\partial y} dy + \cdots \tag{1.166}$$

これは，数ベクトルと内積を使って以下のように表すことができることがわかるだろう：

$$df = \left(\frac{\partial f}{\partial x}, \frac{\partial f}{\partial y}, \cdots \right) \bullet \begin{bmatrix} dx \\ dy \\ \vdots \end{bmatrix} \tag{1.167}$$

特に，

$$\frac{\partial f}{\partial \mathbf{x}} := \left(\frac{\partial f}{\partial x}, \frac{\partial f}{\partial y}, \cdots \right) \tag{1.168}$$

$$d\mathbf{x} := \begin{bmatrix} dx \\ dy \\ \vdots \end{bmatrix} \tag{1.169}$$

とすると，式 (1.167) は，

$$df = \frac{\partial f}{\partial \mathbf{x}} \bullet d\mathbf{x} \tag{1.170}$$

と書ける。これは，P.5 式 (1.22)，すなわち，1 変数関数 $f(x)$ に関する $df = f'(x)dx$ とよく似ている。つまり，多変数関数では，「微分係数」は「偏微分係数を並べた数ベクトル」になり，「微小量」は「微小量を並べた数ベクトル」になり，それらの「積」は「内積」になるのだ。こうして，微分の考え方は，数ベクトルと内積を使って素直に拡張されるのだ。ちなみに $d\mathbf{x}$ を列ベクトルで書いたのは，後の拡張のためである。

よくある質問 31　式 (1.168) の左辺の分母が違和感あります。「ベクトルで割る」ような割り算はできないんですよね。… これは形式的な書き方だと考えて下さい。実際にベクトルで割ったりはしていないことは，右辺を見ればわかりますね。このような書き方は，機械学習の文献でよく出てきます。また，本書後半では，式 (1.168) は grad f とか，∇f と書いたりします。

1.15　行列

次に，「行列」を復習しよう。行列は，ある意味，

数ベクトルを拡張した概念（数ベクトルを並べてセットにしたもの）である。数ベクトルと行列は線型代数学という数学の主役であり，数学や科学の様々な場面で顔を出す。

以下，特に断らないときは，i, j, k, l, m, n, N を 1 以上の任意の整数とする。

まず，行列とは，数が格子状に並んだものである。その横の並びを「行」，縦の並びを「列」とよぶ。

行列の第 i 行とは，上から数えて i 番目の「横の並び」であり，第 j 列とは，左から数えて j 番目の「縦の並び」である。

行の数が n，列の数が m であるような行列を「n 行 m 列の行列」とか「$n \times m$ 行列」とよぶ。このように，行列の行と列に言及する順序は**行が先で列が後**というのが重要な慣習である。

行列を構成する数を，その行列の成分とよぶ。特に，第 i 行と第 j 列の交差点にある数を，その行列の (i, j) 成分とよぶ。そのときの i, j をそれぞれ行番号，列番号とよぶ。行番号と列番号が等しい成分を対角成分とよび，そうでない成分を非対角成分とよぶ。

本書では，記述の簡略化のために，行列 A の (i, j) 成分を，$[A]_{ij}$ と書く[20]。この添字の ij は「i と j の積」ではなく，i と j を並べて書いているだけである。

たとえば，行列 A が次式で定義されるとき，$[A]_{11} = 5, [A]_{12} = 3, [A]_{21} = 4, [A]_{22} = 1$ である。

$$A = \begin{bmatrix} 5 & 3 \\ 4 & 1 \end{bmatrix} \tag{1.171}$$

このうち，5 と 1 が対角成分であり，3 と 4 が非対角成分である。

2 つの行列が互いに行数が等しく列数も等しい時，それらの行列の和とは，同じ場所の成分どうしの和によってできる行列，と定義する（行数または列数が異なる行列どうしは和はできないとする）。a をあるスカラーとするとき，ある行列の a 倍とは，その行列の全ての成分を a 倍してできる行列，と定義する。

全ての成分が 0 の行列を零行列と呼び，O と表す。

---

[20] ただしこの書き方は本書独自であって一般的な慣習ではない。私は便利だと思うのだが…。

　行数と列数が等しい行列を正方行列とよぶ。特に，行数（列数）が n の正方行列を n 次正方行列とよぶ（その n を次数という）。たとえば式 (1.171) の A は 2 次正方行列である。

　対角成分が全て 1 で，非対角成分が全て 0 であるような正方行列を単位行列とよび，I または E と慣習的に表す。特に，行数（列数）が n であるような単位行列を，n 次単位行列とよび，I_n または E_n と慣習的に表す。

1.16　行列式（2次・3次）

　行列の中でも，正方行列に限って，その成分に関して行列式（determinant）という多項式が定義される。n 次正方行列の行列式を，簡潔に「n 次の行列式」という。ここでは 2 次と 3 次の行列式について簡単に述べる。4 次以上の行列式については，後の章で述べる。

　一般に，正方行列 A の行列式を $\det(A)$ と書く。任意の 2 次正方行列 A と 3 次正方行列 B:

$$A = \begin{bmatrix} a_1 & b_1 \\ a_2 & b_2 \end{bmatrix}, \qquad B = \begin{bmatrix} a_1 & b_1 & c_1 \\ a_2 & b_2 & c_2 \\ a_3 & b_3 & c_3 \end{bmatrix} \tag{1.172}$$

のそれぞれの行列式を次式で定義する：

$$\det(A) := a_1 b_2 - a_2 b_1 \tag{1.173}$$

$$\det(B) := a_1 b_2 c_3 + a_2 b_3 c_1 + a_3 b_1 c_2 \\ - a_3 b_2 c_1 - a_2 b_1 c_3 - a_1 b_3 c_2 \tag{1.174}$$

たとえば式 (1.171) について，$\det(A) = 5 \cdot 1 - 3 \cdot 4 = -7$ である。

　特に 3 次の行列式に関する式 (1.174) をサラスの公式とよぶ。これについて説明しておく。図 1.12 上段のように，「左上から右下への 3 つの数字の積」として，$a_1 b_2 c_3$, $a_2 b_3 c_1$, $a_3 b_1 c_2$ を考え，これらに正符号をつける。一方，図 1.12 下段のように，「右上から左下への 3 つの数字の積」として，$a_3 b_2 c_1$, $a_2 b_1 c_3$, $a_1 b_3 c_2$ を考え，これらに負符号をつける。そうしてこれらを足し合わせるのだ。

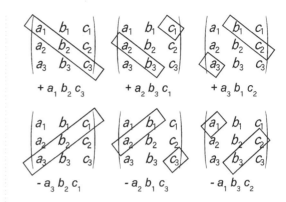

図 1.12　3 次の行列式（サラスの公式）

1.17　行列の積

　さて，2 つの行列 A, B について，A の列数（横幅）と B の行数（縦幅）が等しいときに限り，積 AB を次のように定義する：

$$[AB]_{ij} := \sum_{k=1}^{m} [A]_{ik} [B]_{kj} \tag{1.175}$$

ここで，m, n, l は 1 以上の任意の整数で，n は A の行数，m は A の列数かつ B の行数，l は B の列数とする。

　式 (1.175) を，$\sum$ を使わずに書き直すと次式になる：

$$[AB]_{ij} = [A]_{i1}[B]_{1j} + [A]_{i2}[B]_{2j} + \cdots \\ + [A]_{im}[B]_{mj} \tag{1.176}$$

これは次のように数ベクトルの内積とみなせる：

$$[AB]_{ij} = ([A]_{i1}, [A]_{i2}, \cdots, [A]_{im}) \bullet \begin{bmatrix} [B]_{1j} \\ [B]_{2j} \\ \vdots \\ [B]_{mj} \end{bmatrix} \tag{1.177}$$

ここで，

$$([A]_{i1}, [A]_{i2}, \cdots, [A]_{im}) \quad \text{と} \quad \begin{bmatrix} [B]_{1j} \\ [B]_{2j} \\ \vdots \\ [B]_{mj} \end{bmatrix}$$

は，それぞれ行列 A の第 i 行の行ベクトルと，行列 B の第 j 列の列ベクトルなので，式 (1.177) は以下

のように解釈できる：**行列どうしの積 AB の (i, j) 成分は，A の第 i 行ベクトルと B の第 j 列ベクトルの内積である。**

このことを念のため，式でも書いておこう。A の第 i 行ベクトルを $\mathbf{a}_i$，B の第 j 列ベクトルを $\mathbf{b}_j$ とすると，

$$AB = \begin{bmatrix} \mathbf{a}_1 \bullet \mathbf{b}_1 & \mathbf{a}_1 \bullet \mathbf{b}_2 & \cdots & \mathbf{a}_1 \bullet \mathbf{b}_l \\ \mathbf{a}_2 \bullet \mathbf{b}_1 & \mathbf{a}_2 \bullet \mathbf{b}_2 & \cdots & \mathbf{a}_2 \bullet \mathbf{b}_l \\ \vdots & \vdots & \ddots & \vdots \\ \mathbf{a}_n \bullet \mathbf{b}_1 & \mathbf{a}_n \bullet \mathbf{b}_2 & \cdots & \mathbf{a}_n \bullet \mathbf{b}_l \end{bmatrix}$$

$$\tag{1.178}$$

このような考え方は，後々，大切になってくる。

さて，これから行列に関する大切な定理を証明していく。その前にいくつか準備をする。まず，総和（Σ）の添字は，はじめの値と終わりの値（Σ 記号の上下に書かれるべき値）を省略することがある。たとえば式 (1.175) は，

$$[AB]_{ij} := \sum_k [A]_{ik}[B]_{kj} \tag{1.179}$$

と書いてもよいことにする。このとき，k の動く範囲は A の列数（かつ B の行数）全体である。このように，可能な範囲全体を添字が動くときは，上記のような省略をする。

次に，複数の添字による総和は，順序を入れ替えてもよいことを確認しておこう。たとえば 2 つの添字で表される量 a_{ij} について，

$$\sum_{i=1}^{3} \sum_{j=1}^{2} a_{ij} \quad \text{と，} \quad \sum_{j=1}^{2} \sum_{i=1}^{3} a_{ij}$$

という 2 つの式は同じだ。なぜか？ それぞれは

$$a_{11} + a_{12} + a_{21} + a_{22} + a_{31} + a_{32} \quad \text{と，}$$
$$a_{11} + a_{21} + a_{31} + a_{12} + a_{22} + a_{32}$$

となり，これらは足し算の順序が違うだけで，本質的には同じである。i, j の動く範囲がもっと大きくなってもそうなることは想像・理解できるだろう。

さて，話を戻す。いま，3 つの行列 A, B, C を考える。A の列数$=B$ の行数であり，B の列数$=C$ の行数とする。このとき次式（行列の積の結合法則）が成り立つ（定理）。

$$(AB)C = A(BC) \tag{1.180}$$

証明：i, j を 1 以上の整数とする。式 (1.175) より，

$$[(AB)C]_{ij} = \sum_l [AB]_{il}[C]_{lj}$$

$$= \sum_l \left(\sum_k [A]_{ik}[B]_{kl}\right)[C]_{lj}$$

$$= \sum_l \sum_k [A]_{ik}[B]_{kl}[C]_{lj}$$

$$= \sum_k \sum_l [A]_{ik}[B]_{kl}[C]_{lj}$$

$$= \sum_k [A]_{ik} \sum_l [B]_{kl}[C]_{lj} = \sum_k [A]_{ik}[BC]_{kj}$$

$$= [A(BC)]_{ij}$$

従って，$(AB)C = A(BC)$ ∎

問 9 任意の $n \times m$ 行列 A について，次式を証明せよ（I_n, I_m はそれぞれ n 次と m 次の単位行列）：

$$I_n A = A I_m = A \tag{1.181}$$

1.18 逆行列

正方行列 A について，ある正方行列 B が，$AB = BA = I$ となる場合（I は単位行列），B を A の逆行列とよび，$B = A^{-1}$ と書く。すなわち，

$$AA^{-1} = A^{-1}A = I \tag{1.182}$$

である。

A が 2 次正方行列のときは，

$$A = \begin{bmatrix} a_1 & b_1 \\ a_2 & b_2 \end{bmatrix} \text{のとき，}$$

$$A^{-1} = \frac{1}{a_1 b_2 - a_2 b_1} \begin{bmatrix} b_2 & -b_1 \\ -a_2 & a_1 \end{bmatrix} \tag{1.183}$$

であることが簡単な計算で確認できる。ただし，式 (1.183) は $a_1 b_2 - a_2 b_1$ すなわち $\det(A)$（P.23 式 (1.173)）を分母に含むので，$\det(A) = 0$ のときは A^{-1} は存在しない。しかし $\det(A) \neq 0$ のときは式 (1.183) のように必ず A^{-1} が求まる（A^{-1} が存在する）。

逆行列を持つ正方行列を正則行列とよんだり，その行列は正則である，といったりする。

2 次の正方行列が正則かどうかは，式 (1.183) で
わかったように，行列式が 0 でないかどうかで決
まる。同様のことは 3 次以上でも成り立つ。すなわ
ち，1 以上の任意の整数 n について，**n 次正方行列
A が正則ということと**，$\det(A) \neq 0$ **ということは
同値**（互いに必要十分条件）である。証明は長谷川
(2015) 等をあたられたい。

n 次正則行列 A, B について，次式が成り立つ：

$$(AB)^{-1} = B^{-1}A^{-1} \tag{1.184}$$

証明：AB の右から $B^{-1}A^{-1}$ を掛けて式 (1.180)，
式 (1.181)，式 (1.182) を繰り返し使うと，

$$(AB)(B^{-1}A^{-1}) = A\{B(B^{-1}A^{-1})\}$$
$$= A\{(BB^{-1})A^{-1}\}$$
$$= A(IA^{-1}) = AA^{-1} = I$$

左から掛ける場合も同様にして I になることが示さ
れる。∎

式 (1.184) は後に大活躍するので心に留めてお
こう。

1.19 行列の固有値と固有ベクトル

正方行列 A に対して，ある実数 λ と，$\mathbf{0}$ でないベ
クトル $\mathbf{x}$ によって，

$$A\mathbf{x} = \lambda\mathbf{x} \tag{1.185}$$

となるとき，$\mathbf{x}$ を A の固有ベクトル (eigenvector)，
λ を A の固有値 (eigenvalue) という（定義）。

例 1.9 以下の行列について，

$$A = \begin{bmatrix} 5 & 3 \\ 4 & 1 \end{bmatrix} \tag{1.186}$$

固有値 λ と固有ベクトル $\mathbf{x}$ を求めてみよう。定義
から $A\mathbf{x} = \lambda\mathbf{x}$，つまり $A\mathbf{x} - \lambda\mathbf{x} = \mathbf{0}$ が成り立つ。
ここで，$\lambda\mathbf{x} = \lambda I\mathbf{x}$ と考えれば（I は単位行列），
$A\mathbf{x} - \lambda I\mathbf{x} = \mathbf{0}$ すなわち，

$$(A - \lambda I)\mathbf{x} = \mathbf{0} \tag{1.187}$$

となる。すなわち，

$$(A - \lambda I)\mathbf{x} = \begin{bmatrix} 5 - \lambda & 3 \\ 4 & 1 - \lambda \end{bmatrix} \begin{bmatrix} x \\ y \end{bmatrix} = \begin{bmatrix} 0 \\ 0 \end{bmatrix} \tag{1.188}$$

となる。もしもこの係数行列 $A - \lambda I$ に逆行列
$(A - \lambda I)^{-1}$ が存在すれば，上の式の両辺に左か
らそれをかけて，

$$\mathbf{x} = (A - \lambda I)^{-1} \begin{bmatrix} 0 \\ 0 \end{bmatrix} = \begin{bmatrix} 0 \\ 0 \end{bmatrix} \tag{1.189}$$

となってしまう。これは，固有ベクトルの定義（$\mathbf{0}$
でないということ）に反する。従って，$(A - \lambda I)^{-1}$
が存在してはならない（背理法）。従って，$A - \lambda I$
の行列式は 0 のはずだ。すなわち，

$$\det(A - \lambda I) = 0 \tag{1.190}$$

である。式 (1.190) を行列 A の特性方程式という
（固有方程式ともいう）。これを解くと，

$$(5 - \lambda)(1 - \lambda) - 3 \times 4$$
$$= \lambda^2 - 6\lambda - 7 = (\lambda + 1)(\lambda - 7) = 0$$

となり，固有値は $\lambda = -1$ と，$\lambda = 7$ となる。

$\lambda = -1$ のとき，上の連立一次方程式 (1.188) は，

$$(A - \lambda I)\mathbf{x} = \begin{bmatrix} 6 & 3 \\ 4 & 2 \end{bmatrix} \begin{bmatrix} x \\ y \end{bmatrix} = \begin{bmatrix} 0 \\ 0 \end{bmatrix} \tag{1.191}$$

となる。明らかに，この方程式は不定[*21]であり，こ
れを満たす解は無数にあるが，代表的に，

$$\begin{bmatrix} x \\ y \end{bmatrix} = \begin{bmatrix} 1 \\ -2 \end{bmatrix} \tag{1.192}$$

としよう。これが，$\lambda = -1$ に対応する固有ベクト
ル（のひとつ）である。

次に，$\lambda = 7$ のとき，連立一次方程式 (1.187) は，

$$(A - \lambda I)\mathbf{x} = \begin{bmatrix} -2 & 3 \\ 4 & -6 \end{bmatrix} \begin{bmatrix} x \\ y \end{bmatrix} = \begin{bmatrix} 0 \\ 0 \end{bmatrix} \tag{1.193}$$

となる。この方程式も不定であり，これを満たす解
は無数にあるが，代表的に，

[*21] 連立一次方程式の解がひとつに定まらないこと。独立な方程
式の数が未知数の数より少ない状況。「ライブ講義 大学 1 年
生のための数学入門」P182 参照。

$$\begin{bmatrix} x \\ y \end{bmatrix} = \begin{bmatrix} 3 \\ 2 \end{bmatrix} \tag{1.194}$$

としよう。これが $\lambda = 7$ に対応する固有ベクトル（のひとつ）である。以上より、行列 A について、固有値は -1 と 7 で、それぞれに対応する固有ベクトルは

$$\begin{bmatrix} 1 \\ -2 \end{bmatrix}, \quad \begin{bmatrix} 3 \\ 2 \end{bmatrix} \tag{1.195}$$

である。（例おわり）

　このように、固有値と固有ベクトルは、互いに対になっている。一般に、n 次正方行列の固有値・固有ベクトルの対は、高々 n 個存在する。

　固有ベクトルは、ひとつに定まるものではない。固有ベクトルのスカラー倍も固有ベクトルになるからだ（$A\mathbf{x} = \lambda\mathbf{x}$ のとき、スカラー $\alpha \neq 0$ について、$A(\alpha\mathbf{x}) = \alpha A\mathbf{x} = \alpha\lambda\mathbf{x} = \lambda(\alpha\mathbf{x})$ だから $\alpha\mathbf{x}$ も固有ベクトル）。従って、式 (1.195) は、これらに任意の（0 でない）スカラーをかけたものを答えても構わない。

　以上のように、正方行列 A の固有値・固有ベクトルを求める手順は、(1) 特性方程式 $\det(A - \lambda I) = 0$ を立てる。(2) それを解いて固有値 λ を求める。たいてい複数の解が得られる。(3) それぞれの解（固有値）に対応する固有ベクトルを求める。方程式は不定になるので、適当なベクトルを任意に 1 つ選ぶ。というものである。3 次以上の正方行列についても手順は同じである。

1.20　正方行列の対角化

　n 次正方行列 A の固有値が $\lambda_1, \lambda_2, \cdots, \lambda_n$ と求まり、それぞれに対応する固有ベクトルが $\mathbf{p}_1, \mathbf{p}_2, \cdots, \mathbf{p}_n$ と決まったら、A について「対角化」という操作ができることを説明しよう：まず明らかに、

$$A\mathbf{p}_1 = \lambda_1\mathbf{p}_1, \quad A\mathbf{p}_2 = \lambda_2\mathbf{p}_2, \quad \cdots, \quad A\mathbf{p}_n = \lambda_n\mathbf{p}_n$$

なのだが、これを形式的に次式のように書く：

$$[A\mathbf{p}_1 \quad A\mathbf{p}_2 \quad \cdots \quad A\mathbf{p}_n] = [\lambda_1\mathbf{p}_1 \quad \lambda_2\mathbf{p}_2 \quad \cdots \quad \lambda_n\mathbf{p}_n]$$

左辺は $A\mathbf{p}_1, A\mathbf{p}_2, \cdots, A\mathbf{p}_n$ という n 本の列ベクトル（n 次元の）を横に並べてできる正方行列である。同様に右辺は $\lambda_1\mathbf{p}_1, \lambda_2\mathbf{p}_2, \cdots, \lambda_n\mathbf{p}_n$ という n 本の列ベクトル（n 次元の）を横に並べてできる正方行列である。この左辺と右辺はそれぞれ次式のように書ける：

$$A[\mathbf{p}_1 \quad \mathbf{p}_2 \quad \cdots \quad \mathbf{p}_n]$$
$$= [\mathbf{p}_1 \quad \mathbf{p}_2 \quad \cdots \quad \mathbf{p}_n] \begin{bmatrix} \lambda_1 & 0 & 0 & \cdots & 0 \\ 0 & \lambda_2 & 0 & \cdots & 0 \\ 0 & 0 & \ddots & \cdots & 0 \\ \vdots & \vdots & \vdots & \ddots & \vdots \\ 0 & 0 & 0 & \cdots & \lambda_n \end{bmatrix} \tag{1.196}$$

右辺の最後に現れた行列は、固有値が対角成分に並び、非対角成分は全て 0 であるような正方行列である。ここで、全ての固有ベクトル（列ベクトル）を順に横に並べてできる正方行列を P とする。すなわち、

$$P := [\mathbf{p}_1 \quad \mathbf{p}_2 \quad \cdots \quad \mathbf{p}_n] \tag{1.197}$$

とする。すると、式 (1.196) は以下のように書ける：

$$AP = P \begin{bmatrix} \lambda_1 & 0 & 0 & \cdots & 0 \\ 0 & \lambda_2 & 0 & \cdots & 0 \\ 0 & 0 & \ddots & \cdots & 0 \\ \vdots & \vdots & \vdots & \ddots & \vdots \\ 0 & 0 & 0 & \cdots & \lambda_n \end{bmatrix} \tag{1.198}$$

この両辺に左から P^{-1} を掛けると、次式になる：

$$P^{-1}AP = \begin{bmatrix} \lambda_1 & 0 & 0 & \cdots & 0 \\ 0 & \lambda_2 & 0 & \cdots & 0 \\ 0 & 0 & \ddots & \cdots & 0 \\ \vdots & \vdots & \vdots & \ddots & \vdots \\ 0 & 0 & 0 & \cdots & \lambda_n \end{bmatrix} \tag{1.199}$$

これを、行列 A の対角化という（一般に、非対角成分が全て 0 であるような正方行列を対角行列とよぶ。式 (1.199) の右辺は対角行列である）。このとき、P のことを「A を対角化する行列」とよぶ。

例 1.10　先の例 1.9(P.25) では、式 (1.186) は、式

(1.195) を用いて, 以下のように対角化される:

$$\begin{bmatrix} 1 & 3 \\ -2 & 2 \end{bmatrix}^{-1} \begin{bmatrix} 5 & 3 \\ 4 & 1 \end{bmatrix} \begin{bmatrix} 1 & 3 \\ -2 & 2 \end{bmatrix} = \begin{bmatrix} -1 & 0 \\ 0 & 7 \end{bmatrix}$$
(1.200)

(例おわり)

　対角化は正方行列に関する操作だが, 対角化できない正方行列も存在する。詳細を知りたい人は長谷川 (2015) などを参照しよう。

1.21 多値多変数関数の微分と連鎖律

　P.22 では, 数ベクトルと内積を使って多変数関数の微分（全微分）を記述した。本節では, 行列を使ってそれをさらに拡張する。

　複数の変数 $x_1, x_2, \cdots$ を共通にもつ多変数関数が複数あるとしよう:

$$f_1(x_1, x_2, \cdots)$$
(1.201)

$$f_2(x_1, x_2, \cdots)$$
(1.202)

$$\cdots$$

このそれぞれについて, 式 (1.160) のように全微分を考えると,

$$df_1 = \frac{\partial f_1}{\partial x_1} dx_1 + \frac{\partial f_1}{\partial x_2} dx_2 + \cdots$$
(1.203)

$$df_2 = \frac{\partial f_2}{\partial x_1} dx_1 + \frac{\partial f_2}{\partial x_2} dx_2 + \cdots$$
(1.204)

$$\cdots$$

これは, 行列の積を使って, 以下のように表すことができることがわかるだろう:

$$\begin{bmatrix} df_1 \\ df_2 \\ \vdots \end{bmatrix} = \begin{bmatrix} \frac{\partial f_1}{\partial x_1} & \frac{\partial f_1}{\partial x_2} & \cdots \\ \frac{\partial f_2}{\partial x_1} & \frac{\partial f_2}{\partial x_2} & \cdots \\ \vdots & \vdots & \ddots \end{bmatrix} \begin{bmatrix} dx_1 \\ dx_2 \\ \vdots \end{bmatrix}$$
(1.205)

この右辺に現れた,「(i, j) 成分が $\partial f_i / \partial x_j$ であるような行列」をヤコビ行列とよぶ。このヤコビ行列を

$$\frac{\partial \mathbf{f}}{\partial \mathbf{x}}$$
(1.206)

と書こう。そして, 式 (1.205) の左辺の, $df_1, df_2, \cdots$ を並べた列ベクトルを $d\mathbf{f}$ と書き, 右辺最後の, $dx_1, dx_2, \cdots$ を並べた列ベクトルを $d\mathbf{x}$ と書くと,

式 (1.205) は

$$d\mathbf{f} = \frac{\partial \mathbf{f}}{\partial \mathbf{x}} d\mathbf{x}$$
(1.207)

と書ける。これは, P.5 式 (1.22) や P.22 式 (1.170) の拡張であり, 変数が複数で関数も複数ある場合の微分係数の式である。つまり, 微分係数はヤコビ行列（偏微分係数を縦横に並べた行列）になり, 微分係数と微小量の積は行列とベクトルの積になるのだ。

　さて, さらに別の複数の多変数関数を考えよう。それらは $f_1, f_2, \cdots$ を変数にとるとする:

$$g_1(f_1, f_2, \cdots)$$
(1.208)

$$g_2(f_1, f_2, \cdots)$$
(1.209)

$$\cdots$$

そして $f_1, f_2, \cdots$ は式 (1.202) のように $x_1, x_2, \cdots$ の関数である。つまり $g_1, g_2, \cdots$ は $f_1, f_2, \cdots$ を介し $x_1, x_2, \cdots$ の関数でもある, という状況を考えよう。$g_1, g_2, \cdots$ の微小変化 $dg_1, dg_2, \cdots$ は, 式 (1.205) と同様に,

$$\begin{bmatrix} dg_1 \\ dg_2 \\ \vdots \end{bmatrix} = \begin{bmatrix} \frac{\partial g_1}{\partial f_1} & \frac{\partial g_1}{\partial f_2} & \cdots \\ \frac{\partial g_2}{\partial f_1} & \frac{\partial g_2}{\partial f_2} & \cdots \\ \vdots & \vdots & \ddots \end{bmatrix} \begin{bmatrix} df_1 \\ df_2 \\ \vdots \end{bmatrix}$$
(1.210)

とできる。この右辺に式 (1.205) を代入すると,

$$\begin{bmatrix} dg_1 \\ dg_2 \\ \vdots \end{bmatrix} = \begin{bmatrix} \frac{\partial g_1}{\partial f_1} & \frac{\partial g_1}{\partial f_2} & \cdots \\ \frac{\partial g_2}{\partial f_1} & \frac{\partial g_2}{\partial f_2} & \cdots \\ \vdots & \vdots & \ddots \end{bmatrix} \begin{bmatrix} \frac{\partial f_1}{\partial x_1} & \frac{\partial f_1}{\partial x_2} & \cdots \\ \frac{\partial f_2}{\partial x_1} & \frac{\partial f_2}{\partial x_2} & \cdots \\ \vdots & \vdots & \ddots \end{bmatrix} \begin{bmatrix} dx_1 \\ dx_2 \\ \vdots \end{bmatrix}$$
(1.211)

となる。ところが, $g_1, g_2, \cdots$ をそもそも $x_1, x_2 \cdots$ の関数と考えて式 (1.205) の考え方を使えば,

$$\begin{bmatrix} dg_1 \\ dg_2 \\ \vdots \end{bmatrix} = \begin{bmatrix} \frac{\partial g_1}{\partial x_1} & \frac{\partial g_1}{\partial x_2} & \cdots \\ \frac{\partial g_2}{\partial x_1} & \frac{\partial g_2}{\partial x_2} & \cdots \\ \vdots & \vdots & \ddots \end{bmatrix} \begin{bmatrix} dx_1 \\ dx_2 \\ \vdots \end{bmatrix}$$
(1.212)

とできる。式 (1.211) と式 (1.212) を比較すると, 任意の微小量 $dx_1, dx_2, \cdots$ についてこれらが両立するため, 次式が成り立つ:

$$
\begin{bmatrix}
\frac{\partial g_1}{\partial x_1} & \frac{\partial g_1}{\partial x_2} & \cdots \\
\frac{\partial g_2}{\partial x_1} & \frac{\partial g_2}{\partial x_2} & \cdots \\
\vdots & \vdots & \ddots
\end{bmatrix}
$$

$$
=
\begin{bmatrix}
\frac{\partial g_1}{\partial f_1} & \frac{\partial g_1}{\partial f_2} & \cdots \\
\frac{\partial g_2}{\partial f_1} & \frac{\partial g_2}{\partial f_2} & \cdots \\
\vdots & \vdots & \ddots
\end{bmatrix}
\begin{bmatrix}
\frac{\partial f_1}{\partial x_1} & \frac{\partial f_1}{\partial x_2} & \cdots \\
\frac{\partial f_2}{\partial x_1} & \frac{\partial f_2}{\partial x_2} & \cdots \\
\vdots & \vdots & \ddots
\end{bmatrix}
\tag{1.213}
$$

これを，微分係数の連鎖律という。

これを式 (1.206) のような書き方で書くと，

$$
\frac{\partial \mathbf{g}}{\partial \mathbf{x}} = \frac{\partial \mathbf{g}}{\partial \mathbf{f}} \frac{\partial \mathbf{f}}{\partial \mathbf{x}}
\tag{1.214}
$$

これは，1 変数合成関数の微分の公式 (P.4 式 (1.18))

$$
(g(f(x)))' = g'(f(x))f'(x)
\tag{1.215}
$$

すなわち，

$$
\frac{dg}{dx} = \frac{dg}{df} \frac{df}{dx}
\tag{1.216}
$$

の，多変数関数への拡張である。「合成関数の微分」は，多変数関数に拡張すると「ヤコビ行列どうしの積」になるのだ。それが連鎖律である。

ここまで見てきたように，多変数関数の微分は，ベクトルと行列によって，シンプルに記述できる。ここから，ベクトルや行列が微分と大変に相性が良いことがうかがえるだろう。実際，多くの大学で，大学 1 年生で微積分学と線型代数学（ベクトル・行列）を並行して学ぶのは，それらが互いに補完し合って強力なツールになるからだ。その背後には，これからおいおい述べていくが，本書全体を貫く「線型性」という概念がある。

1.22　多変数関数の積分（重積分）

P.12 では 1 変数関数の積分を学んだが，それを多変数関数に拡張する「重積分」を学ぼう。

例 1.11 図 1.13 のような，平坦で長方形の広大な農場を考える。ここに降る，雨の量（単位時間あたりの）を知りたい。図には，雨の強弱を白黒の濃淡で表現している。農地は広大なので場所ごとに雨の強弱の差がある。そこで，農場全体に降る雨量 R

（以下，「単位時間あたりの」は省略する）を求めるには，農場を仮想的に小さく分割し，各小農地ごとの雨量を足し合わせればよい。十分に小さい小農地の中では雨の強さはほぼ均一とみなせるだろう。

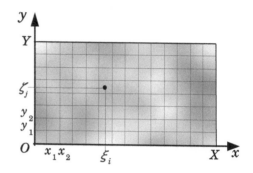

図 1.13　長方形の農場と雨量分布（白い方が雨は多い）。

まず農地を分割しよう。図 1.13 のようにデカルト座標系を設定する。農場の範囲は $0 \leq x \leq X$，$0 \leq y \leq Y$，面積 S はもちろん $S = XY$ だ。x 軸と y 軸のそれぞれに平行に多くの切れ目を入れ，農地を小さく分割する。x 方向に i 番目，y 方向に j 番目の小農地（それを小農地 i, j とよぶ）に注目しよう。その中の代表的な 1 点の座標を (ξ_i, ζ_j) とする。

点 (x, y) の付近で，単位面積あたりの雨量を $F(x, y)$ とする。すると，小農地 i, j の雨量 ΔR_{ij} は，

$$
\Delta R_{ij} \fallingdotseq F(\xi_i, \zeta_j)\Delta S_{ij}
\tag{1.217}
$$

となる（ΔS_{ij} はこの小農地 i, j の面積）。すると，農場全体の雨量は，

$$
R \fallingdotseq \sum_{j=1}^{m} \sum_{i=1}^{n} \Delta R_{ij}
\tag{1.218}
$$

であり，右辺に式 (1.217) を代入すると，

$$
R \fallingdotseq \sum_{j=1}^{m} \sum_{i=1}^{n} F(\xi_i, \zeta_j)\Delta S_{ij}
\tag{1.219}
$$

となる。ここで分割を限りなく細かくすると，n と m は ∞ に行き，$\sum$ は $\int$ に変わり，ΔS_{ij} は dS に変わり，$\fallingdotseq$ は $=$ に変わる：

$$
R = \iint_{農場} F(x, y)\, dS
\tag{1.220}
$$

ここで積分記号の下に「農場」と書いたのは，農場

全体で分割と和を行う，という意味である（積分区間を書く代わりに）。

さて，x 軸に沿った分割点の x 座標を $x_1, x_2, \cdots$ とし，y 軸に沿った分割点の y 座標を $y_1, y_2, \cdots$ とすれば（$x_0 = 0$, $y_0 = 0$ とする），小農地 i, j の x 方向の辺の長さは $\Delta x_i = x_i - x_{i-1}$，$y$ 方向の辺の長さは $\Delta y_j = y_j - y_{j-1}$ となり，$\Delta S_{ij} = \Delta x_i \Delta y_j$ なので，式 (1.219) は，

$$R \fallingdotseq \sum_{j=1}^{m} \sum_{i=1}^{n} F(x_i, y_j) \Delta x_i \Delta y_j \tag{1.221}$$

となり，Δx_i と Δy_j を 0 に，n と m を無限大に持っていけば，

$$R = \int_0^Y \int_0^X F(x, y)\, dx\, dy \tag{1.222}$$

になる。（例おわり）

式 (1.220) や式 (1.222) のように，積分記号が 2 つ以上出てくるような積分のことを重積分とか多重積分とよぶ。特に，この例のように，平面図形を無数の小さな図形に分割し，それぞれの微小面積を関数にかけて足し合わせる場合の 2 重積分を面積分とよぶ。同様に，立体を無数の小さな立体に分割し，それぞれの微小体積を関数にかけて足し合わせる場合の 3 重積分を体積分とよぶ。

面積分の慣習では，積分領域を D と呼び（domain の略），

$$\iint_D f(x, y)\, dS \tag{1.223}$$

と書いたり，

$$\int_D f(x, y)\, dS \tag{1.224}$$

と書いたりする。式 (1.224) のように，重積分なのに積分記号をひとつだけ書くスタイルは，「どういう分割や順番でも構わないから，とにかく全部足してください」という意図が前面に現れたものである（実際，小領域への分割はここで見たような縦横に並んだ格子状でなくても構わないので）。式 (1.223) と式 (1.224) は意味することは同じである。

重積分で平面や立体は必ずしも格子に区切らなくてもよい。うまい具合に小領域に分割しさえすればよい。その工夫について後の章で学ぶ。

問の解答

答 8

$$\cosh^2 x - \sinh^2 x = \left(\frac{e^x + e^{-x}}{2} \right)^2 - \left(\frac{e^x - e^{-x}}{2} \right)^2$$

$$= \frac{e^{2x} + e^{-2x} + 2}{4} - \frac{e^{2x} + e^{-2x} - 2}{4} = \frac{4}{4} = 1$$

$$(\cosh x)' = \left(\frac{e^x + e^{-x}}{2} \right)' = \frac{e^x - e^{-x}}{2} = \sinh x$$

$$(\sinh x)' = \left(\frac{e^x - e^{-x}}{2} \right)' = \frac{e^x + e^{-x}}{2} = \cosh x$$

$$(\tanh x)' = \left(\frac{\sinh x}{\cosh x} \right)'$$

$$= \frac{(\sinh x)' \cosh x - \sinh x (\cosh x)'}{\cosh^2 x}$$

$$= \frac{\cosh^2 x - \sinh^2 x}{\cosh^2 x} = \frac{1}{\cosh^2 x}$$

第2章

微分方程式

科学や社会で数学が華麗に活躍する場面の1つは「微分方程式」です。現象の仕組みを微分方程式で表現し、それを解くことで全体像や将来を理解・予測するのです。微分方程式は本書全般に現れますが、本章ではその基本的な考え方を学びます。また、微分方程式を計算機を活用して解く技術も少し学びます。

2.1 放射性炭素14の崩壊

微分方程式の題材として、放射性炭素 ^{14}C の崩壊過程を考えよう[1]：炭素には、原子量 12 の普通の炭素原子の他に、原子量 13 の炭素原子と原子量 14 の炭素原子がある。このうち原子量 14 の炭素原子 ^{14}C は放射線を出しながら徐々に崩壊して、原子量 14 の窒素原子 ^{14}N に変わる。

^{14}C の個数を、時刻 t の関数 $C(t)$ で表す。t から $t+dt$ の間（dt は微小量とする）に、その一部が放射性崩壊して窒素に変わる。その「一部」の量は、そのときの個数 $C(t)$ に比例する。これは母数（崩壊するもとの原子の数）が何倍かになれば、一定時間内の崩壊回数もそれだけ何倍かになる、というだけの話である。また、時間間隔 dt にも比例する。時間が長いほど崩壊もたくさん起きるからである。ただし、もし dt が長すぎると、その間にも母数 $C(t)$ がどんどん減ってくるので、これは成り立たない。しかしここでは dt は微小量だからその心配は無用だ。以上の考察から、

$$C(t+dt) = C(t) - \alpha C(t)\, dt \tag{2.1}$$

と書ける。α は何らかの正の定数である。右辺第 2 項の負号は $C(t)$ が減る方向ということを表す。こ

の式を微分の定義（式 (1.12) で f を C, x_0 を t, dx を dt としたもの），すなわち

$$C(t+dt) = C(t) + C'(t)\, dt \tag{2.2}$$

と比べれば、

$$C'(t) = -\alpha C(t) \tag{2.3}$$

もしくは同じことだが、

$$\frac{dC}{dt} = -\alpha C(t) \tag{2.4}$$

となる。これが、放射性炭素 14 の崩壊に関する微分方程式である。

「微分方程式」とは、関数の微分（導関数）を含むような方程式である。実際、式 (2.4) は左辺に関数 $C(t)$ の微分を含んでいる。これを「解く」ことで、炭素 14 の個数 $C(t)$ が時々刻々と求まるはずだ。

2.2 微分方程式の解法：変数分離法

では、式 (2.4) を解いてみよう。まず式 (2.4) の両辺に dt をかけて、

$$dC = -\alpha C(t)dt \tag{2.5}$$

となる[2]。この両辺を C で割って（以後、(t) は適宜、省略する[3]），

$$\frac{dC}{C} = -\alpha\, dt \tag{2.6}$$

この両辺に積分記号 $\int$ をつけて、不定積分をする：

---

[1] 「ライブ講義 大学 1 年生のための数学入門」6 章にも同じ話題がある。

[2] これは、式 (2.1) において $C(t+dt) - C(t)$ を dC と置くことに相当する。

[3] この話題に限らず、今後は、関数 $f(x)$ や $C(t)$ のような表記で、括弧内が特に変わった様子のないとき、つまり (x) や (t) のままのときは、適宜省略してもよい、と慣習的に約束しよう。

$$\int \frac{dC}{C} = \int (-\alpha)\, dt \tag{2.7}$$

$$\ln |C| = -\alpha t + K \tag{2.8}$$

ここで積分定数を K と置いた[*4]。従って，

$$|C| = e^{-\alpha t + K} = e^{K} e^{-\alpha t} \tag{2.9}$$

従って，

$$C = \pm e^{K} e^{-\alpha t} \tag{2.10}$$

これに $t = 0$ を代入すると，$C(0) = \pm e^{K}$ となる。式 (2.10) の右辺の $\pm e^{K}$ を $C(0)$ で置き換えて，

$$C(t) = C(0)\, e^{-\alpha t} \tag{2.11}$$

となる。これで式 (2.4) が解けた !!

このように，微分方程式の中の関数や変数の記号（この場合は C と t）を分離して整理し，各辺にはひとつの変数（関数）しか存在しないように変形した上で，それぞれの積分に持ち込むやり方を，変数分離法とよぶ。この方法はそのような変形ができる微分方程式にしか通用しないが，通用するときは強力である。

ところで，式 (2.4) の解である式 (2.11) には，$C(0)$ が残っている。これは最初の時点での炭素14の個数である。その情報が無ければ，将来の炭素14の個数はわからない。これはどのような微分方程式にも言えることである。微分方程式を最後まで解き切るには，式だけでなく，出発点となる「ある時点（時刻 0）での値」も必要なのである。それを初期条件という。

2.3 温度計の感度

さて以後，しばらく微分方程式の応用例を示す。いずれも変数分離法で解けるものだ。

まず温度計で気温を測ることを考える。正しい測定のためには，温度計のセンサー部分が気温と同じ温度にならなくてはならない。そのためには空気とセンサーの間で十分に熱交換する必要があり，それなりの時間がかかる。

時刻 t における温度計のセンサー部の温度を $T(t)$

とする。最初は T は T_0 であり，突然，温度 T_1 の空気にさらされたとしよう（$T_0 \neq T_1$ とする）。その後，温度計のセンサー部の温度が時刻 t とともにどのように変化するか考えよう。

物理学の基本法則として，温度が高いものから温度が低いものに向かって熱は移動する（熱力学第2法則）。いま，温度 T_1 の空気から温度 $T(t)$ のセンサーへ，温度差 $T_1 - T(t)$ に比例して熱が流れるとする。その係数を K とすると，単位時間あたりに流れる熱量 J は，

$$J(t) = K(T_1 - T(t)) \tag{2.12}$$

となる。従って，微小時間 dt の間に流れる熱量は，

$$J(t)\, dt = K(T_1 - T(t))\, dt \tag{2.13}$$

となる。また，温度計の熱容量（単位温度だけ上げるのに必要な熱量）を C とすると，温度計の温度は，「流れてきた熱量/C」のぶんだけ変化する。従って，時刻 $t + dt$ における温度は，時刻 t における温度に比べて，$K(T_1 - T(t))\, dt/C$ だけ変化する。それを式にすると，

$$T(t + dt) = T(t) + \frac{K(T_1 - T(t))\, dt}{C} \tag{2.14}$$

となる。この式を微分の定義（式 (1.12) で f を T，x_0 を t，dx を dt としたもの），すなわち

$$T(t + dt) = T(t) + T'(t)\, dt \tag{2.15}$$

と比べれば，

$$T' = \frac{K(T_1 - T(t))}{C} \tag{2.16}$$

となる。もしくは同じことだが，

$$\frac{dT}{dt} = \frac{K(T_1 - T(t))}{C} \tag{2.17}$$

となる。これが，温度計のセンサー部の温度を説明する微分方程式である。

問 10 式 (2.17) を解いてみよう。

(1) 式 (2.17) を変形して次式を示せ：

$$\frac{dT}{T_1 - T(t)} = \frac{K}{C}\, dt \tag{2.18}$$

(2) 前小問をもとに次式を示せ（D は任意の数）：

$$-\ln |T_1 - T(t)| = \frac{K}{C}\, t + D \tag{2.19}$$

[*4] 本来は両辺に積分定数が現れるが，それを右辺に K として集約した。

(3) 前小問をもとに次式を示せ：

$$T_1 - T(t) = \pm \exp\left(-\frac{K}{C}t - D\right) \quad (2.20)$$

(4) 初期条件（$t = 0$ の状況）を考えて，前小問を
もとに次式を示せ：

$$T_1 - T_0 = \pm \exp(-D) \quad (2.21)$$

(5) 式 (2.20)，式 (2.21) をもとに，次式を示せ：

$$T_1 - T = (T_1 - T_0) \exp\left(-\frac{K}{C}t\right) \quad (2.22)$$

(6) 前小問をもとに次式を示せ：

$$T = (T_0 - T_1) \exp\left(-\frac{K}{C}t\right) + T_1 \quad (2.23)$$

式 (2.23) によって，温度計のセンサー部の温度変化が説明できる。ここで，$\tau = C/K$ とおくと，式 (2.23) は次式のように書き換えられる：

$$T(t) = (T_0 - T_1) \exp\left(-\frac{t}{\tau}\right) + T_1 \quad (2.24)$$

τ は時定数（time constant）と呼ばれる。時定数はこの例だけでなく多くの現象について考えられる。すなわち，ある現象が時刻 t に対して $\exp(-t/\tau)$ の関数形（もしくはそれに定数を足したり掛けたりした形）で表現されるとき，τ を時定数という（時定数の一般的な定義）。

問 11　温度計のセンサー部の温度変化（式 (2.24)）について，

(1) $T(0) = T_0$，$T(\infty) = T_1$ となることを確かめよ。
(2) $T_0 > T_1$ と $T_0 < T_1$ のそれぞれの場合について $T(t)$ のグラフを描け（図 2.1，図 2.2 のようになるはず）。
(3) それらのグラフは時定数 τ が大きくなるとどう変化するか？
(4) $T(\tau)$ は T_0 と T_1 の間のどのあたりの値か？
(5) 時定数 30 s のサーミスタ温度計（電気抵抗と温度の関係を利用した温度計）を，室内（気温 20℃ 程度）から屋外に持ち出し，1 分後に気温が 32℃ と測定された。それにはどのくらいの不確かさがあるか？　不確かさを 0.5℃ 以内に収めるにはどのくらい待たねばならないか？

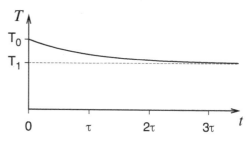

図 2.1　温度計の温度の変化（$T_0 > T_1$ の場合）。

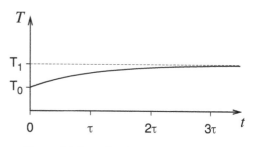

図 2.2　温度計の温度の変化（$T_0 < T_1$ の場合）。

通常，時定数は測定器に固有の量である。時定数が小さいと感度は良いがノイズを拾いやすく，また，値が安定しない。時定数が大きいと値は安定するが，急激な変化に追随できない。何かを測定する際は，その現象の時間変動を考慮して適切な時定数の測定器を使うべきである。

問 12　時定数とは何か？

問 13　温度計の時定数を上げるには，どのようにすればよいか？

2.4　生物の個体群動態：ロジスティック方程式

ここでは生物学の話題として，高校の生物学で習った「生物の個体群動態」を考える。それはこのような問題である。

ある微生物の個体数 $N(t)$ を考える（t は時刻）。個体数の増加（生殖）は個体数に比例し，その係数（自然増加率という）を α とする。すなわち，微小時間 dt の間に自然に増加する個体数は $\alpha N\, dt$ である。

一方，個体どうしが出会うと餌や住処をめぐって争いが起き，負けた個体は死亡する。微小時間 dt

の間にいずれかの 2 個体が出会う頻度は，2 個体の組み合わせの数 $_NC_2 = N(N-1)/2$ と dt に比例するので，個体の減少は $\beta N(N-1)\,dt$ と書ける（β は何らかの定数）。従って，dt の間に増減する正味の個体数は，$\alpha N\,dt - \beta N(N-1)\,dt$，すなわち $(\alpha - \beta)N\,dt - \beta N^2\,dt$ となる。ここで便宜的に $\alpha - \beta$ を α と置きなおせば，$N(t)$ は以下を満たす：

$$N(t + dt) = N(t) + \alpha N\,dt - \beta N^2\,dt \quad (2.25)$$

これを微分の定義と比べて，以下の微分方程式を得る。これをロジスティック方程式という。

$$\frac{dN}{dt} = \alpha N - \beta N^2 \quad (2.26)$$

問 14 式 (2.26) を解いてみよう。ただし α, β は定数で，初期条件を $N(0) = N_0$ とする。

(1) この方程式を変数分離し，左辺に N，右辺に t をまとめ，それを部分分数展開すると，以下のようになることを示せ（ヒント：わからない場合は式 (2.27) から式 (2.26) に変形できることを確認すればよい）：

$$\frac{\beta}{\alpha}\left(\frac{1}{\beta N} + \frac{1}{\alpha - \beta N}\right)dN = dt \quad (2.27)$$

(2) これを積分すると，以下のようになることを示せ（C は積分定数）：

$$\ln\left|\frac{N}{\alpha - \beta N}\right| = \alpha t + C \quad (2.28)$$

(3) これを変形して次式を示せ：

$$\frac{N}{\alpha - \beta N} = \pm\exp(\alpha t + C) \quad (2.29)$$

(4) 初期条件を用いて，次式を示せ：

$$\pm e^C = \frac{N_0}{\alpha - \beta N_0} \quad (2.30)$$

(5) 以上より，以下を示せ：

$$N(t) = \frac{N_0 e^{\alpha t}}{1 + N_0\beta(e^{\alpha t} - 1)/\alpha} \quad (2.31)$$

(6) この関数 $N(t)$ のグラフを描け。結果は図 2.3 のようになるはず。

これが，高校の生物学で習った個体群の成長曲線である。ロジスティック曲線ともいう。実はそれ

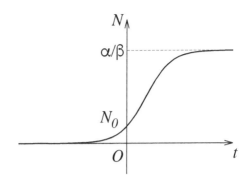

図 2.3 ロジスティック方程式 (2.26) の解。

は前章で学んだ双曲線関数（ハイパボリックタンジェント）なのである：

問 15 式 (2.31) は，以下のように変形できることを示せ：

$$N = \frac{\alpha}{2\beta}\left\{\tanh\left(\frac{\alpha t}{2} + \frac{1}{2}\ln\frac{N_0\beta}{\alpha - N_0\beta}\right) + 1\right\} \quad (2.32)$$

さて，グラフを描いてわかったように，十分長く時間がたてば，$N(t)$ は一定値に収束する。このようにほとんど一定値に至った状態を定常状態という。定常状態では，N はほとんど増えないから，$dN/dt = 0$ としてよい。すると式 (2.26) が 0 になるということだから，$\alpha N - \beta N^2 = 0$ となり，すなわち，$N = \alpha/\beta$ となる。つまり，定常状態では個体数 N は α/β となる。これが，その空間に微生物が末永く生息できる個体数の最大値である。生物学ではこの値を「環境収容力」と呼び，K と表す。また，生物学では，α を「内的増加率」と呼び，r と表す。

よくある質問 32　N が α/β を超えることはないのですか？⋯ それは個体数が環境収容力を上回った時ですね。実際の自然では，何かの拍子に N がたまたま大きくなってそういうことになるかもしれません。その場合は，dN/dt が負になるので N は減少し，十分に時が過ぎれば，$N = \alpha/\beta$ となり，$dN/dt = 0$，つまり定常状態に復帰します。

問 16 K と r を使うと，式 (2.26) は，

$$\frac{dN}{dt} = r\left(1 - \frac{N}{K}\right)N \quad (2.33)$$

となることを示せ。

2.5　微分方程式の解法： テーラー展開

　微分方程式の解法には変数分離法以外にも様々なものがある。ここではテーラー展開（マクローリン展開）を使う方法も紹介しておこう。

　例として P.30 式 (2.3) と同じ微分方程式を考える：

$$C'(t) = -\alpha C(t)$$

　まず P.14 式 (1.125) の $f(x)$ を $C(t)$ で置き換えよう。すると，

$$C(t) = \frac{C(0)}{0!} + \frac{C'(0)}{1!}t + \frac{C''(0)}{2!}t^2 +$$
$$\cdots + \frac{C^{(n)}(0)}{n!}t^n + \cdots \qquad (2.34)$$

となる。ところが，式 (2.3) より，$C'(t) = -\alpha C(x)$ であり，さらにその両辺を x で微分すれば，

$$C''(t) = -\alpha C'(t) = (-\alpha)^2 C(t) \qquad (2.35)$$

である。これを何回も繰り返すと，

$$C^{(n)}(t) = (-\alpha)^n C(t) \qquad (2.36)$$

であることがわかるだろう。そして $t = 0$ を入れれば，$C^{(n)}(0) = (-\alpha)^n C(0)$ である。すると式 (2.34) は，以下のようになる：

$$C(t) = \frac{C(0)}{0!} + \frac{(-\alpha)C(0)}{1!}t + \frac{(-\alpha)^2 C(0)}{2!}t^2 + \cdots$$
$$+ \frac{(-\alpha)^n C(0)}{n!}t^n + \cdots$$
$$= C(0)\left\{ \frac{1}{0!} + \frac{(-\alpha t)}{1!} + \frac{(-\alpha t)^2}{2!} + \cdots \right.$$
$$\left. + \frac{(-\alpha t)^n}{n!} + \cdots \right\} \qquad (2.37)$$

　この式を P.14 式 (1.126) と比べると，以下が言える：

$$C(t) = C(0)\exp(-\alpha t) \qquad (2.38)$$

となる。これで式 (2.3) が解けたことになる!!

　このように，テーラー展開（マクローリン展開）は微分方程式を解くのにも役立つ。それは，前章で述べたように，テーラー展開は関数の「ある場所」

での高階微分係数がわかっていれば，それをもとに関数全体を再現する理論であるからだ。関数の高階微分係数が微分方程式からぜんぶわかれば，素直にそれが使えるのである[5]。

　この方法を使うと，変数分離法では解けない微分方程式が解けることがあることを次例で示そう：

例 2.1

　図 2.4 のような，壁につけられたバネ（バネ定数 k）とおもり（質量 m）を考えよう。

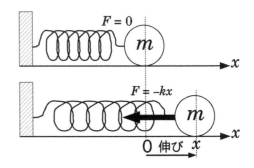

図 2.4　バネにつけられて振動するおもり

　おもりと床面の間に摩擦力は働かないとする。おもりやバネに働く空気抵抗は無視する。バネ自体の質量も無視する。バネはこの図の左右方向にのみ伸び縮みし，おもりもこの図の左右方向にしか動かないとする。おもりの動き得る線上に x 軸をとり，バネが自然長の状態であるときのおもりの位置を原点（$x = 0$）とし，バネが伸びる方向を x 軸の正の方向とする。時刻 t におけるおもりの位置を $x(t)$ とする。

　このおもりを，位置 x_0 まで動かし，そこから静かに手を放す。すると，おもりは左右に振動運動をはじめることは，諸君の日常経験から明らかだろう。この運動を物理学の理論で考察しよう。

　一般に，物理学では，質量 m の物体の位置 $x(t)$ と，物体にかかる力 F との間には，

$$F = m\frac{d^2 x}{dt^2} \qquad (2.39)$$

の関係がある（運動方程式）。F と初期条件（最初の時刻での物体の位置と速度）を知っていれば，物体の運動はこの微分方程式を数学的に解くことで予

---

*5　ただしこの作戦が全ての微分方程式に通用するわけではない。

想できる。それが「ニュートン力学」の根本的な考え方である。

また，一般的に，バネは，自然長から x だけ伸びると，

$$F = -kx \tag{2.40}$$

という力を生じることが知られている。k は「バネ定数」と呼ばれる，それぞれのバネに固有の正の定数である[*6]。中学校で習ったように，この法則をフック(Hooke)の法則と呼び，このような力を弾性力とよぶ。

式 (2.39) と式 (2.40) を連立すると，

$$m\frac{d^2x}{dt^2} = -kx \tag{2.41}$$

となる。ここで後々の計算を簡単にするために，

$$\omega := \sqrt{k/m} \tag{2.42}$$

とすると，

$$\frac{d^2x}{dt^2} = -\omega^2 x \tag{2.43}$$

となる。これは関数 $x(t)$ の微分方程式だが，これまでと違うのは左辺が 2 階の導関数ということだ（これまでの例はぜんぶ 1 階だった）。これは単純な変数分離法では解けない。そこでマクローリン展開を使う方法を試してみよう。

まず，初期条件は，

$$x(0) = x_0, \quad x'(0) = 0 \tag{2.44}$$

である。前者は初期位置，後者は「静かに手放す」（初速度がゼロ）に対応する。次に，式 (2.43) より，

$$x''(0) = -\omega^2 x(0) = -\omega^2 x_0 \tag{2.45}$$

$$x^{(4)}(0) = -\omega^2 x''(0) = \omega^4 x(0) = \omega^4 x_0 \tag{2.46}$$

$$\cdots$$

$$x^{(2n)}(0) = (-1)^n \omega^{2n} x(0) = (-1)^n \omega^{2n} x_0 \tag{2.47}$$

となる。一方，$x'(0) = 0$ だから，

$$x^{(3)}(0) = -\omega^2 x'(0) = 0 \tag{2.48}$$

$$x^{(5)}(0) = -\omega^2 x^{(3)}(0) = \omega^4 x'(0) = 0 \tag{2.49}$$

$$\cdots$$

$$x^{(2n+1)}(0) = (-1)^n \omega^{2n} x'(0) = 0 \tag{2.50}$$

となる。つまり奇数階の微分係数（$t = 0$ での）は全て 0 になり，$x(t)$ のマクローリン展開は，

$$\begin{aligned}
x(t) &= \frac{x_0}{0!} - \frac{\omega^2 x_0}{2!}t^2 + \frac{\omega^4 x_0}{4!}t^4 - \cdots \\
&= x_0\left(\frac{1}{0!} - \frac{(\omega t)^2}{2!} + \frac{(\omega t)^4}{4!} + \cdots\right)
\end{aligned} \tag{2.51}$$

となる。式 (2.51) 右辺の括弧内は，$\cos\theta$ のマクローリン展開（P.15 式 (1.128)）において，$\theta = \omega t$ と置いたものである。従って，

$$x(t) = x_0 \cos \omega t \tag{2.52}$$

となる。式 (2.42) を使うと，

$$x(t) = x_0 \cos \sqrt{\frac{k}{m}}\, t \tag{2.53}$$

これが式 (2.43) の解である。

問 17 上と同様のバネ・おもりの系で，異なる初期条件：初期位置は $x(0) = 0$ で，初速度 $x'(0) = v_0$ とするとき，式 (2.43) をマクローリン展開によって解け。ヒント：こんどは偶数階の微分係数が 0 になるよ！

2.6 微分方程式の解法：数値解析

前節までは，微分方程式を理論的に式変形して解いた。それを「解析的に解く」といい，その解を解析解とよぶ。実は，ほとんどの微分方程式は解析的には解けない。そこで計算機で近似的に解く。それを「数値的に解く」という（数値的に解かれた結果を数値解という）。ここではその最もシンプルな方法であるオイラー法を紹介する。これらを含めて，計算機で問題を数値的に解く技術体系を数値解析という。

まずオイラー法の一般論を述べる。いま，変数 x の関数 $f(x)$ に関する微分方程式

$$f'(x) = F(f(x), x) \tag{2.54}$$

[*6] 式 (2.40) の右辺のマイナスは，力の方向が x とは逆方向であることを表す。たとえば x が正なら，バネは伸びているが，そのときバネは縮もうとする力（伸びとは逆方向の力）を生じる。逆に，x が負なら，バネは縮んでいるが，そのときバネは伸びようとする力（縮みとは逆方向の力）を生じる。

を考える[*7]。F は，$f(x)$ と x に関する何らかの関数である。まず，微分の定義から，

$$f(x + dx) = f(x) + f'(x)\,dx \qquad (2.55)$$

である（dx は微小量）。微分の最初の発想である P.3 式 (1.9) に戻れば，Δx がそこそこ 0 に近い量のとき[*8]，

$$f(x + \Delta x) \fallingdotseq f(x) + f'(x)\Delta x \qquad (2.56)$$

である。ここで，ある具体的な x（多くの場合は 0）について $f(x)$ の値がわかっているとする（初期条件）。すると，式 (2.54) から，$F(f(x), x)$ を求めることで $f'(x)$ が決まり，それを式 (2.56) に入れることで $f(x + \Delta x)$ の値が近似的に求まる（ここまでが最初のステップ）。

次に，$f(x + 2\Delta x)$ についても同様に考えれば，

$$f(x + 2\Delta x) = f((x + \Delta x) + \Delta x)$$
$$\fallingdotseq f(x + \Delta x) + f'(x + \Delta x)\Delta x \qquad (2.57)$$

となるが，この右辺の $f(x + \Delta x)$ は最初のステップで求まっており，さらに $f'(x + \Delta x)$ は，式 (2.54) を使って $F(f(x + \Delta x), x + \Delta x)$ を計算することで決めることができる。それらを式 (2.57) の右辺に代入して $f(x + 2\Delta x)$ が推定できる（ここまでが 2 番めのステップ）。

このようなステップを愚直に繰り返せば，そのたびごとに $f(x + n\Delta x)$ が求まる（$n = 1, 2, 3, \cdots$）。つまり，$f(x)$ の全体像が，Δx ごとの**とびとびの値**の x についてのみ，かつ，**近似的**ではあるが，芋づる式に求まる。これがオイラー法だ。

といってもよくわからないだろうから，実際にやってみよう。前章（P.33）で見たロジスティック方程式：

$$N'(t) = \alpha N - \beta N^2 \qquad (2.58)$$

を数値的に解いてみよう。上の一般論との対応は，x は t で，$f(x)$ は $N(t)$ で，$F(f(x), x)$ は $\alpha N - \beta N^2$

である。式 (2.56) に対応して，そこそこ 0 に近い量 Δt について

$$N(t + \Delta t) \fallingdotseq N(t) + N'(t)\Delta t \qquad (2.59)$$

である。この右辺を式 (2.58) を使いつつ Δt ごとに計算して左辺（次のステップの t での N の値）を近似的に求めるのだ。ここでは $\alpha = 1.0, \beta = 0.005$，$N(0) = 10$ の場合を計算してみよう。時刻の刻みは $\Delta t = 0.2$ とする[*9]。エクセルや Libreoffice 等の表計算ソフトで次のような表を用意しよう：

	A	B	C
1	t	$N'(t)$	$N(t)$
2	0.0	=C2-0.005*C2^2	10
3	0.2		=C2+B2*(A3-A2)
4	0.4		
...	...		
47	9.0		

1 行目はメモである。A 列に時刻を記入する。セル A2 に 0 と入れ，セル A3 に "=A2+0.2" と入れ，それをコピーしてセル A4 からセル A47 くらいまでにペーストすれば，0, 0.2, 0.4, 0.6, $\cdots$, 9.0 のように，0 から 9 までの時刻の並びが 0.2 刻みで A 列にできあがる。

セル C2 には初期条件つまり $N(0)$ の値（ここでは 10）を入れる。初期条件は問題設定時に人間が決めておく必要がある。初期条件の与えられていない微分方程式を数値的に解くことはできない[*10]。

セル B2 には，$N'(0)$ を求めるルール，すなわち微分方程式の右辺（式 (2.54) の F，ここでは式 (2.58) の $\alpha N - \beta N^2$）を記述する。セル C2 が $N(0)$ に相当するから，それを用いて「=C2-0.005*C2^2」と入力する。

セル C3 には $N(t + \Delta t)$ を求めるルール，すなわち式 (2.56) すなわちここでは式 (2.59) に相当する内容を記述する。右辺の $N(t)$ はセル C2 に相当し，$N'(t)$ はセル B2 に相当し，Δt は A3-A2 に相当す

[*7]　全ての微分方程式がこのような形にできるとは限らないが，今はこういう形にできる微分方程式だけを考える。

[*8]　微小量 dx は「限りなく 0 に近い」という，あくまで仮想的な量だが，現実的な量はどんなに 0 に近くても，ある程度の大きさを持つ。そのような現実的に 0 に近い量を「有限の微小量」とよび，Δx のように，（d のかわりに）Δ をつけて区別する。

[*9]　α や β や N や t の単位は？ と思うところだが，それは問題に応じて決まることである。数値計算するときは，その単位は剥ぎとって行う。なんか気持ち悪いが，計算機は単位のことは理解してくれないので仕方がない。ここでは単位を剥ぎとった後の問題として設定する。

[*10]　解析的に解く場合は，初期値は未定のまま（積分定数が残る形で）解ける。

る。つまり，「=C2+B2*(A3-A2)」と入力すればよい[*11]。

あとは，セル B2 をセル B3 からセル B47 まで，セル C3 をセル C4 から C47 まで，それぞれコピーペースト。これで C 列に，微分方程式の数値解ができあがる。

問 18 A 列と C 列を選択して，$N(t)$ のグラフを描いてみよ（散布図を選ぶこと！）。比較対象として，D 列に，解析解である P.33 式 (2.31) に初期条件と定数を代入した，

$$N(t) = \frac{10\,e^t}{1 + 10 \times 0.005(e^t - 1)} \tag{2.60}$$

を各 t について計算し，それも重ねて描いてみよ。結果は図 2.5 のようになるはず。2 つのグラフのわずかな隙間は数値解の誤差のためである[*12]。

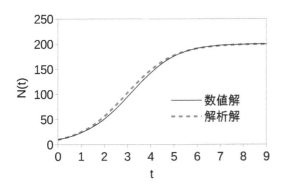

図 2.5 ロジスティック方程式の数値解と解析解（式 (2.60)）。

実は，ここで学んだ数値解法が使っているのは，P.13 で見た「微積分学の基本定理」の 1 歩前の，式 (1.117) である（再掲）：

$$f(b) \fallingdotseq f(a) + \sum_{k=1}^{n} f'(\xi_k)\Delta x_k \tag{2.61}$$

[*11] これは「ライブ講義 大学 1 年生のための数学入門」で学んだ数値積分と同じである（$N'(t)$ の数値積分）。

[*12] 注意：計算機でグラフを作るときは，以下のことに気をつけるべきである：

- 1 枚のグラフ上の複数の線が見分けできるように。特に，白黒で印刷するとき。
- それぞれの線が何を表しているのか，凡例などに明記すること。

左辺が求めたい関数（の Δx きざみでの値）であり，右辺の $f(a)$ が初期条件であり，ξ_k はオイラー法では x_{k-1}（区間の左端）である。この式が「等式」でなく「近似式」であることから明白なように，**数値解は厳密には正しくない近似的な解である**ことを忘れてはならない。数値解を扱うときはその誤差が許容範囲に収まるように，常に注意・工夫すべきである。たとえば時間間隔 Δt を小さくすれば式 (2.61) の精度は良くなるが，小さすぎる Δt は計算量を莫大にするし，別の誤差も生む（ここでは詳細は述べないが，情報落ちという）。f' の求め方を工夫して精度を改良する，ルンゲ・クッタ法と呼ばれる技術などもある。

問 19 時間の刻み幅 Δt を短くすることで，数値解と解析解の差が縮小することを確認せよ。

2.7 生物の個体群動態： ロトカ・ヴォルテラ方程式

さて，ロジスティック方程式は単一の生物種にしか適用できない。しかし生態系は複数の種が互いに競合している。その様子を微分方程式でモデル化してみよう：

いま，ひとつの島に羊と狼がいて，それぞれの個体数を $S(t)$ と $W(t)$ とする。例によって t は時刻である。

羊は島に生える草を食べて生き（島の草は無尽蔵にあるとする），増殖する。この増殖は羊の個体数（つまり親羊の数）に比例するので，微小時間 dt における羊の増殖数は，$\alpha_1 S\,dt$ となる（α_1 は適当な正の定数で，羊の自然増加率である）。ところが羊が狼に出会うと喰われてしまう。1 匹の羊が狼に出会う確率は狼の数 W に比例する。これが全ての羊にあてはまるので，羊と狼の出会う数は W と S の積に比例する。従って，微小時間 dt において羊が狼に出会って喰われてしまう数は，$\beta_1 SW\,dt$ となる（β_1 は適当な正の定数）。従って，微小時間 dt における羊の数の増分 dS は次式になる：

$$dS = \alpha_1 S\,dt - \beta_1 SW\,dt \tag{2.62}$$

一方，狼だが，彼らは草を食べないので，餌（羊）を捕まえないと，徐々に死んでいく。その自然減少

は $-\alpha_2 W\,dt$ となる（α_2 は適当な正の定数）。一方,狼は羊を喰うことで寿命が延びたり生殖力が上がったりする。それによる増殖は,羊と狼の出会いの数に比例するとすれば,羊が狼に喰われるときと同じような理屈で,$\beta_2 SW\,dt$ となる（β_2 は適当な正の定数）。従って,微小時間 dt における狼の数の増分 dW は次式になる：

$$dW = -\alpha_2 W\,dt + \beta_2 SW\,dt \tag{2.63}$$

問 20　羊の増分の式では SW にかかる係数がマイナスであり,狼の増分の式では SW にかかる係数がプラスであることの理由を述べよ。

式 (2.62), 式 (2.63) のそれぞれについて両辺を dt で割ると,以下の微分方程式が得られる：

$$\frac{dS}{dt} = \alpha_1 S - \beta_1 SW \tag{2.64}$$

$$\frac{dW}{dt} = -\alpha_2 W + \beta_2 SW \tag{2.65}$$

よくある質問 33　羊の自然減,狼の自然増は考えなくてもよいのですか？… 羊の自然減は,羊の自然増と同様に,羊の頭数に比例するので,結局は α_1 にまとめられるのです。狼の自然増についても同様。

これらの 2 つの式（式 (2.64) と式 (2.65)）をまとめて**ロトカ・ヴォルテラ方程式**とよぶ。ロトカ・ヴォルテラ方程式は,ひとつの変数 t を共有する複数の関数 $S(t)$, $W(t)$ に関する連立微分方程式である[13]。

では実際にこの方程式を,数値的に解いてみよう。ここでは,$S(0) = 2.0$, $W(0) = 1.0$, $\Delta t = 0.01$, $\alpha_1 = 1.1$, $\alpha_2 = 1.3$, $\beta_1 = 0.6$, $\beta_2 = 0.6$ のケースを解いてみよう（羊や狼の数が小数になるのは変と思うかもしれないが,これに 100 頭や 1000 頭といった単位が本当はついていると考えればよい）。まずスプレッドシートを立ち上げて,次のように入力していく：

---

[13] それと似た概念に,複数の変数によって記述される微分方程式「偏微分方程式」がある（後述）。そちらは複数の変数に依存するひとつの関数に関する方程式だ。混同しないようにしよう。

	A	B	C	D	E
1	Δt	α_1	α_2	β_1	β_2
2	0.01	1.1	1.3	0.6	0.6
3	t	$S'(t)$	$W'(t)$	$S(t)$	$W(t)$
4	0.0			2.0	1.0
5					
6					
...					

ここで,t の刻み幅 Δt や各種パラメータ（α_1 など）の値を第 2 行にまとめておき,それを参照しながら計算させよう。そうすれば,これらの値を後から簡単に変えてみることができる。第 1 行は第 2 行のためのメモである。

第 4 行には初期値（$t = 0.0$ と,そのときの S, W の値）を入れる。第 3 行は第 4 行以下のためのメモである。

次に,セル A5 に「=A4+A\$2」と入れ（ドルマークを忘れないように！これは「絶対参照」を指定する記号）,これを A6 以下 A1500 くらいまでの A 列にコピーペースト。こうすれば,A2 の値を適当に変えると t の刻みが変更され,A5 以下の列全体に自動的に反映される。

次に,セル B4 に,羊の微分方程式を「=B\$2*D4 − D\$2*D4*E4」と記述し（ドルマークの有無に注意！）,これを B5 以下の B 列にコピーペーストする。同様にセル C4 に狼の微分方程式を記述し,C5 以下の C 列にコピーペーストする。

積分は,さっき解いた微分方程式の例と同様である。D5 以下の D 列には B 列の積分,E5 以下の E 列には C 列の積分に関するルールをそれぞれ書き込めばよい（例：D5 には「=D4+B4*(A5−A4)」と記述）。

これで羊の数の計算結果が D 列に,狼の数の計算結果が E 列にできあがるはずだ。

問 21　上の計算を実際にパソコンで,$t = 0$ から $t = 15$ まで行い,$S(t)$, $W(t)$ を,横軸を t とするグラフに重ねてかけ。

問 22　4 つのパラメータ α_1, α_2, β_1, β_2 を適当に少しずつ変化させ,S と W のグラフがどう変わるか観察せよ。ヒント：第 2 行の値を変えるだけ

で，表計算ソフトは自動的に計算をやり直し，グラフを描き直してくれるだろう。

問23　この数値解のグラフでは，羊が増え始めるとその後を追って狼が増え，やがて羊が減り，その後を追って狼が減る。しばらくしたらまた羊が増え始め，その後を追って…ということが繰り返される。そうなる理由を説明せよ。

このグラフでは，羊と狼が増減を繰り返すが，その振幅はわずかに大きくなっていく。これは計算誤差のためである。Δt の値を大きくしてみると（0.05 など），それが顕著になる。

問24　もし島の草が無尽蔵でなければ，羊が増えすぎると草を巡って羊どうしの競合が起きる。それによる羊の数の減少（時間間隔 Δt における）を $\gamma S^2 \Delta t$ としよう（これはロジスティック方程式の考え方と同じである）。これを用いてロトカ・ヴォルテラ方程式を書き換えよ。（ヒント：dS/dt の式の右辺に項をひとつ追加。dW/dt の式は不変）。そしてそれを数値的に解け。$\gamma = 0.1$ とし，その他の係数や初期条件は問21と同じとする。γ を適当に変えると解はどう変わるか？

以上，見てきたように，生物の個体群動態の微分方程式は，生殖で増えていく単純な考え方に，種内での競合に関する項をつけたり（ロジスティック方程式），複数の種の競合関係（捕食・被食）を考えたり（ロトカ・ヴォルテラ方程式）することで，いろんな仕組み（プロセス）を取り入れていく。そうやって微分方程式は現実の複雑な自然・社会の現象に肉薄していくのだ。それを支えるのは，微分方程式という考え方のシンプルさである。

たとえば，羊が生殖で子を増やすプロセスと，羊が狼に喰われるプロセスは，別々に考えて別々の項として表現する。この2つの活動が互いに影響を及ぼすことは無いと考えるのである。

このように個々のプロセスを別々の項として扱い，それらを組み合わせるという単純な考え方が可能なのは，「微小な時間間隔」（dt や Δt）で考えるからだ。時間が短ければ，複数のプロセスが複合的に起きる時間的余裕は無いから単純になるのだ（た

とえば諸君の人生は長く続くが，この1秒間に限れば，君たちは本書の次の字を読む，鉛筆を取る，席を立つ，くらいの中の1つしかできないだろう）。

微分方程式のシンプルさを支えるもうひとつの考え方は線型近似である。どんなに複雑なプロセスも，短い時間間隔では，ざっくり線型近似できてしまうことが多い。その場合，線型近似によってシンプルに表された項を微分方程式に付け加えるだけでよい。線型近似は「近似」ではあるが，時間間隔がゼロに近づくほど精度は良いことを思い出そう。

さて，前述のように，微分方程式では，式の各項がそれぞれ独立したプロセスを意味する。だから，微分方程式をひとつひとつの項にばらして，各項について「ああ，この項はこういうプロセスを表現しているんだな」と判読できる。つまり微分方程式を「読む」ことができる。

そうなると，微分方程式はもはや「言葉」であり，現象の仕組みを表現・伝達する手段として使われるのだ。諸君は今後，物理学や化学，生物学，経済学などの教科書や論文を読むとき，しばしば微分方程式に出会うだろう。その多くの場合，著者は微分方程式を「解くべき問題」としてではなく表現手段として使っている。もちろん，原理的にはそれを解くこともできるのだろう。しかし諸君に要求されるのは，それをまずは「読む」ことであり，それによって，現象の背後にあるプロセスをシステムとして「理解」し，微分方程式を「改良」していくことである。（解く必要があれば，計算機が解いてくれる！）。

よくある質問34　狼は，共食いはしないのですか？
… 狼の習性はよく知りませんが，もし共食いするなら，ロジスティック方程式の考え方（$-\beta N^2$ の部分）で表現できるでしょう。つまりロトカ・ヴォルテラ方程式の狼の方程式の右辺に，$-W^2$ に比例する項を付け加えるのです。

問25　ロトカ・ヴォルテラ方程式を拡張して，3種の生物の食物連鎖を記述せよ。適当な初期条件と係数を設定して，数値的に解いてみよ。

2.8　化学反応速度論

ロトカ・ヴォルテラ方程式の考え方は，実は化学

反応速度の考え方とよく似ている。そこで，ついでに化学反応速度について少し学んでおこう。以下，化学物質 X の濃度を [X] と表記する。

2 つの化学物質 A, B の間に，

$$2A \longrightarrow B \tag{2.66}$$

という反応が成り立つ場合を考えよう。反応は左から右に一方向にしか進まないとする。微小時間 dt の間に A から B に変化する量は，dt に比例するだけでなく，[A] の 2 乗，すなわち $[A]^2$ にも比例する。なぜか？ これはロジスティック方程式を考えたのと同じ理屈だ。ひとつの A 分子が別の A 分子にぶつかることで反応が起きるのだから，反応の回数は「ぶつかり」の回数に比例するはずだ。そして，ぶつかりの回数は，A の個数の 2 乗に比例する[*14]。従って，時間間隔 dt の間に A から B に変化する反応の回数は，$[A]^2 dt$ に比例するはずだ。この回数（の 2 倍）だけ，[A] は減るわけだ。従って，dt の間の [A] の変化量 $d[A]$ は，ある定数 k（反応速度定数）を用いて，

$$d[A] = -k[A]^2 dt \tag{2.67}$$

となる。すなわち，[A] は，

$$\frac{d[A]}{dt} = -k[A]^2 \tag{2.68}$$

という微分方程式を満たすだろう。式 (2.68) のように，反応速度が物質量の 2 次式で表現されるような化学反応を 2 次反応という。

次に，3 つの化学物質 A, B, C の間に，

$$A + B \longrightarrow C \tag{2.69}$$

という反応が成り立つ場合を考えよう（A, B は式 (2.66) の A, B とは違う化学物質とする）。この場合もまた，反応は左から右に一方向にしか進まないとする。これは，A 分子と B 分子の「ぶつかり」によって生じる反応なので，反応の回数は，$[A][B]dt$ に比例する。これはロトカ・ヴォルテラ方程式でも出てきた考え方である。羊と狼が出会う頻度がそれぞれの頭数の積に比例したように，物質 A の分子と

物質 B の分子が出会う（衝突する）頻度は両者の濃度の積に比例する。分子どうしが出会うことによって反応が起きるのだから，反応速度がこの頻度に比例するのは当然である。従って，[A] は，

$$\frac{d[A]}{dt} = -k[A][B] \tag{2.70}$$

という微分方程式を満たすだろう（この k は，式 (2.68) の k とは別である）。式 (2.70) の右辺は 2 次式なので，これも「2 次反応」である。

では次に，化学反応に酵素（触媒）が関与する場合を考えよう。材料となる物質（反応前の物質）を物質 S と呼び（substrate の頭文字），反応後の物質（生成物）を物質 P とよぶ（product の頭文字）。酵素を E とよぶ（enzyme の頭文字）。反応は次式のようになる：

$$E + S \;\rightleftarrows\; ES \;\rightarrow\; E + P \tag{2.71}$$

これは 2 段階の反応だ。最初の反応では，E と S がくっついて，中間体 ES ができる（反応が右向きに進む場合；反応速度定数を k_{+1} とする）のと，ES が分解して E と S に戻る（反応が左向きに進む場合；反応速度定数を k_{-1} とする）のとが同時並行で起きる。2 段目の反応では，ES が E と P に変わる。この 2 段目の反応は右向き（反応速度定数を k_2 とする）だけであり，左向きには進まないことに注意しよう。また，2 段階の反応を経て，E は E に戻ることにも注意。

また，酵素 E は最初に $[E_0]$ という濃度だったとし，反応中に新たに供給されたりどこかに流失したりはしないとする。すると，次式が成り立つはずである：

$$[E] + [ES] = [E_0] \tag{2.72}$$

問 26　式 (2.71) の反応において，次式が成り立つことを説明せよ：

$$\frac{d[E]}{dt} = -k_{+1}[E][S] + k_{-1}[ES] + k_2[ES] \tag{2.73}$$

$$\frac{d[P]}{dt} = k_2[ES] \tag{2.74}$$

さて，反応が定常状態であるとき（一定の速度で

[*14] 厳密にいうと，個数 ×（個数 −1）に比例するが，化学反応で考える分子は 10 の何乗個といった膨大な数なので，−1 は無視する。

次々に P が生成され，それに応じて次々に S が供給されている時），[E] と [ES] は一定と考えてよい。その場合，$d[\mathrm{E}]/dt = 0$ なので，式 (2.73) より，次式が成り立つ：

$$-k_{+1}[\mathrm{E}][\mathrm{S}] + k_{-1}[\mathrm{ES}] + k_2[\mathrm{ES}] = 0 \qquad (2.75)$$

問 27

(1) 式 (2.72) と式 (2.75) から次式を示せ：

$$-k_{+1}[\mathrm{E}_0][\mathrm{S}] + [\mathrm{ES}](k_{+1}[\mathrm{S}] + k_{-1} + k_2) = 0 \qquad (2.76)$$

(2) 式 (2.76) から次式を示せ：

$$[\mathrm{ES}] = \frac{k_{+1}[\mathrm{E}_0][\mathrm{S}]}{k_{-1} + k_2 + k_{+1}[\mathrm{S}]} \qquad (2.77)$$

(3) 次式を示せ：

$$\frac{d[\mathrm{P}]}{dt} = \frac{k_{+1}k_2[\mathrm{E}_0][\mathrm{S}]}{k_{-1} + k_2 + k_{+1}[\mathrm{S}]} \qquad (2.78)$$

(4) $k_2[\mathrm{E}_0] = V_{\max}$ とし，$(k_{-1} + k_2)/k_{+1} = K_{\mathrm{m}}$ とする。生成物の生成速度，すなわち $d[\mathrm{P}]/dt$ を v とする。次式を示せ：

$$v = \frac{V_{\max}[\mathrm{S}]}{K_{\mathrm{m}} + [\mathrm{S}]} \qquad (2.79)$$

ヒント：(1) 2 つの式から [E] を消去。(2) 式 (2.76) を変形（中学数学）。(3) 式 (2.74) の [ES] に前小問の式を代入。(4) 式 (2.78) の分子と分母を k_{+1} で割る。

式 (2.79) を<u>ミカエリス・メンテンの式</u>という。

問 28 式 (2.79) について考える。

(1) $[\mathrm{S}] = 0$ のとき $v = 0$ であることを示せ。

(2) $[\mathrm{S}] \to \infty$ で，v は $V_{\max}$ に近づくことを示せ。

(3) $[\mathrm{S}] = K_{\mathrm{m}}$ のとき，$v = V_{\max}/2$ となることを示せ（K_{m} をミカエリス・メンテン定数という）。

(4) 以上を参考にして，式 (2.79) のグラフを描け。横軸を $[\mathrm{S}]$，縦軸を v とせよ。基質の濃度は 0 以上なので，$0 \le [\mathrm{S}]$ としてよい。

2.9 運動方程式の数値解

前章でマクローリン展開で解いた，ばねについたおもりの運動方程式（式 (2.41)）：

$$m\frac{d^2x}{dt^2} = -kx \qquad (2.80)$$

を数値的に解いてみよう。

問 29 (1) 式 (2.80) は，以下のような，2 つの関数 $x(t), v(t)$ に関する連立微分方程式に書き換えられることを示せ：

$$\begin{cases} \dfrac{dx}{dt} = v \\ \dfrac{dv}{dt} = -\dfrac{k}{m}x \end{cases} \qquad (2.81)$$

(2) $m = 1.0$ kg, $k = 1.0$ N/m, 初期条件 $x(0) = 1.0$ m, $v(0) = 0$ m/s のもとで，この連立微分方程式を，表計算ソフトで数値的に解け。ヒント：ロトカ・ヴォルテラ方程式と同様。t のきざみは 0.02 s 以下とし，t の範囲は 0 s から 15 s まで。

この結果，物体が振動運動するということを，コンピューターは諸君に教えてくれただろう。それは我々の体験的直感に一致するし，P.34 例 2.1 の結果（式 (2.53)）とも一致する。

さて，ここで注意すべきなのは，式 (2.80) のように 2 階の微分が入った微分方程式が，新たな関数（この場合は $v(t)$）の導入によって，1 階の連立微分方程式 (2.81) に変形したことである。一般に，n を 2 以上の整数として，n 階の微分を含む微分方程式は，n 本の方程式からなる 1 階の連立微分方程式に帰着される。たとえどんなに多くの式が連立されていても，1 階の微分方程式ならば，ほとんどの場合，今行ったように計算機で数値的に解くことができる。従って，諸君は，たいていの微分方程式を計算機で数値的に解けるようになったのだ。

ところで，式 (2.80) の状況に少しだけ手を加えてみよう。すなわち，速度に比例する空気抵抗力（それを<u>ストークス抵抗</u>という）が物体にかかるとしよう。それを $-\gamma v$ とする（γ は正の定数。マイナスがついているのは抵抗力が速度と逆向きということを意味する）。すると，式 (2.80) は以下のような微分方程式に修正される：

$$m\frac{d^2x}{dt^2} = -kx - \gamma\frac{dx}{dt} \qquad (2.82)$$

問 30 (1) 式 (2.82) は，以下のような連立微分

方程式に書き換えられることを示せ：

$$\begin{cases} \dfrac{dx}{dt} = v \\ \dfrac{dv}{dt} = -\dfrac{k}{m}x - \dfrac{\gamma}{m}v \end{cases} \tag{2.83}$$

(2) $\gamma = 0.5$ N s/m とし，それ以外は問 29 と同条件で，この連立微分方程式を数値的に解き，グラフを描け。

　この結果，振幅が減衰しながら振動する運動になることがわかるだろう。これは我々の体験的直感にも合う。バネの振動は，長時間放置すれば徐々に振幅が小さくなり，やがて止まるものである。

問の解答

答11 (3) 時定数が大きくなると，$T(t)$ の経時変化はゆっくりになる。すなわち，$T(t)$ のグラフは横軸（時間軸）方向に引き伸ばしたような形に変化する。　(4) 式 (2.24) で $t = \tau$ とすると，$T(\tau) = (T_0 - T_1)e^{-1} + T_1$ となる。従って，

$$\begin{aligned} \frac{T(\tau) - T_0}{T_1 - T_0} &= \frac{(T_0 - T_1)e^{-1} + T_1 - T_0}{T_1 - T_0} \\ &= -e^{-1} + 1 = 1 - 1/e = 0.63\cdots \end{aligned} \tag{2.84}$$

つまり，T_0 から T_1 までのうち，63 パーセント程度変化したあたり。　(5) 与式を T_1 について解けば，

$$T_1 = \frac{T - T_0 \exp(-t/\tau)}{1 - \exp(-t/\tau)} \tag{2.85}$$

となる。これに $\tau = 30$ s，$T_0 = 20$℃，$t = 60$ s，$T = 32$℃ を代入すると，$T_1 = 33.9$℃。これが屋外気温である。ところが温度計は 32℃ を示しているので，誤差（不確かさ）は 1.9℃。また，与式を t について解けば，

$$t = \tau \ln \frac{T_0 - T_1}{T - T_1} \tag{2.86}$$

となる。不確かさを 0.5℃ 以内にするには，$T = 33.4$℃ に達するまで待たねばならない。これを代入すると，$t = 99.8$ s，すなわち約 100 秒待つ必要がある。

答13 この場合の時定数は C/K に等しいので，それを上げるには，K を下げるか，C を上げればよい。すなわち，熱の伝わりかたを悪くするか，熱容量を大きくすればよい。

答15 式 (2.32) から出発して式 (2.31) まで変形しよう。まず，

$$\exp\left(\frac{\alpha t}{2} + \frac{1}{2}\ln\frac{N_0\beta}{\alpha - N_0\beta}\right) = \sqrt{\frac{N_0\beta}{\alpha - N_0\beta}}e^{\alpha t/2}$$

となることを使うと，式 (2.32) は，以下のようになる：

$$N = \frac{\alpha}{2\beta}\left\{ \frac{\sqrt{\frac{N_0\beta}{\alpha - N_0\beta}}e^{\alpha t/2} - \sqrt{\frac{\alpha - N_0\beta}{N_0\beta}}e^{-\alpha t/2}}{\sqrt{\frac{N_0\beta}{\alpha - N_0\beta}}e^{\alpha t/2} + \sqrt{\frac{\alpha - N_0\beta}{N_0\beta}}e^{-\alpha t/2}} + 1 \right\}$$

$$= \frac{\alpha}{2\beta}\left\{ \frac{2\sqrt{\frac{N_0\beta}{\alpha - N_0\beta}}e^{\alpha t/2}}{\sqrt{\frac{N_0\beta}{\alpha - N_0\beta}}e^{\alpha t/2} + \sqrt{\frac{\alpha - N_0\beta}{N_0\beta}}e^{-\alpha t/2}} \right\}$$

分子分母に $\sqrt{(\alpha - N_0\beta)(N_0\beta)}e^{\alpha t/2}$ を掛けると，

$$N = \frac{\alpha}{2\beta}\frac{2N_0\beta e^{\alpha t}}{(N_0\beta)e^{\alpha t} + \alpha - N_0\beta} = \frac{N_0 e^{\alpha t}}{1 + N_0\beta(e^{\alpha t} - 1)/\alpha}$$

以上の式変形を逆にたどればよい。

答20 羊は狼に会うと喰われて減るのでマイナス，狼は羊に会うと羊を喰って増えるのでプラス。（β_1, β_2 はともに正であることに注意！）

答21 図 2.6。

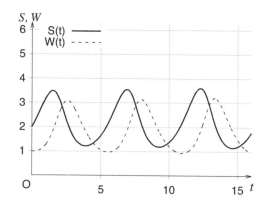

図 2.6　ロトカ・ヴォルテラ方程式の解（問 21）。$\alpha_1 = 1.1$，$\alpha_2 = 1.3$，$\beta_1 = \beta_2 = 0.6$，$\Delta t = 0.01$。

答22 たとえば図 2.7。

答23 羊が増えると，狼の方程式の右辺第 2 項，すなわち羊を捕食することで狼が増える項が支配的になり，狼の増加速度が高くなる。しかし，同時に羊の方程式の第 2 項，すなわち狼に捕食される項も支配的になり，狼が増えるに従って羊の増加率は減少し，いずれマイナスに転じる。すると羊が減り始め，こんどは狼の方程式の第 1 項，すなわち自然減少の項が支配的になり，狼もいずれ減少に転じる。そうして狼がある程度少なくなる

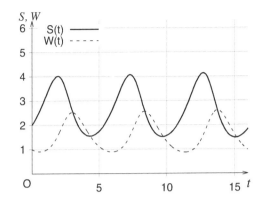

図 2.7　ロトカ・ヴォルテラ方程式の解（問 22）。$\beta_1 = 0.7$，$\beta_2 = 0.5$ に変えた場合。

と，こんどは羊の方程式の第 1 項，すなわち自然増加の項が支配的になり，羊が増え始める。この繰り返し。

答 24

$$\frac{dS}{dt} = \alpha_1 S - \beta_1 SW - \gamma S^2$$
$$\frac{dW}{dt} = -\alpha_2 W + \beta_2 SW$$

図 2.8 は，この方程式の，$\alpha_1 = 1.1$，$\alpha_2 = 1.3$，$\beta_1 = \beta_2 = 0.6$，$\gamma = 0.1$，$\Delta t = 0.01$ のときの数値解。

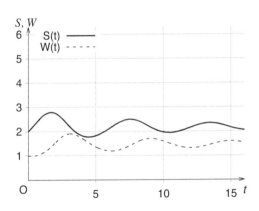

図 2.8　ロトカ・ヴォルテラ方程式の解（問 24）。羊どうしの競合を考慮した場合。

答 25　たとえば，羊と狼に加えて，草（G）を考える。草は羊に食べられ，羊け狼に食べられるとすれば，方程式は，

$$\frac{dG}{dt} = \alpha_0 G - \beta_{01} GS$$
$$\frac{dS}{dt} = -\alpha_1 S + \beta_{10} GS - \beta_{12} SW$$
$$\frac{dW}{dt} = -\alpha_2 W + \beta_{21} SW$$

となる。図 2.9 は，この方程式の，$\alpha_0 = \alpha_1 = 1.1$，$\alpha_2 = 1.3$，$\beta_{01} = \beta_{10} = \beta_{12} = \beta_{21} = 0.6$，$G(0) = 1$，$S(0) = 2$，$W(0) = 1$，$\Delta t = 0.01$ のときの数値解。

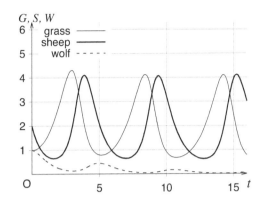

図 2.9　ロトカ・ヴォルテラ方程式の解（問 25）。grass（G；草），sheep（S；羊），wolf（W；狼）の競合。

答 26　$E + S \rightleftarrows ES$ という反応において，右向きの反応で E が減少する速度は E は S と衝突する頻度に比例する。従ってそれは [E][S] に比例する。比例係数を k_{+1} とすると，この反応による [E] の変化速度は $-k_{+1}$[E][S] となる（マイナスは減少を意味する）。また，左向きの反応で E が増加する速度は [ES] に比例する。比例係数を k_{-1} とすると，この反応による [E] の変化速度は k_{-1}[ES] となる。

　また，$ES \rightarrow E + P$ という反応において，ES が分解することで E が増加する速度は，同様に [ES] に比例する。比例係数を k_2 とすると，この反応による [E] の変化速度は k_2[ES] となる。これらの 2 つの反応による変化速度を足すと，式 (2.73) を得る。

　P が生成する速度は，$ES \rightarrow E + P$ という反応の速度であり，それは上述のように k_2[ES] である。従って式 (2.74) が成り立つ。

答 29　略。結果は図 2.10

答 30　略。結果は図 2.11

よくある質問 35　数値解に誤差はつきものとのことですが，厳密解がわからないとき（そういうときこそ数値的に解くのですよね），どうやって数値解の誤差を評価するのですか？… そこが最も悩ましいところです。厳密解が得られないときの数値解の誤差は正直，わかりません（泣）。できるのは誤差の大きさの程度をざっくり推定することだけです。たとえば似たよう

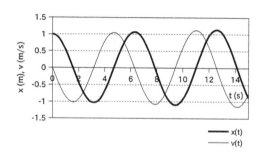

図 2.10 バネにつけられて振動する物体の運動の数値解。振幅が徐々に大きくなるのは誤差のため（時刻の刻みを小さくすると改善する）。

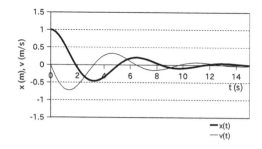

図 2.11 バネにつけられて振動する物体の運動（空気抵抗つき）の数値解。

な問題で厳密解が得られる場合について数値的に解いてその誤差を参考にしたり，設定（Δt とか）を適当に変えてみてどのくらい結果がばらつくか調べたり，対象となる現象について実際に実験・観察して確かめたり，数学者にお願いして数値解法の潜在的な誤差の上限をざっくり推定できる理論を作ってもらったり，などです。

よくある質問36　コンピューターで数学，面白い！実際に問題をもっと解きたい時，何をしたらよいのでしょう… 数値計算（コンピュータシミュレーション）は，観察，理論に続く「第3の研究手法」と呼ばれるくらい，今はどんな分野でも活躍していますので，あなたの興味ある分野で探してみましょう。あと，コンピュータで何かを予測する手法として，微分方程式を解くだけでなく，「モンテカルロ法」という面白いものがあります。ぜひ勉強してみてください。

第3章

線型代数1： 対称行列と直交行列

本章からしばらく「線型代数学」を学びます（「線型」は「線形」と書いたりしますがどちらでも OK）。それは主にベクトルと行列に関する数学です。普通の大学では線型代数学は 1 年かけて専用の教科書でみっちり学びます。本書はその余裕は無いので、応用に直結するような基礎を重点的に学びます。

とりわけ本章で学ぶ「対称行列」は実用的に重要です。なぜなら、世の中は対称行列で溢れているからです。たとえば、機械やロボットの制御に必要な「慣性テンソル」という量は対称行列です。ダムの設計や山崩れの防止などで地盤の強さを解析するときは、「応力テンソル」「歪テンソル」と呼ばれる対称行列が活躍します。化学分析で「核磁気共鳴」や「電子スピン共鳴」等の、「量子力学」に基づく手法が活躍しますが、そこでは「ハミルトニアン行列」という対称行列（を拡張したもの）が現れます。従って、対称行列がわかると、多くの理論や技術を習得できるのです。

本章では統計学で重要な「分散共分散行列」という対称行列を例にとって、その性質と有用性を学びます。1.14 節（P.20）〜1.20 節（P.26）を十分に習得して臨んで下さい。

本章では、特に断らないときは、i, j, k, l, m, n, N を 1 以上の任意の整数とする。また、第 1 章で述べたように、行列 X の (i, j) 成分を $[X]_{ij}$ と書く。

3.1 転置行列

行列 A の行と列を入れ替えてできる行列（右上と左下をひっくり返した行列）を、A の転置行列や、A の転置とよび、${}^{t}A$ とか A^{T} と表す（肩の t や T は、転置の英訳 transpose の頭文字）。すなわち、1 以上の任意の（可能な）整数 i, j について、

$$[{}^{t}A]_{ij} := [A]_{ji} \tag{3.1}$$

である。

例 3.1

$$A = \begin{bmatrix} 1 & 2 & 3 \\ 4 & 5 & 6 \\ 7 & 8 & 9 \end{bmatrix} \quad \text{について、} \quad {}^{t}A = \begin{bmatrix} 1 & 4 & 7 \\ 2 & 5 & 8 \\ 3 & 6 & 9 \end{bmatrix} \tag{3.2}$$

である。（例おわり） ■

当然ながら、転置を 2 回行うと元の行列に戻る。すなわち、任意の行列 A について次式が成り立つ：

$$ {}^{t}({}^{t}A) = A \tag{3.3}$$

また、2 つの行列 A, B が足せるとき、和の転置は転置の和に等しい：

$$ {}^{t}(A + B) = {}^{t}A + {}^{t}B \tag{3.4}$$

証明：任意の（可能な）正の整数 i, j について、式 (3.1) より、$[{}^{t}(A+B)]_{ij} = [A+B]_{ji}$。ところが、$[A+B]_{ji} = [A]_{ji} + [B]_{ji}$ である（行列の和の定義）。従って、$[{}^{t}(A+B)]_{ij} = [A]_{ji} + [B]_{ji} = [{}^{t}A]_{ij} + [{}^{t}B]_{ij} = [{}^{t}A + {}^{t}B]_{ij}$、従って、与式が成り立つ。 ■

数ベクトルも行列の一種とみなせるから、その転置を考えることができる：

例 3.2

$$\mathbf{x} = \begin{bmatrix} 2 \\ 1 \\ -1 \end{bmatrix} \quad \text{について、} \quad {}^{t}\mathbf{x} = (2, 1, -1), \tag{3.5}$$

$$\mathbf{a} = (4, 5, -2) \quad \text{について,} \quad {}^{\mathrm{t}}\mathbf{a} = \begin{bmatrix} 4 \\ 5 \\ -2 \end{bmatrix} \tag{3.6}$$

このように，列ベクトルの転置は行ベクトルに，行ベクトルの転置は列ベクトルになる。

　行ベクトルは，$(2, 1, 3)$ のようにコンマでわけて書くこともあるし，$(2\ 1\ 3)$ のように，行列っぽく（コンマを入れないで）書くこともある。どちらでもよい。また，第 1 章でも述べたが，括弧は丸括弧 () を使っても角括弧 [] を使ってもどちらでもよい。

問 31　2 つの 3 次元列ベクトル（3 行 1 列の行列）：

$$\mathbf{a} = \begin{bmatrix} a \\ b \\ c \end{bmatrix}, \quad \mathbf{x} = \begin{bmatrix} x \\ y \\ z \end{bmatrix} \tag{3.7}$$

について，以下を求めよ：

(1)　${}^{\mathrm{t}}\mathbf{ax}$　　　(2)　${}^{\mathrm{t}}\mathbf{xa}$
(3)　$\mathbf{a}\,{}^{\mathrm{t}}\mathbf{x}$　　　(4)　$\mathbf{x}\,{}^{\mathrm{t}}\mathbf{a}$

問 32　実数を成分とする，任意の 2 つの n 次元列ベクトル $\mathbf{a}, \mathbf{b}$ について，次式が成り立つことを示せ。（ヒント：行列の積の定義から導く。簡単！）

$${}^{\mathrm{t}}\mathbf{a}\mathbf{b} = \mathbf{a} \bullet \mathbf{b} \tag{3.8}$$

　行列の転置に関して，以下のような重要な定理がある：2 つの行列 A, B について，もし AB が計算できるなら（つまり A の列数と B の行数が等しいなら），

$${}^{\mathrm{t}}(AB) = {}^{\mathrm{t}}B\,{}^{\mathrm{t}}A \tag{3.9}$$

が成り立つ。また，その特別な場合として，n 次の任意の正方行列 A と，n 次元の任意の数ベクトル（列ベクトル）$\mathbf{x}$ について以下が成り立つ：

$${}^{\mathrm{t}}(A\mathbf{x}) = {}^{\mathrm{t}}\mathbf{x}\,{}^{\mathrm{t}}A \tag{3.10}$$

　式 (3.9)，式 (3.10) の証明の前に，具体例をみてみよう：

問 33　式 (3.2) の A と式 (3.5) の $\mathbf{x}$ について，

(1)　$A\mathbf{x}, {}^{\mathrm{t}}(A\mathbf{x})$ を求めよ。
(2)　${}^{\mathrm{t}}\mathbf{x}, {}^{\mathrm{t}}A, {}^{\mathrm{t}}\mathbf{x}\,{}^{\mathrm{t}}A$ を求めよ。
(3)　以上より，${}^{\mathrm{t}}(A\mathbf{x}) = {}^{\mathrm{t}}\mathbf{x}\,{}^{\mathrm{t}}A$ が成り立つことを示せ。

　では，式 (3.9) を証明しよう：A の列数＝B の行数とする。任意の可能な i, j について，式 (3.1) より，

$$[{}^{\mathrm{t}}(AB)]_{ij} = [AB]_{ji} \tag{3.11}$$

である。一方，P.23 式 (1.175) より，

$$[AB]_{ji} = \sum_k [A]_{jk}[B]_{ki} \tag{3.12}$$

である。式 (3.11)，式 (3.12) より，

$$[{}^{\mathrm{t}}(AB)]_{ij} = \sum_k [A]_{jk}[B]_{ki} \tag{3.13}$$

である。ところが，式 (3.1) より，

$$[A]_{jk} = [{}^{\mathrm{t}}A]_{kj}, \qquad [B]_{ki} = [{}^{\mathrm{t}}B]_{ik}$$

であり，この 2 つの式を式 (3.13) に代入すると，

$$[{}^{\mathrm{t}}(AB)]_{ij} = \sum_k [{}^{\mathrm{t}}A]_{kj}[{}^{\mathrm{t}}B]_{ik} \tag{3.14}$$

となる。この右辺の積の順序を入れ替えると（ただの数の積なので交換可能），

$$= \sum_k [{}^{\mathrm{t}}B]_{ik}[{}^{\mathrm{t}}A]_{kj} = [{}^{\mathrm{t}}B\,{}^{\mathrm{t}}A]_{ij} \tag{3.15}$$

となる。すなわち，${}^{\mathrm{t}}(AB)$ の (i, j) 成分と，${}^{\mathrm{t}}B\,{}^{\mathrm{t}}A$ の (i, j) 成分は等しい。従って，${}^{\mathrm{t}}(AB) = {}^{\mathrm{t}}B\,{}^{\mathrm{t}}A$ が成り立つ。　■

　ところで，**式 (3.9) になんとなく似ている式が逆行列にもある**。P.25 式 (1.184) の $(AB)^{-1} = B^{-1}A^{-1}$ である。この類似性が後々，大きな意味を持ってくることをここで予言しておこう。

問 34　式 (3.9) の証明を再現せよ。

3.2　正方行列のトレース

　正方行列の対角成分を全て足し合わせることを，トレースとよぶ。すなわち，n 次正方行列 A のトレース $\mathrm{tr}(A)$ は，

$$\mathrm{tr}(A) := \sum_{i=1}^{n} [A]_{ii} \tag{3.16}$$

と定義される。たとえば，

$$A = \begin{bmatrix} 2 & -1 & -2 \\ 4 & 1 & 5 \\ 7 & 6 & 3 \end{bmatrix} \tag{3.17}$$

とすると，$\mathrm{tr}(A) = 2 + 1 + 3 = 6$ となる。

それがどうした，と思うかもしれないが，トレースは，後で出てくる「対称行列」で，おいおいと大切な働きをするのだ。

問 35 n 次正方行列 A, B について，次式を示せ：

(1) $\mathrm{tr}(A + B) = \mathrm{tr}(A) + \mathrm{tr}(B)$ (3.18)

(2) $\mathrm{tr}(AB) = \mathrm{tr}(BA)$ (3.19)

(3) $\mathrm{tr}(A) = \mathrm{tr}({}^{t}A)$ (3.20)

(2) のヒント：P.23 式 (1.175)

よくある間違い 1　$\mathrm{tr}(AB) = \mathrm{tr}(A)\,\mathrm{tr}(B)$ が成り立つと思っている… それは一般的には成り立ちません。たとえば A も B も 2 次の単位行列の場合，AB も 2 次の単位行列だから，$\mathrm{tr}(AB) = 2$ ですが，$\mathrm{tr}(A)\,\mathrm{tr}(B) = 2 \times 2 = 4$ になってしまい，両者は一致しません。

3.3 転置しても変わらないのが対称行列

行列 A が ${}^{t}A = A$ を満たすとき，A を<u>対称行列</u> (symmetric matrix) という (定義)。たとえば次の行列は対称行列である：

$$\begin{bmatrix} 8 & -1 & 3 & 9 \\ -1 & 1 & 5 & 8 \\ 3 & 5 & 4 & 5 \\ 9 & 8 & 5 & 3 \end{bmatrix} \tag{3.21}$$

1.20 節で学んだ「対角行列」(非対角成分が全て 0 であるような正方行列) は明らかに対称行列である。

問 36 A を任意の行列とする (正方行列とは限らない)。以下の行列が対称行列であることを示せ：

(1) ${}^{t}AA$　　　　(2) $A\,{}^{t}A$

ヒント：対称行列の定義に戻って考えれば簡単。式 (3.9) を使う。${}^{t}({}^{t}A) = A$ であることに注意。

問 37 任意の**正方行列** A について，次式は対称行列であることを示せ。

$$A + {}^{t}A \tag{3.22}$$

3.4 統計学で出てくる分散共分散行列は対称行列

対称行列の応用例を，統計学から紹介しよう。

例 3.3 ある大学の入試が数学と英語の 2 科目からなるとき，k 番目の受験生の成績は，数学の得点 X_k と英語の得点 Y_k という，2 項目からなる。そのように，2 項目データが N セットあるような標本 (全受験生の中から N 人を抽出して，彼らの得点を並べたもの)：

$$\left\{ (X_1, Y_1), (X_2, Y_2), \cdots, (X_N, Y_N) \right\} \tag{3.23}$$

を考える。さて，$\overline{X}, \overline{Y}$ をそれぞれ数学と英語の標本平均とし，s_X^2, s_Y^2 をそれぞれ数学と英語の標本分散とする。すなわち，

$$\overline{X} := \frac{1}{N} \sum_{k=1}^{N} X_k, \qquad \overline{Y} := \frac{1}{N} \sum_{k=1}^{N} Y_k$$

$$s_X^2 := \frac{1}{N} \sum_{k=1}^{N} (X_k - \overline{X})^2 \tag{3.24}$$

$$s_Y^2 := \frac{1}{N} \sum_{k=1}^{N} (Y_k - \overline{Y})^2 \tag{3.25}$$

とする。以下で定義される量：

$$s_{XY} := \frac{1}{N} \sum_{k=1}^{N} (X_k - \overline{X})(Y_k - \overline{Y}) \tag{3.26}$$

を，<u>標本共分散</u>とよぶ。このとき，

$$S := \begin{bmatrix} s_X^2 & s_{XY} \\ s_{XY} & s_Y^2 \end{bmatrix} \tag{3.27}$$

で定義される行列 S を，この標本の<u>分散共分散行</u>

列，あるいは単に共分散行列とよぶ。分散共分散行列 S の $(1, 2)$ 成分と $(2, 1)$ 成分はともに s_{XY} だから互いに等しい。従って ${}^{t}S = S$ であり，従って S は対称行列である。（例おわり）

このように，複数の項目からなるようなデータを扱う統計学を，多変量解析とよぶ。共分散や分散共分散行列は，多変量解析において中心的な役割を演じる概念である。

ちなみに，

$$r := \frac{s_{XY}}{s_X s_Y} \tag{3.28}$$

と定義される量 r を，標本相関係数とよぶ。ここではその理由を詳しくは述べないが，標本相関係数 r は，2 種類の量が互いにどれだけ強く連動しているかを表す無次元量である。r は -1 以上 1 以下の値をとる。

よくある間違い 2　式 (3.28) の分母を $s_X^2 s_Y^2$ としてしまう… 間違いです。これは次元を考えればすぐわかります。s_{XY} の次元は X の次元と Y の次元の積です（s_{XY} の定義から明らか）。s_X^2 の次元は X の次元の 2 乗（これも標本標準分散の定義から明らか）なので，これだと X の次元が打ち消しあわずに残ってしまうのです。

よくある間違い 3　式 (3.27) を，

$$S := \begin{bmatrix} s_{XY} & s_X^2 \\ s_Y^2 & s_{XY} \end{bmatrix} \quad \text{（これは間違い！）} \tag{3.29}$$

と勘違いしてしまう。… これでは対称行列にならないですよ…。

上の例 3.3 について，以下のような N 行 2 列の行列を考える：

$$D_c = \begin{bmatrix} X_1 - \overline{X} & Y_1 - \overline{Y} \\ X_2 - \overline{X} & Y_2 - \overline{Y} \\ \vdots & \vdots \\ X_N - \overline{X} & Y_N - \overline{Y} \end{bmatrix} \tag{3.30}$$

この行列 D_c は，データをただ単に並べたものではなく，各データから，その項目の標本平均を引いて

ある。このような操作（各データから標本平均を引くこと）を中心化（mean centering）とよぶ（D_c の下付き添字の c は centering を表す）。式 (3.30) のように，中心化されたデータを並べてできる行列を，「中心化されたデータ行列」とよぶ。

問 38　この，中心化されたデータ行列 D_c と分散共分散行列 S の間に次式が成り立つことを示せ（これは後で学ぶ「主成分分析」の仕組みを理解する鍵）：

$$S = \frac{1}{N} {}^{t}D_c D_c \tag{3.31}$$

問 39　ある高校の小テスト（数学と英語，各 5 点満点）の結果から，7 人の生徒（つまり $N = 7$）の成績を抽出し（$k = 1$ から $k = 7$ までの番号を付与），数学と英語の得点について以下のような標本を得た：

k	数学得点（X_k）	英語得点（Y_k）
1	4	3
2	3	4
3	1	2
4	3	3
5	4	5
6	5	5
7	2	2

以下の問題は電卓を使って計算してよい。授業等の宿題でやる場合は，ここに出ていない小数点以下 3 桁まで述べよ。4 桁以降を切り捨ててよい。

(1)　数学得点 X_k と英語得点 Y_k のそれぞれについて，標本平均 $\overline{X}, \overline{Y}$ はそれぞれ $\overline{X} = 3.14\cdots$ 点，$\overline{Y} = 3.42\cdots$ 点であることを示せ（$\cdots$ の部分も答えよ）。

(2)　問 38 で述べた，「中心化されたデータ行列」 D_c は，以下のようになることを示せ：

$$D_c = \begin{bmatrix} 0.85\cdots & -0.42\cdots \\ -0.14\cdots & 0.57\cdots \\ -2.14\cdots & -1.42\cdots \\ -0.14\cdots & -0.42\cdots \\ 0.85\cdots & 1.57\cdots \\ 1.85\cdots & 1.57\cdots \\ -1.14\cdots & -1.42\cdots \end{bmatrix} \text{点} \tag{3.32}$$

(3) 式 (3.31) に基づいて分散共分散行列 S は以下になることを示せ：

$$S = \begin{bmatrix} 1.55\cdots & 1.22\cdots \\ 1.22\cdots & 1.38\cdots \end{bmatrix} \text{点}^2 \quad (3.33)$$

(4) 数学得点の標本分散 s_X^2，英語得点の標本分散 s_Y^2，数学得点と英語得点の標本共分散 s_{XY} はそれぞれ以下のようになることを示せ：
$s_X^2 = 1.55\cdots \text{点}^2$，
$s_Y^2 = 1.38\cdots \text{点}^2, s_{XY} = 1.22\cdots \text{点}^2$。

(5) 数学得点と英語得点の標本相関係数 r は $0.83\cdots$ になることを示せ。

以上のような考え方は，3 つ以上の確率変数が組み合わさった場合にも拡張できる。たとえば P.47 例 3.3 で，さらに国語の得点 Z があるような場合，

$$D_c = \begin{bmatrix} X_1 - \overline{X} & Y_1 - \overline{Y} & Z_1 - \overline{Z} \\ X_2 - \overline{X} & Y_2 - \overline{Y} & Z_2 - \overline{Z} \\ \vdots & \vdots & \vdots \\ X_N - \overline{X} & Y_N - \overline{Y} & Z_N - \overline{Z} \end{bmatrix} \quad (3.34)$$

とすると，分散共分散行列 S は，

$$S = \frac{1}{N}{}^tD_cD_c = \begin{bmatrix} s_X^2 & s_{XY} & s_{XZ} \\ s_{XY} & s_Y^2 & s_{YZ} \\ s_{XZ} & s_{YZ} & s_Z^2 \end{bmatrix} \quad (3.35)$$

という 3 次の正方行列として定義される。これも，明らかに対称行列である。

3.5 転置したら逆行列になるのが直交行列

正方行列 Q が次式を満たすとき Q を<u>直交行列</u>（orthogonal matrix）という（定義）。

$${}^tQ = Q^{-1} \quad (3.36)$$

式 (3.36) の両辺に右から Q を掛けると次式になる（I は単位行列）：

$${}^tQQ = I \quad (3.37)$$

また，この式の両辺に右から Q^{-1} を掛けると式 (3.36) になる。従って，式 (3.36) と式 (3.37) は，互いに同値である。従って式 (3.37) を直交行列の定

義としてもよい。ある行列が直交行列かどうかを確認するには，式 (3.36) よりも式 (3.37) の方が便利なことが多い。

問 40 以下の行列が直交行列であることを示せ（式 (3.37) が成り立つことを計算で確かめればよい）。ただし，θ は任意の実数とする。

(1) n 次の単位行列 I

(2) $Q_1 = \begin{bmatrix} 1 & 0 \\ 0 & -1 \end{bmatrix}$ （3.38）

(3) $Q_2 = \begin{bmatrix} \cos\theta & -\sin\theta \\ \sin\theta & \cos\theta \end{bmatrix}$ （3.39）

(4) $Q_3 = \begin{bmatrix} \cos\theta & -\sin\theta & 0 \\ \sin\theta & \cos\theta & 0 \\ 0 & 0 & 1 \end{bmatrix}$ （3.40）

(5) $Q_4 = \begin{bmatrix} \cos\theta & 0 & -\sin\theta \\ 0 & 1 & 0 \\ \sin\theta & 0 & \cos\theta \end{bmatrix}$ （3.41）

問 41 任意の直交行列 Q を考える。Q を構成する列ベクトルは，いずれも大きさが 1 であり，互いに直交していることを示せ。ヒント：${}^tQQ = I$ の計算を，列ベクトルに着目して考えてみる。1.17 節（P.24）で学んだ，行列の積をベクトルの内積で解釈する考え方を使う。

問 42 n 次元の列ベクトル n 個が，互いに直交し，しかもそれぞれの大きさが 1 であるとする。これらの列ベクトルを並べてできる n 次正方行列 P は直交行列であることを示せ。（ヒント：${}^tPP$ の成分を，これらのベクトルの内積として考えよ。）

問 43 Q が直交行列のとき，$Q{}^tQ = I$ となることを示せ。

3.6 対称行列の固有ベクトルは直交する！

ここで大切な定理を述べる：対称行列 A の固有値 λ_1, λ_2 が，$\lambda_1 \neq \lambda_2$ であるなら，λ_1 に対応する固有ベクトル $\mathbf{x}_1$ と，λ_2 に対応する固有ベクトル $\mathbf{x}_2$ は，

互いに直交する。

証明：まず，条件から以下が言える：

$$\mathstrut^{t}A = A \tag{3.42}$$

$$A\mathbf{x}_1 = \lambda_1\mathbf{x}_1 \tag{3.43}$$

$$A\mathbf{x}_2 = \lambda_2\mathbf{x}_2 \tag{3.44}$$

また，P.46 式 (3.8) より以下が言える：

$$\mathstrut^{t}\mathbf{x}_1\,\mathbf{x}_2 = \mathstrut^{t}\mathbf{x}_2\,\mathbf{x}_1 = \mathbf{x}_1 \bullet \mathbf{x}_2 \tag{3.45}$$

さて，ここで以下の量を考える：

$$\psi := \mathstrut^{t}\mathbf{x}_1\,(A\mathbf{x}_2) \tag{3.46}$$

式 (3.44), 式 (3.45) より，

$$\psi = \mathstrut^{t}\mathbf{x}_1\,(\lambda_2\mathbf{x}_2) = \lambda_2\,\mathstrut^{t}\mathbf{x}_1\mathbf{x}_2 = \lambda_2\mathbf{x}_1 \bullet \mathbf{x}_2 \tag{3.47}$$

一方，式 (3.46) の転置を考えると（左辺はスカラーつまり 1×1 行列なので転置をとっても変わらない），

$$\psi = \mathstrut^{t}\{\mathstrut^{t}\mathbf{x}_1\,(A\mathbf{x}_2)\} \tag{3.48}$$

$$= \mathstrut^{t}(A\mathbf{x}_2)\,\mathstrut^{t}(\mathstrut^{t}\mathbf{x}_1) \qquad \because 式 (3.9) \tag{3.49}$$

$$= (\mathstrut^{t}\mathbf{x}_2\,\mathstrut^{t}A)\,\mathbf{x}_1 \qquad \because 式 (3.9), 式 (3.3) \tag{3.50}$$

$$= \mathstrut^{t}\mathbf{x}_2(\mathstrut^{t}A\mathbf{x}_1) \qquad \because 式 (1.180) \tag{3.51}$$

$$= \mathstrut^{t}\mathbf{x}_2\,(A\mathbf{x}_1) \qquad \because 式 (3.42) \tag{3.52}$$

$$= \mathstrut^{t}\mathbf{x}_2\,(\lambda_1\mathbf{x}_1) \qquad \because 式 (3.43) \tag{3.53}$$

$$= \lambda_1\,\mathstrut^{t}\mathbf{x}_2\mathbf{x}_1 = \lambda_1\mathbf{x}_1 \bullet \mathbf{x}_2 \qquad \because 式 (3.45) \tag{3.54}$$

式 (3.47), 式 (3.54) より $\lambda_2\mathbf{x}_1 \bullet \mathbf{x}_2 = \lambda_1\mathbf{x}_1 \bullet \mathbf{x}_2$ であり，従って，

$$(\lambda_2 - \lambda_1)\mathbf{x}_1 \bullet \mathbf{x}_2 = 0 \tag{3.55}$$

ここで最初の条件から $\lambda_2 - \lambda_1 \neq 0$。従って式 (3.55) より，$\mathbf{x}_1 \bullet \mathbf{x}_2 = 0$。すなわち，$\mathbf{x}_1$ と $\mathbf{x}_2$ は互いに直交。

これを「対称行列の固有ベクトルの直交性」とよぶ。大事なので大きく書いておこう：

> ### 対称行列の固有ベクトルの直交性
> 対称行列の固有ベクトルは，互いに直交する！

注：これにはやや語弊があるので追記しておく：対称行列 A について，$\lambda_1 = \lambda_2$ のとき，すなわちひとつの固有値に複数の固有ベクトル $\mathbf{p}_1$, $\mathbf{p}_2$ が存在するときは，上の定理の適用範囲外である。しかし，それらの固有ベクトルを適当にスカラー倍して足すことによって，互いに直交する固有ベクトル $\mathbf{p}_a$, $\mathbf{p}_b$ を構成できる（それをグラム・シュミットの直交化という）。従って，$\lambda_1 = \lambda_2$ のときも含めて，一般的に，対称行列の固有ベクトルは互いに直交するように選ぶことができる。

問 44 以下の対称行列について固有値・固有ベクトルを求め，固有ベクトルが互いに直交することを確かめよ（固有値・固有ベクトルの求め方がわからない場合は，P.25 を参照しよう）。

$$(1) \quad \begin{bmatrix} 2 & 2 \\ 2 & -1 \end{bmatrix} \qquad (2) \quad \begin{bmatrix} 0 & 2 & 2 \\ 2 & 1 & 0 \\ 2 & 0 & -1 \end{bmatrix}$$

注：3 次正方行列 A の固有値を求めるときも，2 次の場合と同様に，$\det(A - \lambda I) = 0$ という特性方程式を立てて解けばよい。

ところで，固有ベクトルは，その大きさを任意にとることが許されるので，特に大きさが 1 になるように選ぶこともできる。従って，対称行列の固有ベクトルは，互いに直交し，なおかつ大きさが 1 であるように選ぶことができる。すると，これらを並べてできる行列 Q は，問 42 で見たように，直交行列になる。

さて，P.26 で学んだように，一般に正方行列 A の固有ベクトルを列ベクトルとして並べてできる行列 P を使って，$P^{-1}AP$ は対角行列になる（対角成分に固有値が並ぶ）。今の話では，A は正方行列の中でも特に対称行列であり，前述のように，A の固有ベクトルを（それぞれ大きさ 1 に整えて）並べてできる行列は直交行列 Q であり，従って，$Q^{-1} = \mathstrut^{t}Q$ である。従って，$\mathstrut^{t}QAQ$ は対角行列になる。これも大切な定理なので大きく書いておこう。

対称行列は，直交行列によって対角化される！

n 次対称行列 A に対して，ある直交行列 Q を用いると，

$$
{}^{t}QAQ = \begin{bmatrix} \lambda_1 & 0 & 0 & \dots & 0 \\ 0 & \lambda_2 & 0 & \dots & 0 \\ 0 & 0 & \ddots & & 0 \\ \vdots & \vdots & \vdots & \ddots & \vdots \\ 0 & 0 & 0 & \dots & \lambda_n \end{bmatrix}
$$

とすることができる。このとき $\lambda_1, \lambda_2, \cdots, \lambda_n$ は A の固有値。Q は A の固有ベクトル（列ベクトル）を全て大きさ 1 に揃えて横に並べたもの。

問 45 問 44 に出てきた 2 つの対称行列をそれぞれ直交行列で対角化せよ。対角行列の対角成分は，最も大きい値が左上になり，値が大きい順に左上から右下に並ぶようにせよ。

問 46 n 次正方行列 A（対称行列とは限らない）が，行列 P によって，以下のように対角化されるとする：

$$
P^{-1}AP = \begin{bmatrix} \lambda_1 & 0 & 0 & \dots & 0 \\ 0 & \lambda_2 & 0 & \dots & 0 \\ 0 & 0 & \ddots & & 0 \\ \vdots & \vdots & \vdots & \ddots & \vdots \\ 0 & 0 & 0 & \dots & \lambda_n \end{bmatrix}
$$

このとき，

$$
\mathrm{tr}(A) = \lambda_1 + \lambda_2 + \cdots + \lambda_n \tag{3.56}
$$

となることを示せ。ヒント：P.47 式 (3.19) を使う。

この問題からわかるように，正方行列のトレースは，その行列の固有値の総和に等しい。

3.7 主成分分析は 分散共分散行列の対角化

分散共分散行列を対角化することを<u>主成分分析</u>

（principal component analysis: PCA）という。主成分分析は，多変量解析の基盤となる考え方であり，その応用範囲は広い。

P.47 式 (3.27)，P.49 式 (3.35) で見たように，n 項目の数値（たとえば n 科目の得点）が組み合わさって 1 個のサンプルデータを構成するような標本では，分散共分散行列 S は n 次の対称行列である。従って，それは適当な n 次の直交行列 Q によって対角化できるはずだ：

$$
{}^{t}QSQ = \begin{bmatrix} \lambda_1 & 0 & 0 & \dots & 0 \\ 0 & \lambda_2 & 0 & \dots & 0 \\ 0 & 0 & \ddots & & 0 \\ \vdots & \vdots & \vdots & \ddots & \vdots \\ 0 & 0 & 0 & \dots & \lambda_n \end{bmatrix} \tag{3.57}
$$

ここで，$\lambda_1, \lambda_2, \cdots, \lambda_n$ は S の固有値である。主成分分析では，固有値は大きい順に並べると約束する。すなわち，$\lambda_1 \geq \lambda_2 \geq \cdots \geq \lambda_n$ とする。$\lambda_1, \lambda_2, \cdots, \lambda_n$ に対応する，大きさ 1 の固有ベクトルを，それぞれ $\mathbf{q}_1, \mathbf{q}_2, \cdots, \mathbf{q}_n$ とすると，それらを列ベクトルとして横に並べたものが直交行列 Q である。

問 47 問 39 で求めた分散共分散行列 S（式 (3.33)）を，上述のように直交行列 Q で対角化せよ。また，その対角行列のトレース（つまり固有値の和）は，S のトレースと一致することを確かめよ（一致する理由は式 (3.56)）。

$\mathbf{q}_i$，つまり，分散共分散行列の，i 番目に大きい固有値に対応する，大きさ 1 の固有ベクトルのことを，<u>第 i 主成分ベクトル</u>とよぶ（定義）。主成分ベクトルのことを，<u>ローディングベクトル</u>ともいう。

主成分ベクトルどうしは直交する。すなわち，i, j を n 以下の任意の正の整数とし，$i \neq j$ ならば

$$
\mathbf{q}_i \bullet \mathbf{q}_j = 0 \tag{3.58}
$$

である。これは，対称行列の固有ベクトルどうしが直交することから明らかである。

問 48 問 47 において第 1 主成分ベクトルと第 2 主成分ベクトルを述べよ。

標本の中の k 番目のデータについて, 各項目の値からその標本平均を引いた値, つまり中心化された値を並べた数ベクトルを $\mathbf{d}_k$ とする：

$$\mathbf{d}_k := (X_k - \overline{X}, Y_k - \overline{Y}, \cdots) \tag{3.59}$$

これを, k 番目の「中心化されたデータベクトル」とよぶ。

問 49　問 39 の生徒 3 について, 中心化されたデータベクトルを求めよ。

中心化されたデータベクトル $\mathbf{d}_k$ を, 主成分ベクトルを使って,

$$\mathbf{d}_k = c_1 \mathbf{q}_1 + c_2 \mathbf{q}_2 + \cdots + c_n \mathbf{q}_n \tag{3.60}$$

というふうに表すことを考えよう（この形を「線型結合」とよぶことを後に学ぶ）。この式の両辺に対して第 i 主成分ベクトル $\mathbf{q}_i$ との内積をとれば,

$$\mathbf{d}_k \bullet \mathbf{q}_i = c_1 \mathbf{q}_1 \bullet \mathbf{q}_i + c_2 \mathbf{q}_2 \bullet \mathbf{q}_i + \cdots + c_n \mathbf{q}_n \bullet \mathbf{q}_i \tag{3.61}$$

となる。ところが, 主成分ベクトルどうしは直交しているので, 上の右辺の各項に含まれる内積は, $\mathbf{q}_i \bullet \mathbf{q}_i$ を残して全部 0 になる。すなわち,

$$\mathbf{d}_k \bullet \mathbf{q}_i = c_i \mathbf{q}_i \bullet \mathbf{q}_i \tag{3.62}$$

となる。また, 主成分ベクトルの定義から, $|\mathbf{q}_i| = 1$ なので, $\mathbf{q}_i \bullet \mathbf{q}_i = 1$ である。従って上の式は,

$$\mathbf{d}_k \bullet \mathbf{q}_i = c_i \tag{3.63}$$

となる。このように, 式 (3.60) の右辺の係数 c_i は, 中心化されたデータベクトル $\mathbf{d}_k$ と第 i 主成分ベクトルの内積をとることだけで求まる。$\mathbf{d}_k$ と第 i 主成分ベクトルの内積のことを, そのデータの第 i 主成分スコアとよぶ。上の例では, たとえば, 生徒 3 の中心化されたデータベクトル（数学と英語のそれぞれから平均点を引いた値を並べた数ベクトル）と $\mathbf{q}_2$ との内積が, 生徒 3 の得点の第 2 主成分スコアである。

幾何学的には, 第 i 主成分スコアは, 標本平均を原点として, 中心化されたデータベクトルを, 第 i 主成分ベクトルの方向に正射影した大きさである, と考えてよい（図 3.1）。

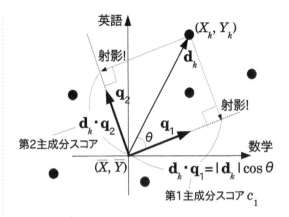

図 3.1　中心化されたデータベクトル $\mathbf{d}_k$ を主成分ベクトルで分解する。分解の係数（式 (3.60) の c_1, c_2 など）は, $\mathbf{d}_k$ と主成分ベクトル（$\mathbf{q}_1, \mathbf{q}_2$ など）との内積で得られる。それが各主成分スコアである。それは, $\mathbf{d}_k$ を主成分ベクトルに正射影（垂直に下ろすこと）したものでもある（内積の定義から, $\mathbf{d}_k \bullet \mathbf{q}_1 = |\mathbf{d}_k||\mathbf{q}_1| \cos \theta$。$\theta$ はこれらの 2 つのベクトルのなす角。いま, $|\mathbf{q}_1| = 1$ であることに注意すれば, これが正射影になっていることは明らかだろう）。

慣習的に, 第 1 主成分を PC1, 第 2 主成分を PC2, …のように呼ぶこともある。たとえば,「第 1 主成分スコア」を「PC1 スコア」,「第 2 主成分ベクトル」を「PC2 ベクトル」とよぶことがある。

問 50　問 39 の生徒 3 の得点の PC1 スコアと PC2 スコアを求めよ。

上の例では, PC1 スコアを数学と英語の両方を加味した総合成績の指標と解釈すると, PC2 スコアは,「数学と英語のどちらが得意か」に関する指標と解釈することができる。

問 51　問 39 の生徒 3 の成績を第 2 主成分スコアをもとに考察せよ。

ここで注意：世間では, 主成分という語が単体で使われることがある。そういう場合は「主成分」は以下のいずれかの意味を指す：

- 主成分ベクトル（ローディングベクトル）
- 主成分スコア
- 物質を構成する化学的な組成のうち, 最も大量に含まれるもの。

これらは互いに意味が違うので, どれを指すのかを,

文脈から適切に判断しなければならない。そのような混乱を避けるために，諸君は，主成分という語をなるべく単体では使わないようにしよう。

さて，主成分分析の意味や仕組みを少し調べてみよう。分散共分散行列 S は，P.48 式 (3.31) や式 (3.35) のように，中心化されたデータ行列 D_c から求められる。簡単のため，ここでは項目数=2 で考える（項目数 3 以上であっても議論の本質は同じ）。式 (3.31) を式 (3.57) に代入してみよう。すなわち ${}^tQSQ$ は以下のようになる：

$$
{}^tQ\Big(\frac{1}{N}{}^tD_cD_c\Big)Q = \begin{bmatrix} \lambda_1 & 0 \\ 0 & \lambda_2 \end{bmatrix} \tag{3.64}
$$

この左辺は，以下のように変形できる：

$$
{}^tQ\Big(\frac{1}{N}{}^tD_cD_c\Big)Q = \frac{1}{N}({}^tQ{}^tD_c)(D_cQ) \tag{3.65}
$$

$$
= \frac{1}{N}{}^t(D_cQ)(D_cQ) \tag{3.66}
$$

式 (3.65) から式 (3.66) への変形は P.46 式 (3.9) を使った。ここで，D_cQ という行列を改めて D'_c と置こう：

$$
D'_c := D_cQ \tag{3.67}
$$

すると，式 (3.66) はさらに以下のように変形できる：

$$
\frac{1}{N}{}^tD'_cD'_c \tag{3.68}
$$

これは P.48 式 (3.31) の右辺とよく似ている。つまり，これは D'_c という行列が作る分散共分散行列である。

D'_c，つまり D_cQ という行列は，D_c に右から Q をかけたものである。P.24 式 (1.178) の考え方では，D_cQ は D_c の行ベクトルと，Q の列ベクトル（つまり S の主成分ベクトル）の内積で作られる行列だ。すなわち，

$$
D'_c = D_cQ = \begin{bmatrix} \mathbf{d}_1 \bullet \mathbf{q}_1 & \mathbf{d}_1 \bullet \mathbf{q}_2 \\ \mathbf{d}_2 \bullet \mathbf{q}_1 & \mathbf{d}_2 \bullet \mathbf{q}_2 \\ \vdots & \vdots \\ \mathbf{d}_N \bullet \mathbf{q}_1 & \mathbf{d}_N \bullet \mathbf{q}_2 \end{bmatrix} \tag{3.69}
$$

となる。ここで，$\mathbf{d}_i$ は D_c の第 i 行ベクトル（生徒 i の得点を表す行ベクトル），$\mathbf{q}_j$ は Q の第 j 列ベクトル（第 j 主成分ベクトル）である。従って，$\mathbf{d}_i \bullet \mathbf{q}_j$ は，生徒 i の得点の第 j 主成分スコアに相

当する。つまり，D'_c は，各生徒の主成分スコアを並べた行列である。D'_c は，生徒全体の成績を表す，D_c とは別の新しい表現法である。D_c は各科目の得点を（中心化して）並べたものだが，D'_c は各主成分のスコアを並べたものである。

たとえば，問 47 の Q, D_c について，$D'_c = D_cQ$ は以下の行列になる：

$$
D'_c = D_cQ = \begin{bmatrix} 0.33\cdots & -0.90\cdots \\ 0.29\cdots & 0.51\cdots \\ -2.54\cdots & 0.42\cdots \\ -0.40\cdots & -0.22\cdots \\ 1.70\cdots & 0.56\cdots \\ 2.43\cdots & -0.12\cdots \\ -1.81\cdots & -0.26\cdots \end{bmatrix} \text{点} \tag{3.70}
$$

この「新しい表現法」には，面白い特徴がある。式 (3.64)，式 (3.68) より，次式が成り立つ：

$$
\frac{1}{N}{}^tD'_cD'_c = \begin{bmatrix} \lambda_1 & 0 \\ 0 & \lambda_2 \end{bmatrix} \tag{3.71}
$$

左辺は，主成分スコアでデータを表現した場合の分散共分散行列を意味する。ここから以下のことがわかる（わからない人は，P.47 式 (3.27) を見直そう）：

- （対角成分に注目して）第 i 主成分スコアの分散は，もとの分散共分散行列の第 i 固有値 λ_i に等しい。
- （非対角成分に注目して）主成分スコアどうしの共分散は 0。

共分散が 0 になるなら，P.48 式 (3.28) より，相関係数も 0 だ。つまり，主成分スコアどうしは相関しない。むしろ，そうなるような操作が主成分分析なのだ。テストの得点は，ある程度，科目間で相関するものだろう。それを整理して，互いに相関していない指標を作るのだ。

先ほどの例で言えば，第 1 主成分スコアが全体的な成績の良さ，第 2 主成分スコアが科目の選好性を表すと考えたが，それは意図的に相互の連動性を消して（相関係数を 0 にして），それぞれを独立・純粋に評価しようとした結果である。

図 3.2 に，もとの行列 D_c で表される成績（数学

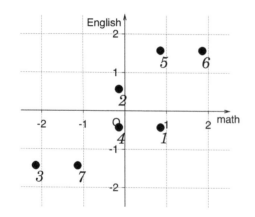

図 3.2　式 (3.32) の散布図。各科目の得点から平均点（標本平均）を引いた点数のプロット。番号は受験者の通し番号 k。

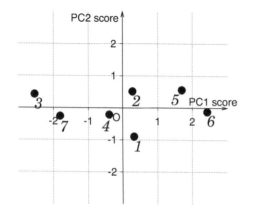

図 3.3　式 (3.70) の散布図。第 1 主成分スコアを横軸，第 2 主成分スコアを縦軸とするプロット。番号は図 3.2 に対応する。

と英語の各得点から平均点を引いたもの）の散布図，図 3.3 に，行列 D_c' で表される成績（第 1，第 2 主成分スコア）の散布図を示す。これを見ると，もとの得点の散布図では，数学の点が良ければ英語の点も良い，というおおまかな傾向が見える。つまり，両科目が連動している。ところが，主成分スコアの散布図を見ると，そのような連動する傾向は消えている。

　この仕組みは実は簡単だ。すなわち，図 3.2 を，原点を中心に右まわりに適当に回転させたら図 3.3 になるのだ。つまり，このような連動が見られなくなるように散布図全体を回転するのが主成分分析である。そして，Q はベクトルに回転を施す行列なのだ。

　ところで，分散共分散行列のトレースを<u>全分散</u>と

よぶ。P.51 式 (3.56) より，それは固有値（各主成分スコアの分散）の総和でもある。先の例で言うと，全分散は，数学の分散と英語の分散の和に等しいし，第 1 主成分スコアの分散 λ_1 と第 2 主成分スコアの分散 λ_2 の和にも等しい。

　第 i 主成分のスコアの分散（分散共分散行列の i 番目の固有値）を全分散で割ったもの，すなわち $\lambda_i/(\lambda_1 + \lambda_2 + \cdots + \lambda_n)$ を<u>第 i 主成分の寄与率</u>とよぶ。

問 52　問 47 において，第 1 主成分の寄与率と，第 2 主成分の寄与率を求めよ。そこからどういうことが言えるか考察せよ。

　その他，主成分分析には様々な用語や概念があるが，それらは別の機会に実例とともに学んで欲しい。いずれにせよ，対称行列の理論を理解すれば主成分分析は簡単かつ本質的に理解でき，その結果，主成分分析を使えるし，応用も効くのだ。

よくある質問 37　なぜ世の中には対称行列が多いのですか？… いくつかのものどうしの関係性を表すのに対称行列が適しているからでしょう。たとえば，分散共分散行列は，ざっくり言えば，数学と英語という 2 種類の成績が，互いにどのように関係しているかを表すものと言えます。関係というものは多くの場合，対称的です。実際，「数学と英語の関係」は「英語と数学の関係」と言い換えても差し支えないでしょう。

3.8　多次元の数ベクトルをどうイメージするか？

　これまで見たように，多変量解析では個々のデータを数ベクトルとして扱う。数学，英語，国語という 3 科目からなる試験では，たとえば生徒 A 君の得点が，数学：10 点，英語：20 点，国語：25 点だとしたら，(10 点，20 点，25 点) という数ベクトルが A 君に関するデータだ（多くの場合はそれを中心化するのだが，今はとりあえず中心化は考えない）。

　さて，諸君は，この数ベクトルを視覚的にイメージせよと言われたらどうするだろう？ おそらく 3 次元ユークリッド空間とその中のデカルト座標系をイメージし，この数ベクトルを座標とするような 1

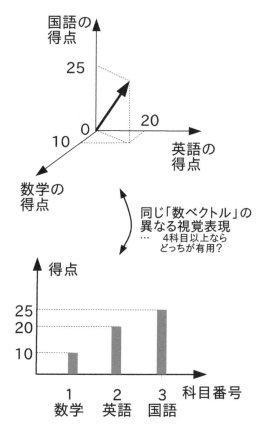

図3.4 生徒 A 君の「成績ベクトル」の視覚表現（2 通り）

点，もしくは，そこへ向う幾何ベクトルをイメージするだろう（図3.4 上）。

一方，これは，図3.4 下のように，各科目を横にならべて，縦軸を得点とするような棒グラフで表すこともできる。これら 2 つの表現方法は違うが，表される数ベクトルは同じものだ。そもそも数ベクトルは数を並べたものにすぎないから，どちらの表現が正しいというものでもない。

ところが，試験が 4 科目以上になるとどうだろう？ 上の表現（矢印）は明らかに破綻する。人間は，視覚的に想像できるのは 3 次元までだからだ。しかし下の表現（グラフ）は問題なく通用する。横に項目を増やしていけばよいだけだ。

そう考えると，諸君が高校時代から「ベクトル」について素朴に抱いていた「矢印」のイメージ（図3.4 上；幾何ベクトルとの同一視）は，数ベクトルには不便だと気づくだろう。むしろ，図3.4 下のような，「グラフ」の方が，数ベクトルには柔軟で便利ではないだろうか？ 実はこれは，以後の章で述べる

「関数をベクトルとみなす」という発想の伏線である（バラしてしまったら伏線にならないが（笑））。

問 53 数ベクトルを矢印ではなくグラフでイメージすることについて，君自身はどう感じるか？

3.9 ベクトルと機械学習

本章の最後に，ベクトルと機械学習の関係について触れておく。機械学習とは，人工知能（artificial intelligence; AI）の一種で，大量のデータをもとに経験則を数学的に表現し，それをもとに未知のことを推定する技術である。深層学習とよばれる技術はその一種である。

たとえば多勢の大学生について，入試（面接等も含めてよい）の成績と，入学後の成績がデータとして存在するとする。それをもとに機械学習を「訓練」すれば，将来入学してくる学生の入試成績からその学生の入学後の学業状況が，ある程度の精度で推定できるかもしれない（そうすれば，必要な学生に早く教育支援を与えることができる）。

このとき，各学生の入試成績は前節で述べたように，各科目の得点を並べた数ベクトルで表現する。すなわち，個々の対象（この場合は学生）の特徴は 1 つの数ベクトルに集約して表現されるのだ。このような数ベクトルを，特徴ベクトル（feature vector）とよび，特徴ベクトルをその要素として含む数ベクトル空間を特徴空間（feature space）とよぶ（ここは後の章の伏線）。

機械学習が扱う問題には，分類と回帰という 2 種類がある。分類は，たとえば，学生の入試成績をもとに，いずれ留年するかしないのかのどちらか（複数のカテゴリ）を推定するという問題である。回帰はたとえば，学生の入試結果をもとに，入学後の成績平均点（GPA）を推定するという問題である。

分類問題は，個々のカテゴリに属するベクトルを仕分けるように特徴空間に仕切り（境界）を入れるという問題になり，回帰問題は，特徴空間の各点に値（実数）を付与するような関数を決めるという問題になる。

こうして，機械学習は多次元の数ベクトル空間（特徴空間）の数学の問題に帰着され，扱われるのだ。

問の解答

答 31 (1)(2) はともに，$ax + by + cz$。

(3) $\begin{bmatrix} ax & ay & az \\ bx & by & bz \\ cx & cy & cz \end{bmatrix}$ (4) $\begin{bmatrix} ax & bx & cx \\ ay & by & cy \\ az & bz & cz \end{bmatrix}$

答 35

(1)　$\mathrm{tr}(A+B) = \sum_i [A+B]_{ii} = \sum_i ([A]_{ii} + [B]_{ii})$

$= \sum_i [A]_{ii} + \sum_i [B]_{ii} = \mathrm{tr}(A) + \mathrm{tr}(B)$

(2)　$\mathrm{tr}(AB) = \sum_i [AB]_{ii} = \sum_i \sum_k [A]_{ik}[B]_{ki}$

$= \sum_i \sum_k [B]_{ki}[A]_{ik} = \sum_k \sum_i [B]_{ki}[A]_{ik}$

$= \sum_k [BA]_{kk} = \mathrm{tr}(BA)$

(3)　$\mathrm{tr}({}^t\!A) = \sum_i [{}^t\!A]_{ii} = \sum_i [A]_{ii} = \mathrm{tr}(A)$

答 36 (1) P.46 式 (3.9) より，${}^t({}^t\!AA) = {}^t\!A\,{}^t({}^t\!A) = {}^t\!AA$。この最後の変形で，${}^t({}^t\!A) = A$ であること（P.45 式 (3.3)）を使った。すなわち ${}^t\!AA$ は対称行列。 (2) 略。

答 38 ${}^t\!D_c D_c =$

$\begin{bmatrix} X_1 - \overline{X} & X_2 - \overline{X} & \cdots & X_N - \overline{X} \\ Y_1 - \overline{Y} & Y_2 - \overline{Y} & \cdots & Y_N - \overline{Y} \end{bmatrix} \begin{bmatrix} X_1 - \overline{X} & Y_1 - \overline{Y} \\ X_2 - \overline{X} & Y_2 - \overline{Y} \\ \vdots & \vdots \\ X_N - \overline{X} & Y_N - \overline{Y} \end{bmatrix}$

$= \begin{bmatrix} (X_1 - \overline{X})^2 + \cdots & (X_1 - \overline{X})(Y_1 - \overline{Y}) + \cdots \\ (X_1 - \overline{X})(Y_1 - \overline{Y}) + \cdots & (Y_1 - \overline{Y})^2 + \cdots \end{bmatrix}$

$= \begin{bmatrix} \sum_{k=1}^{N} (X_k - \overline{X})^2 & \sum_{k=1}^{N} (X_k - \overline{X})(Y_k - \overline{Y}) \\ \sum_{k=1}^{N} (X_k - \overline{X})(Y_k - \overline{Y}) & \sum_{k=1}^{N} (Y_k - \overline{Y})^2 \end{bmatrix}$

$$(3.72)$$

これを N で割ると，式 (3.24)，式 (3.25)，式 (3.26) より，

$$\begin{bmatrix} s_X^2 & s_{XY} \\ s_{XY} & s_Y^2 \end{bmatrix} = S \tag{3.73}$$

となる。

答 39 （略。以下，ヒントのみ）(3) $S = (1/7)\,{}^t\!D_c D_c$ を計算すればよい。 (4) S の $(1,1)$ 成分が s_X^2。$(2,1)$ 成分=$(1,2)$ 成分が s_{XY}。 (5) $r = s_{XY}/\sqrt{s_X^2 s_Y^2}$ を計算。

答 41 直交行列

$$Q = \begin{bmatrix} q_{11} & q_{12} & \cdots & q_{1n} \\ q_{21} & q_{22} & \cdots & q_{2n} \\ \vdots & \vdots & \ddots & \vdots \\ q_{n1} & q_{n2} & \cdots & q_{nn} \end{bmatrix}$$

の第 i 列ベクトルを，$\mathbf{q}_i$ とする。すなわち，

$$\mathbf{q}_i = \begin{bmatrix} q_{1i} \\ q_{2i} \\ \vdots \\ q_{ni} \end{bmatrix}$$

とする。すると，${}^t\!QQ$ は次式のようになる：

$${}^t\!QQ = \begin{bmatrix} q_{11} & q_{21} & \cdots & q_{n1} \\ q_{12} & q_{22} & \cdots & q_{n2} \\ \vdots & \vdots & \ddots & \vdots \\ q_{1n} & q_{2n} & \cdots & q_{nn} \end{bmatrix} \begin{bmatrix} q_{11} & q_{12} & \cdots & q_{1n} \\ q_{21} & q_{22} & \cdots & q_{2n} \\ \vdots & \vdots & \ddots & \vdots \\ q_{n1} & q_{n2} & \cdots & q_{nn} \end{bmatrix}$$

$$= \begin{bmatrix} \mathbf{q}_1 \bullet \mathbf{q}_1 & \mathbf{q}_1 \bullet \mathbf{q}_2 & \cdots & \mathbf{q}_1 \bullet \mathbf{q}_n \\ \mathbf{q}_2 \bullet \mathbf{q}_1 & \mathbf{q}_2 \bullet \mathbf{q}_2 & \cdots & \mathbf{q}_2 \bullet \mathbf{q}_n \\ \vdots & \vdots & \ddots & \vdots \\ \mathbf{q}_n \bullet \mathbf{q}_1 & \mathbf{q}_n \bullet \mathbf{q}_2 & \cdots & \mathbf{q}_n \bullet \mathbf{q}_n \end{bmatrix} \tag{3.74}$$

この (i, j) 成分は ${}^t\!Q$ の第 i 行ベクトルと Q の第 j 列ベクトル $\mathbf{q}_j$ の内積であり，なおかつ，${}^t\!Q$ の第 i 行ベクトルは Q の第 i 列ベクトル $\mathbf{q}_i$ の転置ベクトルであることから，積の (i, j) 成分は $\mathbf{q}_i \bullet \mathbf{q}_j$ であることを使った。一方，Q は直交行列なので，直交行列の定義から，

$${}^t\!QQ = I = \begin{bmatrix} 1 & 0 & \cdots & 0 \\ 0 & 1 & \cdots & 0 \\ \vdots & \vdots & \ddots & \vdots \\ 0 & 0 & \cdots & 1 \end{bmatrix} \tag{3.75}$$

となるはず。式 (3.74) と式 (3.75) を比べる。対角成分どうしの比較から，$\mathbf{q}_i \bullet \mathbf{q}_i = |\mathbf{q}_i|^2 = 1$，すなわち $|\mathbf{q}_i| = 1$，すなわち Q の各列ベクトルは大きさが 1 である。また，非対角成分どうしの比較から，$\mathbf{q}_i \bullet \mathbf{q}_j = 0$ である（$i \neq j$ とする）。すなわち，Q の列ベクトルどうしは互いに直交する。　■

答 42 互いに直交し，それぞれの大きさが 1 であるような n 次元の列ベクトル n 個が，$\mathbf{p}_1, \mathbf{p}_2, \cdots, \mathbf{p}_n$ であるとする。これらを横に並べてできる n 次正方行列 P とその転置行列 ${}^t\!P$ は以下のようになる（${}^t\mathbf{p}_1$ 等は n 次元の行ベクトルであることに注意）：

$$P = \begin{bmatrix} \mathbf{p}_1 & \mathbf{p}_2 & \cdots & \mathbf{p}_n \end{bmatrix}, \quad {}^t\!P = \begin{bmatrix} {}^t\mathbf{p}_1 \\ {}^t\mathbf{p}_2 \\ \vdots \\ {}^t\mathbf{p}_n \end{bmatrix}$$

従って，$^{\mathrm{t}}PP=$ は次式のようになる：

$$^{\mathrm{t}}PP = \begin{bmatrix} ^{\mathrm{t}}\mathbf{p}_1 \\ ^{\mathrm{t}}\mathbf{p}_2 \\ \vdots \\ ^{\mathrm{t}}\mathbf{p}_n \end{bmatrix} \begin{bmatrix} \mathbf{p}_1 & \mathbf{p}_2 & \cdots & \mathbf{p}_n \end{bmatrix}$$

$$= \begin{bmatrix} \mathbf{p}_1 \bullet \mathbf{p}_1 & \mathbf{p}_1 \bullet \mathbf{p}_2 & \cdots & \mathbf{p}_1 \bullet \mathbf{p}_n \\ \mathbf{p}_2 \bullet \mathbf{p}_1 & \mathbf{p}_2 \bullet \mathbf{p}_2 & \cdots & \mathbf{p}_2 \bullet \mathbf{p}_n \\ \vdots & \vdots & \ddots & \vdots \\ \mathbf{p}_n \bullet \mathbf{p}_1 & \mathbf{p}_n \bullet \mathbf{p}_2 & \cdots & \mathbf{p}_n \bullet \mathbf{p}_n \end{bmatrix} \quad (3.76)$$

ここで，任意の i について $\mathbf{p}_i \bullet \mathbf{p}_i = 1$ であり（大きさが 1 だから！），任意の i,j （$i \neq j$ とする）について $\mathbf{p}_i \bullet \mathbf{p}_j = 0$ である（互いに直交するから！）ことから，式 (3.76) の最終項は，対角成分が 1，非対角成分が 0 の正方行列，つまり単位行列になる。つまり，$^{\mathrm{t}}PP = I$ となる。従って，P は直交行列。　■

答 43 ▶ 式 (3.36) の両辺に左から Q をかけると，与式を得る（P.24 式 (1.182) を使う）。　■

答 44 ▶ 略解：(1) 固有値は 3 と -2 で，それぞれに対応する固有ベクトルは，代表的に

$$\begin{bmatrix} 2 \\ 1 \end{bmatrix}, \quad \begin{bmatrix} -1 \\ 2 \end{bmatrix}$$

これらの内積は 0 になる。よって直交。
(2) 固有値は $3, 0, -3$ で，それぞれに対応する固有ベクトルは，代表的に

$$\begin{bmatrix} 2 \\ 2 \\ 1 \end{bmatrix}, \quad \begin{bmatrix} 1 \\ -2 \\ 2 \end{bmatrix}, \quad \begin{bmatrix} 2 \\ -1 \\ -2 \end{bmatrix}$$

これらの任意の 2 つの内積は 0 になる。よって直交。
注：固有ベクトルは，これらの定数倍だけ違っていてもよい。ただし固有値との対応（順番）は大切。

答 45 ▶ 以下，略解。注：固有ベクトルは大きさ 1 にすること。でないとそれを並べた時に直交行列にならない。

(1) $Q = \begin{bmatrix} 2/\sqrt{5} & -1/\sqrt{5} \\ 1/\sqrt{5} & 2/\sqrt{5} \end{bmatrix}$, $^{\mathrm{t}}QAQ = \begin{bmatrix} 3 & 0 \\ 0 & -2 \end{bmatrix}$

(2) $Q = \begin{bmatrix} 2/3 & 1/3 & 2/3 \\ 2/3 & -2/3 & -1/3 \\ 1/3 & 2/3 & -2/3 \end{bmatrix}$,

$\quad ^{\mathrm{t}}QAQ = \begin{bmatrix} 3 & 0 & 0 \\ 0 & 0 & 0 \\ 0 & 0 & -3 \end{bmatrix}$

注：上の各行列で，各列ベクトルが ± 逆になっていても OK。たとえば (1) では以下でも OK。

$$Q = \begin{bmatrix} 2/\sqrt{5} & 1/\sqrt{5} \\ 1/\sqrt{5} & -2/\sqrt{5} \end{bmatrix}$$

答 46 ▶ P.47 式 (3.19) と P.24 式 (1.180) より，

$$\mathrm{tr}(P^{-1}AP) = \mathrm{tr}(P^{-1}(AP)) = \mathrm{tr}((AP)P^{-1})$$
$$= \mathrm{tr}(A(PP^{-1})) = \mathrm{tr}(AI) = \mathrm{tr}(A)$$

従って，$\mathrm{tr}(A)$ は，対角化された行列 $P^{-1}AP$ のトレースに等しい。$P^{-1}AP$ の対角成分は $\lambda_1, \lambda_2, \cdots, \lambda_n$ なので，$\mathrm{tr}(A) = \lambda_1 + \lambda_2 + \cdots + \lambda_n$。　■

答 47 ▶ （略解）以下，数値は小数点以下 2 桁まで書くが，本書が教科書として使われてこの問題が宿題になった場合は，諸君は小数点以下 3 桁まで書こう！まず，特性方程式を立てて解く（2 次方程式の解の公式を使う）と，固有値は $\lambda_1 = 2.69\cdots$ 点^2，$\lambda_2 = 0.24\cdots$ 点^2 と求まる。それを元に固有ベクトルを求めると，

$$\mathbf{q}_1 = \begin{bmatrix} 0.73\cdots \\ 0.68\cdots \end{bmatrix}, \mathbf{q}_2 = \begin{bmatrix} -0.68\cdots \\ 0.73\cdots \end{bmatrix} \quad (3.77)$$

となる。従って，

$$Q = \begin{bmatrix} 0.73\cdots & -0.68\cdots \\ 0.68\cdots & 0.73\cdots \end{bmatrix} \text{ として,} \quad (3.78)$$

$$^{\mathrm{t}}QSQ = \begin{bmatrix} 2.69\cdots & 0 \\ 0 & 0.24\cdots \end{bmatrix} \text{点}^2 \quad (3.79)$$

この対角行列のトレースは，$(2.69\cdots + 0.24\cdots)$ 点$^2 = 2.93\cdots$点^2。一方，S のトレースは，P.49 式 (3.33) より，$(1.55\cdots + 1.38\cdots)$ 点$^2 = 2.93\cdots$点^2。一致している！注：分散共分散行列の固有値は，分散と同じ次元を持つ（この場合は点^2）。それは固有値の定義から明らかだろう。主成分ベクトルは，固有ベクトルを単位ベクトルにするときに大きさで割ったので，成分は無次元である。従って，ここでは λ や S や $^{\mathrm{t}}QSQ$ に点^2 という単位をつけ，$\mathbf{q}$ や Q の成分には単位をつけない。

答 48 ▶ 式 (3.77) の $\mathbf{q}_1, \mathbf{q}_2$ がそれぞれ第 1 主成分ベクトルと第 2 主成分ベクトル。

答 49 ▶ 生徒 3 の数学と英語の得点はそれぞれ 1 点と 2 点。それぞれから数学の平均点と英語の平均点を引いて並べると，$(-2.14, -1.42)$ 点となる（これは式 (3.32) の第 3 行ベクトルである）。

答 50 ▶ 問 49 より，生徒 3 の中心化されたデータベクトルは $(-2.14, -1.42)$ 点。この行ベクトルを $\mathbf{d}$ とする。式 (3.77) の $\mathbf{q}_1, \mathbf{q}_2$ を使って，PC1 スコア $= \mathbf{d} \bullet \mathbf{q}_1 = -2.54\cdots$ 点，PC2 スコア $= \mathbf{d} \bullet \mathbf{q}_2 = 0.42\cdots$ 点。

答51 PC2 スコア（第 2 主成分スコア）がプラスで
ある，すなわち，数学よりも英語の方ができるという傾
向が見える。

答52 $\lambda_1 = 2.69$ 点^2, $\lambda_2 = 0.24$ 点^2, $\mathrm{tr}(S) =$
2.94 点^2。従って，PC1（第 1 主成分）の寄与
率＝2.69/2.94＝0.92。PC2 の寄与率＝0.24/2.94＝0.08。
この結果を見ると，PC1 の寄与率が圧倒的に大きい。つ
まり，この試験結果を数学と英語の 2 次元数ベクトルの
集合とみたときのばらつき（全分散）は，両科目の総合的
な成績（PC1 スコア）のばらつきが主たる要因であり，
数学と英語のどちらが得意か（PC2 スコア）によるばら
つきよりもずっと大きく寄与していると考えられる。

学生の感想 1 ^{t}ax の答が内積で a^{t}x の答が行列
になるのがおもしろかったです。／数学がこれほど
密に統計や化学と結びついてるとは知りませんで
した。

第4章

線型代数2：線型空間

本章では「線型空間」という集合を定義することでベクトルの概念を一気に拡張します。その根底には「線型結合」またの名を「重ね合わせ」というアイデアがあります。それらによって，物理学や統計学などの広い分野へ続く数学の扉が開きます。ただしこの話は抽象的なので，皆さんは最初は戸惑うかもしれません。それでも「わからなくなったら定義に戻る」を忘れずに，粘り強く考えましょう。そのうち，光が差し込むようにわかってきて「なんだそういうことか」と思えるでしょう。

4.1 「閉じている」と体

我々が今学んでいる線型代数学は代数学という数学の一部である。代数学は「数」を「集合の要素」と捉え，数と数を「演算」によって結びつけ，特徴づける。その基本はこれから述べる「閉じている」という考え方だ。

たとえば，自然数と自然数の和は例外なく自然数である。これを「$\mathbb{N}$ は和について**閉じている**」という。そして，自然数と自然数の差は自然数でないことがある（$2-5$ など）。これを「$\mathbb{N}$ は差について**は閉じていない**」という。

このように，ある種の数の集合について，その要素に，何か演算を施した時，その結果もその集合に含まれるならば，その集合はその演算について<u>閉じている</u>という（定義）。

さて，有理数の集合 $\mathbb{Q}$，実数の集合 $\mathbb{R}$，複素数の集合 $\mathbb{C}$ は，いずれも，和，差，積，そして「0 で割る」以外の商について閉じていることは，ちょっと考えればわかるだろう。そして，それらの演算は，ある種の規則を満たす[*1]。そのような集合を，代数

学では体[*2]とよぶ。この「体」という「数の集合」が，線型代数学ではとても大切な働きをするのだ。

問 54 整数の集合 $\mathbb{Z}$ が体でない理由は？

4.2 線型空間のキモは スカラー倍と和

ここで「ベクトル」の概念を見直し，劇的にグレードアップする。

我々が以前から知っているベクトルとは，P.20 で述べた幾何ベクトル（大きさと向きを持つ量）と数ベクトル（数を並べたもの）である。ところでこれらに共通する性質がある。それは，スカラー倍ができることと，同種のベクトルどうしの和ができることである。

たとえば，平面の幾何ベクトルは P.7 図 1.1, 図 1.2 によってスカラー倍と和が定まり，その結果も平面の幾何ベクトルである。4 次元の数ベクトルは P.21 式 (1.163) と式 (1.164) によってスカラー倍と和が定まり，その結果も 4 次元の数ベクトルである。

そこで，**どんな集合であれ，「スカラー倍と和ができて，それらについて閉じているような集合」**であれば，その要素をベクトルといってよいのだ，と約束しよう。つまり，ベクトルとは，「スカラー倍と和について閉じているような集合の要素」である，と考えるのだ。

この考え方をきちんと述べるため，まず「スカラー倍と和について閉じているような集合」にきち

[*1] 和と積のそれぞれに関する交換法則（$x+y=y+x$,

$xy=yx$）と結合法則（$x+(y+z)=(x+y)+z$, $x(yz)=(xy)z$），分配法則（$x(y+z)=xy+xz$），0 と 1 の存在（$x+0=x$, $x\times 1=x$），逆数（0 でない x について $1/x$）と負の数（x に対して $-x$）の存在，そして 0 と 1 が違うこと（$0\neq 1$）。

[*2] 「たい」と読む。

んと定義を与え，カッコいい名前をつけよう：

　ある集合 X と，ある体 K があり，X の要素 $\mathbf{x}, \mathbf{y}$ と体の要素 α の間に「スカラー倍」$\alpha\mathbf{x}$ と「和」$\mathbf{x}+\mathbf{y}$ が定義され，それらについて閉じているとき，すなわち，

$$\forall\mathbf{x}\in X, \forall\alpha\in K, \alpha\mathbf{x}\in X \tag{4.1}$$

$$\forall\mathbf{x}, \forall\mathbf{y}\in X, \mathbf{x}+\mathbf{y}\in X \tag{4.2}$$

が成り立っているとき，X を「K を体とする線型空間」という。ただし，スカラー倍と和は以下の 8 つの条件を満たさねばならない：

$$\forall\mathbf{x}, \forall\mathbf{y}, \forall\mathbf{z}\in X, \mathbf{x}+(\mathbf{y}+\mathbf{z})=(\mathbf{x}+\mathbf{y})+\mathbf{z} \tag{4.3}$$

$$\forall\mathbf{x}, \forall\mathbf{y}\in X, \mathbf{x}+\mathbf{y}=\mathbf{y}+\mathbf{x} \tag{4.4}$$

$$X \text{ に } \mathbf{0} \text{ という要素があり，} \forall\mathbf{x}\in X, \mathbf{x}+\mathbf{0}=\mathbf{x} \tag{4.5}$$

$$\forall\mathbf{x}\in X, \exists(-\mathbf{x})\in X \ \ \text{s.t.} \ \ \mathbf{x}+(-\mathbf{x})=\mathbf{0} \tag{4.6}$$

$$\forall\alpha\in K, \forall\mathbf{x}, \forall\mathbf{y}\in X, \alpha(\mathbf{x}+\mathbf{y})=\alpha\mathbf{x}+\alpha\mathbf{y} \tag{4.7}$$

$$\forall\alpha, \forall\beta\in K, \forall\mathbf{x}\in X, (\alpha+\beta)\mathbf{x}=\alpha\mathbf{x}+\beta\mathbf{x} \tag{4.8}$$

$$\forall\alpha, \forall\beta\in K, \forall\mathbf{x}\in X, \alpha(\beta\mathbf{x})=(\alpha\beta)\mathbf{x} \tag{4.9}$$

$$\forall\mathbf{x}\in X, 1\mathbf{x}=\mathbf{x} \tag{4.10}$$

　この「8 つの条件」は見た目の圧が凄いが（笑），スカラー倍や和が満たすべき常識を整理しただけで，実は大したことは言っていないので，多くの場合でこの「**8 つの条件**」は**忘れてもかまわない**[*3]。むしろ，スカラー倍と和について閉じていること，すなわち式 (4.1) と式 (4.2) の確認が重要である。

　線型空間は，どれかの体とセットである。ただし，我々がこれから出会う線型空間の例のほとんどは，その体として $\mathbb{R}$ を採用する（つまり $K=\mathbb{R}$ とする）。また，本書でいずれ出てくる「計量空間」や「量子力学」では，$\mathbb{C}$ を体とする（つまり $K=\mathbb{C}$ とする）ような線型空間が出てくる。従って，体 K とは，$\mathbb{R}$ か $\mathbb{C}$ のことだと思っていても当分は差し支えない[*4]。

　線型空間とセットになっている体 K の要素のこ

とを，スカラーとよぶ。式 (4.1)～式 (4.10) の中にちょいちょい出てくる α や β がスカラーである。前述のように，線型空間とセットの体は多くの場合 $\mathbb{R}$ か $\mathbb{C}$ なので，**とりあえずスカラーとは実数か複素数のこと**と思ってよい。以下，特に断らない限り，体は $\mathbb{R}$ とする（つまりスカラーとは実数のこととする）。

> **問 55**　スカラーとは何か？

　そして，線型空間の要素のことを，ベクトルとよぶ（定義）。そのため，線型空間をベクトル空間ともよぶ。

　幾何ベクトルと数ベクトルは太字で書いていたが，一般的なベクトルにもこの慣習を**原則的**に適用する（例外もある）。式 (4.1)～式 (4.10) で X の要素を $\mathbf{x}, \mathbf{y}$ のように太字で書いているのは，それらがベクトルだからである。

　ベクトルのスカラー倍は，原則的にスカラーが前，ベクトルが後になるように書く。つまり，線型空間 X の要素（つまりベクトル）$\mathbf{x}$ と，スカラー α について，「$\mathbf{x}$ の α 倍」を $\alpha\mathbf{x}$ と書く。たまに，$\mathbf{x}\alpha$ と書いてしまう人がいるが，慣習として奇異である。

　ところで，「線型空間」の「空間」の語感に引きずられて，何か広がりのある場所をイメージしたくなるかもしれないが，それは無用でむしろ理解の邪魔である。数学では「何らかの構造を持った集合」を「空間」とよぶのだ。

> **問 56**　式 (4.1) と式 (4.2) をそれぞれ 5 回書いて記憶せよ。

> **問 57**　ベクトル空間とは何か？

> **問 58**　ベクトルとは何か？

4.3　線型空間にはいろいろある

　では，いくつかの例を通して線型空間の概念に慣れていこう。

　まず，前節の前半で述べたように，「平面の幾何ベクトルの集合」は実数倍と和について閉じているか

[*3]　これを聞いたら数学者は激怒するだろう（笑）。事実，数学の論理体系ではこの 8 つは極めて重要で，1 つでも欠けたら線型代数学は崩壊する。しかし我々の業界では，これらのどれかが欠けるようなまぎらわしい話や例はほとんど出てこない。とりあえずそういうものと思って先を学んで，やっぱり気になる，と思ったら長谷川 (2015) などを参照しよう。

[*4]　$\mathbb{R}, \mathbb{C}$ 以外をその体とする線型空間の例は実用上は稀だ。

ら $\mathbb{R}$ を体とする線型空間である。だから平面の幾何ベクトルはベクトルである。また同じく前節前半で述べたように、「4 次元の数ベクトルの集合」($\mathbb{R}^4$) も実数倍と和について閉じているから $\mathbb{R}$ を体とする線型空間である。だから「4 次元の数ベクトル」もベクトルである。

同様に、「3 次元ユークリッド空間の幾何ベクトルの集合」や、1 以上の任意の整数 n について「n 次元の数ベクトルの集合」($\mathbb{R}^n$) も $\mathbb{R}$ を体とする線型空間であり、従って空間の幾何ベクトルも n 次元の数ベクトルもベクトルである。

このように、新しく拡張されたベクトルの定義の中に、従来の幾何ベクトルや数ベクトルは収まるのだ。

それ以外の例も考えていこう。線型空間でない例と線型空間である例を挙げる。どのような集合も、式 (4.1) と式 (4.2) の両方が成り立てば線型空間だし、そうでなければ(片方もしくは両方が不成立ならば)線型空間でない、という観点で線型空間か、線型空間でないか、どちらか片方に分類される。

例 4.1 $A = \{1, 2, 3, 4, 5\}$ で定義される集合 A は線型空間ではない。たとえば $x, y \in A$ として、$x = 1, y = 5$ を考えると、$x + y = 6$ となり、これは A の要素ではない(式 (4.2) が成り立たない)。

例 4.2 $S = \{$ 赤木, 三井, 宮城, 流川, 桜木 $\}$ で定義される集合[*5]を S とする。S は線型空間ではない。たとえば赤木のスカラー倍(赤木の 0.1 倍とか -2.5 倍とか)なんて、そもそも何のことやらわからない。まして、赤木 + 三井 とか、さっぱりわからない(ふたりのペアではなく、ふたりを合わせてできるはずのひとりの人間)。意味不明というか無意味だ。つまり、この集合 S の要素には「スカラー倍」や「足し算」ができない。従って、式 (4.1) や式 (4.2) は、成り立つ成り立たない以前に無意味である。

例 4.3 実数全体の集合 $\mathbb{R}$ は線型空間である。任意の $x \in \mathbb{R}$ について、そのスカラー倍(つまり実数

倍)αx は実数なので、$\alpha x \in \mathbb{R}$, つまり式 (4.1) が成り立つ。また、任意の $x, y \in \mathbb{R}$ について、$x + y \in \mathbb{R}$ だ。従って、式 (4.2) も成り立つ。

よくある質問 38 $\mathbb{R}$ は体でもあり線型空間ていうことですか? なら実数はスカラーでもありベクトルでもあるということですか? … はいそうです。$\mathbb{R}$ は $\mathbb{R}$ を体とする線型空間で、その要素である実数はスカラーでもありベクトルでもあります。でもそう言うと、「ベクトルは太字で書く」を適用して、実数も x と太字で書くべきでは? と思うかもしれませんね。これは慣習の問題ですが、実数をあえてベクトルとして扱いたくなる場面は実際はほとんど発生しないし、それよりも実数はスカラーとして扱うことの方が多いので、普通は実数 x というふうに細字で書けばよろしい。

例 4.4 整数全体の集合 $\mathbb{Z}$ は線型空間ではない。$\mathbb{Z}$ の要素として、たとえば $x = 2$ を選び、スカラーとして $\alpha = 0.1$ を選んだら、$\alpha x = 0.2$ となる。これは整数ではないので、$\mathbb{Z}$ の要素ではない。このように、式 (4.1) が成り立たない場合がある。

よくある質問 39 体として $\mathbb{Z}$ を選べばスカラーも整数に限定されるから、スカラー倍について閉じることになり、$\mathbb{Z}$ は線型空間になるのではないですか? … いえ、そもそも $\mathbb{Z}$ は体になる資格はありません(「0 以外での割り算」について閉じていないから)。

ところで、例 4.3 より、$\mathbb{R}$ は線型空間なので、その要素、たとえば 2 はベクトルだ。しかし例 4.4 では、$\mathbb{Z}$ は線型空間でないので、その要素である 2 はベクトルではない。いったい、2 はベクトルなのか違うのか、どちらなんだろう?

ここは微妙なところだ。何かがベクトルと言えるかどうかは、それがどのような集合に属すかで決まるのだ。2 を $\mathbb{Z}$ の要素とみせば 2 はベクトルとは言えない。しかし 2 を $\mathbb{R}$ の要素とみせば 2 はベクトルである[*6]。

[*5] これは漫画「スラムダンク」の湘北高校バスケットボール部のスターティングファイブである。

[*6] これは、あるサッカー選手が「良い選手」かどうかという話に似ている。所属するクラブチームでは素晴らしい選手だが、日本代表チームに入るとぱっとしない、という選手がいるとする。この選手が「良い選手」と言えるかどうかは、どのチームに彼を入れるかによって変わるのだ。

問 59 以下，断らない限りは $\mathbb{R}$ を体とする。

(1) $B = \{2n \mid n \text{ は 1 以上の整数}\}$ は線型空間でないことを示せ。

(2) $\mathbb{C}$ は，$\mathbb{R}$ を体とする線型空間であることを示せ。

(3) $\mathbb{C}$ は，$\mathbb{C}$ を体とする線型空間であることを示せ。

(4) $\{0\}$ は線型空間であることを示せ。

(5) $\{1\}$ は線型空間でないことを示せ。

例 4.5 全ての実数係数 2 次関数からなる集合を P_2 としよう[7]。すなわち，

$$P_2 = \{f(x) = px^2 + qx + r \mid p, q, r \in \mathbb{R}\} \quad (4.11)$$

とする[8]。P_2 は線型空間だろうか？　まず，P_2 の任意の要素 $f(x) = px^2 + qx + r$ について，その α 倍を考えよう（α は任意の実数）：

$$\alpha f(x) = \alpha(px^2 + qx + r) = \alpha px^2 + \alpha qx + \alpha r$$

これも実数係数 2 次関数なので，P_2 の要素である。従って式 (4.1) を満たす。また，P_2 の別の要素 $g(x) = sx^2 + tx + u$ について $(s, t, u \in \mathbb{R})$，

$$f(x) + g(x) = (px^2 + qx + r) + (sx^2 + tx + u)$$
$$= (p+s)x^2 + (q+t)x + (r+u)$$

も実数係数 2 次関数なので，P_2 の要素である。従って式 (4.2) を満たす。従って，この集合 P_2 は線型空間であり，その要素，つまり実数係数 2 次関数はベクトルである。　■

例 4.6 集合 Y を，$f(x) = p \exp(qx)$ という形の，実数 x に関する関数の集合とする（p, q は任意の実数）。すなわち，

$$Y = \{f(x) = p \exp(qx) \mid p, q \in \mathbb{R}\} \quad (4.12)$$

とする。Y は線型空間だろうか？　これは線型空間ではなさそうだとみて，線型空間の定義に反する例（反例）を探そう。

$$f_1(x) = \frac{1}{2} \exp(x), \quad f_2(x) = -\frac{1}{2} \exp(-x) \quad (4.13)$$

とすれば，$f_1 \in Y$, $f_2 \in Y$ だが，

$$f_1(x) + f_2(x) = \frac{\exp(x) - \exp(-x)}{2} \quad (4.14)$$

は，Y の要素ではない。なぜならば，式 (4.14) は，どんなにがんばっても $p \exp(qx)$ という形には変形できないからだ。それは，直感的にはグラフを考えればわかる。式 (4.14) は $\sinh x$ であり，そのグラフは P.18 図 1.8 のように，正と負の値を両方とりえるが，$f(x) = p \exp(qx)$ の値は，p の値の正負と同じ符号しかとり得ない。従って Y は線型空間ではない。　■

例 4.7 実数 x に関して，$-1 \leq x \leq 1$ の範囲で連続な関数 $f(x)$ の集合 X。もし $f(x) \in X$ なら，そのスカラー倍 $\alpha f(x)$ も $-1 \leq x \leq 1$ の範囲で連続な関数なので，$\alpha f(x) \in X$。また，もし $f_1(x), f_2(x) \in X$ ならば，$f_1(x) + f_2(x)$ も $-1 \leq x \leq 1$ の範囲で連続な関数なので，$f_1(x) + f_2(x) \in X$。従って，この集合 X は線型空間であり，その要素，すなわち $-1 \leq x \leq 1$ の範囲で連続な関数は，ベクトルである。　■

例 4.5 の集合 P_2 や例 4.6 の集合 Y は，例 4.7 の集合 X に含まれることに注意しよう。線型空間の部分集合は，線型空間になることもあれば（その場合，その部分集合を<u>部分線型空間</u>という），線型空間にならないこともあるのだ。

例 4.5 や例 4.7 のような「関数」には「向きと大きさを持つもの」というイメージは全くないから，これらがベクトルだと言われても，高校数学に慣れた諸君は，すぐには納得できないかもしれない[9]。ともあれ，関数の集合は（ある種の制約をつけることによって）線型空間になり，そこに属する関数はベクトルになる。そして，関数からなる線型空間のことを<u>関数空間</u>とよぶ。ベクトルの概念を拡張することの最大の功用は，関数をベクトルとして扱えるよ

---

[7] 一次関数も，x^2 の係数が 0 であるような 2 次関数として P_2 の中に含める。定数関数も同様。

[8] このあたりの記号がわからなければ，P.1 の 1.1 節や，「ライブ講義 大学 1 年生のための数学入門」P198 付近参照。

[9] 驚くことに，拡張されたベクトルの概念には，そもそも大きさや方向は必要ないのだ。ただし，ちょっと工夫すれば，例 4.5 や例 4.7 のような「ベクトル」にも「長さ」に似た概念を考えることはできて，それを<u>ノルム</u>という。ノルムが定義されている線型空間を<u>ノルム空間</u>とよぶ。

うになること，すなわち関数空間の概念だ。実は，関数空間は，関数を解析するための強力な足場となるのだ。

ここで注意。関数空間の中の 0 は，「恒等的に 0 になる関数」のことだ。たとえば例 4.5 で，$f(x) = x^2 - 1$ は，$f(-1) = f(1) = 0$ になるが，それ以外では $f(x)$ は 0 でない。つまり「恒等的に 0」ではない。そういう意味で，この関数は，ベクトルとしては 0 ではないのだ。

さて，関数がベクトルであるという発想は，P.54 の 3.8 節「数ベクトルの視覚表現」に戻ると，さほど不自然なものではない。あそこで出てきた図 3.4 下のように，数ベクトルをグラフで視覚的に表現するなら，数ベクトルの次元（並べる数の個数）をどんどん増やしていくと，カクカクした棒グラフはやがて，緻密な点からなるグラフになるだろう。それが関数である。関数は，いわば数を無数に緻密に並べた数ベクトルである。

例 4.8　以下の方程式を考えよう：

$$x + 2y + z = 0 \tag{4.15}$$

これは式が 1 本で未知数が 3 個，つまり式の数が未知数の数よりも少ないから，解が定まらない（不定）。つまり，この連立方程式の解は無数にある。たとえば，

$$(x, y, z) = (-1, 1, -1) \tag{4.16}$$
$$(x, y, z) = (0, 1, -2) \tag{4.17}$$

などは，この方程式の解だ。これらを含めて，この方程式の解の集合：

$$X = \{(x, y, z) \mid x + 2y + z = 0\}$$

は線型空間になるのだ。それを証明しよう：まず，

$$(x_1, y_1, z_1) \in X \tag{4.18}$$
$$(x_2, y_2, z_2) \in X \tag{4.19}$$

とする。すなわち，

$$x_1 + 2y_1 + z_1 = 0 \tag{4.20}$$
$$x_2 + 2y_2 + z_2 = 0 \tag{4.21}$$

である。さて，任意の実数 α について，$\alpha(x_1, y_1, z_1)$，つまり，$(\alpha x_1, \alpha y_1, \alpha z_1)$ を，式 (4.15) 左辺に代入すると，

$$\alpha x_1 + 2\alpha y_1 + \alpha z_1 = \alpha(x_1 + 2y_1 + z_1) = 0$$

となる（最後の変形で式 (4.20) を使った）。従って，$\alpha(x_1, y_1, z_1)$ は式 (4.15) の解である。従って，$\alpha(x_1, y_1, z_1) \in X$ である（式 (4.1) が成り立つ！）。また，$(x_1, y_1, z_1) + (x_2, y_2, z_2)$，つまり $(x_1 + x_2, y_1 + y_2, z_1 + z_2)$ を式 (4.15) 左辺に代入すると，

$$x_1 + x_2 + 2(y_1 + y_2) + z_1 + z_2$$
$$= (x_1 + 2y_1 + z_1) + (x_2 + 2y_2 + z_2) = 0$$

となる（最後の変形で式 (4.20) と式 (4.21) を使った）。従って，$(x_1, y_1, z_1) + (x_2, y_2, z_2)$ は式 (4.15) の解である。従って，$(x_1, y_1, z_1) + (x_2, y_2, z_2) \in X$ である（式 (4.2) が成り立つ！）。

従って，X は線型空間である。　　■

問 60　α, β, γ を，実数の定数とする。以下の方程式の解 (x, y, z) の集合は線型空間であることを示せ。

$$\alpha x + \beta y + \gamma z = 0 \tag{4.22}$$

ヒント：例 4.8 と同じように考えればよい。

注意：ベクトルは太字で表す慣習だったが，幾何ベクトルと数ベクトル以外のベクトルは，太字で表されないこともある（例 4.3 のように $\mathbb{R}$ を線型空間とみなしたときの個々の実数や，例 4.7 のように関数の集合が線型空間になるときの個々の関数など）。しかし，線型空間の一般論を述べるときは，ベクトル（線型空間の要素）はなるべく太字で書こう。

問 61　以上で示した例やその類似例を除いて，

(1) 線型空間の例を 3 つ，それぞれ理由と共に挙げよ。

(2) 線型空間でない集合の例を 3 つ，それぞれ理由と共に挙げよ。

よくある間違い 4　線型空間の例として

$$X = \{\ln x \,|\, 0 < x \in \mathbb{R}\} \tag{4.23}$$

などを挙げる人がいる。$\alpha \ln x = \ln x^\alpha \in X$，$\ln x_1 + \ln x_2 = \ln x_1 x_2 \in X$ が成り立つから。

…　この X は，要するに $\mathbb{R}$ です（そして前述のように $\mathbb{R}$ は線型空間です）から，間違いではないけど新しい例にはなりません。$\mathbb{R}$ をわざわざ上のような面倒な表し方をする意味もありません。

よくある間違い 5　線型空間でない例として

$$X = \{\sin x \,|\, x \in \mathbb{R}\} \tag{4.24}$$

…　これは要するに，$\{x \,|\, x \in \mathbb{R}, \; -1 \le x \le 1\}$，つまり -1 以上 1 以下の実数の集合です。間違いではないけど式 (4.24) のような三角関数を使ったまわりくどい書き方は不適切です。

4.4　線型結合と重ね合わせ

本章の最後に，線型代数学の根底にある，1 つの極めてシンプルなアイデアを紹介する。

線型空間の要素（つまりベクトル）をスカラー倍して足し合わせたもの，すなわち，K を体とする線型空間 X において，その n 個の要素 $\mathbf{x}_1, \mathbf{x}_2, \cdots, \mathbf{x}_n \in X$ と，n 個のスカラー $\alpha_1, \alpha_2, \cdots, \alpha_n \in K$ によって，

$$\alpha_1 \mathbf{x}_1 + \alpha_2 \mathbf{x}_2 + \cdots + \alpha_n \mathbf{x}_n \tag{4.25}$$

を，$\mathbf{x}_1, \mathbf{x}_2, \cdots, \mathbf{x}_n$ の線型結合とか一次結合とよぶ。物理学では，重ね合わせ (superposition) ともよぶ。

問 62　以下の用語の定義を述べよ。

(1) 線型結合　(2) 一次結合　(3) 重ね合わせ

さて，線型空間と線型結合の関係を説明しよう。

まず，線型空間であれば 2 つの要素（ベクトル）の線型結合について閉じていることを示す。今，体を

K とする線型空間 X を考える。P.60 式 (4.1) が成り立つので，K の任意の要素 α, β と，X の任意の要素 $\mathbf{x}, \mathbf{y}$ について，$\alpha \mathbf{x} \in X$，$\beta \mathbf{y} \in X$ である。ところが，P.60 式 (4.2) も成り立つので，X の要素どうしの和も X の要素である。従って，$\alpha \mathbf{x} + \beta \mathbf{y} \in X$。

次に，その逆，つまり，2 つの要素の線型結合について閉じていれば線型空間であることを示す。今，体 K' と集合 X' を考え（それはまだ線型空間と決まったわけではない），K' の任意の要素 α', β' と，X' の任意の要素 $\mathbf{x}', \mathbf{y}'$ について，$\alpha' \mathbf{x}' + \beta' \mathbf{y}' \in X'$ だとしよう。このとき，$\beta' = 0$ を考えると $\alpha' \mathbf{x}' \in X'$，すなわちスカラー倍について閉じている。また，$\alpha' = \beta' = 1$ とすると，$\mathbf{x}' + \mathbf{y}' \in X'$。従って和についても閉じている。従って X' は K' を体とする線型空間。

従って，線型空間の 2 つの定義式（式 (4.1) と式 (4.2)）は，次式と同値（互いに必要十分条件）である（従って式 (4.26) を線型空間の定義式とする人もいる）：

$$\forall \mathbf{x}, \forall \mathbf{y} \in X, \quad \forall \alpha, \forall \beta \in K,$$
$$\alpha \mathbf{x} + \beta \mathbf{y} \in X \tag{4.26}$$

2 つの要素の線型結合について閉じていれば，3 つ以上の要素の線型結合についても閉じていることはすぐにわかるだろう。たとえば，$\alpha, \beta, \gamma \in K$，$\mathbf{x}, \mathbf{y}, \mathbf{z} \in X$ とすれば，まず 2 つの要素の線型結合について閉じているから，$\alpha \mathbf{x} + \beta \mathbf{y} \in X$ である。これをひとつの要素とみなせば，$(\alpha \mathbf{x} + \beta \mathbf{y}) + \beta \mathbf{z}$ は 2 つの要素の線型結合とみなせる。従ってこれも X の要素である。同様に芋づる式に（数学的帰納法で）考えれば，X の任意個の要素の線型結合は X の要素である。

要するに，大雑把に言えば，**線型空間とは「線型結合について閉じている集合」**のことであり，ベクトルとは「線型結合できるもの」である。

線型結合は，線型代数学やその応用分野のあらゆるところで顔を出す。たとえば前章の P.52 式 (3.60) では，中心化されたデータベクトル $\mathbf{d}_k$ を，主成分ベクトル $\mathbf{q}_1, \mathbf{q}_2, \cdots, \mathbf{q}_n$ の線型結合で表した：

$$\mathbf{d}_k = c_1 \mathbf{q}_1 + c_2 \mathbf{q}_2 + \cdots + c_n \mathbf{q}_n$$

このときの係数（スカラー）が主成分スコアである。

また，前述のように物理学では線型結合を重ね合

わせとよぶ。つまり物理学では，ベクトルとは重ね合わせができるものである。高校や大学初年次に物理学を学んだ人は，「波の重ね合わせ」というのを聞いたことがあるだろう。まさにあれだ。波のパターンはスカラー倍でき（波の高さが何倍かになる），波と波を足すこともできる（山どうし，または谷どうしは強め合い，山と谷は打ち消し合う）。つまり，波はベクトルなのだ。

　そう考えると，ベクトルが，とんでもない広がりと汎用性をもった概念だと感じられるだろう。それを司る理論が線型代数学なのだ。その根底にあるアイデアが「線型結合」なのだ。

よくある質問 41　端的に言えば線型空間はスカラー倍と足し算ができる集合のこと？　それとも線型結合ができる集合のこと？… 両方イエスです。

よくある質問 42　抽象的すぎてついていけません（泣）… ですよね。でもこの抽象性こそが数学の真骨頂です。抽象的な概念は適用範囲が広いのです。幾何ベクトルの性質と，波動現象の性質が，一網打尽に議論できるのです。

演習問題 1　任意の 2 つの線型空間 X, Y について，X, Y の体が同じであれば，$X \times Y$ も線型空間になることを示せ。ヒント：$\times$ は P.1 で述べた「集合の直積」である。どんな問題でも，わからなければ実例を考えてみるとよい。たとえば，$\mathbb{R}$ は線型空間であり，$\mathbb{R} \times \mathbb{R}$，つまり $\mathbb{R}^2$ も線型空間であることは諸君は知っているだろう。なぜ $\mathbb{R}^2$ が線型空間なのかを考えれば，この問題へのヒントが見つかるはずだ。

問の解答

答 54　たとえば，$1, 5 \in \mathbb{Z}$ について，$0 \neq 5$ だが，$1/5$ は $\mathbb{Z}$ の中に存在しない（閉じていないということを示すには，このように反例を 1 つ示せば十分）。

答 55　線型空間とセットになっている体の要素のこと。多くの場合は，実数または複素数である。

答 58　線型空間（ベクトル空間）の要素。

答 59　(1) $2 \in B, 0.1 \in \mathbb{R}$ について，$0.1 \times 2 = 0.2 \notin B$。従ってスカラー倍ができない（式 (4.1) が成り立たない）ことがある。　(2) 任意の複素数をスカラー倍（実数倍）したら複素数になる。また，任意の 2 つの複素数どうしを足したら複素数になる。スカラー倍と足し算が可能だから線型空間。　(3) 任意の複素数をスカラー倍（複素数倍）したら複素数になる。また，任意の 2 つの複素数どうしを足したら複素数になる。スカラー倍と足し算が可能だから線型空間。　(4) 集合 $\{0\}$ の要素は 0 しかない。そして，$\forall \alpha \in \mathbb{R}, \alpha 0 = 0 \in \{0\}$ だから，スカラー倍したものも $\{0\}$ の要素（というか 0 そのもの）である。また，$0 + 0 = 0 \in \{0\}$ だから，足し算したものも $\{0\}$ の要素（というか 0 そのもの）である。スカラー倍と足し算が可能だから，$\{0\}$ は線型空間。　(5) $1 \in \{1\}, 2 \in \mathbb{R}, 2 \times 1 = 2 \notin \{1\}$。従ってスカラー倍ができないことがある。

答 62　(2) 線型結合のこと。　(3) 線型結合のこと。

よくある質問 43　線型結合って期待値に（形は）似てませんか？… 似ています。実際，量子力学では，1 つの式から期待値と線型結合の両方の意味が現れます。

第5章

線型代数3：
線型同次微分方程式

線型代数学は，ある種の微分方程式を解くのに役に立ちます。本章では，線型代数そのものの学習を少し休んで，線型代数と方程式の織りなす楽しい世界（笑）を垣間見てみましょう。それは伏線となって本書の後半へつながっていきます。

5.1　線型同次方程式・
##　　　線型同次微分方程式

P.63 例 4.8 で見たように，ある種の方程式の解の集合は線型空間になる。そのように，解の集合が線型空間になる（言い換えれば，解の線型結合も解になる）ような方程式を，線型同次方程式という（定義）[*1]。「その方程式は線型同次である」と言ったりもする。

問63　以下の連立方程式は線型同次方程式であることを示せ。ヒント：この連立方程式の解の集合が線型空間になることを示せばよい。

$$\begin{cases} x + 2y + z = 0 \\ x + y - z = 0 \end{cases} \tag{5.1}$$

ある方程式が線型同次でないことを示すには，その方程式の解のスカラー倍や線型結合が，その方程式を満たさないような具体的な例（反例）を示せばよい。

例5.1　2 つの変数 x, y に関する以下の方程式を考える：

$$xy = 1 \tag{5.2}$$

これは線型同次方程式だろうか？　この方程式の解として，$(x, y) = (1, 1)$ を考えよう。もしこの式が線型同次方程式なら，たとえばこの解の 2 倍，つまり $(x, y) = (2, 2)$ もこの式を満たすはずだ。しかし，実際は，$2 \times 2 = 4 \neq 1$ となり，$(2, 2)$ はこの式を満たさない（反例）。従って，この式は線型同次方程式ではない。　　　　　　　　　■

問64　3 つの変数 x, y, z に関する以下の方程式は線型同次でないことを示せ。

$$x^2 + y^2 + z = 0 \tag{5.3}$$

P.63 例 4.8 や式 (5.1) のような代数方程式だけでなく，以下の例で示すように，ある種の微分方程式も「線型同次方程式」になることがある。線型同次方程式であるような微分方程式を線型同次微分方程式という[*2]。

例5.2　関数 $x(t)$ の微分方程式：

$$\frac{dx}{dt} + x = 0 \tag{5.4}$$

を考えよう[*3]。これは変数分離法で簡単に解けて，解は $x(t) = Ae^{-t}$ である。ここで A は任意の実数であり，A の値は初期条件によって一意に定まるはずだ。しかしここでは，初期条件は考えないで，式 (5.4) を満たす関数 $x(t)$ ならどんな関数でも許容しよう。すると，そのような関数の集合 X，すなわち，

$$X = \{x(t) = Ae^{-t} \mid \forall A \in \mathbb{R}\} \tag{5.5}$$

[*1]　「同次」のことを「斉次」ということもある。

[*2]　線型同次方程式ではない微分方程式も存在する。たとえば，ここでは証明はしないが，$dx/dt = x^2$ や，ロジスティック方程式がその例である。

[*3]　以後，$x(t)$ 等の「(t)」は，式の中では，適宜，省略して書く。これは煩雑を避けるためである。

が線型空間であることは，すぐわかるだろう。なぜなら，「e^{-t} の定数倍」という形の関数をスカラー倍したり，そのような形の関数どうしを足したりしても，係数 A の値が変わるだけで，依然として「e^{-t} の定数倍」という形をしているからである。従って，式 (5.4) は線型同次微分方程式である。　　■

ところが，このように具体的に解を求めたりしなくても，式 (5.4) が線型同次方程式かどうかは判定できる。こうやるのだ：関数 $x_1(t), x_2(t)$ がともに X の要素である（つまり式 (5.4) の解である）とする。すなわち，

$$\frac{dx_1}{dt} + x_1 = 0 \tag{5.6}$$

$$\frac{dx_2}{dt} + x_2 = 0 \tag{5.7}$$

とする。すると，任意の実数 α について，$\alpha x_1(t)$ は X の要素（つまり式 (5.4) の解）である。なぜなら，

$$\frac{d(\alpha x_1)}{dt} + (\alpha x_1) = \alpha\left(\frac{dx_1}{dt} + x_1\right) = 0 \tag{5.8}$$

となるからだ（式 (5.6) より）。従って，X の要素をスカラー倍したものも X の要素だとわかった。また，$x_1(t) + x_2(t)$ という関数も X の要素である。なぜなら，

$$\frac{d(x_1 + x_2)}{dt} + (x_1 + x_2)$$
$$= \left(\frac{dx_1}{dt} + x_1\right) + \left(\frac{dx_2}{dt} + x_2\right) = 0 \tag{5.9}$$

となるからだ（式 (5.6), 式 (5.7) より）。従って，X の要素どうしの和も X の要素だとわかった。以上から，X は線型空間である。従って，式 (5.4) は線型同次微分方程式である。　　■

このようなやり方は，多くの場合で，具体的に解を求めるよりもずっと簡単で，なおかつ汎用性が高い。

ところで，前章で，関数の集合が線型空間であるとき，その集合を関数空間ということを学んだ。線型同次微分方程式の解の集合は関数の集合であり，線型空間だから，関数空間である！

問 65 以下の式は線型同次微分方程式であることを示せ。

$$\frac{d^2x}{dt^2} - \frac{dx}{dt} - 2x = 0 \tag{5.10}$$

問 66 以下の微分方程式は線型同次微分方程式であることを示せ。ただし，m, k, γ は 0 でない定数とする。

$$m\frac{d^2x}{dt^2} = -kx - \gamma\frac{dx}{dt} \tag{5.11}$$

注：これは P.41 式 (2.82) と同じ方程式である。

5.2　演算子法で微分方程式を解く

さて，式 (5.10) や式 (5.11) を解析的に解いてみよう。ここで活躍するのは「演算子法」という工夫である。これは二階以上の線型同次微分方程式を P.30 で使った変数分離法に帰着させて，さくっと解く方法である[*4]。

例 5.3 関数 $x(t)$ に関する以下の微分方程式を解いてみよう（これは式 (5.10) と同じ）：

$$\frac{d^2x}{dt^2} - \frac{dx}{dt} - 2x = 0 \tag{5.12}$$
初期条件：$t = 0$ で $x = 5, dx/dt = -2$

この方程式には直接的には変数分離法は通用しない。なぜなら，左辺に dx だけでなく d^2x という，これまで出てこなかったような量（2 次の微小量）があるからだ。発想を転換しよう。

式 (5.12) の各項は，全て，それぞれ「微分する」とか「係数を掛ける」というふうに，関数 $x(t)$ に何か「操作」するという形になっている。そこで，これらの操作を関数から切り離してひとまとめにして，

$$\left(\frac{d^2}{dt^2} - \frac{d}{dt} - 2\right)x = 0 \tag{5.13}$$

というふうに，形式的に書き換えよう。式 (5.13) 左辺の () 内のように，関数に対する微分や係数倍などの操作を関数から切り離してまとめたもののことを，演算子 (operator) という。

さて驚くことに，この演算子は以下のように 2 つの演算子で「因数分解」できる：

[*4] ただし万能ではない。演算子法で解けないような二階以上の線型同次微分方程式もたくさんある。

$$\left(\frac{d}{dt} - 2\right)\left(\frac{d}{dt} + 1\right)x = 0 \tag{5.14}$$

実際，この式を右から順番にほぐしていけば，式 (5.13) に，そして式 (5.12) に戻ることは明らかだろう。

　すると，2 つの演算子のうち，右（$x(t)$ に先にかかるほう）が $x(t)$ にかかったときに恒等的にゼロになってしまえば，残されたもうひとつの演算子が何をしようが，この微分方程式は成立する。すなわち，

$$\left(\frac{d}{dt} + 1\right)x = 0 \tag{5.15}$$

つまり

$$\frac{dx}{dt} + x = 0 \tag{5.16}$$

を恒等的に満たす $x(t)$ は，式 (5.14) の解，つまり式 (5.12) の解である！

　一方，式 (5.14) は

$$\left(\frac{d}{dt} + 1\right)\left(\frac{d}{dt} - 2\right)x = 0 \tag{5.17}$$

と変形することもできる。この場合も，上と同様に考えて，

$$\left(\frac{d}{dt} - 2\right)x = 0 \tag{5.18}$$

つまり

$$\frac{dx}{dt} - 2x = 0 \tag{5.19}$$

を恒等的に満たす $x(t)$ も，式 (5.12) の解である！

　問 67　以上を参考にして，式 (5.12) を解いてみよう。

(1) 式 (5.16) の解は，次式であることを示せ（a_1 は任意の数）

$$x(t) = a_1 \exp(-t) \tag{5.20}$$

(2) 式 (5.19) の解は，次式であることを示せ（a_2 は任意の数）

$$x(t) = a_2 \exp(2t) \tag{5.21}$$

(3) これらの線型結合，すなわち

$$x(t) = a_1 \exp(-t) + a_2 \exp(2t) \tag{5.22}$$

は，式 (5.12) を満たすことを確認せよ。

(4) 初期条件から係数 a_1, a_2 を決定し，以下の解

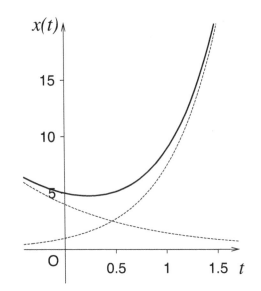

図 5.1　$x(t) = 4e^{-t} + e^{2t}$ のグラフ。点線は $4e^{-t}$ と e^{2t}。$t = 0$ での傾きが負であることに注意。

を導け：

$$x = 4e^{-t} + e^{2t} \tag{5.23}$$

ちなみにこの関数のグラフは図 5.1 のようになる。

　このように，$x(t)$ にかかる係数や微分演算を形式的に演算子としてくくりだせば，代数的な式変形（今の場合は因数分解）ができ，それによって複雑な微分方程式を，複数の単純な微分方程式に分割できる。そして，単純化された微分方程式を解き，その解の線型結合を作ると，それが一般解になる（一般解とは，その微分方程式の全ての解を含むように一般的に表した式のこと）。最後に，初期条件を満たすように，線型結合の係数を決めて辻褄を合わせる。こういうやりかたを「演算子法」とよぶ。

　このやり方の「キモ」は，方程式の解を線型結合（重ね合わせ）するところにある。それはこの方程式が内在する「解の線型結合も解である」という性質，つまりこの方程式が線型同次であることを活用したのだ。

　演算子の計算には，以下のルールを設ける：

- 分配法則が成り立つ。
- 結合法則が成り立つ。
- 交換法則は一般的には成り立たない。

たとえば式 (5.13) は分配法則を（逆向きに）使ったものだし，式 (5.14) から式 (5.15) を切り出したのは，結合法則による。一方で，演算子はその右側にある関数や演算子に作用すると考えるので，式 (5.15) を

$$x\Big(\frac{d}{dt}+1\Big)=0 \tag{5.24}$$

のように書いてはいけない（交換法則を認めない）。

ここで，演算子を因数分解する手順をもう少し詳しく説明しておく。まず，演算子の中の，d/dt という部分を形式的に λ という変数に置き換えてみる。たとえば，式 (5.13) では，

$$\lambda^2-\lambda-2=0 \tag{5.25}$$

となる。この式を，λ に関する代数方程式（2 次方程式）とみなして，普通に（中学校数学で）因数分解する：

$$(\lambda+1)(\lambda-2)=0 \tag{5.26}$$

この式の λ を d/dt に戻せば，演算子の因数分解のできあがりである。式 (5.25) のような式，つまり d/dt を λ に置き換えてできる代数方程式を，その線型同次微分方程式の<u>特性方程式</u>という。

例 5.4 P.34 例 2.1（バネについたおもりの振動）の微分方程式（式 (2.43)），すなわち

$$\frac{d^2x}{dt^2}+\omega^2x=0 \tag{5.27}$$

を演算子法で解析的に解いてみよう。まず，この微分方程式の解の集合は線型空間になる（解の線型結合も解になる）ことはもう諸君ならわかるだろう。そして式 (5.27) は，形式的には以下のように書き換えられる：

$$\Big(\frac{d^2}{dt^2}+\omega^2\Big)x=0 \tag{5.28}$$

左辺の d/dt を形式的に λ と置き換えて演算子の特性方程式 $\lambda^2+\omega^2=0$ を考えると，$\lambda=\pm i\omega$ である（i は虚数単位）。それを使って演算子を因数分解すると，式 (5.28) は，形式的には以下のようになる：

$$\Big(\frac{d}{dt}-i\omega\Big)\Big(\frac{d}{dt}+i\omega\Big)x=0 \tag{5.29}$$

式 (5.29) は，以下の 2 つの微分方程式と同じである：

$$\Big(\frac{d}{dt}-i\omega\Big)x=0,\quad \Big(\frac{d}{dt}+i\omega\Big)x=0$$

それぞれの解を $x_1(t)$, $x_2(t)$ とする。左の微分方程式は $dx_1/dt=i\omega x_1$ となり，変数分離法で $x_1=a_1e^{i\omega t}$ を得る。同様に，右の微分方程式から $x_2=a_2e^{-i\omega t}$ を得る。式 (5.27) の解の線型結合も解だから，ここで得た解 x_1, x_2 の線型結合も解。従って，a_1,a_2 を任意の複素数として，次式が式 (5.27) の一般解である：

$$x=a_1e^{i\omega t}+a_2e^{-i\omega t} \tag{5.30}$$

オイラーの公式を使ってこれを変形して，

$$x=a_1(\cos\omega t+i\sin\omega t)+a_2(\cos\omega t-i\sin\omega t)$$
$$=(a_1+a_2)\cos\omega t+i(a_1-a_2)\sin\omega t$$

ここで改めて $a_1+a_2=a$, $i(a_1-a_2)=b$ と置くと，一般解（式 (5.30)）は以下のようにも書ける（というか，こちらのほうがよくある形）：

$$x=a\cos\omega t+b\sin\omega t \tag{5.31}$$

このように，演算子の因数分解で虚数が出てくる場合は，オイラーの公式が活躍して，三角関数が現れるのだ。最終的な解は実数であっても，解法の途中で複素数を考えることが有用なのだ。

問 68 式 (5.31) について，

(1) 初期条件を「$t=0$ で $x=x_0$, $v=v_0$」とする（$v(t)=x'(t)$ は速度）。以下を示せ：

$$x=x_0\cos\omega t+\frac{v_0}{\omega}\sin\omega t \tag{5.32}$$

(2) 上の式は，適当な実数 A,δ によって，

$$x=A\sin(\omega t+\delta) \tag{5.33}$$

と変形できることを示せ。

問 69 演算子法を用いて，P.41 の問 30(2) を解析的に解いてみよう。元々の微分方程式（式 (2.82)）は，

$$m\frac{d^2x}{dt^2}=-kx-\gamma\frac{dx}{dt}$$

で，これに数値（$m=1.0\,\mathrm{kg}$, $k=1.0\,\mathrm{N/m}$, $\gamma=$

$0.5\,\mathrm{N\,s/m}$）を代入して整理すると，解くべき方程式は次式のようになる（以後，単位は省略する）：

$$2\frac{d^2x}{dt^2} + \frac{dx}{dt} + 2x = 0 \tag{5.34}$$

初期条件：$t=0$ で $x=1$, $dx/dt=0$

(1) この方程式を演算子法で解き，以下の一般解を得よ。ただし，a_1, a_2 は任意の**複素数**とする。

$$x(t) = a_1 \exp\left(\frac{-1+\sqrt{15}\,i}{4}t\right)$$
$$+ a_2 \exp\left(\frac{-1-\sqrt{15}\,i}{4}t\right) \tag{5.35}$$

(2) これを変形すると次式のようになることを示せ：

$$x(t) = e^{-t/4}\Big\{a_1 \exp\left(\frac{\sqrt{15}\,i}{4}t\right)$$
$$+ a_2 \exp\left(-\frac{\sqrt{15}\,i}{4}t\right)\Big\} \tag{5.36}$$

(3) 初期条件を用いて，a_1, a_2 の値を決め，次式を示せ：

$$x(t) = e^{-t/4}\left(\cos\frac{\sqrt{15}}{4}t + \frac{1}{\sqrt{15}}\sin\frac{\sqrt{15}}{4}t\right) \tag{5.37}$$

(4) 表計算ソフトを用いて，この解を，問 30(2) で得た数値解と一緒にグラフに描け（図 5.2 のようになるはず）。

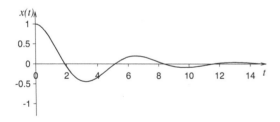

図 5.2　式 (5.37) のグラフ。P.44 図 2.11 と比較しよう。

問 70　3 種類の化学物質 A, B, C について，以下のような化学反応が，一方向にのみ進むとする：

$$A \longrightarrow B \longrightarrow C \tag{5.38}$$

A—→B の速度定数を k_1，B—→C の速度定数を k_2 とする。

(1) 次式が成り立つことを示せ：

$$\frac{d[A]}{dt} = -k_1[A] \tag{5.39}$$

$$\frac{d[B]}{dt} = k_1[A] - k_2[B] \tag{5.40}$$

$$\frac{d[C]}{dt} = k_2[B] \tag{5.41}$$

(2) 前小問をもとに，次式が成り立つことを示せ：

$$\frac{d^2[B]}{dt^2} + (k_1+k_2)\frac{d}{dt}[B] + k_1k_2[B] = 0 \tag{5.42}$$

(3) 前小問をもとに，次式が成り立つことを示せ：

$$\left(\frac{d}{dt}+k_1\right)\left(\frac{d}{dt}+k_2\right)[B] = 0 \tag{5.43}$$

(4) a, b を適当な定数として，次式が成り立つことを示せ：

$$[B] = ae^{-k_1 t} + be^{-k_2 t} \tag{5.44}$$

(5) $t=0$ のとき，$[A]=A_0$, $[B]=0$ だとすると，次式が成り立つことを示せ：

$$[B] = \frac{k_1 A_0}{k_2 - k_1}(e^{-k_1 t} - e^{-k_2 t}) \tag{5.45}$$

このように，一次反応の連鎖によって生じる化学反応は，線型同次微分方程式によって表現でき，物質量の時間変化を解析的に解くことができる。ただし，二次反応やさらに高次の反応については，このように話がうまくいくとは限らない。

5.3　常微分方程式と偏微分方程式

ところで，これまで微分方程式といえば，ロジスティック方程式や，P.66 式 (5.4) や P.67 式 (5.10) のように，ひとつの独立変数に関する微分しか含まない微分方程式を扱ってきた。そのような微分方程式を常微分方程式とよぶ。力学の基本法則である，ニュートンの運動方程式（P.34 式 (2.39)）も，時刻 t という独立変数に関する微分だけを含むので，常微分方程式である[5]。

問 71　常微分方程式とは何か？

---

[5] ニュートンの運動方程式は，物体の位置 $\mathbf{r} = (x(t), y(t), z(t))$ に関する方程式なので，$x(t), y(t), z(t)$ という 3 つの関数（座標成分）に関する常微分方程式（連立常微分方程式）である。3 つの関数のいずれもが，独立変数としては t しか持たない（x, y, z は従属変数である）。同様に，ロトカ・ヴォルテラ方程式も，連立常微分方程式である。

　ある常微分方程式が線型同次微分方程式でもある
とき，その方程式を「線型同次常微分方程式」とよ
ぶ。式 (5.4) や式 (5.10) は線型同次常微分方程式で
ある。

　一方，世の中には，複数の独立変数に関する微分
（偏微分）を含む微分方程式もある。そのような微
分方程式を，偏微分方程式とよぶ。

　従って，偏微分方程式の扱う関数は，複数の独立
変数を持つ「多変数関数」であり，個々の独立変数
に関する微分は偏微分になる。

　偏微分方程式は様々な科学，特に物理学で重要で
ある。たとえば電磁気学や量子力学の法則は，マク
スウェル方程式やシュレーディンガー方程式という
偏微分方程式で表される。それらのことはおいおい
学ぶとして，ここでは，シンプルだが実用上も重要
な偏微分方程式である，ラプラス方程式を学ぼう。

　2 変数関数 $f(x, y)$ に関する以下の偏微分方程式
を 2 次元ラプラス方程式とよぶ：

$$\frac{\partial^2 f}{\partial x^2} + \frac{\partial^2 f}{\partial y^2} = 0 \tag{5.46}$$

　また，3 変数関数 $f(x, y, z)$ に関する以下の偏微
分方程式を 3 次元ラプラス方程式とよぶ：

$$\frac{\partial^2 f}{\partial x^2} + \frac{\partial^2 f}{\partial y^2} + \frac{\partial^2 f}{\partial z^2} = 0 \tag{5.47}$$

要するに，ラプラス方程式とは，各独立変数による
2 階偏導関数を全部足したら 0 になる，という偏微
分方程式である。

問 72　偏微分方程式とは何か？

問 73　以下の $f(x, y)$ が，それぞれ，2 次元ラ
プラス方程式 (5.46) を満たすことを示せ。
(1)　$f(x, y) = x^2 - y^2$
(2)　$f(x, y) = \ln(x^2 + y^2)$
　　　（ただし $(x, y) \neq (0, 0)$ とする）

問 74　次の 3 変数関数 $f(x, y, z)$ は，3 次元ラ
プラス方程式 (5.47) を満たすことを示せ。

$$f(x, y, z) = \frac{1}{\sqrt{x^2 + y^2 + z^2}} \tag{5.48}$$

（ただし $(x, y, z) \neq (0, 0, 0)$ とする）

　このように，ラプラス方程式には様々な解がある。
そして，次の問でわかるように，ラプラス方程式の
解は，スカラー倍しても解であるし，足しても解で
ある。つまり，ラプラス方程式の解の集合は線型空
間になる。つまり，ラプラス方程式は，線型同次方
程式でもある。このように，ある偏微分方程式が線
型同次方程式でもあるとき，その方程式を「線型同
次偏微分方程式」とよぶ。

問 75　2 次元ラプラス方程式 (5.46) を満たす
ような 2 変数関数 $f(x, y)$ の集合を X とする。
(1)　$f_1(x, y) \in X$ とする。つまり $f = f_1(x, y)$ は
　　式 (5.46) を満たすとする。このとき，α を任
　　意の実数として，$f = \alpha f_1(x, y)$ も式 (5.46)
　　を満たすことを示せ。
(2)　$f_1(x, y), f_2(x, y) \in X$ とする。つまり $f = f_1(x, y)$ と $f = f_2(x, y)$ は両方とも式 (5.46)
　　を満たすとする。このとき，$f = f_1(x, y) + f_2(x, y)$ も式 (5.46) を満たすことを示せ。
(3)　X は線型空間であることを示せ。

　ラプラス方程式は，実用的にも重要な方程式であ
る。定常状態での水の流れ，地下水面の深さ，電荷
のまわりの電位の分布など，様々な物理現象がラプ
ラス方程式で表現・解析できる。

5.4　重ね合わせの原理

　問 75 で見たように，ラプラス方程式の解の集合
は線型空間になる。従って，ラプラス方程式の解は，
線型結合，つまり「重ね合わせ」ができる。

　このような状況は，物理学では頻繁に出てくるの
で，特別な名前がついている：

重ね合わせの原理
線型同次微分方程式で記述される現象は，い
くつかの現象の重ね合わせ（線型結合）も実
現可能な現象であるし，ひとつの現象をいく
つかの現象の重ね合わせとして表現すること
もできる。

この「原理」は，線型同次微分方程式の定義を言い換えただけであり，何も新しいことは言っていない。ただ，線型同次微分方程式で記述される現象が世の中にあまりにも多いので，「解の重ね合わせ」という観点の便利さを強調する教訓のようなものである。諸君は，どんな問題でも，「もしかして重ね合わせの原理が使えるかもしれない」という目を持って取り組むべきである。本書でも，波，拡散現象，量子力学，電磁気学などで，重ね合わせの原理が大活躍する様子を学ぶ。

例 5.5 線型同次微分方程式を解析的に解く時には，ほとんど全ての場合において重ね合わせの原理を使う。たとえば，P.68 式 (5.22) と初期条件から式 (5.23) を導いた過程がそうである。

例 5.6 高校物理で学んだホイヘンスの原理は，「波は，多くの点状の波源から出る球面波の重ね合わせで表現できる」というものである。これは，波に関する重ね合わせの原理そのものである。

線型同次微分方程式は，化学・生物学・経済学等にも頻繁に現れ，同様の数学的手法が使われる。

どんなに複雑な現象でも，それを記述する微分方程式が線型同次微分方程式であれば，重ね合わせの原理が成り立つので，複雑な状況をいくつかの単純な状況に分解し，それぞれの単純な状況について方程式を解いて，それを重ね合わせて複雑な状況を解析できる[*6]。これは，諸君が高校数学で平面や空間の幾何ベクトルの問題を考えるとき，いくつかの特定の方向のベクトルに分解して，それらの重ね合わせとして考えたことによく似ている。というか，本質的には同じことである。

問 76 重ね合わせの原理とは何か？

問 77 上述した実例以外で，重ね合わせの原理が出てくる実例を見つけて説明せよ。

演習問題 2 P.41 の微分方程式 (2.82) を考える。

[*6] たとえば，後に学ぶフーリエ級数という手法は，現象を三角関数（正弦波）の重ね合わせで表現する。

$\omega := \sqrt{k/m}$ と，次式：

$$\alpha = \frac{\gamma}{2m} \tag{5.49}$$

で定義される α を使うと，式 (2.82) は以下のように書き換えられる：

$$\frac{d^2 x}{dt^2} + 2\alpha \frac{dx}{dt} + \omega^2 x = 0 \tag{5.50}$$

(1) この微分方程式を演算子法によって解け。それによって得られる 2 つの解を $x_1(t)$, $x_2(t)$ とする。

(2) $\alpha \geq \omega$ のとき，$x_1(t)$, $x_2(t)$ はともに，t が大きくなるにつれて 0 に単調に（つまり振動せずに）近づくことを示せ。

(3) $\alpha < \omega$ のとき，$x_1(t)$, $x_2(t)$ はともに，振動しながら 0 に近づくことを示せ。

問の解答

答 63 式 (5.1) の解の集合を X とする。$(x_1, y_1, z_1) \in X$, $(x_2, y_2, z_2) \in X$ とする。すなわち次式が全て成り立つ：

$$x_1 + 2y_1 + z_1 = 0, \quad x_1 + y_1 - z_1 = 0$$
$$x_2 + 2y_2 + z_2 = 0, \quad x_2 + y_2 - z_2 = 0$$

任意のスカラー α について，$\alpha(x_1, y_1, z_1)$，すなわち $(\alpha x_1, \alpha y_1, \alpha z_1)$ を考える。これを式 (5.1) の 2 つの式のそれぞれ左辺に代入すると，

$$\alpha x_1 + 2\alpha y_1 + \alpha z_1 = \alpha(x_1 + 2y_1 + z_1) = 0$$
$$\alpha x_1 + \alpha y_1 - \alpha z_1 = \alpha(x_1 + y_1 - z_1) = 0$$

となり，式 (5.1) を満たすので，$\alpha(x_1, y_1, z_1) \in X$。

次に，$(x_1, y_1, z_1) + (x_2, y_2, z_2)$，すなわち $(x_1 + x_2, y_1 + y_2, z_1 + z_2)$ を考える。これを式 (5.1) の 2 つの式のそれぞれ左辺に代入すると，

$$(x_1 + x_2) + 2(y_1 + y_2) + (z_1 + z_2)$$
$$= (x_1 + 2y_1 + z_1) + (x_2 + 2y_2 + z_2) = 0 + 0 = 0$$
$$(x_1 + x_2) + (y_1 + y_2) - (z_1 + z_2)$$
$$= (x_1 + y_1 - z_1) + (x_2 + y_2 - z_2) = 0 + 0 = 0$$

となり，式 (5.1) を満たすので，$(x_1, y_1, z_1) +$

$(x_2, y_2, z_2) \in X$。従って，X は線型空間の 2 つの条件（P.60 式 (4.1)，式 (4.2)）を満たすため，線型空間である。従って，式 (5.1) は線型同次方程式。　■

答64 もしこの方程式が線型同次なら，解どうしの和も解になるはず。ところが，$(2, 0, -4)$ と $(1, 0, -1)$ はともにこの方程式の解だが，これらの和 $(3, 0, -5)$ をこの方程式の左辺に代入すると，$3^2 + 0^2 - 5 = 4$ となり，0 にならない。つまりこの方程式の解にならない（反例）。■

答65 式 (5.10) の解の集合を X とする。$x_1(t)$，$x_2(t) \in X$ とする（以後，(t) は省略する）。すなわち，

$$\frac{d^2 x_1}{dt^2} - \frac{dx_1}{dt} - 2x_1 = 0 \qquad (5.51)$$

$$\frac{d^2 x_2}{dt^2} - \frac{dx_2}{dt} - 2x_2 = 0 \qquad (5.52)$$

とする。α を任意のスカラーとして，$x = \alpha x_1$ を式 (5.10) の左辺に代入すると，

$$\frac{d^2(\alpha x_1)}{dt^2} - \frac{d(\alpha x_1)}{dt} - 2(\alpha x_1)$$
$$= \alpha \left\{ \frac{d^2 x_1}{dt^2} - \frac{dx_1}{dt} - 2x_1 \right\}$$

となる。式 (5.51) より，上の式の右辺は $\alpha \times 0$，すなわち 0 となる。従って αx_1 は式 (5.10) の解である。また，$x = x_1 + x_2$ を式 (5.10) の左辺に代入すると，

$$\frac{d^2(x_1 + x_2)}{dt^2} - \frac{d(x_1 + x_2)}{dt} - 2(x_1 + x_2)$$
$$= \left\{ \frac{d^2 x_1}{dt^2} - \frac{dx_1}{dt} - 2x_1 \right\} + \left\{ \frac{d^2 x_2}{dt^2} - \frac{dx_2}{dt} - 2x_2 \right\}$$

となる。式 (5.51)，式 (5.52) より，上の式の右辺は $0 + 0$，すなわち 0 となる。従って $x_1 + x_2$ は式 (5.10) の解である。従って，X は線型空間の 2 つの条件を満たすので，X は線型空間。従って与式は線型同次微分方程式。　■

答67 (1) 略（変数分離法で解けばよい）。　(2) 略（変数分離法で解けばよい）。　(3) 略（式 (5.22) を式 (5.12) の左辺に代入して，$= 0$ となることを確認すればよい）。　(4) $t = 0$ のとき $x = 5$ より，$5 = a_1 + a_2$。$t = 0$ のとき $dx/dt = -2$ より，$-2 = -a_1 + 2a_2$。これらから，$a_1 = 4, a_2 = 1$。これを式 (5.22) に代入して与式を得る。

答68 (1) 式 (5.31) に $t = 0$ を代入すると，$x_0 = a$ となる。式 (5.31) を t で微分し，$x'(t) = v(t) = -a\omega \cos\omega t + b\omega \cos\omega t$。これに $t = 0$ を代入して，$v_0 = b\omega$ となる。よって $b = v_0/\omega$。これらを式 (5.31) に代入すると式 (5.32) を得る。　(2) $A = \sqrt{x_0^2 + (v_0/\omega)^2}$ とし，また，$\sin\delta = x_0/A, \cos\delta = v_0/(A\omega)$ となるよう

に δ を選べば，与式のようになる（三角関数の合成）。

答70 (1) A⟶B の反応速度は，A の量に比例する。その比例係数を k_1 とすると，式 (5.39) が成り立つ[*7]。B⟶C の反応では，B の量（つまり [B]）に比例する速度で C が生成され，その比例係数は k_2 だから，式 (5.41) が成り立つ。さて，B は $k_2[B]$ という速度で C に変化する（そのぶん [B] は減っていく）が，一方で，A が $k_1[A]$ という速度で B に変化する（そのぶん [B] は増えていく）。これらを合わせて考えれば，式 (5.40) が成り立つ。　(2) 略解：式 (5.40) の両辺を t で微分すると，次式になる：

$$\frac{d^2[B]}{dt^2} = k_1 \frac{d[A]}{dt} - k_2 \frac{d[B]}{dt}$$

この右辺第 1 項の $d[A]/dt$ を式 (5.39) で置き換えると，

$$\frac{d^2[B]}{dt^2} = -k_1^2[A] - k_2 \frac{d[B]}{dt}$$

この右辺第 1 項の [A] を式 (5.40) で消去すると，

$$\frac{d^2[B]}{dt^2} = -k_1 \left(\frac{d[B]}{dt} + k_2[B] \right) - k_2 \frac{d[B]}{dt}$$

これを整理すると，式 (5.42) を得る。　(3) 略（式 (5.42) に演算子法の考え方を適用する。）　(4) 略（演算子法）　(5) 式 (5.44) において，$t = 0$ とすると，$[B](0) = a + b$。ところが，$[B](0) = 0$ だから，$a + b = 0$。従って，$b = -a$。従って，式 (5.44) は，

$$[B] = a(e^{-k_1 t} - e^{-k_2 t}) \qquad (5.53)$$

となる。この両辺を t で微分すると，

$$\frac{d[B]}{dt} = a(-k_1 e^{-k_1 t} + k_2 e^{-k_2 t}) \qquad (5.54)$$

これに $t = 0$ を代入すると，$t = 0$ で $d[B]/dt = a(-k_1 + k_2)$ となる。ところが，式 (5.40) より，$t = 0$ のときは $d[B]/dt = k_1 A_0$ だから，結局 $t = 0$ で $d[B]/dt = a(-k_1 + k_2) = k_1 A_0$ となる。従って，

$$a = \frac{k_1 A_0}{k_2 - k_1}$$

となる。これを式 (5.53) に代入して，式 (5.45) を得る。

答73

(1) $\dfrac{\partial^2 f}{\partial x^2} = 2, \quad \dfrac{\partial^2 f}{\partial y^2} = -2, \qquad$ よって，

$$\frac{\partial^2 f}{\partial x^2} + \frac{\partial^2 f}{\partial y^2} = 0$$

[*7] わからない人は「ライブ講義 大学 1 年生のための数学入門」第 6 章 (P.89) の「化学反応速度論」を参照。

(2) $\dfrac{\partial^2 f}{\partial x^2} = \dfrac{2}{x^2+y^2} - \dfrac{4x^2}{(x^2+y^2)^2}$,

$\dfrac{\partial^2 f}{\partial y^2} = \dfrac{2}{x^2+y^2} - \dfrac{4y^2}{(x^2+y^2)^2}$,　よって，

$\dfrac{\partial^2 f}{\partial x^2} + \dfrac{\partial^2 f}{\partial y^2} = \dfrac{4}{x^2+y^2} - \dfrac{4x^2+4y^2}{(x^2+y^2)^2} = 0$

答74▶

$\dfrac{\partial f}{\partial x} = \dfrac{-x}{(\sqrt{x^2+y^2+z^2})^3}$

$\dfrac{\partial^2 f}{\partial x^2} = \dfrac{-1}{(\sqrt{x^2+y^2+z^2})^3} + \dfrac{3x^2}{(\sqrt{x^2+y^2+z^2})^5}$

同様に，

$\dfrac{\partial^2 f}{\partial y^2} = \dfrac{-1}{(\sqrt{x^2+y^2+z^2})^3} + \dfrac{3y^2}{(\sqrt{x^2+y^2+z^2})^5}$

$\dfrac{\partial^2 f}{\partial z^2} = \dfrac{-1}{(\sqrt{x^2+y^2+z^2})^3} + \dfrac{3z^2}{(\sqrt{x^2+y^2+z^2})^5}$

従って，

$\dfrac{\partial^2 f}{\partial x^2} + \dfrac{\partial^2 f}{\partial y^2} + \dfrac{\partial^2 f}{\partial z^2}$

$= \dfrac{-3}{(\sqrt{x^2+y^2+z^2})^3} + \dfrac{3x^2+3y^2+3z^2}{(\sqrt{x^2+y^2+z^2})^5} = 0$

答75▶

(1) $f_1(x,y) \in X$ とする。すなわち，

$$\dfrac{\partial^2 f_1}{\partial x^2} + \dfrac{\partial^2 f_1}{\partial y^2} = 0$$

である。すると，

$$\dfrac{\partial^2 (\alpha f_1)}{\partial x^2} + \dfrac{\partial^2 (\alpha f_1)}{\partial y^2} = \alpha\left(\dfrac{\partial^2 f_1}{\partial x^2} + \dfrac{\partial^2 f_1}{\partial y^2}\right) = 0$$

である。従って，$\alpha f_1(x,y) \in X$。

(2) $f_1(x,y) \in X$ かつ $f_2(x,y) \in X$，すなわち，

$$\dfrac{\partial^2 f_1}{\partial x^2} + \dfrac{\partial^2 f_1}{\partial y^2} = 0, \quad \dfrac{\partial^2 f_2}{\partial x^2} + \dfrac{\partial^2 f_2}{\partial y^2} = 0$$

とする。すると，

$$\dfrac{\partial^2 (f_1+f_2)}{\partial x^2} + \dfrac{\partial^2 (f_1+f_2)}{\partial y^2}$$

$$= \left(\dfrac{\partial^2 f_1}{\partial x^2} + \dfrac{\partial^2 f_1}{\partial y^2}\right) + \left(\dfrac{\partial^2 f_2}{\partial x^2} + \dfrac{\partial^2 f_2}{\partial y^2}\right) = 0$$

である。従って，$f_1(x,y) + f_2(x,y) \in X$。

(3) (1) と (2) より，X は線型空間の 2 つの条件を満た
す。従って X は線型空間。　　　　　　　　　　■

よくある質問 44　P.67 式 (5.12) のような 2 階の線

型同次常微分方程式を演算子法で解いて，2 つの解
を線型結合したものも解になる，というのはわかっ
たのですが，それ以外の解はあり得ないのでしょう
か？… あり得ません。2 階の常微分方程式は，2 階の微
分を含むから，本来，数学的には，2 回の積分に相当す
る操作を経て解に至るはずです。そのため，積分定数に
相当するような，「任意にとることが許される定数」も 2
つ現れるはずです。線型同次微分方程式なら，解の集合
は線型空間になるので，2 つの任意定数が許されるとい
うことは，2 つの解の線型結合で全ての解（一般解）が
表される，ということでもあるのです。

第6章

線型代数4：
線型写像と線型微分演算子

線型代数学は，表向きはベクトルと行列の数学です
が，実は背後に巨大な黒幕がいます。1つは線型空間，
そしてもう1つが本章で学ぶ線型写像です。ベクトル
や行列は，それらを表現する手段なのです。線型写像
は広い概念で，微分や積分も線型写像です。線型写像
を使えば，ベクトルや行列と微分積分が合体してしま
うのです。

6.1 写像は関数を拡張したもの

本章で線型写像というものを学ぶが，その準備と
してまず「写像」を学ぼう。写像は諸君の慣れ親し
んだ「関数」を拡張した概念である。

ふたつの集合について，片方の集合（ここでは集
合 X と呼ぼう）の各要素に，もう片方の集合（ここ
では集合 Y とよぼう）の要素を**ひとつずつ**対応さ
せるような対応関係のことを，「集合 X から集合 Y
への写像（mapping）」という。このとき，対応の出
発点になる X の要素を引数（ひきすう）とよぶ。

例6.1 x を実数とする関数 $f(x) = x^3 - 1$ は，$\mathbb{R}$
から $\mathbb{R}$ への写像である。たとえば引数 $x = 2$ に 7
が対応する。

例6.2 学食のメニューには，かつどんは 500 円，
ざるそばは 400 円，というふうに，それぞれの料理
に整数（円）で値段がついている。この場合，「学
食の値段」とは，「学食の全ての料理からなる集合」
から「整数の集合」への写像である。たとえば「か
つどん」という引数に 500 が対応する。

例6.3 筑波大学の卒業生は，それぞれ，出身小
校を持っている。この場合，「出身小学校」とは，「筑
波大学の卒業生からなる集合」から「世の中の全て

の小学校（廃校も含めて）の集合」への写像である。

ここで注意してほしいのは上の「**ひとつずつ**」の
意味である。それは集合 X のどの要素にも集合 Y
の要素のどれかが対応していなければならないとい
う意味であり，その逆は要求されていないのである。

たとえば例 6.2 では，かつどんは 500 円，ざるそ
ばは 400 円，というように，全ての料理に整数（値
段）がついていなければならないけど，「−300 円」
とか「1 億円」などという変な値段の料理は，普通
の学食には存在しない。また，例 6.3 では，世の中
には筑波大学に卒業生を輩出していない小学校もあ
る。写像はそういう事情があっても構わないのだ。

よくある質問 45 「ひとつずつ」と言ったら，逆向
きもひとつずつじゃないですか？… そんなことない
ですよ。幼稚園で園児たちにお菓子を取らせるとき，「ひ
とつずつだよー」と言うケースを考えてみましょう。各
園児が 1 個のお菓子を持っていれば，用意したお菓子が
余っていても気にしませんよね。

また，集合 X のある要素に対応する集合 Y の要
素は，必ず「ひとつだけ」でなくてはならない。た
とえば例 6.2 では，ざるそばの値段が 300 円と 400
円という 2 つのケースがある，というのはダメであ
る。商売としてダメというのではなく，「写像」と
いう数学的な考え方に乗らないという意味でダメで
ある。

一方，集合 Y の要素に対応する集合 X の要素は，
複数あってもかまわない[*1]。ざるそばとざるうどん
が同じ値段 300 円であってもかまわないし，同じ小

[*1] 集合 Y の要素に対応する集合 X の要素が複数存在するこ
とがないような写像を「単射」とよぶ。

学校を卒業した筑波大学 OB が複数いる，ということはありえる。

「集合 Y」が数（整数，実数，複素数などなど）の集合であるような写像は，特に「関数」とよぶこともある。行き先が数であるような写像を関数というのだ。上の例 6.1 と例 6.2 は関数だが，例 6.3 は関数ではない。しかし「出身小学校の標高（m 単位での）」とすれば，関数になる。

問78 写像とは何か？　関数とは何か？

さて，「f は集合 X から集合 Y への写像である」ということを，

$$f : X \to Y \tag{6.1}$$

と書く[*2]。上の例 6.2・例 6.3 では，

学食の値段 : 学食の全料理 $\to \mathbb{Z}$

出身小学校 : 筑波大学の全卒業生
$\to$ 世の中の全小学校

となる。ただし，写像の名前は「学食の値段」や「出身小学校」よりも，f や g のように，アルファベット等を使って，もったいぶって書くことが多い。しかしそのような場合は，

$$f : X \to Y$$

と書いたところで，具体的にどういうルールで何に何を対応させるかがわかりづらい。そこで，具体的な対応のルールや事例を以下のように書く（矢印の形が変わったことに注意！）：

$$f : x \mapsto y \tag{6.2}$$

ここで x は X の要素であり，y は Y の要素である。たとえば，「学食の値段」という写像を f とよぶならば，

f : 学食の料理のどれか
$\mapsto$ その料理の円単位での値段

であるし，「出身小学校」という写像を g とよぶならば，

---

g : 筑波大学卒業生の誰か
$\mapsto$ その学生の出身小学校

である。このような対応関係の具体的事例も同様に書く[*3]：

f : かつどん $\mapsto 500$

g : 中山雅史 $\mapsto$ 岡部小学校

この関係を，我々に馴染み深い，関数のようなスタイルで書くこともある：

$$f(\text{かつどん}) = 500$$

$$g(\text{中山雅史}) = \text{岡部小学校}$$

ところで，写像における要素どうしの対応関係には，何らかのわかりやすいルール（必然性）は無くてもよい。学食の各料理に，値段とかは無視して，「かつどんは -20」「ざるそばは 5163」というように，好き勝手に適当に数字を対応させても，それは写像なのだ（ただし，いったん決めた対応関係を変えてはダメ）。そんなものにどんな現実的・社会的な意味や有用性があるのかということは考えない。それは数学の知るところではない。ルールはどうであれ，具体的な対応関係を網羅的に定めることができさえすれば写像なのだ。

よくある質問 46　$\to$ と $\mapsto$ の違いは何ですか？…
$\to$ は集合どうしの対応関係を，$\mapsto$ は要素どうしの具体的な対応関係を表します。

さて，我々のよく慣れ親しんだ「足し算」も，一種の写像である。

例 6.4 足し算という概念は，「2 つの実数」に「ひとつの実数」を対応させる対応関係（写像）である。「2 つの実数のペア」からなる集合は，$\mathbb{R} \times \mathbb{R}$ だから[*4]，「足し算」は $\mathbb{R} \times \mathbb{R}$ から $\mathbb{R}$ への写像である。この写像を f とすると，以下のように書ける：

$$f : \mathbb{R}^2 \to \mathbb{R} \tag{6.3}$$

$$f : (x,y) \mapsto x + y \qquad (6.4)$$

$$f(x,y) = x + y \qquad (6.5)$$

例 6.5 「3 次元の数ベクトルの内積」という概念は，「2 つの（3 次元）数ベクトルのペア」に「ひとつの実数」を対応させる写像である。「2 つの（3 次元）数ベクトルのペア」からなる集合は，$\mathbb{R}^3 \times \mathbb{R}^3$ であるから[*5]，この写像を f とすると，以下のように書ける：

$$f : \mathbb{R}^3 \times \mathbb{R}^3 \to \mathbb{R}$$

$$f : \big((x_1, y_1, z_1), (x_2, y_2, z_2)\big) \mapsto x_1 x_2 + y_1 y_2 + z_1 z_2$$

$$f\big((x_1, y_1, z_1), (x_2, y_2, z_2)\big) = x_1 x_2 + y_1 y_2 + z_1 z_2$$

このように，集合と写像は柔軟な考え方であり，たいていの数学的な論理は集合と写像で厳密に記述できる。それらは数学の理解を大いに助けてくれるのだ。

6.2 線型写像と線型結合

ではいよいよ，線型写像を学ぼう。

集合 X から集合 W への写像 f を考える：

$$f : X \to W \qquad (6.6)$$

K を体として，次の 2 つの式が両方とも成り立つ場合，f を<u>線型写像</u>とよぶ（定義）：

$$\forall \alpha \in K, \forall \mathbf{x} \in X, f(\alpha \mathbf{x}) = \alpha f(\mathbf{x}) \qquad (6.7)$$

$$\forall \mathbf{x}, \forall \mathbf{y} \in X, f(\mathbf{x} + \mathbf{y}) = f(\mathbf{x}) + f(\mathbf{y}) \qquad (6.8)$$

問 79 式 (6.7) と式 (6.8) のペアを 5 回書いて記憶せよ。

問 80 式 (6.7) と式 (6.8) は，次式と同値であることを示せ：

$$\forall \alpha, \forall \beta \in K, \forall \mathbf{x}, \forall \mathbf{y} \in X,$$

$$f(\alpha \mathbf{x} + \beta \mathbf{y}) = \alpha f(\mathbf{x}) + \beta f(\mathbf{y}) \qquad (6.9)$$

[*5] これを $\mathbb{R}^6$ と考えても構わない。ただし，「数字が 3 つ並んだものの 2 つのペア」と「数字が 6 つ並んだもの」の間には，感覚的な違いがある（数学的には違いは無いが）ので，その感覚を表現したいときは，$\mathbb{R}^3 \times \mathbb{R}^3$ と書くほうがわかりやすい。

問 80 からわかるように，式 (6.9) を線型写像の定義としてもよい。つまり，「線型結合の写像が，写像の線型結合に等しい」ような写像を線型写像という。「線型結合」を「重ね合わせ」と言い替えれば，「重ね合わせの写像が，写像の重ね合わせに等しい」のが線型写像だ。

例 6.6 関数 $f(x) = 2x$ は線型写像である。証明：任意の実数 x, y と任意の実数 α, β について，

$$f(\alpha x + \beta y) = 2(\alpha x + \beta y)$$

$$= \alpha(2x) + \beta(2y) = \alpha f(x) + \beta f(y)$$

よって，$f(x)$ は線型写像の定義式 (6.9) を満たす。■

例 6.7 関数 $f(x) = x^2$ は線型写像でない。証明：もし $f(x)$ が線型写像なら，式 (6.7) より，恒等的に $f(\alpha x) = \alpha f(x)$ となるはず。しかし，実際は $f(\alpha x) = \alpha^2 x^2$，$\alpha f(x) = \alpha x^2$ であり，たとえば $\alpha = 2$，$x = 1$ とすれば前者は 4，後者は 2 なので，これらは互いに等しくない。従って $f(x)$ は線型写像でない（背理法）。■

例 6.8 $\mathbf{x} = (x_1, x_2) \in \mathbb{R}^2$ に対し，数ベクトル $(2,3)$ との内積を計算する，という操作を考えよう。それは $\mathbb{R}^2$ から $\mathbb{R}$ への写像である。実際，それを f とすると，

$$f : (x_1, x_2) \mapsto (2,3) \bullet (x_1, x_2) = 2x_1 + 3x_2$$

である。たとえば，

$$f : (3,1) \mapsto (2,3) \bullet (3,1) = 9$$

となる。これを次式のようにも書く（括弧が 2 重になっているが，外側の括弧は写像の引数が入ることを表し，内側の括弧は 2 次元数ベクトルを表す）：

$$f((3,1)) = (2,3) \bullet (3,1) = 9 \qquad (6.10)$$

さて，この f は線型写像であることを示そう：
証明：任意の $\mathbf{x} = (x_1, x_2), \mathbf{y} = (y_1, y_2)$ と任意の実数 α, β について，

$$f(\alpha \mathbf{x} + \beta \mathbf{y}) = (2,3) \bullet (\alpha \mathbf{x} + \beta \mathbf{y})$$

$$= (2,3) \bullet \{(\alpha x_1, \alpha x_2) + (\beta y_1, \beta y_2)\}$$

$$= (2,3) \bullet (\alpha x_1 + \beta y_1, \alpha x_2 + \beta y_2)$$
$$= 2\alpha x_1 + 2\beta y_1 + 3\alpha x_2 + 3\beta y_2 \qquad (6.11)$$

一方，

$$\alpha f(\mathbf{x}) + \beta f(\mathbf{y}) = \alpha(2,3) \bullet \mathbf{x} + \beta(2,3) \bullet \mathbf{y}$$
$$= \alpha(2,3) \bullet (x_1, x_2) + \beta(2,3) \bullet (y_1, y_2)$$
$$= \alpha(2x_1 + 3x_2) + \beta(2y_1 + 3y_2)$$
$$= 2\alpha x_1 + 2\beta y_1 + 3\alpha x_2 + 3\beta y_2 \qquad (6.12)$$

式 (6.11) と式 (6.12) は互いに等しいから，

$$f(\alpha\mathbf{x} + \beta\mathbf{y}) = \alpha f(\mathbf{x}) + \beta f(\mathbf{y}) \qquad (6.13)$$

よって，f は線型写像の定義（式 (6.9)）を満たす。■

例 6.9 $\mathbb{R}^2$ から $\mathbb{R}$ への写像 g を，

$$g : (x_1, x_2) \mapsto x_1 x_2 \qquad (6.14)$$

と定義する。言い換えると，

$$g((x_1, x_2)) = x_1 x_2 \qquad (6.15)$$

である。この g は線型写像だろうか？　たとえば，

$$g(2(3,4)) = g((6,8)) = 6 \times 8 = 48 \qquad (6.16)$$

であるが，もし g が線型写像ならば，式 (6.7) より，

$$g(2(3,4)) = 2g((3,4)) = 2 \times (3 \times 4) = 24 \qquad (6.17)$$

となるはずである。式 (6.16), 式 (6.17) は互いに矛盾する。従って，g は線型写像ではない（背理法）。■

例 6.10 $\mathbb{R}^2$ から $\mathbb{R}^2$ への写像 $F : (x,y) \mapsto (x^2, y)$ は，線型写像でない。証明：$\mathbf{x} = (2,0)$, $\mathbf{y} = (3,0)$, $\alpha = 1, \beta = 1$ として，

$$f(\alpha\mathbf{x} + \beta\mathbf{y}) = f((5,0)) = (25,0),$$
$$\alpha f(\mathbf{x}) + \beta f(\mathbf{y}) = f((2,0)) + f((3,0))$$
$$= (4,0) + (9,0) = (13,0)$$

従って，線型写像の定義式 (6.9) を満たさない。■

問 81 $\mathbb{R}^2$ から $\mathbb{R}^2$ への以下の写像 F を考える。以下を示せ：

(1)　$F : (x_1, x_2) \mapsto (2x_1, x_2)$ は線型写像。

(2)　$F : (x_1, x_2) \mapsto (x_2, x_1)$ は線型写像。

(3)　$F : (x_1, x_2) \mapsto (x_1 + 1, x_2)$ は線型写像でない。

例 6.11 関数 $f(x)$ に対し，その 3 倍を与える，という写像 F，すなわち

$$F : f(x) \mapsto 3f(x) \qquad (6.18)$$

を考える。この式を，

$$F\big(f(x)\big) = 3f(x) \qquad (6.19)$$

とも書く。さて，F は線型写像であることを示そう：
証明：2 つの関数 $f(x), g(x)$ と実数 α, β について，

$$F\big(\alpha f(x) + \beta g(x)\big) = 3(\alpha f(x) + \beta g(x))$$
$$= \alpha(3f(x)) + \beta(3g(x)) = \alpha F(f(x)) + \beta F(g(x))$$

よって，F は線型写像の定義（式 (6.9)）を満たす。■

　例 6.6, 例 6.7 では，特定の「関数」が線型写像かどうかを検討したが，例 6.11 では，「関数を関数に対応付ける写像」が線型写像であるかどうかを検討した。この違いをしっかり理解しよう。
　たとえば例 6.7 の x^2 という関数を例 6.11 の写像で写すと $3x^2$ という関数になる。x^2 も $3x^2$ も線型写像ではないが，「関数を 3 倍する」という，「関数を関数に対応付ける写像 F」は線型写像なのである。

よくある質問 47　関数は写像の一種ですから，要するに「写像を写像に対応付ける写像」を考えていたってことですか？… そういうことです。

問 82 線型写像と線型空間は全く違うものなのだが，初学者はこれらを混同しがちである。これらはどのように違うか？

学生の感想 2　線型空間と線型写像の違いをわかっていたつもりですが，やはり混同していました。ショックでした。

例 6.12 何回でも微分可能な実変数関数 $f(x)$ から

なる集合を X とする。$f(x) \in X$ を $f'(x) \in X$ に対応させる写像，言い替えれば，$f(x)$ を微分するという写像

$$\frac{d}{dx} : f(x) \mapsto f'(x) \tag{6.20}$$

は，X から X への線型写像である。

証明：$f(x), g(x) \in X$ とし，$\alpha, \beta \in \mathbb{R}$ とすると，導関数の性質から，

$$\frac{d}{dx}\left(\alpha f(x) + \beta g(x)\right) = \alpha \frac{d}{dx}f(x) + \beta \frac{d}{dx}g(x)$$

従って，d/dx は線型写像である[*6]。　　　　■

問 83 何回でも微分できるような関数 $f(x)$ を考える。以下の写像がそれぞれ，線型写像かどうかを判定せよ（理由も述べよ）。

$$(1) \quad F : f(x) \mapsto f(x) + 1 \tag{6.21}$$

$$(2) \quad F : f(x) \mapsto f(x)^2 \tag{6.22}$$

$$(3) \quad F : f(x) \mapsto \frac{d^2}{dx^2}f(x) \tag{6.23}$$

$$(4) \quad F : f(x) \mapsto \left(\frac{d}{dx}f(x)\right)^2 \tag{6.24}$$

問 84 $0 \le x \le 1$ で積分できるような関数 $f(x)$ を考える。次式の写像 F は線型写像であることを示せ：

$$F : f(x) \mapsto \int_0^1 f(x)dx \tag{6.25}$$

ここでみたように，関数に対して「定数を掛ける」「微分する」「積分する」という操作はいずれも線型写像だ。高階の微分も線型写像だ。しかし，関数を 2 乗する，微分して 2 乗する，定数を足す等は線型

[*6] ここで「**何回でも**微分可能な関数」という条件をつけているのには意味がある。単に「微分可能な関数」という条件にしてしまうと，その中には，1 回しか微分できない関数（たとえば $x < 0$ では $f(x) = x^2$，$0 \le x$ では $f(x) = x^3$ となるような関数 $f(x)$ は，$x = 0$ では 1 回しか微分できない）が入り込んでしまう。そのような関数は，1 回微分してしまうと，「1 回も微分できない関数」になってしまい，もとの「微分可能な関数の集合」のメンバーではなくなってしまう。すると，線型写像の行き先として，別の集合を考えなくてはならなくなってしまう。そのへんを厳密に理論構成するのは面倒だし，いまのところ本質的ではないので，ここでは「何回でも微分可能」という，きつめの条件をつけて，逃げているのだ。

写像ではない。

ところで，線型写像の定義(P.77 式 (6.7)，式 (6.8)) を注視すると，たとえば式 (6.7) の左辺には，$\alpha\mathbf{x}$ が入っている。つまり X の要素がスカラー倍されている。また，式 (6.8) の左辺には，$\mathbf{x} + \mathbf{y}$ が入っている。つまり X の要素が足し算されている。ということは，X の要素は，スカラー倍や和が可能，ということが暗黙のうちに求められている。つまり，X は線型空間であることが暗黙の内に要求されている。同様に，W も線型空間であることが要求されている。

すなわち，ある写像が線型写像ならば，それは必然的に，ある線型空間からある線型空間への写像である。つまり，「線型空間から線型空間への写像である」ことは，線型写像であることの必要条件である。そうでないと，式 (6.7) や式 (6.8) が，成り立つかどうか以前に式として無意味になってしまうのだ。

ところが，こう言ってしまうと，「線型写像とは線型空間から線型空間への写像のことである」と思ってしまう人がいる（そういう人は必要条件と十分条件の違いを復習しよう）が，それは**間違っている**。実際，例 6.7 の関数 $f(x) = x^2$ は線型空間 $\mathbb{R}$ から線型空間 $\mathbb{R}$ への写像だが，線型写像ではない。また，例 6.9 の $g((x_1, x_2)) = x_1 x_2$ は，線型空間 $\mathbb{R}^2$ から線型空間 $\mathbb{R}$ への写像だが，線型写像ではない。

ところで，線型写像が，ある集合からその集合自身もしくはその部分集合への写像であるときは，特に **線型変換** と呼ばれる。すなわち，ある線型空間 X, Y について，ある写像：

$$f : X \to Y \tag{6.26}$$

が線型写像であり，かつ，$Y \subset X$ であるとき，f は線型変換という。たとえば，上の例 6.6，例 6.11，例 6.12 は線型変換だが，例 6.8 は線型変換ではない（線型写像ではある）。

6.3 線型微分演算子

これから線型写像を微分方程式に応用していく。

問 85 何回でも微分可能な関数 $f(x)$ に関して，

$$L : f(x) \mapsto \frac{d^2}{dx^2}f(x) - \frac{d}{dx}f(x) - 2f(x) \tag{6.27}$$

という写像 L を考える。L は関数を関数に写す線型写像であることを示せ。

式 (6.27) のような写像 L を，形式的に

$$L = \frac{d^2}{dx^2} - \frac{d}{dx} - 2 \qquad (6.28)$$

と書くと，P.67 式 (5.13) の一部にそっくりになる。つまり，上の問題の L は，式 (5.13) で出てきた「演算子」なのだ。あの「演算子」は線型写像でもあったのだ。このように，微分を含み，関数を関数に写す線型写像を，線型微分演算子とよぶ。

我々がこれまで出会った線型同次微分方程式は，線型微分演算子を使って書ける。たとえば P.66 式 (5.4) は，

$$\left(\frac{d}{dt} + 1\right) x(t) = 0 \qquad (6.29)$$

と書けるし，P.67 式 (5.10) は，既に見たように

$$\left(\frac{d^2}{dt^2} - \frac{d}{dt} - 2\right) x(t) = 0 \qquad (6.30)$$

と書けるし，P.71 式 (5.46) は，

$$\left(\frac{\partial^2}{\partial x^2} + \frac{\partial^2}{\partial y^2}\right) f(x, y) = 0 \qquad (6.31)$$

と書ける。いずれも左辺の括弧内を線型微分演算子とみなすことができる。

実は，線型同次微分方程式はどんなものでも，このような形式に書くことができるのだ。というか，我々は，「線型同次微分方程式とは解の集合が線型空間になるような微分方程式である」と学んだが，実は話は逆で，本来は，上で示した例のように，「線型微分演算子を関数にかけたもの=0」という形式の微分方程式を，線型同次微分方程式というのだ。

すなわち，変数 $x, y, \cdots$ に関する（偏）微分を含む線型微分演算子 L と，$x, y, \cdots$ を独立変数とする未知関数 $f(x, y, \cdots)$ について，

$$Lf(x, y, \cdots) = 0 \qquad (6.32)$$

という式を線型同次微分方程式とよぶ（再定義）。

問 86　式 (6.32) の解の集合 X は線型空間であることを示せ。注：式 (6.32) の L は，一般的な線型微分演算子である。式 (6.28) の L とは限らない。

6.4　線型微分方程式

さてここで，線型**非**同次微分方程式というものを定義しよう。線型非同次微分方程式とは，$x, y, \cdots$ を独立変数とする未知関数 $f(x, y, \cdots)$ について，ある線型微分演算子 L と，「恒等的に 0」ではない既知関数 $g(x, y, \cdots)$ を用いて，

$$Lf(x, y, \cdots) = g(x, y, \cdots) \qquad (6.33)$$

と書ける方程式のことである（定義）。$g(x, y, \cdots)$ を非同次項とよぶ。非同次項は，その中に f 自体や f の微分などを陽に（explicit に）含んではならない。

もし g が恒等的に 0 ならば，式 (6.33) は式 (6.32)，つまり線型同次微分方程式になる。線型同次微分方程式と線型非同次微分方程式をあわせて線型微分方程式という。

例 6.13　次の方程式：

$$\frac{d^2}{dx^2} f(x) - \frac{d}{dx} f(x) + 2f(x) = x^2 \qquad (6.34)$$

は，

$$L = \frac{d^2}{dx^2} - \frac{d}{dx} + 2, \qquad g(x) = x^2$$

とすれば式 (6.33) の形になる。したがって式 (6.34) は線型非同次微分方程式である。■

例 6.14　次の方程式：

$$\frac{d^2}{dx^2} f(x) - \frac{d}{dx} f(x) + 2f(x) = f(x)^2 + 2x \qquad (6.35)$$

は，線型微分方程式でない。なぜか？　右辺は $f(x)$ を含むので非同次項ではない。そこで，左辺に移行すると

$$\frac{d^2}{dx^2} f(x) - \frac{d}{dx} f(x) + 2f(x) - f(x)^2 = 2x \qquad (6.36)$$

この左辺は線型演算子で書き換えることはできない（$f(x)^2$ が邪魔）。■

例 6.15　次の方程式：

$$\frac{d^2}{dx^2}f(x) - \frac{d}{dx}f(x) + 2f(x) = f(x) + 2x \tag{6.37}$$

は，線型非同次微分方程式である。というのも，一見，右辺の $f(x)$ が邪魔だが，これを左辺に移行すると

$$\frac{d^2}{dx^2}f(x) - \frac{d}{dx}f(x) + f(x) = 2x \tag{6.38}$$

となる。この左辺は線型演算子で書き換えることができるし，右辺は x だけの関数（$f(x)$ を陽に含んでいない）ので非同次項である。∎

例 6.16 図 6.1 のような電気回路を考える。抵抗値 R の抵抗と，容量 C のコンデンサーが直列になっており，時刻 t とともに変動する交流電圧 $V(t)$ がかけられる（丸の中に～が書かれたのは交流電源の記号）。この回路に流れる電流 $I(t)$ とコンデンサーにたまる電荷 $Q(t)$ を考えよう。抵抗には $RI(t)$ という電位差が発生し（オームの法則），コンデンサには $Q(t)/C$ という電位差が発生する（コンデンサの物理的性質）。電気回路では，電源の作る電位差と，それ以外の回路素子の作る電位差が等しいという法則が成り立つので（キルヒホッフの法則），

$$V(t) = RI(t) + \frac{Q(t)}{C} \tag{6.39}$$

となる。今，電圧 $V(t)$ は，

$$V(t) = V_0 \sin \omega t \tag{6.40}$$

であるとしよう（V_0 は電圧変動の振幅，ω は角速度であり，いずれも定数）。電荷 Q を時刻で微分すると電流 I になることに注意すると，式 (6.39) は，

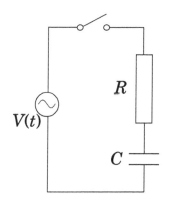

図 6.1 抵抗とコンデンサーからなる交流回路

$$R\frac{dQ(t)}{dt} + \frac{Q(t)}{C} = V_0 \sin \omega t \tag{6.41}$$

となる。これは，線型非同次微分方程式だ。なぜなら，

$$L = R\frac{d}{dt} + \frac{1}{C}, \quad f = Q(t), \quad g = V_0 \sin \omega t$$

と置けば，式 (6.41) は式 (6.33) の形になるからである（独立変数は t）。（例おわり）

問 87 (1) 線型微分演算子とは何か。 (2) 線型非同次微分方程式とは何か。 (3) 線型微分方程式とは何か。

　線型非同次微分方程式は，その解の集合は必ずしも線型空間にはならない。たとえば，式 (6.34) を考えよう。この方程式に 2 つの解 f_1, f_2 があったとする：

$$\frac{d^2}{dx^2}f_1 - \frac{d}{dx}f_1 + 2f_1 = x^2 \tag{6.42}$$

$$\frac{d^2}{dx^2}f_2 - \frac{d}{dx}f_2 + 2f_2 = x^2 \tag{6.43}$$

式 (6.42) と式 (6.43) の和は，

$$\frac{d^2}{dx^2}(f_1+f_2) - \frac{d}{dx}(f_1+f_2) + 2(f_1+f_2) = 2x^2$$

となる。ところが，もし $f_1 + f_2$ が式 (6.34) を満たすと仮定したら，

$$\frac{d^2}{dx^2}(f_1+f_2) - \frac{d}{dx}(f_1+f_2) + 2(f_1+f_2) = x^2$$

となるはずだ。この 2 つの式を，辺々，引き算すると，

$$0 = x^2 \tag{6.44}$$

となってしまう。これは恒等的には成り立たない。従って，$f_1 + f_2$ は式 (6.34) を満たさない（背理法）。従って線型非同次微分方程式 (6.34) の解の集合は線型空間にはならない！

　しかし，これは美しくない。非同次とは言っても，いやしくも「線型」微分方程式というからには，その解の集合が「線型」空間にならなければ気持ちが悪い。ところが以下のように，少し考え方を拡張すると，線型非同次微分方程式にも線型空間の考え方があてはまるのだ：

　いま，L を線型微分演算子とし，関数 $f_1(x)$ に関

する線型非同次微分方程式

$$L f_1(x) = g_1(x) \tag{6.45}$$

と，関数 $f_2(x)$ に関する線型非同次微分方程式

$$L f_2(x) = g_2(x) \tag{6.46}$$

があったとする。ここで $g_1(x), g_2(x)$ はそれぞれの方程式の非同次項である。これらの方程式で，線型微分演算子の部分（L）は共通だとしよう。a, b を任意のスカラーとし，それぞれの方程式を a 倍，b 倍して辺々足してみると，

$$a L f_1(x) + b L f_2(x) = a g_1(x) + b g_2(x) \tag{6.47}$$

となる。ところが，L が線型写像（線型微分演算子）であることより，左辺は $L(a f_1(x) + b f_2(x))$ となる。従って，

$$L(a f_1(x) + b f_2(x)) = a g_1(x) + b g_2(x) \tag{6.48}$$

となる。これは，$a g_1(x) + b g_2(x)$ を非同次項とするような線型非同次微分方程式に関して，その解は，$g_1(x)$ と $g_2(x)$ をそれぞれ非同次項とするような線型非同次微分方程式の解の線型結合で与えられることを示す。つまり，非同次項が線型結合されて新しい方程式になることを許せば，この非同次の線型微分方程式も，解の集合は線型空間になるのだ。

これにあわせて，「重ね合わせの原理」は以下のように拡張される：線型微分方程式で記述される現象は，いくつかの現象の重ね合わせ（線型結合）も実現可能な現象であるし，ひとつの現象をいくつかの現象の重ね合わせとして表現することもできる。ただし，その場合，非同次項も重ね合わされる。

問 88　ある線型非同次微分方程式：

$$L f(x, y, \cdots) = g(x, y, \cdots) \tag{6.49}$$

について，その解のひとつを $f_0(x, y, \cdots)$ とする。さて，上式と同じ線型微分演算子 L を使って

$$L \phi(x, y, \cdots) = 0 \tag{6.50}$$

となる線型同次微分方程式を考える。この任意の解 $\phi(x, y, \dots)$ を，f_0 に足した関数：

$$f_0(x, y, \cdots) + \phi(x, y, \cdots) \tag{6.51}$$

も，式 (6.49) の解であることを示せ。

演習問題 3　任意の関数 $f(x)$ に対して関数 $f(x+1)$ を与える写像を F とする。すなわち，

$$F : f(x) \mapsto f(x+1) \tag{6.52}$$

とする。F は線型写像かどうか判定し，理由を述べよ。ヒント：実は簡単。具体例を考えてみよう。ちなみにこの写像は後の量子力学の章への伏線である。

問の解答

答 80　まず式 (6.7)，式 (6.8) がともに成り立つとする。式 (6.8) より，$f(\alpha \mathbf{x} + \beta \mathbf{y}) = f(\alpha \mathbf{x}) + f(\beta \mathbf{y})$。ところが式 (6.7) より，$f(\alpha \mathbf{x}) + f(\beta \mathbf{y}) = \alpha f(\mathbf{x}) + \beta f(\mathbf{y})$。従って式 (6.9) が成り立つ。逆に，式 (6.9) が成り立つとすると，$\alpha = \alpha, \beta = 0$ とすれば式 (6.7) が成り立つし，$\alpha = \beta = 1$ とすれば式 (6.8) が成り立つ。

答 81　以下，α, β を任意の実数とする。

(1) $F(\alpha(x_1, x_2) + \beta(y_1, y_2))$
$= F\big((\alpha x_1 + \beta y_1, \alpha x_2 + \beta y_2)\big)$
$= (2\alpha x_1 + 2\beta y_1, \alpha x_2 + \beta y_2)$
$= \alpha(2x_1, x_2) + \beta(2y_1, y_2)$
$= \alpha F\big((x_1, x_2)\big) + \beta F\big((y_1, y_2)\big)$

(2) $F(\alpha(x_1, x_2) + \beta(y_1, y_2))$
$= F\big((\alpha x_1 + \beta y_1, \alpha x_2 + \beta y_2)\big)$
$= (\alpha x_2 + \beta y_2, \alpha x_1 + \beta y_1)$
$= \alpha(x_2, x_1) + \beta(y_2, y_1)$
$= \alpha F\big((x_1, x_2)\big) + \beta F\big((y_1, y_2)\big)$

(3) 反例：$F\big(2(0, 0)\big) = F\big((2 \times 0, 2 \times 0)\big) = F\big((0, 0)\big) = (1, 0)$ だが，$2F\big((0, 0)\big) = 2(1, 0) = (2, 0)$ となる。線型写像なら，この両者は一致するはず。

答 83　以下 α, β は任意の実数とする。(1) 線型写像でない。反例：$f(x) = x, g(x) = x$ とすると[*7]，$F(f(x) + g(x)) = F(2x) = 2x + 1$ だが，$F(f(x)) + F(g(x)) = F(x) + F(x) = 2x + 2$ とな

[*7]　$f(x) = x, f'(x) = 1, f''(x) = 0$ となって，それ以上微分できないではないか，という人がたまにいるが，そんなことはない。$f''(x) = 0$ なら，$f'''(x) = f^{(4)}(x) = \cdots = 0$ である。定数関数 0 は何回も微分できて，何回微分しても 0 のままである。

る。線型写像なら，この両者は一致するはず。

(2) 線型写像でない。反例：$f(x) = 1, g(x) = x$ とすると，

$$F(f(x) + g(x)) = F(1 + x) = (1 + x)^2$$
$$F(f(x)) + F(g(x)) = F(1) + F(x) = 1 + x^2$$

となる。線型写像なら，この両者は一致するはずなのに，一致しない。

(3) 線型写像。導関数の性質から，

$$\frac{d^2}{dx^2}\Big(\alpha f(x) + \beta g(x)\Big) = \alpha \frac{d^2}{dx^2}f(x) + \beta \frac{d^2}{dx^2}g(x)$$

(4) 線型写像でない。反例：$f(x) = x, g(x) = x$ とすると，$F(f(x) + g(x)) = F(2x) = 2^2 = 4$，$F(f(x)) + F(g(x)) = F(x) + F(x) = 1^2 + 1^2 = 2$。線型写像なら，この両者は一致するはずなのに，一致しない。

答 84

$$F(\alpha f(x) + \beta g(x)) = \int_0^1 \Big(\alpha f(x) + \beta g(x)\Big)dx =$$
$$\alpha \int_0^1 f(x)dx + \beta \int_0^1 g(x)dx = \alpha F(f(x)) + \beta F(g(x))$$

答 85 α, β を任意の実数とする。f, g を何回でも微分可能な関数とする。

$L : \alpha f + \beta g \mapsto \frac{d^2}{dx^2}(\alpha f + \beta g) - \frac{d}{dx}(\alpha f + \beta g) - 2(\alpha f + \beta g)$
$= \alpha \frac{d^2}{dx^2}f + \beta \frac{d^2}{dx^2}g - \alpha \frac{d}{dx}f - \beta \frac{d}{dx}g - 2\alpha f - 2\beta g$
$= \alpha(\frac{d^2}{dx^2}f - \frac{d}{dx}f - 2f) + \beta(\frac{d^2}{dx^2}g - \frac{d}{dx}g - 2g)$

よって，L は線型写像の定義（式 (6.9)）を満たす。

答 86 $f, g \in X$, $\alpha, \beta \in \mathbb{R}$ とする。$Lf = 0$, $Lg = 0$ である。L は線型写像だから，$L(\alpha f + \beta g) = \alpha L(f) + \beta L(g) = 0$。よって $\alpha f + \beta g \in X$。よって X は線型空間。∎

答 88 $f_0 + \phi$ に L を作用させると，L は線型写像なので，

$$L(f_0 + \phi) = Lf_0 + L\phi \tag{6.53}$$

となる。f_0 が式 (6.49) の解であることから，$Lf_0 = g$ であり，また，ϕ が式 (6.50) の解であることから，$L\phi = 0$ である。従って，式 (6.53) の最右辺は，$Lf_0 + L\psi - g + 0 = g$ となる。従って，式 (6.53) は，$L(f_0 + \phi) = g$ となる。すなわち，$f_0 + \phi$ は式 (6.49) の解である。∎

よくある質問 48　"$\mathbb{C}$ は $\mathbb{C}$ を体とする線型空間である"とのことですが，仮に，$x = 1 - i, \alpha = 1 + i$

である時は $\alpha x = (1 - i)(1 + i) = 2$ となり，実数（$\mathbb{R}$ の要素）となるため，線型空間の定義を満たさないのではないですか？… 実数も複素数の一種ですので，$2 \in \mathbb{C}$ です。つまり線型空間の定義に反しません。

よくある質問 49　線型代数学って，微分方程式をコネまわすためにあるのですか？… 確かに，線型代数は，線型微分方程式を扱う上で大変有用な道具です。しかし，他にも線型写像の有用性はいろんなところにあります。たとえば，図 6.2 のような電気回路を考えましょう（中学校理科）。

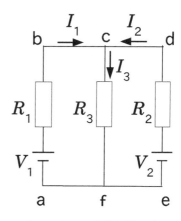

図 6.2　ちょっと複雑な電気回路

それぞれ V_1, V_2 という電圧を持つ 2 つの電池と，それぞれ R_1, R_2, R_3 という抵抗値を持つ抵抗が，つながっています。この上を，I_1, I_2, I_3 という電流が図のように流れているとしましょう。「キルヒホッフの法則」から，以下のことが言えます：まず，点 a から点 b，点 c，点 f をぐるっとまわって点 a に戻るようなループで，電位の変化を考えると，

$$V_1 - R_1 I_1 - R_3 I_3 = 0 \tag{6.54}$$

となります（元の点に戻るので電位差は 0）。同様に，点 e，点 d，点 c，点 f をぐるっとまわって点 e に戻るようなループで，電位の変化を考えると，

$$V_2 - R_2 I_2 - R_3 I_3 = 0 \tag{6.55}$$

となります。また，点 c に入る電流と出る電流は等しいので，

$$I_3 = I_1 + I_2 \tag{6.56}$$

となります。式 (6.54)，式 (6.55)，式 (6.56) を整理す

ると，

$$V_1 = R_1 I_1 + R_3 I_3$$

$$V_2 = R_2 I_2 + R_3 I_3$$

$$0 = I_1 + I_2 - I_3$$

となります。これは，

$$\begin{bmatrix} V_1 \\ V_2 \\ 0 \end{bmatrix} = \begin{bmatrix} R_1 & 0 & R_3 \\ 0 & R_2 & R_3 \\ 1 & 1 & -1 \end{bmatrix} \begin{bmatrix} I_1 \\ I_2 \\ I_3 \end{bmatrix} \tag{6.57}$$

となります。左辺の数ベクトル（2 つの電圧とひとつの 0 を並べたもの）を「電圧ベクトル」と呼び，$\mathbf{V}$ と書きましょう。右辺の行列を「抵抗行列」と呼び，R と書きましょう。そして，右辺の最後の数ベクトル（3 つの電流を並べたもの）を電流ベクトルと呼び，$\mathbf{I}$ と書きましょう。すると上の式は，

$$\mathbf{V} = R\mathbf{I} \tag{6.58}$$

となります。これは，ベクトルと行列を使って拡張されたオームの法則です。普通のオームの法則は，1 つの抵抗に流れる電流と，その両端の電圧の比例関係に過ぎませんが，こうしてキルヒホッフの法則と組み合わせれば，オームの法則は，複雑な回路について，各場所の電流を，電圧に結びつける線型写像になるのです（数ベクトルに行列を掛けるのは線型写像）。そうすると，電圧が与えられた時に電流を求める操作は，

$$\mathbf{I} = R^{-1}\mathbf{V} \tag{6.59}$$

というふうに，抵抗行列の逆行列を求めるような操作になるわけです。回路がもっともっと複雑になると，抵抗行列は巨大な正方行列になります。そうなると，線型代数の威力がますます発揮されるのです。

学生の感想 3　この授業で初めて写像に出会ったとき，名前からして今までとは新しい知識のようで不安を感じました。テストでは，写像のイメージがわからないまま線型写像の問題を解こうとして非常に苦労しました。ですが，その後，別の授業で写像の考え方が驚くほどすんなり理解できました。そもそも写像は新しい考え方でなく，今まで扱ってきた関数がそうであり，当時なぜあんなに苦労したのか自分でもよく分からないのです。僕は関数が写像であるイメージがそもそも無かったのです。実際に本書にもそう書いてあるのですが，なぜかあのときは目

に入っていませんでした。

第7章

線型代数5：
線型独立・基底・座標

本章では，抽象的なベクトルや線型写像を，数ベクトルと行列で具体的に表現する方法を学びます。それによって，線型空間と線型写像の数学は数ベクトルと行列の数学に帰着されます。それがわかれば，数ベクトルと行列の大切さが腑に落ちるでしょう。

本章では，特に断らないときは，n, m を任意の正の整数とする。

7.1 線型独立

線型空間の部分集合 $\{\mathbf{x}_1, \mathbf{x}_2, \cdots, \mathbf{x}_n\}$ が，スカラー $p_1, p_2, \cdots, p_n$ に対して，

$$p_1\mathbf{x}_1 + p_2\mathbf{x}_2 + \cdots + p_n\mathbf{x}_n = \mathbf{0} \tag{7.1}$$

となるのが $p_1 = p_2 = \cdots = p_n = 0$ という場合に限るとき，$\{\mathbf{x}_1, \mathbf{x}_2, \cdots, \mathbf{x}_n\}$ は線型独立であるとか，一次独立である，という（定義）。

つまり，ベクトルの集合が，「線型結合が $\mathbf{0}$ になるならば，係数がぜんぶ 0 となるより他は無い」というような状況を，線型独立というのだ（係数がぜんぶ 0 なら式 (7.1) が成り立つのは当然である）。

問 89 線型独立の定義を 3 回，書いて記憶せよ。

線型独立の具体的例をいくつか考えてみよう。

例 7.1 いずれも $\mathbf{0}$ でない 2 つの幾何ベクトル $\mathbf{x}, \mathbf{y}$ を考える。

もし $\mathbf{x}, \mathbf{y}$ が互いに平行でなければ，それらの線型結合

$$p_1\mathbf{x} + p_2\mathbf{y} \quad (p_1, p_2 \text{ は実数とする}) \tag{7.2}$$

は，$p_1\mathbf{x}$ と $p_2\mathbf{y}$ の張る平行四辺形の対角線に相

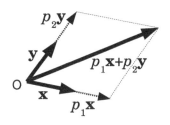

図 7.1 互いに平行でない 2 つの幾何ベクトル（$\mathbf{x}$ と $\mathbf{y}$）の線型結合（$p_1\mathbf{x} + p_2\mathbf{y}$）は，$p_1 = p_2 = 0$ でない限り，$\mathbf{0}$ にはならない。

当する幾何ベクトルになる（図 7.1）。従って，$p_1 = p_2 = 0$ でない限り，$p_1\mathbf{x} + p_2\mathbf{y} = \mathbf{0}$ にはならない。従って，$\{\mathbf{x}, \mathbf{y}\}$ は線型独立である。

もし $\mathbf{x}, \mathbf{y}$ が互いに平行なら，適当な実数 a があって，$\mathbf{y} = a\mathbf{x}$ とできる（これが「平行」の定義）。この式は，$a\mathbf{x} - \mathbf{y} = \mathbf{0}$ と変形できる。この式は，$\mathbf{x}, \mathbf{y}$ の線型結合が $\mathbf{0}$ になっているにもかかわらず，少なくとも $\mathbf{y}$ の係数は -1 であって 0 でないので，「係数がぜんぶ 0」ではない。従って，この場合，$\{\mathbf{x}, \mathbf{y}\}$ は線型独立ではない。

つまり，$\mathbf{0}$ でない 2 つの幾何ベクトルに限って言えば，線型独立とは要するに「平行でない」ことである。（例おわり）

線型空間の部分集合が線型独立でないことを，線型従属とか一次従属という。それは，式 (7.1) を満たす $p_1, p_2, \cdots, p_n$ が，「ぜんぶ 0」以外にも存在する，ということだ。

問 90 以下の言葉を説明せよ：
(1) 一次独立 (2) 線型従属 (3) 一次従属

問 91 A 君はテストで「線型従属の定義を述べよ」という問題に下記のように答えた。

「ベクトルの集合 $\{\mathbf{x}_1, \mathbf{x}_2, \cdots, \mathbf{x}_n\}$ が，スカラー $p_1, p_2, \cdots, p_n \in K$ に対して $p_1\mathbf{x}_1 + p_2\mathbf{x}_2 + \cdots + p_n\mathbf{x}_n = \mathbf{0}$ となるならば，$p_1 = p_2 = \cdots = p_n = 0$ とならないとき，この集合は線型従属である。」この解答のおかしいところを指摘せよ。

例 7.1 で見たように，2 つの幾何ベクトルに限れば，線型従属とはベクトルどうしが平行（もしくはどちらかが $\mathbf{0}$）であることと同値である。しかし，3 つ以上の幾何ベクトルになると，話はそれほど単純ではない。

例 7.2 3 つの幾何ベクトル $\mathbf{x}, \mathbf{y}, \mathbf{z}$ を考える。これらはいずれも $\mathbf{0}$ でないし，いずれも互いに平行でないとする。

もしも $\mathbf{x}, \mathbf{y}, \mathbf{z}$ が同一平面上になければ，それらの線型結合 $p_1\mathbf{x} + p_2\mathbf{y} + p_3\mathbf{z}$ は（p_1, p_2, p_3 は実数とする），$p_1\mathbf{x}$ と $p_2\mathbf{y}$ と $p_3\mathbf{z}$ の張る平行六面体の対角線に相当する幾何ベクトルになる（図 7.2）[*1]。従って，$p_1 = p_2 = p_3 = 0$ でない限り，$p_1\mathbf{x} + p_2\mathbf{y} + p_3\mathbf{z} = \mathbf{0}$ にはならない。従って，$\{\mathbf{x}, \mathbf{y}, \mathbf{z}\}$ は互いに線型独立である。

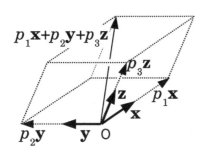

図 7.2　同一平面には無い 3 つの幾何ベクトルの線型結合は，平行六面体の対角線に相当する。係数 (p_1, p_2, p_3) が全て 0 でない限り，それは $\mathbf{0}$ にはならない。

もしも $\mathbf{x}, \mathbf{y}, \mathbf{z}$ が同一平面上にあれば，$\mathbf{x}, \mathbf{y}$ を 2 辺の方向とするような平行四辺形をその平面上に描くことができ（図 7.3），適当な実数 a, b で，

$$\mathbf{z} = a\mathbf{x} + b\mathbf{y} \tag{7.3}$$

とできるはずである（平面の幾何ベクトルの分解）。

[*1]　平行六面体とは，6 つの平面で囲まれた立体で，向かい合う面どうしは互いに平行なもの。そのひとつの頂点を O とし，O から 3 つの幾何ベクトル $p_1\mathbf{x}$, $p_2\mathbf{y}$, $p_3\mathbf{z}$ を出したときに，各幾何ベクトルの先端にそれぞれ頂点を置く。

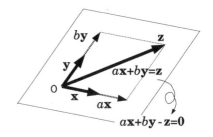

図 7.3　3 つの幾何ベクトルが同一平面にあれば，1 つの幾何ベクトルは他の 2 つの線型結合で表される。

この式を変形すると，$a\mathbf{x} + b\mathbf{y} - \mathbf{z} = \mathbf{0}$ となる。この式は，$\mathbf{x}, \mathbf{y}, \mathbf{z}$ の線型結合が $\mathbf{0}$ になっているにもかかわらず，「係数がぜんぶ 0」ではない（少なくとも $\mathbf{z}$ の係数は -1）。従って，$\{\mathbf{x}, \mathbf{y}, \mathbf{z}\}$ は互いに線型独立ではない。（例おわり）

これらの例でわかるように，幾何ベクトルの集合が線型独立なのは，直感的には，全ての幾何ベクトルがバラバラの方向を向いている状況だ。

こんどは数ベクトルの例を見てみよう：

例 7.3 線型空間 $\mathbb{R}^3$ の 3 つの数ベクトルからなる集合：

$$\left\{ \mathbf{x}_1 = \begin{bmatrix} 1 \\ 2 \\ 3 \end{bmatrix}, \ \mathbf{x}_2 = \begin{bmatrix} 2 \\ 3 \\ 4 \end{bmatrix}, \ \mathbf{x}_3 = \begin{bmatrix} 3 \\ 4 \\ 5 \end{bmatrix} \right\} \tag{7.4}$$

は，線型独立だろうか？ それを調べるには，まず，式 (7.1) を仮定する。つまり，ある実数 p_1, p_2, p_3 によって，

$$p_1\mathbf{x}_1 + p_2\mathbf{x}_2 + p_3\mathbf{x}_3 = \mathbf{0} \tag{7.5}$$

となるとしよう。このとき，$p_1 = p_2 = p_3 = 0$ となる以外に式 (7.5) が成り立つことが無ければ，線型独立である。式 (7.5) に式 (7.4) を代入して整理すると，

$$1p_1 + 2p_2 + 3p_3 = 0 \tag{7.6}$$
$$2p_1 + 3p_2 + 4p_3 = 0 \tag{7.7}$$
$$3p_1 + 4p_2 + 5p_3 = 0 \tag{7.8}$$

となる。この (p_1, p_2, p_3) に関する連立方程式を解くと（各自，解いてみよ），解は無数にあって，ひとつに定まらない（不定）。たとえば，$(p_1, p_2, p_3) =$

$(-1, 2, -1)$ は式 (7.6)〜式 (7.8) を満たす。これは，「$p_1 = p_2 = p_3 = 0$ となる以外に式 (7.5) が成り立つ」場合に該当する。従って，線型従属である。■

問 92　線型空間 $\mathbb{R}^2$ について考える。

(1) $\mathbf{e}_1 = (1, 0)$, $\mathbf{e}_2 = (0, 1)$ とすると，$\mathbb{R}^2$ の部分集合 $\{\mathbf{e}_1, \mathbf{e}_2\}$ は線型独立であることを示せ。

(2) $\mathbb{R}^2$ の部分集合で，線型独立になる例を，$\{\mathbf{e}_1, \mathbf{e}_2\}$ 以外に挙げよ。

(3) $\mathbb{R}^2$ の部分集合で，線型従属になる例を挙げよ。

ここでは証明しないが，$\mathbb{R}^n$ の数ベクトルには以下のような性質がある：

- n より多くの数ベクトルは，互いに線型従属。たとえば，3 本以上の 2 次元の数ベクトルは必ず線型従属である。
- n 本の数ベクトルが線型従属なら，それらを並べてできる n 次正方行列の行列式[*2]は 0 になるし，その逆も成り立つ[*3]。

問 93　$\mathbb{R}^3$ の 3 つの数ベクトルからなる集合：

$$\left\{ \mathbf{x}_1 = \begin{bmatrix} 2 \\ 2 \\ 1 \end{bmatrix}, \ \mathbf{x}_2 = \begin{bmatrix} 1 \\ 3 \\ 4 \end{bmatrix}, \ \mathbf{x}_3 = \begin{bmatrix} 3 \\ 4 \\ 1 \end{bmatrix} \right\} \quad (7.9)$$

が線型独立かどうかを，理由も述べて判定せよ。ヒント：例 7.3 と同様の手順を踏む。連立方程式が不定になるかどうかがポイント。

例 7.4　P.62 例 4.5 を思い出して，実数係数の 2 次関数の集合を再び P_2 とする。すなわち，

$$P_2 = \{ f(x) = px^2 + qx + r \,|\, p, q, r \in \mathbb{R} \} \quad (7.10)$$

である。あのとき調べたように，P_2 は線型空間である。さて，P_2 の部分集合：

$$\{ f_1(x) = x^2, \ f_2(x) = x, \ f_3(x) = 1 \} \quad (7.11)$$

は互いに線型独立かどうか調べてみよう。まず，それらの線型結合 $p_1 f_1(x) + p_2 f_2(x) + p_3 f_3(x)$ が恒等的に 0 になるとき，つまり，

$$p_1 x^2 + p_2 x + p_3 = 0 \quad (7.12)$$

が恒等的に成り立つときを考える。式 (7.12) に $x = 0, 1, -1$ をそれぞれ代入すると，

$$p_3 = 0$$
$$p_1 + p_2 + p_3 = 0$$
$$p_1 - p_2 + p_3 = 0$$

となる。この連立方程式を解けば，$p_1 = p_2 = p_3 = 0$ となる。従って，$\{ f_1(x), f_2(x), f_3(x) \}$ は互いに線型独立である。

ちなみに，「恒等的に 0」ではなく，ある x についてのみ 0 にするのであれば，$p_1 = p_2 = p_3 = 0$ 以外のケースもありえるが，それは関数の値がその x を取るときたまたま 0 になるだけであって，「恒等的に 0」だとは言えない。■

問 94　例 7.4 の線型空間 P_2 について考える。P_2 の以下の部分集合について，それぞれ線型独立か線型従属かを判断し，理由を述べよ。

(1) $\{ g_1(x) = 1 + x, \ g_2(x) = 1 - x, \ g_3(x) = x + x^2 \}$

(2) $\{ h_1(x) = 1 + x, \ h_2(x) = 1 - x, \ h_3(x) = 1 \}$

問 95　実数 x に関する $f(x) = a \cos x + b \sin x$ という形の関数の集合 X を考える（a, b は任意の実数）：

$$X := \{ f(x) = a \cos x + b \sin x \,|\, \forall a, \forall b \in \mathbb{R} \} \quad (7.13)$$

(1) X は $\mathbb{R}$ を体とする線型空間であることを示せ。

(2) $\{ \sin x, \cos x \} \subset X$ は，線型独立か？

(3) $\{ \sin x, 2 \sin x \} \subset X$ は，線型独立か？

(4) $\sin(x + \pi/3) \in X$ であることを示せ[*4]。

[*2] 諸君は 2 次と 3 次の行列式は既に知っている。4 次以上の行列式は第 12 章で学ぶ。

[*3] 正方行列の固有ベクトルを求めるときに，よく似たような話が出てきたのを覚えているだろうか？ 正方行列 A の固有値を求めるとき（P.25 の 1.19 節）に出てきた，$(A - \lambda I)\mathbf{x} = \mathbf{0}$ が $\mathbf{x} = \mathbf{0}$ 以外の解を持つ条件は $\det(A - \lambda I) = 0$ である，という話だ。あれは，$A - \lambda I$ という行列を構成する列ベクトルどうしが線型従属になる，という条件だったのだ。

[*4] $\subset$ と $\in$ はそれぞれ異なる意味を持つ数学記号である。すなわち，$\subset$ は，その左辺が右辺の「部分集合」であることを意味し，$\in$ は，その左辺が右辺の「要素」であることを意味する。どちらも，左辺が右辺に「含まれる」という点では似て

(5) $\{\sin x, \sin(x + \pi/3)\} \subset X$ は，線型独立か？

(6) $\{\sin x, \sin(x + \pi)\} \subset X$ は，線型独立か？

(7) $\{\sin x, \sin(x + \pi/3), \cos x\} \subset X$ は，線型独立か？

問 96 ベクトルの集合：$\{\mathbf{x}_1, \mathbf{x}_2, \cdots, \mathbf{x}_n\}$ が 1 つでも $\mathbf{0}$ を含むなら，この集合は線型従属であることを証明せよ。

7.2　線型空間の基底と次元

線型空間を扱うときに，次の概念が重要である：線型空間 X の部分集合 B が，

● 線型独立であること。

● X の任意の要素を B の要素の線型結合で表せること。

という 2 つの条件をともに満たす時，B を X の基底とよぶ。

問 97 基底の定義を 5 回，書いて記憶せよ。

例 7.5 P.87 例 7.4 の P_2（実数係数の 2 次関数の集合）を考える。P_2 の部分集合

$$B = \{f_1(x) = x^2, f_2(x) = x, f_3(x) = 1\} \quad (7.14)$$

は，P_2 の基底である。なぜか？ まず，例 7.4 より，B は線型独立である。次に，P_2 の任意の要素，つまり任意の実数係数 2 次関数 $f(x)$ は，a, b, c を適当な実数として，$f(x) = ax^2 + bx + c$ と書ける。これは $f(x) = a f_1(x) + b f_2(x) + c f_3(x)$ とも書けるので，$f(x)$ は B の線型結合で表すことができる。

たとえば，$f(x) = 2x^2 + 3x + 1$ は，

$$f(x) = 2 f_1(x) + 3 f_2(x) + f_3(x)$$

と書ける。（例おわり）

問 98 例 7.4 の P_2（実数係数の 2 次関数の集合）を考える。3 つの関数からなる以下の集合 B' も P_2 の基底であることを示せ。

いるが，「部分集合」として含まれるのか，「要素」として含まれるのかは，全く違う。このあたりの違いをきちんと認識していないと，数学では痛い目に合うので気をつけよう。

$B' = \{g_1(x) = 1 + x, g_2(x) = 1 - x, g_3(x) = x + x^2\}$

問 99 線型空間 $\mathbb{R}^2$ を考える。

(1) $\mathbf{e}_1 = (1, 0)$, $\mathbf{e}_2 = (0, 1)$ とすると，$\{\mathbf{e}_1, \mathbf{e}_2\}$ は $\mathbb{R}^2$ の基底であることを示せ。

(2) $\mathbf{g}_1 = (1, 1)$, $\mathbf{g}_2 = (1, -1)$ とすると，$\{\mathbf{g}_1, \mathbf{g}_2\}$ は $\mathbb{R}^2$ の基底であることを示せ。

ところで，線型空間 $\mathbb{R}^n$ において，

$$\mathbf{e}_1 := (1, 0, 0, \cdots, 0) \quad (7.15)$$

$$\mathbf{e}_2 := (0, 1, 0, \cdots, 0) \quad (7.16)$$

$$\cdots$$

$$\mathbf{e}_n := (0, 0, 0, \cdots, 1) \quad (7.17)$$

としよう。これらはそれぞれ，ひとつの成分が 1 で残りはすべて 0 という数ベクトルである。その組み合わせ：

$$\{\mathbf{e}_1, \mathbf{e}_2, \cdots, \mathbf{e}_n\} \quad (7.18)$$

は基底である（証明はしないが，問 99(1) を解いた人には自明だろう）。これを $\mathbb{R}^n$ の標準基底とよぶ。たとえば問 99(1) の $\{\mathbf{e}_1 = (1, 0), \mathbf{e}_2 = (0, 1)\}$ は，$\mathbb{R}^2$ の標準基底である。

問 100 $\mathbb{R}^4$ の標準基底は何か？

問 101 実数 x に関する $f(x) = A \sin(x + B)$ という形の関数の集合 Y を考える（A, B は任意の実数）：

$$Y = \{f(x) = A \sin(x + B) \mid \forall A, \forall B \in \mathbb{R}\} \quad (7.19)$$

(1) $X = \{f(x) = a \sin x + b \cos x \mid \forall a, \forall b \in \mathbb{R}\}$ とすると（これは式 (7.13) と同じもの），$Y = X$ であることを示せ（ヒント：加法定理および三角関数の合成。また，2 つの集合 X, Y が $Y = X$ であるとは，$Y \subset X$ と $X \subset Y$ の両方が成り立つ，ということ）。

(2) $\{\sin x, \cos x\}$ は Y の基底であることを示せ。

ここで見たように，基底の選び方は一意的ではな

く，むしろ多様である。たとえば，ある基底について，その要素全てを2倍したものも基底である。

ここで，基底に関する重要な定理を2つ，証明なしに述べておく[*5]。

基底に関する重要定理 1: 基底の要素数は，それぞれの線型空間について一意的である。

すなわち，ある線型空間について，3つの要素が基底になったり，4つの要素が基底になったりはしない。従って，「基底の要素数」は，その線型空間の特徴を表す重要な量である。この数を次元とよぶ[*6]。すなわち，線型空間 X において，その基底の要素数を，X の次元とよぶ。

例 7.6 線型空間 $\mathbb{R}^n$ の標準基底（式 (7.18)）の要素数は n なので，$\mathbb{R}^n$ の次元は n だ。これは，$\mathbb{R}^n$ の要素を「n 次元の」数ベクトルと言ったり，$\mathbb{R}^n$ を「n 次元の」数ベクトル空間とよぶことと整合する。

基底に関する重要定理 2: 線型空間から互いに線型独立なベクトルを次元の数だけ選び出したものの集合は基底になる。

問 102 (1) 次元とは何か？　(2) 実数係数の2次関数の集合は，何次元の線型空間か？

7.3 線型空間に座標が入る

線型空間に基底が導入されると，これから述べる「座標」という概念によって，線型空間をシンプルに扱うことができる。

K を体とする n 次元の線型空間 X において，特定の基底

$$B = \{\mathbf{v}_1, \mathbf{v}_2, \cdots, \mathbf{v}_n\} \tag{7.20}$$

を選べば，X の任意の要素 $\mathbf{x}$ は，

$$\mathbf{x} = x_1\mathbf{v}_1 + x_2\mathbf{v}_2 + \cdots + x_n\mathbf{v}_n \tag{7.21}$$

というふうに，n 個のスカラー（線型結合の係数）：

$$x_1, x_2, \cdots, x_n \in K \tag{7.22}$$

を用いて表現される。従って，式 (7.20) という基底と式 (7.21) があるという了解のもとに，$\mathbf{x}$ を，式 (7.22) の $x_1, x_2, \cdots, x_n$ を並べてできる数ベクトル，つまり K^n の要素[*7]と同一視することにより，形式的・簡略的に，

$$\mathbf{x} = \begin{bmatrix} x_1 \\ x_2 \\ \vdots \\ x_n \end{bmatrix} \tag{7.23}$$

と書く。この数ベクトルを $\mathbf{x}$ の座標（coordinate）と呼び，x_1 や x_2 のようなひとつひとつの値のことを座標成分（component）とよぶ。このあたりの考え方を，図 7.4 に示した。ここでひとつ約束：座標は列ベクトルで書いても行ベクトルで書いても，どちらでもよいが，各問題について，ひとたびどちらかで書いたら，それを維持しなければならない。

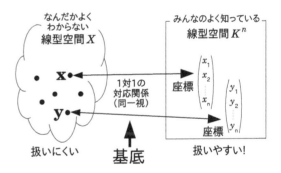

図7.4 線型空間 X を，数ベクトル空間 K^n と同一視する。

式 (7.23) は，式 (7.21) の形式的な簡略記法だとはいえ，式 (7.23) 左辺の $\mathbf{x}$ は線型空間 X の要素だから数ベクトルとは限らないが，式 (7.23) 右辺は数ベクトルだ。だからこの等式はちょっと乱暴である。それが許されるのは，線型空間 X に関して成り立つ様々な性質が，式 (7.21) という対応関係によって，数ベクトル空間 K^n でも成り立つからである。

[*5] 証明が知りたい人は長谷川（2015）などを参照。

[*6] 「長さ」「時間」「質量」など，その量が表す対象の物理的なカテゴリーも「次元」とよぶ。その「次元」と，ここで考えている「線型空間の次元」は，全く別のものである。多義語である。ちなみに，次元が無限大であるような線型空間も存在する。それらについては，基底に関する重要定理1は成り立たない。

[*7] $K^n = K \times K \times \cdots \times K$。この式の $\times$ は直積（P.1 参照）。既に述べたように，K は多くの場合，$\mathbb{R}$ か $\mathbb{C}$ である。

　座標は基底とセットである。何らかの基底を考え
ることによって座標が生まれ，その結果，その線型
空間は，数ベクトル空間と同一視されるのである。
　これの一例を，諸君は既に経験している。P.21
で，幾何ベクトルと数ベクトルを同一視したのがそ
れである。ユークリッド空間（幾何ベクトルからな
る線型空間）を，デカルト座標を介して，数ベクト
ル空間（$\mathbb{R}^2$ や $\mathbb{R}^3$）と同一視したのである。

例 7.7　P.88 例 7.5 で見た P_2（実数係数の 2 次関数
の集合）と基底 B を考える。すなわち，任意の実
数係数の 2 次関数は，

$$B = \{f_1(x) = x^2,\, f_2(x) = x,\, f_3(x) = 1\} \quad (7.24)$$

という基底の線型結合で表せる。たとえば，

$$f(x) = 2x^2 + 3x + 1 = 2f_1(x) + 3f_2(x) + f_3(x)$$

と書ける。このとき，$(2, 3, 1)$ が $f(x)$ の座標であ
る。このように，任意の実数係数 2 次関数は，基底
B によって，3 次元の数ベクトル，つまり $\mathbb{R}^3$ の要
素と同一視できる。

問 103　線型空間において，座標とは何か？

問 104　上の例 7.7 で，基底として

$$B'' :=$$
$$\{\phi_1(x) = (1+x)^2,\, \phi_2(x) = 1 + x,\, \phi_3(x) = 1\}$$
$$(7.25)$$

を選ぶと，関数 $f(x) = 2x^2 + 3x + 1$ はどのような
座標で書けるか？（これによって，同じベクトルで
も基底によって座標が変わることがわかるだろう。）

　ところで，基底を固定した状況では，X の 1 つ
の要素 $\mathbf{x}$ には，座標が 1 つだけ確定しなければ
ならない（複数の座標が対応してしまうと同一視

にならない）。その保証はあるのだろうか？　ある
のだということを証明しよう。仮に，$\mathbf{x}$ に複数の
座標が対応するとしよう。つまり式 (7.21) のよ
うな表し方が，以下のように 2 通りあるとする
（$x_1, x_2, \cdots, x_n, y_1, y_2, \cdots, y_n$ はスカラー）：

$$\mathbf{x} = x_1\mathbf{v}_1 + x_2\mathbf{v}_2 + \cdots + x_n\mathbf{v}_n \quad (7.26)$$
$$\mathbf{x} = y_1\mathbf{v}_1 + y_2\mathbf{v}_2 + \cdots + y_n\mathbf{v}_n \quad (7.27)$$

これらを辺々引くと，以下のようになる。

$$\mathbf{0} = (x_1 - y_1)\mathbf{v}_1 + (x_2 - y_2)\mathbf{v}_2 + \cdots + (x_n - y_n)\mathbf{v}_n$$

ところが $\{\mathbf{v}_1, \mathbf{v}_2, \cdots, \mathbf{v}_n\}$ は線型独立だから，この
式のそれらの係数はぜんぶ 0 になるしかない：

$$x_1 - y_1 = x_2 - y_2 = \cdots = x_n - y_n = 0 \quad (7.28)$$

従って $x_1 = y_1, x_2 = y_2, \cdots, x_n = y_n$。つまり，基
底が同じなら異なる 2 通りの座標はありえない。■

7.4　線型写像を行列で表現する

　さて，座標が導入されると，第 6 章で学んだ線型
写像は，諸君のよく知る「行列と数ベクトルの積」
になってしまうのだ。証明は後にして，まず例を見
ていこう：
　P.77 例 6.8 で見た線型写像は，$y = (2, 3) \bullet (x_1, x_2)$
というものだったが，この式を書き換えて

$$y = (2\ 3)\begin{bmatrix} x_1 \\ x_2 \end{bmatrix} \quad (7.29)$$

として，$(2\ 3)$ は 1×2 行列とみれば，これは「行
列と数ベクトルの積」の形になっている。

例 7.8　実数係数の 2 次関数の集合 P_2 と実数係数
の 1 次関数の集合 P_1，すなわち：

$$P_2 = \{f(x) = px^2 + qx + r \mid p, q, r \in \mathbb{R}\} \quad (7.30)$$
$$P_1 = \{f(x) = ax + b \mid a, b \in \mathbb{R}\} \quad (7.31)$$

はそれぞれ線型空間である。さて，2 次関数を「微
分する」という操作 d/dx は，P_2 から P_1 への線型
写像である（わからない人は P.78 例 6.12 参照）。
これを行列で表してみよう。
　まず，P_2 の基底として P.90 例 7.7 と同様に以下
の B を採用する：

$$B = \{f_1(x) = x^2, f_2(x) = x, f_3(x) = 1\} \quad (7.32)$$

そして P_1 の基底として以下を採用しよう:

$$\{w_1(x) = x, w_2(x) = 1\} \quad (7.33)$$

すると,P_2 の任意の要素 $px^2 + qx + r$ は,

$$\begin{bmatrix} p \\ q \\ r \end{bmatrix} \quad (7.34)$$

という $\mathbb{R}^3$ の数ベクトルで表されるし,P_1 の任意の要素 $f(x) = ax + b$ は,

$$\begin{bmatrix} a \\ b \end{bmatrix} \quad (7.35)$$

という $\mathbb{R}^2$ の数ベクトルで表される。

さて,「微分する」という写像を

$$\frac{d}{dx} : px^2 + qx + r \mapsto ax + b \quad (7.36)$$

と書くとしよう。実際に微分を実行すれば,

$$\frac{d}{dx} : px^2 + qx + r \mapsto 2px + q \quad (7.37)$$

である。式 (7.36) と式 (7.37) の右辺どうしを比べると,

$$a = 2p \quad (7.38)$$
$$b = q \quad (7.39)$$

となる。式 (7.38), (7.39) は,行列を使って書くと,

$$\begin{bmatrix} a \\ b \end{bmatrix} = \begin{bmatrix} 2 & 0 & 0 \\ 0 & 1 & 0 \end{bmatrix} \begin{bmatrix} p \\ q \\ r \end{bmatrix} \quad (7.40)$$

となる。実際,たとえば,2 次関数 $x^2 + 3x + 4$ は,P_2 の基底(式 (7.32))を使うと

$$\begin{bmatrix} p \\ q \\ r \end{bmatrix} = \begin{bmatrix} 1 \\ 3 \\ 4 \end{bmatrix} \quad (7.41)$$

となるが,これを式 (7.40) に代入すると,

$$\begin{bmatrix} 2 & 0 & 0 \\ 0 & 1 & 0 \end{bmatrix} \begin{bmatrix} 1 \\ 3 \\ 4 \end{bmatrix} = \begin{bmatrix} 2 \\ 3 \end{bmatrix} \quad (7.42)$$

となる。これは P_1 の基底(式 (7.33))を思い出す

と,1 次関数 $2x + 3$ のことだった。確かにうまい具合に $x^2 + 3x + 4$ を微分したものになっている。■

基底を使って線型写像を行列と数ベクトルの積で表した時に現れる行列を,その線型写像の「表現行列」という。たとえば式 (7.40) の右辺に現れた 2×3 行列は,「微分する」という線型写像を,式 (7.32) と式 (7.33) という基底で表した表現行列である。

当然ながら,表現行列は線型写像だけでなく基底の選び方にも依存する(同じ線型写像でも,違う基底を考えれば表現行列も違う)。

問 105 P.87 問 95 の線型空間 X を再び考える:

$$X = \{f(x) = a \sin x + b \cos x \,|\, \forall a, \forall b \in \mathbb{R}\}$$

X の要素 $f(x)$ を微分する,という操作

$$\frac{d}{dx} : a \sin x + b \cos x \mapsto (a \sin x + b \cos x)'$$

は,X から X への線型写像である。X の基底として

$$\{v_1(x) = \sin x, v_2(x) = \cos x\} \quad (7.43)$$

を用いると,この線型写像の表現行列は次のようになることを示せ:

$$\begin{bmatrix} 0 & -1 \\ 1 & 0 \end{bmatrix} \quad (7.44)$$

では,線型写像が行列で表現されることを一般的に証明しよう。線型空間 X, Y と,線型写像 $f : X \to Y$ を考える。X の要素 $\mathbf{x}$ と,Y の要素 $\mathbf{y}$ について,$\mathbf{y} = f(\mathbf{x})$ とする。X の基底を $\{\mathbf{v}_1, \mathbf{v}_2, \cdots, \mathbf{v}_m\}$,$Y$ の基底を $\{\mathbf{w}_1, \mathbf{w}_2, \cdots, \mathbf{w}_n\}$ とする。

$$\mathbf{x} = x_1\mathbf{v}_1 + x_2\mathbf{v}_2 + \cdots + x_m\mathbf{v}_m \quad (7.45)$$
$$\mathbf{y} = y_1\mathbf{w}_1 + y_2\mathbf{w}_2 + \cdots + y_n\mathbf{w}_n \quad (7.46)$$

と表す($x_1, x_2, \cdots, x_m, y_1, y_2, \cdots, y_n$ はスカラー)。f は線型写像だから,以下のように書ける:

$$\mathbf{y} = f(\mathbf{x}) = f(x_1\mathbf{v}_1 + x_2\mathbf{v}_2 + \cdots + x_m\mathbf{v}_m)$$
$$= f(x_1\mathbf{v}_1) + f(x_2\mathbf{v}_2) + \cdots + f(x_m\mathbf{v}_m)$$
$$= x_1 f(\mathbf{v}_1) + x_2 f(\mathbf{v}_2) + \cdots + x_m f(\mathbf{v}_m) \quad (7.47)$$

ところで，$f(\mathbf{v}_1), f(\mathbf{v}_2), \cdots, f(\mathbf{v}_m)$ はいずれも Y の要素だから，Y の基底の線型結合で以下のように書ける（$1 \le i \le n, 1 \le j \le m$ とし，a_{ij} は適当なスカラー）：

$$f(\mathbf{v}_1) = a_{11}\mathbf{w}_1 + a_{21}\mathbf{w}_2 + \cdots + a_{n1}\mathbf{w}_n$$

$$f(\mathbf{v}_2) = a_{12}\mathbf{w}_1 + a_{22}\mathbf{w}_2 + \cdots + a_{n2}\mathbf{w}_n$$

$$\cdots$$

$$f(\mathbf{v}_m) = a_{1m}\mathbf{w}_1 + a_{2m}\mathbf{w}_2 + \cdots + a_{nm}\mathbf{w}_n$$

すると，式 (7.47) は以下のように書ける：

$$\begin{aligned}
\mathbf{y} = {}& x_1(a_{11}\mathbf{w}_1 + a_{21}\mathbf{w}_2 + \cdots + a_{n1}\mathbf{w}_n) + \\
& x_2(a_{12}\mathbf{w}_1 + a_{22}\mathbf{w}_2 + \cdots + a_{n2}\mathbf{w}_n) + \\
& \cdots + \\
& x_m(a_{1m}\mathbf{w}_1 + a_{2m}\mathbf{w}_2 + \cdots + a_{nm}\mathbf{w}_n) \\
= {}& (a_{11}x_1 + a_{12}x_2 + \cdots + a_{1m}x_m)\mathbf{w}_1 + \\
& (a_{21}x_1 + a_{22}x_2 + \cdots + a_{2m}x_m)\mathbf{w}_2 + \\
& \cdots + \\
& (a_{n1}x_1 + a_{n2}x_2 + \cdots + a_{nm}x_m)\mathbf{w}_n \quad (7.48)
\end{aligned}$$

式 (7.46) と式 (7.48) を比較して，$\mathbf{w}_1, \mathbf{w}_2, \cdots, \mathbf{w}_m$ のそれぞれの係数が等しくなければならないので，

$$y_1 = a_{11}x_1 + a_{12}x_2 + \cdots + a_{1m}x_m$$

$$y_2 = a_{21}x_1 + a_{22}x_2 + \cdots + a_{2m}x_m$$

$$\cdots$$

$$y_n = a_{n1}x_1 + a_{n2}x_2 + \cdots + a_{nm}x_m$$

となる。これは以下のように表現できる：

$$\begin{bmatrix} y_1 \\ y_2 \\ \vdots \\ y_n \end{bmatrix} = \begin{bmatrix} a_{11} & a_{12} & \cdots & a_{1m} \\ a_{21} & a_{22} & \cdots & a_{2m} \\ \vdots & \vdots & \ddots & \vdots \\ a_{n1} & a_{n2} & \cdots & a_{nm} \end{bmatrix} \begin{bmatrix} x_1 \\ x_2 \\ \vdots \\ x_m \end{bmatrix} \tag{7.49}$$

この右辺の $n \times m$ 行列が f の表現行列である。∎

これまで見てきたように，基底と座標を使えば，線型空間は数ベクトル空間に，線型写像は行列に同一視できる。だから，数ベクトル空間と行列をよく理解すれば，ほとんどの線型空間や線型写像がわかってしまうのだ。だから，数ベクトルと行列をたくさん勉強すると良いことがあるだろう。

さて，P.80 式 (6.33) で学んだように，ある線型微分演算子 L と，ある既知関数 $g(x, y, \cdots)$ を用いて，

$$Lf(x, y, \cdots) = g(x, y, \cdots) \tag{7.50}$$

と書ける方程式を線型微分方程式とよび，g を非同次項とよんだ。ここで，関数の集合を線型空間と見て，何らかの基底を導入すると，未知の関数 $f(x, y, \cdots)$ と既知の関数（非同次項）$g(x, y, \cdots)$ はそれぞれ何らかの数ベクトル（座標）$\mathbf{f}, \mathbf{g}$ で表現され，線型微分演算子（つまり線型写像）L は何らかの行列 A で表現される。それを使うと，式 (7.50) は，

$$A\mathbf{f} = \mathbf{g} \tag{7.51}$$

という単なる連立一次方程式になってしまう。つまり，線型微分方程式の数学的な実体は，連立一次方程式なのだ！ これが，諸君が連立一次方程式を中学校や高校でたくさん教わった理由のひとつである。

7.5 線型写像と機械学習

本章の最後に，線型写像の大事な性質に触れておく。それは，複数の線型写像を合成しても線型写像であるということだ。それを示そう：

X, Y, Z をいずれも K を体とする線型空間とし，$f : X \to Y, g : Y \to Z$ はともに線型写像とする。すると，$\forall \mathbf{x}, \forall \mathbf{x}_1, \forall \mathbf{x}_2 \in X, \forall \alpha \in K,$

$$g(f(\alpha\mathbf{x})) = g(\alpha f(\mathbf{x})) = \alpha g(f(\mathbf{x})) \tag{7.52}$$

$$\begin{aligned}
g(f(\mathbf{x}_1 + \mathbf{x}_2)) &= g(f(\mathbf{x}_1) + f(\mathbf{x}_2)) \\
&= g(f(\mathbf{x}_1)) + g(f(\mathbf{x}_2)) \tag{7.53}
\end{aligned}$$

となる。従って，$g(f(\mathbf{x}))$ は線型写像である。

これを表現行列でも確かめてみよう。X, Y, Z のそれぞれに適当な基底をとり，$\mathbf{x} \in X, \mathbf{y} \in Y, \mathbf{z} \in Z$ を数ベクトルで表現し，線型写像 f, g をそれぞれ行列 A, B で表現するとしたら，$f : \mathbf{x} \mapsto \mathbf{y}$ と $g : \mathbf{y} \mapsto \mathbf{z}$ はそれぞれ $\mathbf{y} = A\mathbf{x}, \mathbf{z} = B\mathbf{y}$ となるので，

$$\mathbf{z} = B\mathbf{y} = B(A\mathbf{x}) = (BA)\mathbf{x} \tag{7.54}$$

となる。つまり，$g(f(\mathbf{x}))$ は行列 BA で表現できる。

このように，複数個の線型写像を合成してできる線型写像の表現行列は，個々の線型写像の表現行列

の積である。

　これは P.55 の 3.9 節で触れた機械学習において重要な知見である。機械学習のひとつである<u>ニューラルネットワーク</u>やその大規模版である<u>深層学習</u>は，特徴ベクトルを何段階もの写像に通して，分類や回帰の結果に結びつける。それらの写像に含まれる多くのパラメータ（関数形を決める定数）を調整することで，様々なデータに対応できる柔軟性と高い推定精度を両立させるのだ。

　ところが，各段階の写像が全て線型写像だったらどうだろう？　上で述べたように，線型写像はいくら合成しても線型写像であり，従って結局は 1 個の行列で表現できる。つまり，写像を何段階にしても無意味なのだ。

　そこで，実際のニューラルネットワークでは，線型写像と線型でない写像（非線型写像）を交互に重ねていく。それらの非線型写像は<u>活性化関数</u>とよばれる機能を担う。多くの場合では $\tanh x$ を変形したような<u>シグモイド関数</u>や，$x < 0$ で 0，$0 \leq x$ で x を返すような <u>ReLU 関数</u>とよばれる関数が使われる。

演習問題 4　「線型空間 X について，その部分集合 $\{\mathbf{x}, \mathbf{y}\}$ が線型従属になる場合（ただし $\mathbf{x} \neq \mathbf{0}$ とする），適当なスカラー α によって，$\mathbf{y} = \alpha\mathbf{x}$ とできる。」という命題の真偽を判定せよ。ヒント：線型従属の定義から素直に考えれば簡単！

演習問題 5　$\mathbb{R}^2$ の任意の 2 つの要素について，それらが互いに線型従属であれば，それらを並べてできる 2 次正方行列の行列式は 0 であることを証明せよ。ヒント：前問を使う。

演習問題 6　線型空間 X の部分集合 Y が線型従属であるとする。X の部分集合 Y' が Y を含む，すなわち $Y \subset Y'$ であれば，Y' も線型従属であることを示せ。ヒント：線型従属の定義を素直に使うと，自然にわかる。

演習問題 7　線型空間 X の部分集合 Z が線型独立であるとする。X の部分集合 Z' が Z に含まれる，すなわち $Z' \subset Z$ であれば，Z' も線型独立であることを示せ。ヒント：背理法を使って，前問の結果

を利用する。

問の解答

答 90　(1) 線型独立のこと。　(2) 線型独立でないこと。　(3) 線型従属のこと。

答 91　A 君の論理では，「$p_1\mathbf{x}_1 + p_2\mathbf{x}_2 + \cdots + p_n\mathbf{x}_n = \mathbf{0}$」と「$p_1 = p_2 = \cdots = p_n = 0$」は両立しないことになる。しかしそもそも $p_1 = p_2 = \cdots = p_n = 0$ の場合は，$p_1\mathbf{x}_1 + p_2\mathbf{x}_2 + \cdots + p_n\mathbf{x}_n = \mathbf{0}$ が成り立つから，これらは両立することがある。従って A 君の解答は誤り。

答 92　(1) $p_1, p_2 \in \mathbb{R}$ によって，$p_1\mathbf{e}_1 + p_2\mathbf{e}_2 = \mathbf{0}$ となるとき，$p_1(1,0) + p_2(0,1) = (p_1, p_2) = \mathbf{0}$ だから，$p_1 = p_2 = 0$。従って $\{\mathbf{e}_1, \mathbf{e}_2\}$ は線型独立。　(2) $\{(1,1), (1,-1)\}$ 等。　(3) $\{(1,1), (-1,-1)\}$ 等。

答 93　(略解) 線型独立。

答 94　(略解) (1) 線型独立。(2) 線型従属。

答 95　以下，$a_1, a_2, b_1, b_2, p, q, \alpha \in \mathbb{R}$ とする。(1) $f_1(x) = a_1 \cos x + b_1 \sin x$, $f_2(x) = a_2 \cos x + b_2 \sin x$ とする。明らかに $f_1 \in X$ かつ $f_2 \in X$ である。さて，$\alpha f_1(x) = \alpha a_1 \cos x + \alpha b_1 \sin x \in X$, $f_1(x) + f_2(x) = (a_1 + a_2) \cos x + (b_1 + b_2) \sin x \in X$。従って X は $\mathbb{R}$ を体とする線型空間。　(2) $p \sin x + q \cos x = 0$ が恒等的に成り立つとする。$x = 0$ を代入すると $q = 0$。$x = \pi/2$ を代入すると $p = 0$。従って $p = q = 0$。従って線型独立。　(3) $\{\sin x, 2\sin x\}$ の線型結合 $p \sin x + q(2 \sin x)$ において，$p = -2, q = 1$ とすると恒等的に 0 になる。従って線型従属。　(4) 恒等的に $\sin(x + \pi/3) = (1/2)\sin x + (\sqrt{3}/2)\cos x$ となる。これは式 (7.13) の中で $a = \sqrt{3}/2$, $b = 1/2$ とした式になっている。従って $\sin(x + \pi/3) \in X$。　(5) $p \sin x + q \sin(x + \pi/3) = (p + q/2)\sin x + (\sqrt{3}q/2)\cos x$ となる。これは $\{\sin x, \cos x\}$ の線型結合だが，先に示したように，$\{\sin x, \cos x\}$ は線型独立なので，これを恒等的に 0 にするには，$p + q/2 = 0$ かつ $\sqrt{3}q/2 = 0$ しかない。すなわち $p = q = 0$。従って，$\{\sin x, \sin(x + \pi/3)\}$ は線型独立。　(6) $\sin x + \sin(x + \pi) = \sin x - \sin x = 0$。これは $\{\sin x, \sin(x + \pi)\}$ の線型結合で，恒等的に 0 なのに係数は 0 でない。従って線型従属。　(7) 恒等的に $\sin(x + \pi/3) = (1/2)\sin x + (\sqrt{3}/2)\cos x$ が成り立つ。左辺引く右辺を考えると，$\sin(x + \pi/3) - (1/2)\sin x - (\sqrt{3}/2)\cos x = 0$。これは $\{\sin x, \sin(x + \pi/3), \cos x\}$ の線型結合で，恒等的に 0 なのに係数は 0 でない。従っ

て $\{\sin x, \sin(x+\pi/3), \cos x\}$ は線型従属。

答98 $q_1, q_2, q_3 \in \mathbb{R}$ によって、

$$q_1 g_1(x) + q_2 g_2(x) + q_3 g_3(x) = 0$$

が恒等的に成り立つとする。すなわち、

$$q_1(1+x) + q_2(1-x) + q_3(x+x^2) = 0$$

であるとする。式変形すると、

$$q_3 x^2 + (q_1 - q_2 + q_3)x + (q_1 + q_2) = 0$$

となる。これが恒等的に 0 になるには、

$$q_3 = 0, \ q_1 - q_2 + q_3 = 0, \ q_1 + q_2 = 0$$

となる。これを解くと、$q_1 = q_2 = q_3 = 0$ となるから、B' は線型独立。また、任意の 2 次関数

$$f(x) = px^2 + qx + r$$

について、$q_3 = p, \ q_1 - q_2 + q_3 = q, \ q_1 + q_2 = r$ となるように (q_1, q_2, q_3) を定めること（そのためには $q_1 = (-p+q+r)/2, q_2 = (p-q+r)/2, q_3 = p$ とすればよい）によって、

$$f(x) = q_1 g_1(x) + q_2 g_2(x) + q_3 g_3(x)$$

とできるから、P_2 の要素は B' の線型結合で表される。従って、B' は P_2 の基底。　　■

答99 (1) まず $\{\mathbf{e}_1, \mathbf{e}_2\}$ が線型独立であることは問 92 で示した。次に、$\mathbb{R}^2$ の任意の要素 (x_1, x_2) は $x_1(1,0) + x_2(0,1) = x_1 \mathbf{e}_1 + x_2 \mathbf{e}_2$ というふうに、$\{\mathbf{e}_1, \mathbf{e}_2\}$ の線型結合で書ける。従って $\{\mathbf{e}_1, \mathbf{e}_2\}$ は $\mathbb{R}^2$ の基底。　　■

(2) $p_1, p_2 \in \mathbb{R}$ によって、$p_1 \mathbf{g}_1 + p_2 \mathbf{g}_2 = 0$ となるとき、$p_1(1,1) + p_2(1,-1) = (p_1 + p_2, p_1 - p_2) = 0$、つまり $p_1 + p_2 = 0$ かつ $p_1 - p_2 = 0$。これを解くと $p_1 = p_2 = 0$。従って $\{\mathbf{g}_1, \mathbf{g}_2\}$ は線型独立。次に、$\mathbb{R}^2$ の任意の要素 $\mathbf{x} = (x_1, x_2)$ について、適当な p_1, p_2 によって

$$(x_1, x_2) = p_1(1,1) + p_2(1,-1) \tag{7.55}$$

とできるだろうか？ 式 (7.55) の右辺は、$(p_1 + p_2, p_1 - p_2)$ なので、$x_1 = p_1 + p_2$ と $x_2 = p_1 - p_2$ がともに成り立てば、式 (7.55) は成り立つ。そのためには、$p_1 = (x_1 + x_2)/2, p_2 = (x_1 - x_2)/2$ とすればよい。すなわち、$\mathbf{x} = \{(x_1 + x_2)/2\}\mathbf{g}_1 + \{(x_1 - x_2)/2\}\mathbf{g}_2$ が成り立つ。従って、$\mathbb{R}^2$ の任意の要素は $\{\mathbf{g}_1, \mathbf{g}_2\}$ の線型結合で書ける。従って $\{\mathbf{g}_1, \mathbf{g}_2\}$ は $\mathbb{R}^2$ の基底。　　■

答100 $\{(1,0,0,0), (0,1,0,0), (0,0,1,0), (0,0,0,1)\}$

答101 (1) Y の任意の要素 $A\sin(x+B)$ について、

$$A\sin(x+B) = A(\sin x \cos B + \cos x \sin B)$$

$$= A\cos B \sin x + A\sin B \cos x$$

となる。$A\cos B = a, A\sin B = b$ とおけば、

$$A\sin(x+B) = a\sin x + b\cos x \in X \tag{7.56}$$

となる。従って、

$$Y \subset X \tag{7.57}$$

また、X の任意の要素 $a\sin x + b\cos x$ は、三角関数の合成によって、$a\sin x + b\cos x = \sqrt{a^2 + b^2}\sin(x+\delta)$ とできる（三角関数の合成。δ は、(a,b) を 2 次元平面のデカルト座標としたときに x 軸から点 (a,b) までの角）。$\sqrt{a^2 + b^2} = A, \delta = B$ とおけば、

$$a\sin x + b\cos x = A\sin(x+B) \in Y \tag{7.58}$$

従って、

$$X \subset Y \tag{7.59}$$

式 (7.57), 式 (7.59) より、$Y = X$　　■

(2) $\{\sin x, \cos x\}$ が線型独立であることは問 95 で示した。また、式 (7.56) より、Y の任意の要素が $\{\sin x, \cos x\}$ の線型結合で表されることは明らか。従って $\{\sin x, \cos x\}$ は Y の基底。　　■

答102 (1) 基底の要素数のこと。 (2) 例 7.5 より、この線型空間の基底として $\{x^2, x, 1\}$ があり、その要素数は 3。従って 3 次元。

答103 線型空間の要素を、ある基底の線型結合で表したときの、係数を並べてできる数ベクトルのこと。

答104 $f(x) = 2x^2 + 3x + 1 = 2(x+1)^2 - (x+1)$ だから、$(2, -1, 0)$。

答105 X の任意の要素 $f(x) = a\sin x + b\cos x$ は、与えられた基底によって、$f(x) = a\,v_1(x) + b\,v_2(x)$ と表されるので、その座標は

$$\begin{bmatrix} a \\ b \end{bmatrix} \tag{7.60}$$

となる。$f(x)$ を微分すると、$f'(x) = a\cos x - b\sin x = -b\sin x + a\cos x = -b\,v_1(x) + a\,v_2(x)$ となるので、$f'(x)$ の座標は

$$\begin{bmatrix} -b \\ a \end{bmatrix} \tag{7.61}$$

となる。式 (7.60) を式 (7.61) に写す線型写像は、

$$\begin{bmatrix} -b \\ a \end{bmatrix} = \begin{bmatrix} 0 & -1 \\ 1 & 0 \end{bmatrix}\begin{bmatrix} a \\ b \end{bmatrix} \tag{7.62}$$

と書ける。右辺に現れた表現行列は，式 (7.44) に一致している。

よくある質問 51　なんかよくわからないけど，線型すごい。なんでも数学で表せるんだと思いました。
…　線型は確かにすごいですが，なんでもってことはないです（笑）

第8章

線型代数6：計量空間

「内積」は高校のベクトルにはお馴染みですが，実は線型空間に元々備わっているものではありません。内積が導入されることで，線型空間は「大きさと向き（角）」に似た性質を獲得し，様々な応用が開けてきます。

本章では，特に断らないときは，n, m を任意の正の整数とする。

8.1 内積はもともと入っていない

第4章以降，抽象的な線型空間（スカラー倍と和について閉じている集合）の考え方によってベクトルの概念を拡張し，それにもとづいて線型独立や基底，座標などの概念を導入した。

ところが，抽象的な線型空間の話に，まだ「内積」が出てきていない。つまり，線型空間の基本的な概念（線型独立，基底，座標等）には内積は不要で，内積が無くても線型空間やベクトルの概念は成立するのだ。

では，内積は幾何ベクトル（P.11 式 (1.90)）や数ベクトル（P.21 式 (1.165)）だけに特有のものなのだろうか？ 実はそんなことはなくて，拡張されたベクトルにも，**その気になれば**内積を定義できるのだ。どういうこと？ と思うかもしれないが，ちょっと辛抱して読んで欲しい。

まず，以下に内積が満たすべき公理（定義）を述べる：

$\mathbb{R}$ を体とする線型空間 X について，写像

$$f : X \times X \to \mathbb{R} \tag{8.1}$$

が以下の公理 1)〜公理 5) の全てを満たすとき，写像 f を「X の内積」とよぶ（以下，$\forall \mathbf{u}, \forall \mathbf{v}, \forall \mathbf{u}_1, \forall \mathbf{u}_2 \in X$ とする）。

公理 1)　$f(\mathbf{u}, \mathbf{u}) \geq 0$ $\tag{8.2}$

公理 2)　$\mathbf{u} = \mathbf{0}$ のときのみ $f(\mathbf{u}, \mathbf{u}) = 0$ $\tag{8.3}$

公理 3)　$f(\mathbf{u}, \mathbf{v}) = f(\mathbf{v}, \mathbf{u})$ $\tag{8.4}$

公理 4)　$\forall \alpha \in \mathbb{R}, f(\alpha\mathbf{u}, \mathbf{v}) = \alpha f(\mathbf{u}, \mathbf{v})$ $\tag{8.5}$

公理 5)　$f(\mathbf{u}_1 + \mathbf{u}_2, \mathbf{v}) = f(\mathbf{u}_1, \mathbf{v}) + f(\mathbf{u}_2, \mathbf{v})$ $\tag{8.6}$

公理 1)〜公理 5) を全て満たしさえすれば，**どのような f を内積としてもよい**。それは問題や対象の構造に応じて，人間が都合の良いように導入（定義）するのだ。

問 106　内積の公理を 5 回書いて記憶せよ。

では，内積の例を考えよう。

例 8.1　$\mathbf{u} = (x_1, y_1), \mathbf{v} = (x_2, y_2) \in \mathbb{R}^2$ について，

$$f(\mathbf{u}, \mathbf{v}) := x_1 x_2 + y_1 y_2 \tag{8.7}$$

という写像 f を考えてみよう。f は我々に馴染み深い「2 次元の数ベクトルの内積」である。でも，本当にこれを内積と呼んでもよいのだろうか？ 換言すれば，この写像は，上の内積の公理を満たすのだろうか？

まず，$(\mathbf{u}, \mathbf{v})$ は $\mathbb{R}^2 \times \mathbb{R}^2$ の要素である。また，式 (8.7) の右辺は実数である。従って，この f は，$\mathbb{R}^2 \times \mathbb{R}^2$ から $\mathbb{R}$ への写像である（これがわからない人は P.77 の例 6.5 を参考にしよう）。つまり，$X = \mathbb{R}^2$ とすれば，この f は式 (8.1) の形式を満たしている。

次に，公理 1) について。$f(\mathbf{u}, \mathbf{u}) = x_1^2 + y_1^2$ となるが，x_1 も y_1 も実数なので，これは明らかに 0 以

上になる。従って公理 1) は成り立つ。

問 107 同様にして，式 (8.7) の f が内積の公理 2) から 5) も全て満たすことを示せ。

問 108 $\mathbb{R}^2 \times \mathbb{R}^2$ から $\mathbb{R}$ への様々な写像を考えてみよう。$\mathbf{u} = (x_1, y_1)$, $\mathbf{v} = (x_2, y_2)$ とする。

(1) 次式の写像 f は $\mathbb{R}^2$ の内積であることを示せ：

$$f(\mathbf{u}, \mathbf{v}) = 2x_1 x_2 + 3y_1 y_2 \qquad (8.8)$$

(2) 次式の写像 f は内積でないことを示せ：

$$f(\mathbf{u}, \mathbf{v}) = x_1 x_2 \qquad (8.9)$$

ヒント：公理 2) が成り立たない。その反例を示せばよい。

(3) 次式の写像 f は内積でないことを示せ：

$$f(\mathbf{u}, \mathbf{v}) = x_1^2 + y_1^2 + x_2^2 + y_2^2 \qquad (8.10)$$

ヒント：公理 4) と 5) が成り立たない。そのどちらかの反例を示せばよい。

普通は $\mathbb{R}^2$ の内積といえば，式 (8.7) のことである。実際，例 8.1 と問 107 でみたように，式 (8.7) は内積の公理を満たすから内積と呼んでよい。しかし，数学的には，それ以外にも式 (8.8) のように $\mathbb{R}^2$ の内積といえるものが存在するのだ。

ところで，f が内積であるとき，慣習的に，$f(\mathbf{u}, \mathbf{v})$ を

$$\mathbf{u} \bullet \mathbf{v} \qquad (8.11)$$

$$(\mathbf{u}, \mathbf{v}) \qquad (8.12)$$

$$\langle \mathbf{u}, \mathbf{v} \rangle \qquad (8.13)$$

$$\langle \mathbf{u} \,|\, \mathbf{v} \rangle \qquad (8.14)$$

などとも書く。式 (8.11) は物理学や工学で幾何ベクトルや数ベクトルの内積によく使われる。式 (8.12)，式 (8.13) は，純粋数学や，応用数学でも関数空間（関数の集合が作る線型空間）の内積によく使われる。式 (8.14) は量子力学で使われる。

次の問で示すのは，関数の集合が作る関数空間の内積である。なんと，それは積分で定義されるのだ。内積は広くて柔軟な概念だとわかるだろう。

問 109 $-1 \leq x \leq 1$ の範囲で積分可能[*1]な実数値関数からなる線型空間 X を考える。$f(x)$, $g(x)$ $\in X$ について，

$$\langle f(x), g(x) \rangle := \frac{1}{2} \int_{-1}^{1} f(x) g(x)\, dx \qquad (8.15)$$

という演算を考える。この演算は内積である（内積の公理を全て満たす）ことを示せ。

問 110 $\mathbf{u} = (1, 2)$, $\mathbf{v} = (3, -4)$ とする。

(1) $\mathbb{R}^2$ の内積を式 (8.7) で定義すると，$\mathbf{u} \bullet \mathbf{v} = -5$ であることを示せ。

(2) $\mathbb{R}^2$ の内積を式 (8.8) で定義すると，$\mathbf{u} \bullet \mathbf{v} = -18$ であることを示せ。

問 111 $-1 \leq x \leq 1$ の範囲で積分可能な実数値関数からなる線型空間 X を考える。X の内積を式 (8.15) で定義する。このとき，X の 2 つの要素：

$$f(x) = x^2, \quad g(x) = x + 1$$

について，内積 $\langle f(x), g(x) \rangle$ は $1/3$ になることを示せ。

問 112 f は $\mathbb{R}$ を体とする線型空間 X の内積とする。$\alpha \in \mathbb{R}$ とする。$\mathbf{u}, \mathbf{u}_1, \mathbf{u}_2, \mathbf{v}, \mathbf{v}_1, \mathbf{v}_2 \in X$ とする。

(1) $f(\mathbf{u}, \mathbf{v})$ は，$\mathbf{v}$ を固定すると，$\mathbf{u}$ について線型写像になることを示せ。ヒント：内積の公理 4), 5)

(2) 次式を示せ。ヒント：内積の公理 3), 4)

$$f(\mathbf{u}, \alpha \mathbf{v}) = \alpha f(\mathbf{u}, \mathbf{v}) \qquad (8.16)$$

(3) 次式を示せ。ヒント：内積の公理 3), 5)

$$f(\mathbf{u}, \mathbf{v}_1 + \mathbf{v}_2) = f(\mathbf{u}, \mathbf{v}_1) + f(\mathbf{u}, \mathbf{v}_2) \qquad (8.17)$$

(4) $f(\mathbf{u}, \mathbf{v})$ は，$\mathbf{u}$ を固定すると，$\mathbf{v}$ について線型写像になることを示せ。

(5) 次式を示せ。ヒント：内積の公理 4)。$\mathbf{0} = 0\mathbf{0}$。

$$f(\mathbf{u}, \mathbf{0}) = f(\mathbf{0}, \mathbf{u}) = 0 \qquad (8.18)$$

この問題からわかるように，内積は，2 つの引数

[*1] 数学科的な厳密さで言えば，2 乗可積分。

のそれぞれに関して線型写像である。このように，複数の引数を持つ写像で，それぞれの引数に関して線型写像であるような写像のことを，<u>多重線型写像</u>という。内積は多重線型写像の一種である。

8.2　内積が入ると計量空間

何らかの内積が導入された線型空間を，<u>計量空間</u>（metric space）とか内積空間とよぶ。

一般に，計量空間 X の要素（つまりベクトル）$\mathbf{u}$ について，内積の公理 1）より $\mathbf{u} \bullet \mathbf{u}$ は 0 以上の実数になる。そこで，$\sqrt{\mathbf{u} \bullet \mathbf{u}}$ という量を考える。これを $\mathbf{u}$ の<u>ノルム</u>とよび[*2]，$|\mathbf{u}|$ と書く[*3]。つまり，

$$|\mathbf{u}| := \sqrt{\mathbf{u} \bullet \mathbf{u}} \tag{8.19}$$

と定義する。ノルムは，ベクトルの「大きさ」とか「長さ」のような概念である。実際，式 (8.19) を見ればわかるように，$|\mathbf{u}|$ は常に 0 以上の実数であり，それが 0 のときは $\mathbf{u} = \mathbf{0}$ である。これらは幾何ベクトルに関する「大きさ」の性質とよく似ている。

ならば式 (8.19) を「ノルム」なんて呼ばないで「大きさ」と呼べばよいではないか，と思うところだが，「大きさ」というと，どうしても線分をイメージして，線分の端から端までというイメージが湧いてしまう。しかし一般的なベクトルには線分のイメージは無い。だから「大きさ」というと紛らわしいので，少しなじみの薄い「ノルム」という語を使うのである。

ノルムが 1 であるようなベクトルを<u>単位ベクトル</u>とよぶ（定義）。

問 113　計量空間とは何か。

問 114　計量空間において，ノルムの定義を述べよ。

問 115　単位ベクトルの定義を述べよ。

問 116　$\mathbf{u} = (1, 2)$，$\mathbf{v} = (3, -4)$ とする。

[*2] 厳密に言えば，ノルムは内積を使わなくても定義できる。線型空間 X から $\mathbb{R}$ への写像がいくつかの条件（ノルムの公理）を満たせば，その写像をノルムという。$\sqrt{\mathbf{u} \bullet \mathbf{u}}$ はそれを満たすからノルムと呼べるのだ。

[*3] $||\mathbf{u}||$ と書く場合もある。

---

(1)　$\mathbb{R}^2$ の内積を P.96 式 (8.7) で定義する。このとき，$|\mathbf{u}| = \sqrt{5}$，$|\mathbf{v}| = 5$ であることを示せ。

(2)　$\mathbb{R}^2$ の内積を P.97 式 (8.8) で定義する。このとき，$|\mathbf{u}| = \sqrt{14}$，$|\mathbf{v}| = \sqrt{66}$ であることを示せ。

この問題で気持ち悪くなった人もいるかもしれない。$\mathbf{u} = (1, 2)$ の「長さ」は，ピタゴラスの定理から，$\sqrt{5}$ だ。それが，式 (8.8) という変な内積でノルムを考えると $\sqrt{14}$ になってしまう！ 何かがおかしい気がする。

実は，何もおかしくはないのだ。我々は，数ベクトル $(1, 2)$ を勝手に 2 次元平面のデカルト座標系の座標とみなして幾何ベクトルに同一視して，その長さは，ピタゴラスの定理によって $\sqrt{1^2 + 2^2} = \sqrt{5}$ だ！ と思ってしまうのだ。

しかし前述したように，抽象的なベクトルと数ベクトル（座標）の対応は基底のとり方による。基底が変われば，座標も変わるし内積も変わるのだ。基底となる幾何ベクトルが直交していなかったり，大きさが 1 でなかったりしたら，「$(1, 2)$ の長さは $\sqrt{5}$」とはならない場合もある。この例は，それに該当するのだ。

ちなみに，問 116 の (1) と (2) は，同じ線型空間ではあるが，内積の定義が違う。従って，これらは異なる計量空間とみなす。

問 117　さきほどの問 111 の続き。その $f(x)$ と $g(x)$ について，$|f(x)| = \sqrt{1/5}$，$|g(x)| = \sqrt{4/3}$ であることを示せ。

問 118　計量空間 X における，$\mathbf{0}$ でない任意のベクトル $\mathbf{u}$ について，$\mathbf{u}/|\mathbf{u}|$ は単位ベクトルであることを示せ。

ところで，P.11 式 (1.90) では，幾何ベクトル $\mathbf{a}, \mathbf{b}$ について，それらのなす角が θ のとき，

$$\mathbf{a} \bullet \mathbf{b} = |\mathbf{a}||\mathbf{b}|\cos\theta \tag{8.20}$$

を内積の定義とした（ここでは証明しないが，これは内積の公理を全て満たすので確かに内積だ）。そして今，式 (8.20) を他の計量空間の内積にも成り立つと約束しよう。何を無茶苦茶な…と思うかもしれ

ないが，これはそんなに無茶な話ではない。幾何ベクトルどうしがなす角は，図形的に定義できるが，それ以外の計量空間に属するベクトルには，角の概念が存在するとは限らない。しかし計量空間である以上は内積は存在する。ならば，その計量空間の任意のベクトル $\mathbf{a}, \mathbf{b}$ について，$\mathbf{a} \bullet \mathbf{b}$, $|\mathbf{a}|$, $|\mathbf{b}|$ という量はそれぞれ計算できる。そこで，

$$\cos \theta := \frac{\mathbf{a} \bullet \mathbf{b}}{|\mathbf{a}||\mathbf{b}|} \tag{8.21}$$

という式（これは式 (8.20) と同じこと）によって，必ずしも幾何ベクトルとは限らないような 2 つのベクトル $\mathbf{a}, \mathbf{b}$ どうしの「なす角 θ」を定義するのだ。

角が決まれば，「直交」という概念も導入できる。すなわち，直角のコサインは 0 であることから類推して，式 (8.21) の（右辺の）値が 0 のときを「直交」と定めるのだ。つまり，計量空間 X において，$\mathbf{0}$ でない 2 つのベクトル $\mathbf{a}, \mathbf{b}$ が，

$$\mathbf{a} \bullet \mathbf{b} = 0 \tag{8.22}$$

となるとき，「$\mathbf{a}$ と $\mathbf{b}$ は直交する」と言おう（定義）。

ここで「直交」が出てきたので，ついでに「平行」も確認しておこう。一般に，$\mathbf{0}$ でない 2 つのベクトル $\mathbf{a}, \mathbf{b}$ が，適当なスカラー α によって

$$\mathbf{a} = \alpha \mathbf{b} \tag{8.23}$$

とできるとき，「$\mathbf{a}$ と $\mathbf{b}$ は平行である」と言おう（定義）。これは明らかに，幾何ベクトルや数ベクトルの「平行」と整合的である。

さて，これらの直交と平行の定義を較べて欲しい。直交には内積が必要だったが，平行には内積は必要ない。つまり，平行はどんな線型空間にも存在する概念だが，直交は計量空間だけに存在する概念なのだ。

> **問 119** 計量空間において，2 つのベクトルのなす角とは何か。

> **問 120** 計量空間において，2 つのベクトルが直交するとはどういうことか。

> **問 121** $\mathbf{u} = (1, 2)$, $\mathbf{v} = (3, -4)$ とする。

(1) $\mathbb{R}^2$ の内積を P.96 式 (8.7) で定義する。このとき $\mathbf{u}$ と $\mathbf{v}$ のなす角 θ を求めよ。ヒント：式 (8.21)。

(2) $\mathbb{R}^2$ の内積を P.97 式 (8.8) で定義する。このとき $\mathbf{u}$ と $\mathbf{v}$ のなす角 θ を求めよ。ヒント：式 (8.21)。

> **問 122** さきほどの問 111 の続き。その $f(x)$ と $g(x)$ のなす角 θ を求めよ[*4]。ヒント：式 (8.21)。

> **問 123** どんな角のコサインも -1 以上 1 以下の範囲にあるはずなので，式 (8.21) が意味を持つには，右辺が -1 以上 1 以下であることが保証されていなければならない。そのことを内積の公理から証明してみよう。

(1) 計量空間 X の任意のベクトル $\mathbf{a}, \mathbf{b}$ を考える。$\mathbf{a}, \mathbf{b}$ のいずれも $\mathbf{0}$ でないとする。実数 t に関する，以下のような関数 $f(t)$ を考える：

$$f(t) = (t\mathbf{a} + \mathbf{b}) \bullet (t\mathbf{a} + \mathbf{b}) \tag{8.24}$$

次式が成り立つことを内積の公理から示せ。

$$\forall t, \; f(t) \geq 0 \tag{8.25}$$

(2) 内積の公理から次式を示せ：

$$f(t) = |\mathbf{a}|^2 t^2 + 2(\mathbf{a} \bullet \mathbf{b})t + |\mathbf{b}|^2 \tag{8.26}$$

(3) t に関する 2 次方程式 $f(t) = 0$ を考える。この方程式は，実数解を持たないか，持つとしても重解であることを示せ。ヒント：式 (8.25)

(4) $(\mathbf{a} \bullet \mathbf{b})^2 - |\mathbf{a}|^2 |\mathbf{b}|^2 \leq 0$ が成り立つことを示せ。ヒント：2 次方程式の判別式を考えればよい。

(5) $|\mathbf{a} \bullet \mathbf{b}| \leq |\mathbf{a}||\mathbf{b}|$ が成り立つことを示せ。ヒント：左辺の $|\;|$ は計量空間 X におけるノルムではなく，実数の絶対値を表すことに注意。

(6) $-|\mathbf{a}||\mathbf{b}| \leq \mathbf{a} \bullet \mathbf{b} \leq |\mathbf{a}||\mathbf{b}|$ が成り立つことを示せ。

(7) 次式が成り立つことを示せ：

$$-1 \leq \frac{\mathbf{a} \bullet \mathbf{b}}{|\mathbf{a}||\mathbf{b}|} \leq 1 \tag{8.27}$$

[*4] この θ は，$f(x)$ や $g(x)$ のグラフの上での傾きや角度とは全く関係ない。もはや，「図形的な意味を持たない角」である。そんなの何の意味があるか？ と思うが，数学はそういうものなのだ。人間の経験的な直感や感覚や先入観や想像力を超越して，どんどん抽象的で普遍的な世界を作っていくのだ。

式 (8.27) をシュワルツの不等式とよぶ。

問 124 計量空間において，**0** でない 2 個のベクトル $\mathbf{v}_1$, $\mathbf{v}_2$ が $\mathbf{v}_1 \bullet \mathbf{v}_2 = 0$ を満たすなら，$\{\mathbf{v}_1, \mathbf{v}_2\}$ は線型独立である。そのことを証明しよう。いま，適当なスカラー p_1, p_2 によって，$p_1\mathbf{v}_1 + p_2\mathbf{v}_2 = \mathbf{0}$ とできると仮定する。

(1) この両辺について $\mathbf{v}_1$ や $\mathbf{v}_2$ との内積を考えて次式を示せ：$p_1|\mathbf{v}_1|^2 = p_2|\mathbf{v}_2|^2 = 0$

(2) この式が成り立つには $p_1 = p_2 = 0$ でなくてはならないことを示せ（従って $\{\mathbf{v}_1, \mathbf{v}_2\}$ は線型独立）。

問 125 計量空間において，**0** でない複数個のベクトルが互いに直交していれば，それらは線型独立であることを示せ。ヒント：前問のやりかたを参考にせよ。

8.3　クロネッカーのデルタ

正の整数 i, j について，クロネッカーのデルタ δ_{ij} という量を，以下のように定義する：

$$\delta_{ij} = \begin{cases} 1 & i = j \text{ のとき} \\ 0 & i \neq j \text{ のとき} \end{cases} \tag{8.28}$$

たとえば，$\delta_{12} = 0$, $\delta_{33} = 1$ である。

問 126 クロネッカーのデルタとは何か？

問 127 3 次元ユークリッド空間のデカルト座標系の x 軸，y 軸，z 軸のそれぞれに平行な単位ベクトルを $\mathbf{e}_1$, $\mathbf{e}_2$, $\mathbf{e}_3$ とする。次式を示せ：$\mathbf{e}_i \bullet \mathbf{e}_j = \delta_{ij}$

8.4　正規直交基底

計量空間 X の中で，互いに直交（内積が 0）な単位ベクトルのみからなる基底を正規直交基底という。すなわち，X の部分集合

$$\{\mathbf{e}_1, \mathbf{e}_2, \ldots, \mathbf{e}_n\} \tag{8.29}$$

が，1 以上 n 以下の任意の整数 i, j について

$$\mathbf{e}_i \bullet \mathbf{e}_j = \delta_{ij} \tag{8.30}$$

であり[*5]，かつ，その線型結合で X の全ての要素を表すことができるとき，式 (8.29) を正規直交基底という（定義）。「正規」とはここでは「ノルムが 1」を意味する。

正規直交基底の嬉しいところは，以下に示すように，座標（つまり線型結合の係数）を簡単に計算できることである。すなわち，計量空間 X のベクトル $\mathbf{x}$ を式 (8.29) の線型結合で以下のように表したいとする：

$$\mathbf{x} = x_1\mathbf{e}_1 + x_2\mathbf{e}_2 + \cdots + x_n\mathbf{e}_n \tag{8.31}$$

ここで k 番目の係数（座標成分）である x_k の値を求めるには，$\mathbf{x}$ と $\mathbf{e}_k$ の内積をとるだけでよいのだ。実際，

$$\begin{aligned}\mathbf{x} \bullet \mathbf{e}_k &= (x_1\mathbf{e}_1 + x_2\mathbf{e}_2 + \ldots + x_n\mathbf{e}_n) \bullet \mathbf{e}_k \\ &= x_1\mathbf{e}_1 \bullet \mathbf{e}_k + x_2\mathbf{e}_2 \bullet \mathbf{e}_k + \ldots + x_n\mathbf{e}_n \bullet \mathbf{e}_k \\ &= x_k\mathbf{e}_k \bullet \mathbf{e}_k = x_k \end{aligned} \tag{8.32}$$

となることは，式 (8.30) から簡単にわかる。

問 128 $\mathbb{R}^2$ の内積を P.96 式 (8.7) で定義する。今，

$$\mathbf{e}_1 := \left(\frac{1}{\sqrt{2}}, \frac{1}{\sqrt{2}}\right), \qquad \mathbf{e}_2 := \left(-\frac{1}{\sqrt{2}}, \frac{1}{\sqrt{2}}\right)$$

とする。

(1) i も j も，1 か 2 とする。式 (8.30) の成立を確認せよ。

(2) $\mathbb{R}^2$ のベクトル $\mathbf{u} = (2, -1)$ について，$\mathbf{u} \bullet \mathbf{e}_1$ と $\mathbf{u} \bullet \mathbf{e}_2$ をそれぞれ求めよ。

(3) 上の $\mathbf{u}$ を，$\mathbf{e}_1$ と $\mathbf{e}_2$ の線型結合として表せ。

(4) $\mathbb{R}^2$ の任意のベクトル $\mathbf{x} = (x, y)$ を，$\mathbf{e}_1$ と $\mathbf{e}_2$ の線型結合として表せ。ヒント：$\mathbf{x} \bullet \mathbf{e}_1$, $\mathbf{x} \bullet \mathbf{e}_2$ を計算。

問 129 $f(x) = ax + b$ という形の関数（1 次関数；$a, b \in \mathbb{R}$）の集合 X を考える。X は線型空間であり，内積を P.97 式 (8.15) で定義することで計量空間になる。いま，$e_1(x) := 1, e_2(x) := \sqrt{3}\,x$ とする。

(1) $\langle e_i(x), e_j(x) \rangle = \delta_{ij}$ を示せ。

[*5] 互いに直交しているから，線型独立であることは問 124 から明らか。

(2) X の要素である関数 $f(x) = 2x + 1$ について，$\langle f(x), e_1(x) \rangle$ と $\langle f(x), e_2(x) \rangle$ をそれぞれ求めよ。

(3) $f(x) = 2x + 1$ を $e_1(x)$ と $e_2(x)$ の線型結合で表せ。

(4) $f(x) = ax + b$ を $e_1(x)$ と $e_2(x)$ の線型結合で表せ。

問 130 $f(x) = a\sin(x + b)$ という形の関数 $(a, b \in \mathbb{R}$；ただし $-\pi \le x \le \pi$ とする$)$ の集合である関数空間 X について，内積 $\langle , \rangle$ を次式で定義する：

$$\langle f(x), g(x) \rangle := \frac{1}{\pi} \int_{-\pi}^{\pi} f(x)g(x)\,dx \qquad (8.33)$$

これは式 (8.15) とほとんど同じ（係数と積分範囲がちょっと違うだけ）なので，内積の公理を満たすことはわかるだろう。$\{\sin x, \cos x\}$ は X の正規直交基底となることを示せ。

問 131 任意の計量空間 X について，X の要素 $\mathbf{x}$ が式 (8.31) のように正規直交基底の線型結合で表されるとき，次式が成り立つことを示せ（ヒント：式 (8.30)）：

$$|\mathbf{x}|^2 = x_1^2 + x_2^2 + \cdots + x_n^2 \qquad (8.34)$$

式 (8.34) は，ピタゴラスの定理の拡張である。ピタゴラスの定理は，正規直交基底で表現される時に限って，一般の計量空間に拡張されるのだ。

8.5 フーリエ級数で関数を表現する

本節では，$-\pi \le x \le \pi$ の範囲で積分可能[*6]な関数 $f(x)$ からなる線型空間 X について，内積 $\langle , \rangle$ を次式で定義する：

$$\langle f(x), g(x) \rangle := \frac{1}{\pi} \int_{-\pi}^{\pi} f(x)g(x)\,dx \qquad (8.35)$$

問 132 n, m を 1 以上の任意の整数として，以下の式が全て成り立つことを示せ。

[*6] 数学科的な厳密さで言えば，2 乗可積分

$$\langle \cos nx, \cos mx \rangle = \delta_{nm} \qquad (8.36)$$

$$\langle \sin nx, \sin mx \rangle = \delta_{nm} \qquad (8.37)$$

$$\langle \sin nx, \cos mx \rangle = 0 \qquad (8.38)$$

$$\left\langle \frac{1}{\sqrt{2}}, \frac{1}{\sqrt{2}} \right\rangle = 1 \qquad (8.39)$$

$$\left\langle \frac{1}{\sqrt{2}}, \cos nx \right\rangle = \left\langle \frac{1}{\sqrt{2}}, \sin nx \right\rangle = 0 \quad (8.40)$$

$$\langle 1, 1 \rangle = 2 \qquad (8.41)$$

式 (8.36) と式 (8.37) のヒント：積和公式。
式 (8.38) のヒント：偶関数 × 奇関数は奇関数[*7]。

$\sin nx$ や $\cos nx$ のように三角関数の中で x に掛かっている係数 n のことを，波数とよぶ。波数は 2π を波長で割ったものである。

このように，整数を波数に持つような三角関数：$\cos nx$ や $\sin mx$ などと定数関数 $1/\sqrt{2}$ は，自分自身との内積は 1 であり，他との内積は 0 である。実は，このような三角関数の集合

$$\left\{ \frac{1}{\sqrt{2}}, \cos nx, \sin nx \,\middle|\, n \in \mathbb{N} \right\}$$
$$= \left\{ \frac{1}{\sqrt{2}}, \cos x, \cos 2x, \cdots, \sin x, \sin 2x, \cdots \right\}$$
$$\qquad (8.42)$$

は，X の正規直交基底になるのである。

つまり，たいていの関数 $f(x)$ は，$-\pi \le x \le \pi$ の範囲で，適当な実数 $a_0, a_1, \ldots, b_1, b_2, \ldots$ を用いて，

$$f(x) = \frac{a_0}{\sqrt{2}} + a_1\cos x + a_2\cos 2x + a_3\cos 3x + \cdots$$
$$+ b_1\sin x + b_2\sin 2x + b_3\sin 3x + \cdots$$
$$= \frac{a_0}{\sqrt{2}} + \sum_{n=1}^{\infty}(a_n\cos nx + b_n\sin nx) \qquad (8.43)$$

というふうに，様々な波数の三角関数と定数関数 $1/\sqrt{2}$ の線型結合（重ね合わせ）で表すことができる[*8]。

関数を式 (8.43) のように表現することをフーリエ級数展開（Fourier series expansion）とよぶ。テーラー展開（P.14 式 (1.122)）は関数を $(x - x_0)^n$ の

[*7] この辺の事情を忘れた人は「ライブ講義 大学 1 年生のための数学入門」の偶関数・奇関数の項を参照しよう。

[*8] ただし，$f(x)$ が不連続点を含むときは，この話はちょっと微妙になる。また，世間的には a_0 の部分をちょっと違う流儀で定義するのが普通である。

形の関数の線型結合で表したが，フーリエ級数展開は，関数を様々な波数の三角関数の線型結合で表すのだ。

では，その線型結合の係数，つまり「適当な実数 $a_0, a_1, a_2, \cdots, b_1, b_2, \cdots$」は，どのように決めればよいだろうか？ それを次の問題で調べてみよう。そこで活躍するのが，正規直交基底の考え方である。

問 133 ▶ 関数 $f(x)$ が，式 (8.43) のように表されていたとする。n を 1 以上の整数として，

$$\left\langle f(x), \frac{1}{\sqrt{2}} \right\rangle = a_0 \qquad (8.44)$$

$$\langle f(x), \cos nx \rangle = a_n \qquad (8.45)$$

$$\langle f(x), \sin nx \rangle = b_n \qquad (8.46)$$

となることを示せ。ヒント：積分は無用。式 (8.43) を式 (8.44)〜(8.46) の左辺に代入し，式 (8.32) の考え方を使うだけ。

これを使って，具体的な関数をフーリエ級数展開してみよう。

問 134 ▶ $f(x) = x$ を，$-\pi < x < \pi$ の範囲でフーリエ級数に展開しよう。すなわち次式のようにしたい：

$$x = \frac{a_0}{\sqrt{2}} + \sum_{n=1}^{\infty} (a_n \cos nx + b_n \sin nx) \quad (8.47)$$

(1)　次式を計算して，$a_0 = 0$ となることを示せ。

$$a_0 = \left\langle x, \frac{1}{\sqrt{2}} \right\rangle = \frac{1}{\pi} \int_{-\pi}^{\pi} \frac{x}{\sqrt{2}} \, dx \quad (8.48)$$

(2)　n を 1 以上の整数として，

$$a_n = \langle x, \cos nx \rangle = \frac{1}{\pi} \int_{-\pi}^{\pi} x \cos nx \, dx \quad (8.49)$$

を計算し，$a_n = 0$ となることを示せ。

(3)　n を 1 以上の整数として，

$$b_n = \langle x, \sin nx \rangle = \frac{1}{\pi} \int_{-\pi}^{\pi} x \sin nx \, dx \quad (8.50)$$

を計算することにより，次式を示せ。

$$b_n = -\frac{2 \cos n\pi}{n} = \frac{2(-1)^{n-1}}{n} \qquad (8.51)$$

(4)　以上より，$f(x) = x$ は以下のようにフーリエ級数展開される：

$$f(x) = x = \sum_{n=1}^{\infty} \frac{2(-1)^{n-1}}{n} \sin nx \quad (8.52)$$

つまり，

$$x = 2 \left(\frac{\sin x}{1} - \frac{\sin 2x}{2} + \frac{\sin 3x}{3} - \cdots \right) \qquad (8.53)$$

が成り立つ。もとの $f(x) = x$ と，波数 1 まで，波数 2 まで，波数 3 までのそれぞれのフーリエ級数展開の結果を，グラフに描け（パソコンの表計算ソフト等で，$-9 < x < 9$ 程度の範囲で）。波数が増えるに従って，もとの関数に近づく様子がわかるだろうか？ 結果は，P.103 図 8.1 のようになるはず。

図 8.1 を見たらわかるように，式 (8.53) はもとの関数 $f(x) = x$ を $-\pi < x < \pi$ の範囲ではよく再現するが，その外側になると，$-\pi < x < \pi$ のパターンを周期的に繰り返す。このように，フーリエ級数展開の結果は，有限区間の関数（の近似）を周期的に繰り返すものになる。

問 135 ▶ 式 (8.53) に $x = \pi/2$ を代入して，次式を示せ：

$$\frac{1}{1} - \frac{1}{3} + \frac{1}{5} - \frac{1}{7} + \cdots = \frac{\pi}{4} \qquad (8.54)$$

問 136 ▶ 以下のことを示せ。なお，フーリエ級数展開は，$-\pi < x < \pi$ の範囲で，式 (8.43) の形で行うこととする。n は正の整数とする。

(1)　偶関数をフーリエ級数展開すると，$\sin nx$ の係数は全て 0 である。ヒント：偶関数×奇関数は奇関数。

(2)　奇関数をフーリエ級数展開すると，$1/\sqrt{2}$ と $\cos nx$ にかかる係数は全て 0 である。

問 137 ▶ 関数 $f(x) = x^2$ を考える。

(1)　$f(x)$ を $-\pi < x < \pi$ の範囲でフーリエ級数に展開すると，次式になることを示せ：

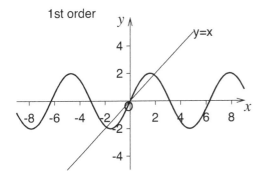

1st order

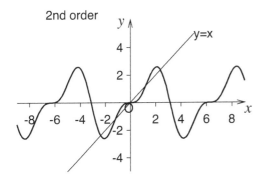

2nd order

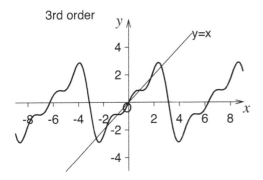

3rd order

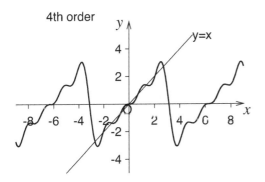

4th order

図 8.1　関数 $y = x$ のフーリエ級数展開（P.102 式 (8.53)）。波数 1, 2, 3, 4 のそれぞれで和を打ち切ったもののグラフを上から並べた。$-\pi$ から π までの範囲でよく合うことに注意（それ以外では合わない）。

$$x^2 = \frac{\pi^2}{3} + \sum_{n=1}^{\infty} \frac{4(-1)^n}{n^2} \cos nx \quad (8.55)$$

(2)　もとの $f(x) = x^2$ と，波数 1 まで，波数 2 まで，波数 3 までのそれぞれのフーリエ級数展開の結果を，グラフにかけ（パソコンで，$-9 < x < 9$ 程度の範囲で）。ヒント：P.104 図 8.2

(3)　式 (8.55) に $x = \pi$ を代入して，次式を示せ（これは「ライブ講義 大学 1 年生のための数学入門」P.41 でやった数値計算の証明である）：

$$\frac{1}{1^2} + \frac{1}{2^2} + \frac{1}{3^2} + \frac{1}{4^2} + \cdots = \frac{\pi^2}{6} \quad (8.56)$$

問 138　以下の関数を考える：

$$f(x) = \begin{cases} 1 & x \geq 0 \text{ のとき} \\ -1 & x < 0 \text{ のとき} \end{cases} \quad (8.57)$$

(1)　$f(x)$ を $-\pi < x < \pi$ の範囲でフーリエ級数に展開すると，次式になることを示せ：

$$f(x) = \frac{4}{\pi}\left(\frac{\sin x}{1} + \frac{\sin 3x}{3} + \frac{\sin 5x}{5} + \cdots\right) \quad (8.58)$$

(2)　もとの $f(x)$ と，波数 1 まで，波数 3 まで，波数 5 までのそれぞれのフーリエ級数展開の結果を，グラフに描け（パソコンで，$-9 < x < 9$ 程度の範囲で）。ヒント：P.104 図 8.3

(3)　式 (8.58) に $x = \pi/2$ を代入して，式 (8.54) を示せ。

　ところで諸君はスペクトルという言葉を聞いたことがあるだろう。これは意味の広い言葉なので定義は難しいのだが，多くの場合，波や振動に関わる現象について，何かの性質が波長や周波数にどう関係するかを表したものである。たとえば，物質の同定や測定に使われる，反射スペクトルや吸収スペクトルというものがある（これは後の章の伏線である）。それは物質に電磁波（光）を当て，それぞれの波長ごとに，電磁波がどれだけ反射や吸収されるかを表す。その背景には，どんな波形の電磁波も様々な波長の三角関数的な電磁波（正弦波）の重ね合わせとみなせるという事実が存在する。無論それは電磁波

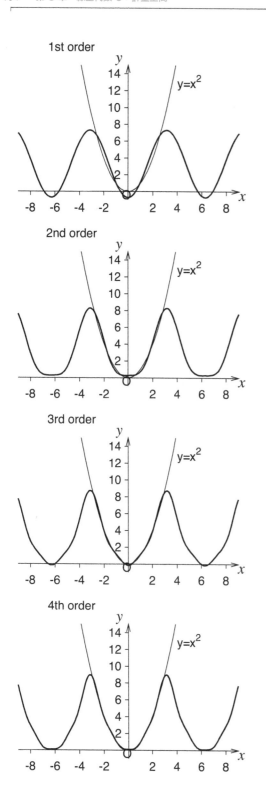

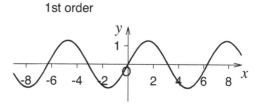

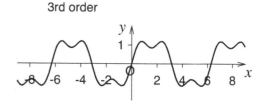

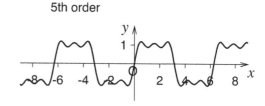

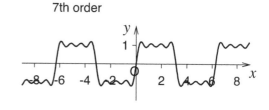

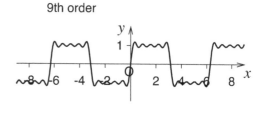

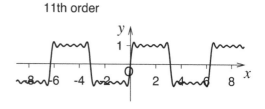

図8.2　関数 $y = x^2$ のフーリエ級数展開（P.103 式 (8.55)）。波数 1, 2, 3, 4 のそれぞれで和を打ち切ったもののグラフを上から並べた。$-\pi$ から π までの範囲でよく合うことに注意（それ以外では合わない）。

図8.3　P.103 式 (8.58) のフーリエ級数展開。波数 1, 3, 5, 7, 9, 11 のそれぞれで和を打ち切ったもののグラフを上から並べた。$-\pi$ から π までの範囲でよく合うことに注意（それ以外では合わない）。

の線型性（後述）の故なのだが，任意の波形を三角
関数で分解するという発想は，ここで見たフーリエ
級数展開そのものである。

8.6　複素計量空間

$\mathbb{C}$ を体とする線型空間 X にも内積は定義できる。
その場合，内積は，

$$f : X \times X \to \mathbb{C} \tag{8.59}$$

という写像になり，その公理 1)～5) のうち，3), 4)
が
公理 3')　$f(\mathbf{u}, \mathbf{v}) = \overline{f(\mathbf{v}, \mathbf{u})}$
公理 4')　$\forall \alpha \in \mathbb{C}, f(\alpha\mathbf{u}, \mathbf{v}) = \alpha f(\mathbf{u}, \mathbf{v})$
と拡張される（上付きの横棒は複素共役を表す）。
このような内積を持つ，$\mathbb{C}$ を体とする線型空間を複
素計量空間とか複素内積空間という。後に学ぶよう
に，量子力学では，複素計量空間が重要な役割を果
たす。

問 139　複素計量空間 X の内積 f について，
$\forall \mathbf{u} \in X, f(\mathbf{u}, \mathbf{u}) \in \mathbb{R}$ であることを示せ。

演習問題 8　式 (8.55) について，左辺どうしの内積
と，右辺どうしの内積を考えると，次式のように
なる：

$$\langle x^2, x^2 \rangle =$$
$$\left\langle \frac{\pi^2}{3} + \sum_{n=1}^{\infty} \frac{4(-1)^n}{n^2} \cos nx, \right.$$
$$\left. \frac{\pi^2}{3} + \sum_{n=1}^{\infty} \frac{4(-1)^n}{n^2} \cos nx \right\rangle \tag{8.60}$$

(1)　式 (8.60) の左辺は，以下のようになることを
示せ：

$$\langle x^2, x^2 \rangle = \frac{1}{\pi} \int_{\pi}^{\pi} x^4 \, dx = \frac{2}{5}\pi^4 \tag{8.61}$$

(2)　式 (8.60) の右辺は，以下のようになることを
示せ：

$$\left\langle \frac{\pi^2}{3}, \frac{\pi^2}{3} \right\rangle + \sum_{n=1}^{\infty} \left(\frac{4(-1)^n}{n^2} \right)^2 \tag{8.62}$$

ヒント：P.101 式 (8.36), P.101 式 (8.34) 等。

(3)　以上より，次式が成り立つことを示せ：

$$\frac{1}{1^4} + \frac{1}{2^4} + \frac{1}{3^4} + \frac{1}{4^4} + \cdots = \frac{\pi^4}{90} \tag{8.63}$$

演習問題 9　熱力学と量子力学によると，どのよう
な物体も，その温度に応じた強さ・波長の光を発し
ている。この現象を熱放射という。太陽や白熱電球
が光るのは熱放射である。熱力学と量子力学による
と，理想的な物体（黒体とよぶ）が発する熱放射は
以下の式で表されることが理論的にわかっている：

$$F(\lambda, T) \, d\lambda = \frac{2\pi hc^2}{\lambda^5} \frac{d\lambda}{\exp\left(\frac{hc}{\lambda k_{\mathrm{B}} T}\right) - 1} \tag{8.64}$$

これをプランクの法則という。ここで，$F(\lambda, T) \, d\lambda$
は，絶対温度 T の物体の単位表面積から単位時間あ
たりに放射される，波長が λ と $\lambda + d\lambda$ の間にある
ような光のエネルギーである。h, c, k_{B} はそれぞれ，
プランク定数・光の速さ・ボルツマン定数である。
　上記の $F(\lambda, T)$ を，0 から ∞ の波長範囲で積分
すると，絶対温度 T の物体の単位表面積から単位時
間あたりに放射される光のエネルギー $B(T)$ が得ら
れる。すなわち，

$$B(T) = \int_0^{\infty} F(\lambda, T) \, d\lambda$$
$$= \int_0^{\infty} \frac{2\pi hc^2}{\lambda^5} \frac{d\lambda}{\exp\left(\frac{hc}{\lambda k_{\mathrm{B}} T}\right) - 1} \tag{8.65}$$

である。この積分を実行してみよう（といっても，
不定積分はできない）。まず，$s := hc/(\lambda k_{\mathrm{B}} T)$ とす
る。
(1)　次式を示せ：

$$B(T) = \frac{2\pi k_{\mathrm{B}}^4 T^4}{h^3 c^2} \int_0^{\infty} \frac{s^3 \, ds}{e^s (1 - e^{-s})} \tag{8.66}$$

(2)　$0 \le s$ であることに注意して，次式を示せ：

$$B(T)$$
$$= \frac{2\pi k_{\mathrm{D}}^4 T^4}{h^3 c^2} \int_0^{\infty} e^{-s} s^3 (1 + e^{-s} + e^{-2s} + e^{-3s} \cdots) \, ds \tag{8.67}$$

ヒント：$1/(1-x)$ のマクローリン展開

演習問題 10　上の問題の続き。

(1) n を 1 以上の任意の整数とする。次式を示せ：

$$\int_0^\infty s^3 e^{-ns} ds = \frac{6}{n^4} \qquad (8.68)$$

ヒント：部分積分を繰り返す。

(2) 上の式と式 (8.67) より，次式を示せ：

$$B(T) = \frac{2\pi k_B^4 T^4}{h^3 c^2} \sum_{n=1}^\infty \frac{6}{n^4} \qquad (8.69)$$

(3) 次式を示せ（ヒント：演習問題 8）：

$$B(T) = \frac{2\pi^5 k_B^4}{15 h^3 c^2} T^4 \qquad (8.70)$$

(4) ここで，式 (8.70) の T^4 の係数を σ と名付ける。つまり $\sigma := 2\pi^5 k_B^4/(15 h^3 c^2)$ とする。この σ を，ステファン・ボルツマン定数とよぶ。これを使うと，

$$B(T) = \sigma T^4 \qquad (8.71)$$

と書ける。これをステファン・ボルツマンの法則という。h, c, k_B の値を調べて，σ の値を計算せよ。また，σ の値をネット等で調べて，君の計算結果と比較せよ。

(5) 君の体表面から熱放射によって単位時間あたりに発する熱量を見積もれ。それはデスクトップパソコンの消費電力と比べて大きいか？ 小さいか？

問の解答

答 107 $f(\mathbf{u}, \mathbf{u}) = x_1^2 + y_1^2 \geq 0$。よって公理 1) が成り立つ。この式がゼロになるのは $x_1 = y_1 = 0$ のときに限る。従って，公理 2) も成り立つ。

$f(\mathbf{u}, \mathbf{v}) = x_1 x_2 + y_1 y_2 = x_2 x_1 + y_2 y_1 = f(\mathbf{v}, \mathbf{u})$。従って公理 3) も成り立つ。$f(\alpha\mathbf{u}, \mathbf{v}) = \alpha x_1 x_2 + \alpha y_1 y_2 = \alpha(x_1 x_2 + y_1 y_2) = \alpha f(\mathbf{u}, \mathbf{v})$。従って公理 4) も成り立つ。$\mathbf{u}_1 = (p_1, q_1), \mathbf{u}_2 = (p_2, q_2)$ とする。$f(\mathbf{u}_1 + \mathbf{u}_2, \mathbf{v}) = (p_1 + p_2) x_2 + (q_1 + q_2) y_2 = (p_1 x_2 + q_1 y_2) + (p_2 x_2 + q_2 y_2) = f(\mathbf{u}_1, \mathbf{v}) + f(\mathbf{u}_2, \mathbf{v})$。従って公理 5) も成り立つ。

答 108 (1) 略（前問とほぼ同様）。　(2) $\mathbf{u} = (0, 1)$ とすると，$f(\mathbf{u}, \mathbf{u}) = 0$ となるが，$\mathbf{u} \neq (0, 0)$ である。これは公理 2) に反する。従ってこの f は内積ではあり得ない。

(3) $\mathbf{u} = (1, 0), \alpha = 2$ とすると，$f(\alpha\mathbf{u}, \mathbf{u}) = 2^2 + 1^2 = 5$ となる。一方，$\alpha f(\mathbf{u}, \mathbf{u}) = 2(1^2 + 1^2) = 4$ となる。内積ならこれらは一致するはず（つまりこれは公理 4) に反する）。従って，この f は内積ではあり得ない。

答 109 この演算を $F(f, g)$ とおく。明らかに F は $X \times X$ から $\mathbb{R}$ への写像である。さて，

$$F(f, f) = \frac{1}{2} \int_{-1}^1 f(x) f(x) dx = \frac{1}{2} \int_{-1}^1 f(x)^2 dx$$

となるが，これは被積分関数（f^2）が常に 0 以上なので，積分結果も 0 以上のはず。従って公理 1) が成り立つ。また，これが 0 となるには，恒等的に $f(x) = 0$ となるしかない[*9]。従って，公理 2) が成り立つ。

$$F(f, g) = \frac{1}{2} \int_{-1}^1 f(x) g(x) dx = \frac{1}{2} \int_{-1}^1 g(x) f(x) dx$$
$$= F(g, f)$$

なので，公理 3) も成り立つ。$\alpha \in \mathbb{R}$ に対して，

$$F(\alpha f, g) = \frac{1}{2} \int_{-1}^1 \alpha f(x) g(x) dx$$
$$= \alpha \frac{1}{2} \int_{-1}^1 f(x) g(x) dx = \alpha F(f, g)$$

なので，公理 4) も成り立つ。$f_1, f_2 \in X$ について，

$$F(f_1 + f_2, g) = \frac{1}{2} \int_{-1}^1 \{f_1(x) + f_2(x)\} g(x) dx$$
$$= \frac{1}{2} \int_{-1}^1 f_1(x) g(x) dx + \frac{1}{2} \int_{-1}^1 f_2(x) g(x) dx$$
$$= F(f_1, g) + F(f_2, g)$$

なので，公理 5) も成り立つ。以上より，この演算 F は X の内積である。

答 110 (1) $1 \times 3 + 2 \times (-4) = -5$

(2) $2 \times 1 \times 3 + 3 \times 2 \times (-4) = -18$

答 111

$$\frac{1}{2} \int_{-1}^1 x^2 (x + 1) dx = \frac{1}{2} \int_{-1}^1 (x^3 + x^2) dx$$
$$= \frac{1}{2} \left[\frac{x^4}{4} + \frac{x^3}{3} \right]_{-1}^1 = \frac{1}{3}$$

[*9] 実はこれは微妙。厳密には，ところどころで不連続的・突出的に 0 以外の値をとっても，積分したら 0 になりえる。そういう場合を扱うには，ルベーグ積分という考え方が必要。ここではそのような特異的な場合は考えない。興味あれば次の本を参照しよう：志賀浩二「固有値問題 30 講」朝倉書店 (1991)。

答 112 (1) 公理 4) より，$f(\alpha\mathbf{u}, \mathbf{v}) = \alpha f(\mathbf{u}, \mathbf{v})$。また，公理 5) より，$f(\mathbf{u}_1+\mathbf{u}_2, \mathbf{v}) = f(\mathbf{u}_1, \mathbf{v}) + f(\mathbf{u}_2, \mathbf{v})$。従って，$f$ は $\mathbf{u}$ について線型写像。 (2) 公理 3) より，$f(\mathbf{u}, \alpha\mathbf{v}) = f(\alpha\mathbf{v}, \mathbf{u})$。公理 4) より，これは $\alpha f(\mathbf{v}, \mathbf{u})$ に等しい。再び公理 3) より，これは $\alpha f(\mathbf{u}, \mathbf{v})$ に等しい。 (3) 公理 3) より，$f(\mathbf{u}, \mathbf{v}_1+\mathbf{v}_2) = f(\mathbf{v}_1+\mathbf{v}_2, \mathbf{u})$。公理 5) より，これは $f(\mathbf{v}_1, \mathbf{u}) + f(\mathbf{v}_2, \mathbf{u})$ に等しい。再び公理 3) より，これは $f(\mathbf{u}, \mathbf{v}_1) + f(\mathbf{u}, \mathbf{v}_2)$ に等しい。 (4) 上の 2 つの小問より明らか。 (5) 公理 4) より，$f(\mathbf{0}, \mathbf{u}) = f(0\mathbf{0}, \mathbf{u}) = 0f(\mathbf{0}, \mathbf{u}) = 0$。従って，$f(\mathbf{0}, \mathbf{u}) = 0$。これに公理 3) を使えば，$f(\mathbf{u}, \mathbf{0}) = 0$。

答 113 内積が導入された線型空間のこと。

答 114 計量空間の任意の要素 $\mathbf{u}$ について，$\sqrt{\mathbf{u}\bullet\mathbf{u}}$ のこと。

答 115 ノルムが 1 であるようなベクトル。

答 116

(1) $|\mathbf{u}| = \sqrt{\mathbf{u}\bullet\mathbf{u}} = \sqrt{1^2+2^2} = \sqrt{5}$，

$\quad |\mathbf{v}| = \sqrt{\mathbf{v}\bullet\mathbf{v}} = \sqrt{3^2+(-4)^2} = 5$

(2) $|\mathbf{u}| = \sqrt{\mathbf{u}\bullet\mathbf{u}} = \sqrt{2\times1^2+3\times2^2} = \sqrt{14}$，

$\quad |\mathbf{v}| = \sqrt{\mathbf{v}\bullet\mathbf{v}} = \sqrt{2\times3^2+3\times(-4)^2} = \sqrt{66}$

答 117

$$|f(x)| = \sqrt{\frac{1}{2}\int_{-1}^{1}x^2\times x^2\,dx} = \sqrt{\frac{1}{2}\int_{-1}^{1}x^4\,dx} = \sqrt{\frac{1}{5}}$$

$$|g(x)| = \sqrt{\frac{1}{2}\int_{-1}^{1}(x+1)\times(x+1)\,dx}$$

$$= \sqrt{\frac{1}{2}\int_{-1}^{1}(x+1)^2\,dx} = \sqrt{\frac{4}{3}}$$

答 118

$$\left|\frac{\mathbf{u}}{|\mathbf{u}|}\right| = \sqrt{\frac{\mathbf{u}}{|\mathbf{u}|}\bullet\frac{\mathbf{u}}{|\mathbf{u}|}} = \sqrt{\frac{1}{|\mathbf{u}|^2}(\mathbf{u}\bullet\mathbf{u})} = \sqrt{\frac{|\mathbf{u}|^2}{|\mathbf{u}|^2}} = 1$$

ここで，$|\mathbf{u}|$ は（正の）実数である。2 つ目の式から 3 つ目の式に移るときに内積の公理 4) を使った。また，3 つ目の式から 4 つ目の式に移るときにノルムの定義を使った。

答 119 2 つのベクトルを $\mathbf{a}, \mathbf{b}$ とするとき，$\cos\theta = \mathbf{a}\bullet\mathbf{b}/(|\mathbf{a}||\mathbf{b}|)$ を満たす θ のこと。

答 120 2 つのベクトルの内積が 0 になること。

答 121 (1) $|\mathbf{u}| = \sqrt{5}$，$|\mathbf{v}| = 5$，$\mathbf{u}\bullet\mathbf{v} = -5$。従って，$\cos\theta = \mathbf{u}\bullet\mathbf{v}/(|\mathbf{u}||\mathbf{v}|) = -1/\sqrt{5}$。従って，$\theta = \cos^{-1}(-1/\sqrt{5}) = 2.0344\cdots$ ラジアン＝約 117 度。 (2) $|\mathbf{u}| = \sqrt{14}$，$|\mathbf{v}| = \sqrt{66}$，$\mathbf{u}\bullet\mathbf{v} = -18$。

従って，$\cos\theta = \mathbf{u}\bullet\mathbf{v}/(|\mathbf{u}||\mathbf{v}|) = -18/\sqrt{14\times66} = -9/\sqrt{231}$。従って，$\theta = \cos^{-1}(-9/\sqrt{231}) = 2.2045\cdots$ ラジアン＝約 126 度。

答 122

$$|f(x)| = \sqrt{\frac{1}{5}}, \quad |g(x)| = \sqrt{\frac{4}{3}}, \quad \langle f(x), g(x)\rangle = \frac{1}{3}$$

従って，

$$\cos\theta = \frac{\langle f(x), g(x)\rangle}{|f(x)||g(x)|} = \frac{1/3}{\sqrt{1/5}\sqrt{4/3}} = \frac{\sqrt{15}}{6}$$

$$\theta = \cos^{-1}\frac{\sqrt{15}}{6} = 0.869\cdots ラジアン = 約 50 度$$

答 123 (1) 内積の公理 1) で，$\mathbf{u} = t\mathbf{a}+\mathbf{b}$ とすれば与式を得る。 (2) $f(t) = (t\mathbf{a}+\mathbf{b})\bullet(t\mathbf{a}+\mathbf{b})$

$= (t\mathbf{a})\bullet(t\mathbf{a}+\mathbf{b}) + \mathbf{b}\bullet(t\mathbf{a}+\mathbf{b})$

$= (t\mathbf{a})\bullet(t\mathbf{a}) + (t\mathbf{a})\bullet\mathbf{b} + \mathbf{b}\bullet(t\mathbf{a}) + \mathbf{b}\bullet\mathbf{b}$

$= t^2\mathbf{a}\bullet\mathbf{a} + t\mathbf{a}\bullet\mathbf{b} + t\mathbf{b}\bullet\mathbf{a} + \mathbf{b}\bullet\mathbf{b}$

$= t^2\mathbf{a}\bullet\mathbf{a} + 2t\mathbf{a}\bullet\mathbf{b} + \mathbf{b}\bullet\mathbf{b}$

$= |\mathbf{a}|^2t^2 + 2(\mathbf{a}\bullet\mathbf{b})t + |\mathbf{b}|^2$

注：普通に計算するだけだが，その背後には，内積の計算に分配法則（公理 5 や式 (8.17)）と交換法則（公理 3）が成り立つことが必要なのだ。 (3) 式 (8.25) が成り立つには，関数 $y = f(t)$ のグラフ（下に凸の放物線）が t 軸より下に来てはならない。それは，$y = f(t)$ が t 軸と共有点を持たないか，持ったとしても t 軸に 1 点で接することと同値である。いま，t^2 の係数 $|\mathbf{a}|^2$ は正だから，これは，2 次方程式 $f(t) = 0$ が，実数解を持たないか，持つとしても重解であることと同値。 (4) 前小問より，2 次方程式 $f(t) = 0$ の判別式がゼロ以下になる。従って，与式が成り立つ。 (5) 前小問より，$(\mathbf{a}\bullet\mathbf{b})^2 \le |\mathbf{a}|^2|\mathbf{b}|^2$。ここで，両辺の正の平方根をとると，不等号の向きは変わらないから，与式を得る。 (6) $0 \le \mathbf{a}\bullet\mathbf{b}$ のときは $|\mathbf{a}\bullet\mathbf{b}| = \mathbf{a}\bullet\mathbf{b}$ だから，前小問より，$0 \le \mathbf{a}\bullet\mathbf{b} \le |\mathbf{a}||\mathbf{b}|$。$0 > \mathbf{a}\bullet\mathbf{b}$ のときは $|\mathbf{a}\bullet\mathbf{b}| = -\mathbf{a}\bullet\mathbf{b}$ だから，前小問より，$-\mathbf{a}\bullet\mathbf{b} \le |\mathbf{a}||\mathbf{b}|$，すなわち $-|\mathbf{a}||\mathbf{b}| \le \mathbf{a}\bullet\mathbf{b} < 0$。これらをあわせて，与式を得る。 (7) 条件より，$|\mathbf{a}||\mathbf{b}| \ne 0$ である。前小問の各辺を $|\mathbf{a}||\mathbf{b}|$ で割れば与式が成り立つ（$0 \le |\mathbf{a}||\mathbf{b}|$ なので不等号の向きは変わらない）。

答 124 (1) $(p_1\mathbf{v}_1+p_2\mathbf{v}_2)\bullet\mathbf{v}_1 = p_1\mathbf{v}_1\bullet\mathbf{v}_1 + p_2\mathbf{v}_2\bullet\mathbf{v}_1 = p_1|\mathbf{v}_1|^2$。$(p_1\mathbf{v}_1+p_2\mathbf{v}_2)\bullet\mathbf{v}_2 = p_1\mathbf{v}_1\bullet\mathbf{v}_2 + p_2\mathbf{v}_2\bullet\mathbf{v}_2 = p_2|\mathbf{v}_2|^2$。ここで，$p_1\mathbf{v}_1+p_2\mathbf{v}_2 = \mathbf{0}$ なので，上の 2 つの式はいずれも 0。従って与式が成り立つ。 (2) 条件より $\mathbf{v}_1$ も $\mathbf{v}_2$ も $\mathbf{0}$ でないから，$|\mathbf{v}_1|^2$ も $|\mathbf{v}_2|^2$ も 0

ではない（内積の公理2) より）。従って，前小問の式が成り立つには $p_1 = p_2 = 0$ でなくてはならない。

答125 n 個の，いずれも **0** でない，互いに直交するベクトル $\mathbf{v}_1, \mathbf{v}_2, \cdots, \mathbf{v}_n$ を考える。この線型結合：$p_1\mathbf{v}_1 + p_2\mathbf{v}_2 + \cdots + p_n\mathbf{v}_n$ が **0** になったとする。この式を，$\mathbf{v}_k$ と内積をとれば（k は1以上 n 以下の任意の整数），$p_k|\mathbf{v}_k|^2$ となる。これは0になるはずだが，$\mathbf{v}_k$ は **0** でないので，$|\mathbf{v}_k|^2$ は0でない。従って，$p_k = 0$ となるしかない。従って，$p_1 = p_2 = \cdots = p_n = 0$ とならねばならない。従って，$\{\mathbf{v}_1, \mathbf{v}_2, \cdots, \mathbf{v}_n\}$ は線型独立である。

答126 2つの正の整数 i, j について，$i = j$ のとき 1，それ以外のとき 0 になるような量。

答128 (1) 略。
(2) $\mathbf{u} \bullet \mathbf{e}_1 = 1/\sqrt{2}$, $\mathbf{u} \bullet \mathbf{e}_2 = -3/\sqrt{2}$。
(3) $\mathbf{u} = (1/\sqrt{2})\mathbf{e}_1 - (3/\sqrt{2})\mathbf{e}_2$
(4) $\left(\dfrac{x}{\sqrt{2}} + \dfrac{y}{\sqrt{2}}\right)\mathbf{e}_1 + \left(-\dfrac{x}{\sqrt{2}} + \dfrac{y}{\sqrt{2}}\right)\mathbf{e}_2$

答129

(1) 略。式 (8.15) を使って $\langle e_1(x), e_2(x) \rangle$ 等を計算。
(2) $\langle f(x), e_1(x) \rangle = \dfrac{1}{2}\displaystyle\int_{-1}^{1}(2x+1) \bullet 1\, dx = 1$

$\langle f(x), e_2(x) \rangle = \dfrac{1}{2}\displaystyle\int_{-1}^{1}(2x+1)\sqrt{3}x\, dx = \dfrac{2}{\sqrt{3}}$

(3) $f(x) = 2x + 1 = e_1(x) + \dfrac{2}{\sqrt{3}}e_2(x)$
(4) $f(x) = ax + b = be_1(x) + \dfrac{a}{\sqrt{3}}e_2(x)$

答130 P.88 問101 より，$\{\sin x, \cos x\}$ は X の基底である。また，

$\langle \sin x, \sin x \rangle = \dfrac{1}{\pi}\displaystyle\int_{-\pi}^{\pi}\sin^2 x\, dx = 1$

$\langle \cos x, \cos x \rangle = \dfrac{1}{\pi}\displaystyle\int_{-\pi}^{\pi}\cos^2 x\, dx = 1$

$\langle \sin x, \cos x \rangle = \dfrac{1}{\pi}\displaystyle\int_{-\pi}^{\pi}\sin x \cos x\, dx = 0$

従って，$e_1(x) = \sin x$, $e_2(x) = \cos x$ とすると，$\langle e_i(x), e_j(x) \rangle = \delta_{ij}$ すなわち式 (8.30) が成り立つ。従って，$\{\sin x, \cos x\}$ は X の正規直交基底。

答131

$$\mathbf{x} \bullet \mathbf{x} = (x_1\mathbf{e}_1 + x_2\mathbf{e}_2 + \cdots + x_n\mathbf{e}_n)$$

$$\bullet\, (x_1\mathbf{e}_1 + x_2\mathbf{e}_2 + \cdots + x_n\mathbf{e}_n)$$

これを展開すると，$x_i x_j \mathbf{e}_i \bullet \mathbf{e}_j$ という形（i, j は1以上 n 以下の整数）の項の和になるが，$\mathbf{e}_i \bullet \mathbf{e}_j = \delta_{ij}$ だから，式 (8.28) より $x_i^2 \mathbf{e}_i \bullet \mathbf{e}_j$ の項だけが残り，与式を得る。

答134 (1) 略（積分を実行すれば，=0 は明らか） (2) 略（$x \cos nx$ は奇関数なので，$-\pi$ から π までの積分は，n によらず 0） (3) C を積分定数として，

$$\int x \sin nx\, dx = -\frac{1}{n}\int x(\cos nx)'\, dx$$

$$= -\frac{x \cos nx}{n} + \frac{1}{n}\int (x)' \cos nx\, dx$$

$$= -\frac{x \cos nx}{n} + \frac{\sin nx}{n^2} + C$$

となる（ここで部分積分を使った）。従って，

$$b_n = \langle x, \sin nx \rangle = \frac{1}{\pi}\int_{-\pi}^{\pi} x \sin nx\, dx$$

$$= -\frac{2\cos n\pi}{n} = \frac{2(-1)^{n-1}}{n}$$

答135 略（偶数番目の項は，$n\pi/2$ が π の整数倍になるため，その sin が 0 になって消えることに注意。）

答139 $f(\mathbf{u}, \mathbf{u}) = a + bi$ とする（$a, b \in \mathbb{R}$）。内積の公理3') より，$f(\mathbf{u}, \mathbf{u}) = \overline{f(\mathbf{u}, \mathbf{u})}$ 故に，$a + bi = \overline{a + bi} = a - bi$。従って，$a + bi = a - bi$。従って，$2bi = 0$，従って，$b = 0$。従って，$f(\mathbf{u}, \mathbf{u}) = a$，従って，$f(\mathbf{u}, \mathbf{u})$ は実数。

学生の感想4　今回ので私の数学観はぶっこわれました（良い意味です）。／フーリエ級数分かったときおおーーーって思いました。1回わかったら早く問題解きたくて急いで家に帰りました。／内積の性質は当たり前と思って読み飛ばしていたが，こうした当たり前のことが重要だとよく分かった。

よくある質問52　正規直交基底の価値は分かりましたが，フーリエ級数の価値がまだちょっとわかりません。… 化学で，電子や光子の粒子性と波動性って習ったでしょ？ あれはフーリエ変換（フーリエ級数を拡張した考え方）が背景にあります。電子や光子が「どこにいるか」に注目する見方が粒子性。「どのような周期（波長）を持っているか」に注目するのが波動性。位置で表された関数をフーリエ変換すると，三角関数の周期ごとの重みになるでしょ？ それが波動性の見方です。だから，フーリエ級数は単なる数学テクニックではなく，世界を認識する枠組みとしても重要なのです。

第9章

線型偏微分方程式1：波動方程式

これまで登場した微分方程式の多くは「常微分方程式」といって，独立変数が 1 つの関数が相手でした。しかし実用的には，独立変数を複数個持つ関数の微分方程式も多いのです。それらは偏微分を含むので偏微分方程式とよばれます。既に学んだラプラス方程式（P.71 式 (5.46)，式 (5.47)）はその例です。本章では実際の応用的な問題で偏微分方程式がどう活躍するかを，特に波動現象を例に学びます。

9.1 波動方程式

水面の波，音波，電波など，波は我々の身近な現象であり，学問的・実用的にも重要な現象である。波を解析し，理解するには，総合的な数学力（三角関数・指数関数・微積分・線型代数）が必要である。逆に言えば，波は数学の良い応用問題である。

まず，波とは何だろう？ ここでは，あまり厳密な定義にこだわらず，図 9.1 のように「一定のパターンが空間を伝わっていく現象」を波としよう[*1]。たとえば音は空気中の圧力（の偏り）が，ほとんどパターンを変えずに伝わっていく波（音波）だ。水面に起きる波では，水面の盛り上がったり凹んだりするパターンが伝わっていく。

簡単のために，伝わっていく方向を直線上（1 次元）に限定して考えよう。たとえば細長い水路で，水面が盛り上がったパターンが右向きに波として伝わるとしよう（左向きに伝わる波は後で考える）。静水面に平行に x 軸をとり，静水面からの水面の高さを ψ とする。

図 9.1(1) のように，時刻 $t = 0$ での波の空間パターン（波形という）は，

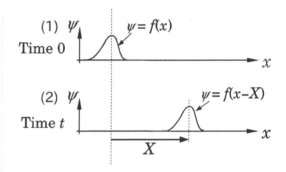

図 9.1 一定のパターンが右方向に伝わる波

$$\psi = f(x) \tag{9.1}$$

だったとする。このパターンが，変形せずに一定の速さ c で徐々に右（x の正の方向）に動いて行って，図 9.1(2) のように，時刻 t までに距離 X だけ動いたとする。この時刻での波形は，$f(x)$ を右（x 軸方向）に X だけ平行移動したものなので，$\psi = f(x - X)$ となる[*2]。波は一定の速さ c で移動するとしたので，当然，$X = ct$ である。従って，時刻 t での波形は次式になる：

$$\psi = f(x - ct) \tag{9.2}$$

問 140 時刻 0 での波形が $\psi = f(x)$ であるような波が，左向き（x 軸の負の方向）に速さ c で移動するとしたら，時刻 t での波形は次式になることを示せ。

$$\psi = f(x + ct) \tag{9.3}$$

一般に，直線上を一方向に伝播する波の波形は，式 (9.2) や式 (9.3) のように書ける。従って，ある

[*1] 人によっては，波といえば周期的なサインカーブ（正弦波）を想像するかもしれないが，それは波のあり方の一つに過ぎない。正弦波でない波も世の中にはたくさん存在する。

[*2] わからなければ「ライブ講義 大学 1 年生のための数学入門」第 4 章 4.2 節を参照。

現象のメカニズムを表現する微分方程式が, 式 (9.2)
や式 (9.3) のような解を持つならば, その物理現象
は「波」を成すということになる。では, そのよう
な微分方程式は, 具体的にはどのようなものなのか,
考えてみよう。

　波が直線上を, 変形せずに速さ c で右（x の正の
方向）に移動しているとしよう。時刻 t のときの波
形を $\psi(x,t)$ とする。

　波は時間 Δt の間に x 軸方向に $c\Delta t$ だけ移動す
る。従って, 時刻 $t+\Delta t$ のときの波形 $\psi(x,t+\Delta t)$
は, もとの波形 $\psi(x,t)$ を x 軸方向に $c\Delta t$ だけ平行
移動したもの, つまり $\psi(x-c\Delta t,t)$ に等しい。つ
まり,

$$\psi(x,t+\Delta t) = \psi(x-c\Delta t,t) \tag{9.4}$$

である。Δt が十分に 0 に近ければ, 式 (9.4) の左
辺と右辺は, それぞれ以下のように線型近似される
(P.3 式 (1.9) 参照；この近似は Δt が 0 に近づくほ
ど限りなく正確になる)：

$$\psi(x,t+\Delta t) \fallingdotseq \psi(x,t)+\frac{\partial \psi}{\partial t}\Delta t \tag{9.5}$$

$$\psi(x-c\Delta t,t) \fallingdotseq \psi(x,t)-c\frac{\partial \psi}{\partial x}\Delta t \tag{9.6}$$

　式 (9.4) の左辺に式 (9.5) を, 右辺に式 (9.6) を代
入すると,

$$\psi(x,t)+\frac{\partial \psi}{\partial t}\Delta t \fallingdotseq \psi(x,t)-c\frac{\partial \psi}{\partial x}\Delta t \tag{9.7}$$

となる。両辺から $\psi(x,t)$ を引いて両辺を Δt で割
れば（同時に Δt が限りなく 0 に近い時を考えれば,
この $\fallingdotseq$ は $=$ になる）, 次の偏微分方程式を得る：

$$\frac{\partial \psi}{\partial t} = -c\frac{\partial \psi}{\partial x} \tag{9.8}$$

　式 (9.2), すなわち $\psi = f(x-ct)$ は, この偏
微分方程式 (9.8) を満たすことを示そう：$f(x)$ の導関
数を $f'(x)$ とする。合成関数の微分より,

$$\frac{\partial \psi}{\partial t} = \frac{\partial}{\partial t}f(x-ct) = -cf'(x-ct)$$
$$\frac{\partial \psi}{\partial x} = \frac{\partial}{\partial x}f(x-ct) = f'(x-ct)$$
$$従って, \quad \frac{\partial \psi}{\partial t} = -cf'(x-ct) = -c\frac{\partial \psi}{\partial x}$$

となり, 式 (9.8) がこの関数について成り立つ。

問 141　波が直線上を, 変形せずに速さ c で左（x

の負の方向）に移動しているとしよう。
(1)　時刻 t のときの波形を $\psi(x,t)$ とする。以下の
偏微分方程式が成り立つことを示せ（上で検
討した右向きに移動する波とほぼ同様に考え
ればよい）：

$$\frac{\partial \psi}{\partial t} = c\frac{\partial \psi}{\partial x} \tag{9.9}$$

(2)　式 (9.3), すなわち $\psi = f(x+ct)$ は, この偏
微分方程式 (9.9) を満たすことを示せ。

　式 (9.8) は右向きに進む波が満たすべき偏微分方
程式, 式 (9.9) は左向きに進む波が満たすべき偏微
分方程式である。ところが, 多くの物理現象では,
普通, 波は右か左かの片方だけでなく, 同時に両方
に進む。たとえば, 細長い水路に石を放りこんだら,
石が落ちて生じる波（水面波）は, 水路の両側に向
かって広がっていくだろう。また, トンネルのまん
なかで君が叫んだら, その声（音波）はトンネルの
両端に向かって響いていくだろう。そういう場合,
式 (9.8) と式 (9.9) の両方が許容されるべきである。
つまり, 式 (9.8) と式 (9.9) を両方含むような素
晴らしい方程式が欲しいのだ。

　それには, こうやればよい。演算子の考え方を使
うと, 式 (9.8) と式 (9.9) は, それぞれ

$$\left(\frac{\partial}{\partial t}+c\frac{\partial}{\partial x}\right)\psi = 0, \quad \left(\frac{\partial}{\partial t}-c\frac{\partial}{\partial x}\right)\psi = 0$$

とできる。ここで, 諸君が P.69 でおもりつきバネ
の振動の方程式を演算子法で解いたときと同様に考
えれば, これらは,

$$\left(\frac{\partial}{\partial t}+c\frac{\partial}{\partial x}\right)\left(\frac{\partial}{\partial t}-c\frac{\partial}{\partial x}\right)\psi = 0 \tag{9.10}$$

と同じことであり, 要するに,

$$\left(\frac{\partial^2}{\partial t^2}-c^2\frac{\partial^2}{\partial x^2}\right)\psi = 0 \tag{9.11}$$

すなわち,

$$\frac{\partial^2 \psi}{\partial t^2} = c^2\frac{\partial^2 \psi}{\partial x^2} \tag{9.12}$$

と同じことである。式 (9.12) は, 式 (9.2) と式 (9.3)
の両方を解に持つ。従って, 式 (9.12) も波を表す
方程式, つまり**波動方程式**である。むしろ一般的に
波動方程式と言えば, 式 (9.8) や式 (9.9) よりも,
式 (9.12) を指す。そして驚くべきことに, 音波, 電

磁波，水面の波等，波の自然現象の多くはこの式 (9.12) に従うのだ。

式 (9.12) について，

(1)　これは線型同次微分方程式であることを示せ。

(2)　2 階微分可能な任意の関数 $f(x)$ について，$\psi = f(x - ct)$ は式 (9.12) の解であることを示せ。

(3)　2 階微分可能な任意の関数 $f(x)$ について，$\psi = f(x + ct)$ は式 (9.12) の解であることを示せ[*3]。

式 (9.12) は線型（同次）偏微分方程式なので，重ね合わせの原理が成り立つ。つまり，図 9.2(1) のように，ある波形 $\psi = f(x - ct)$ が式 (9.12) の解ならば，その波高を何倍かした波，つまり

$$\psi = af(x - ct) \tag{9.13}$$

も，式 (9.12) の解である（つまり，現実の波として実現可能である）。たとえば音について言えば，君は同じ言葉を，小声でささやくことも大声でどなることもできるのだ。つまり，式 (9.12) に従う波は，スカラー倍できる。マイナス倍ができるのかと言えば，もちろんできる。$f(x - ct)$ がプラスならば，そのマイナス倍は，音波の場合は圧力が低くなる波形，水面の波の場合は水面が凹んだ波形になる。

また，図 9.2(2) のように，別々の 2 つの波形：$\psi = f(x - ct)$ と $\psi = g(x - ct)$ があると，各位置で 2 つの波の波高を足すことでできる波形，つまり

$$\psi = f(x - ct) + g(x - ct) \tag{9.14}$$

も，あり得る（重ね合わせの原理！）。たとえば音について言えば，複数の楽器の音を重ねることでバンドやオーケストラの演奏ができるのだ。つまり，式 (9.12) に従う波は，足し算できる。

この足し算は，互いに逆方向に進む波についても許される。すなわち，右方向に進む波形 $f(x - ct)$ と，左方向に進む波形 $g(x + ct)$ について，その足し算：

$$\psi = f(x - ct) + g(x + ct) \tag{9.15}$$

[*3] これらの解，つまり $\psi = f(x - ct)$ や $\psi = f(x + ct)$ のような解を，ダランベールの解という。

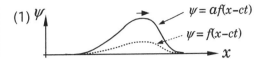

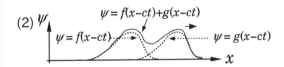

図 9.2 「波形のスカラー倍」と「波形の足し算」

も，式 (9.12) の解であり，現実の波として実現可能である。

このように，一般に，ある物理現象について，重ね合わせの原理が成り立つような場合，「その物理現象は線型（linear）である」という。式 (9.12) で考えたのは線型な波である。

ただし，注意してほしいのだが，式 (9.12) の導出過程は，やや天下り的である。この方程式が「波っぽい現象」を表すのは確かだが，現実のいろんな波動現象の全てが，必ずしもこの方程式に従うとは限らない。実際，この方程式に従わないばかりか，重ね合わせの原理も成り立たないような波動現象（非線型の波）も，現実に存在する。代表的なものに，浜辺に打ち寄せるときに盛り上がって崩れる，海の波が挙げられる。そのような波は，ソリトンという数学理論などで盛んに研究され，光通信などの工学的な実用にも役立っている（音波や水面の波は，ψ が小さい場合とか，波形がなめらかであるような，「おだやか」な波のときに限って，式 (9.12) が成り立つ）。

9.2 弦を伝わる波

ピンと張られた糸（糸電話の糸やギターの弦など）に伝わる波について考えよう。x 軸に沿って，線密度（単位長さあたりの質量）ρ の糸が，張力 S で張られているとする。x 軸に直交する y 軸の方向に糸は変位（振動）するが，その変位 $y(x, t)$ は 0 に近いために，張力 S の大きさは時間 t にも位置 x にも依存しない一定値であるとみなせる。また，重力は無視する。ある位置 x を中心として狭い幅 Δx の糸の部分（$x - \Delta x/2$ から $x + \Delta x/2$ の部

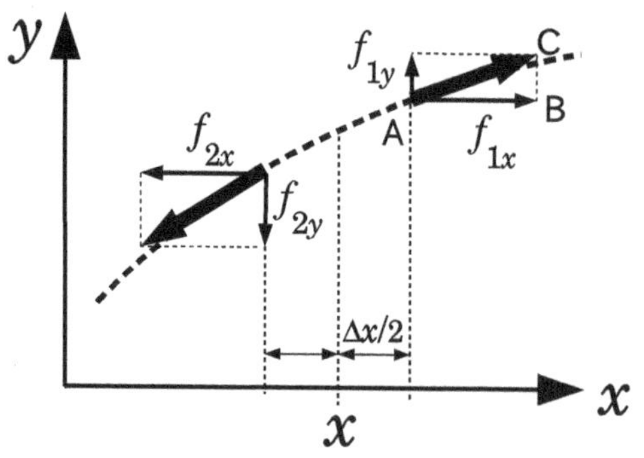

図 9.3 糸の上を伝わる波の一部（拡大図）。太い点線が糸を表す。2 つの太い矢印は糸の張力で，その大きさはともに S。

分）の運動を考えよう（図 9.3 参照）。

(1) この部分の質量 Δm は，

$$\Delta m = \rho \Delta x \tag{9.16}$$

であることを示せ。ヒント：糸の長さは Δx よりも若干伸びているが，質量的には，その伸びはほとんど無視できる。それに，伸びるぶんだけ，細くなっているだろうし。

(2) この部分の右端にかかる張力を (f_{1x}, f_{1y}) とすると，以下の 2 つの式がなりたつことを示せ。

$$f_{1x}^2 + f_{1y}^2 = S^2 \tag{9.17}$$

$$\frac{f_{1y}}{f_{1x}} = \frac{\partial y}{\partial x}\left(x + \frac{\Delta x}{2}, t\right) \tag{9.18}$$

ヒント：張力は糸に沿った方向に働く。

(3) f_{1y} は f_{1x} よりもずっと小さいとみなせば次式が成り立つことを示せ：

$$f_{1x} \fallingdotseq S \tag{9.19}$$

$$f_{1y} \fallingdotseq S \frac{\partial y}{\partial x}\left(x + \frac{\Delta x}{2}, t\right) \tag{9.20}$$

(4) 式 (9.20) は以下のようになることを示せ。

$$f_{1y} \fallingdotseq S \frac{\partial y}{\partial x}(x, t) + S \frac{\partial^2 y}{\partial x^2}(x, t)\frac{\Delta x}{2} \tag{9.21}$$

ヒント：線型近似。

(5) 同様に，左端にかかる張力 (f_{2x}, f_{2y}) は次式のようになることを示せ：

$$f_{2x} \fallingdotseq -S \tag{9.22}$$

$$f_{2y} \fallingdotseq -S \frac{\partial y}{\partial x}\left(x - \frac{\Delta x}{2}, t\right) \tag{9.23}$$

(6) 式 (9.23) は以下のようになることを示せ。

$$f_{2y} \fallingdotseq -S \frac{\partial y}{\partial x}(x, t) + S \frac{\partial^2 y}{\partial x^2}(x, t)\frac{\Delta x}{2} \tag{9.24}$$

(7) この糸の，x を中心とする幅 Δx の部分にかかる合力 (F_x, F_y) は，

$$F_x = f_{1x} + f_{2x} \tag{9.25}$$

$$F_y = f_{1y} + f_{2y} \tag{9.26}$$

となる。次式を示せ：

$$F_x \fallingdotseq 0 \tag{9.27}$$

$$F_y \fallingdotseq S \frac{\partial^2 y}{\partial x^2}(x, t)\Delta x \tag{9.28}$$

(8) この部分の y 方向の運動方程式は，以下のようになることを示せ：

$$\Delta m \frac{\partial^2 y}{\partial t^2} \fallingdotseq S \frac{\partial^2 y}{\partial x^2}\Delta x \tag{9.29}$$

(9) 式 (9.29) を整理し，Δx や Δt を限りなく 0 に近づけると，次式のような波動方程式になることを示せ：

$$\frac{\partial^2 y}{\partial t^2} = \frac{S}{\rho}\frac{\partial^2 y}{\partial x^2} \tag{9.30}$$

ヒント：式 (9.16)。

(10) この糸を伝わる波の速さ c は，$\sqrt{S/\rho}$ であることを示せ。ヒント：式 (9.30) を式 (9.12) のように見て，速さ c を導く。

(11) 糸にかかる張力を 2 倍にすると，波の速さは何倍になるか？[*4]

9.3 人口の年齢構成

ある国の人口の，年齢構成の変動を数学的に考えてみよう（ここにも波動方程式が出てくるのだ）。ある年を時刻の起点，つまり $t = 0$ とし，そこから時間が t だけたったとき，年齢 x を中心として，Δx の幅をもった年齢層，つまり年齢が $x - \Delta x/2$ から $x + \Delta x/2$ である人の数が $N(x, t)\Delta x$ であるとしよう（つまり N は単位年齢幅あたりの人口）。そこから Δt だけ時がたつと（$\Delta t << \Delta x$ とする），この

[*4] 張力を変えることで波の速さが変わり，糸の振動の振動数が変わる。その結果，糸から生じる音の高さが変わる。これが，ギターやピアノ等の弦楽器の調律に関する原理である。

年齢層は，一部が入れ替わって，その人口は，

$$N(x, t+\Delta t)\Delta x \tag{9.31}$$

になっている。

さて，この期間における，この年齢層の人口の増減の要因は，以下の3つがある：

要因1：この年齢層より若かった人達が成長してこの年齢層に参入してくること。

要因2：この年齢層に入っていた人達が歳をとってこの年齢層から卒業すること。

要因3：この年齢層の一部が，不幸にして事故や病気や老衰で亡くなってしまうこと。

問144　この問題に関して，関数 $N(x, t)$ を決定する方程式を探そう。

(1)　要因1に該当する人達の数は，

$$N\left(x - \frac{\Delta x}{2} - \frac{\Delta t}{2}, t\right)\Delta t \tag{9.32}$$

となることを示せ。ヒント：時刻 t の時点で彼らの年齢は $x-\Delta x/2$ 以下かつ $x-\Delta x/2-\Delta t$ 以上。図9.4を参照せよ。

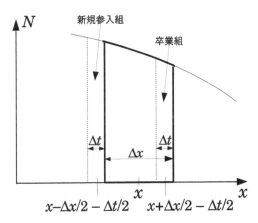

図9.4　人口の年齢分布とその変動。太い線で囲まれているのが，「年齢 x を中心として，Δx の幅をもった年齢層の人口」である。左側の，幅 Δt の帯が，今後 Δt の間に，この年齢層に新たに参加する人口。右側の帯は，今後 Δt の間に，この年齢層から「卒業」していく人口。

(2)　式 (9.32) は，x に関する線型近似を用いると次のようになることを示せ：

$$N(x, t)\Delta t - \frac{\partial N}{\partial x}(x, t) \times \left(\frac{\Delta x}{2} + \frac{\Delta t}{2}\right)\Delta t \tag{9.33}$$

(3)　要因2に該当する人達の数は，

$$N\left(x + \frac{\Delta x}{2} - \frac{\Delta t}{2}, t\right)\Delta t \tag{9.34}$$

となることを示せ。ヒント：時刻 t の時点で彼らの年齢は $x+\Delta x/2$ 以下かつ $x+\Delta x/2-\Delta t$ 以上。

(4)　式 (9.34) は，x に関する線型近似を用いると次のようになることを示せ：

$$N(x, t)\Delta t + \frac{\partial N}{\partial x}(x, t) \times \left(\frac{\Delta x}{2} - \frac{\Delta t}{2}\right)\Delta t \tag{9.35}$$

(5)　要因3に該当する人達の数は，x に依存する適当な実数 $\alpha(x)$ を用いて，近似的に

$$\alpha(x)N(x, t)\Delta x\Delta t \tag{9.36}$$

となることを示せ。ヒント：P.38 式 (2.63) の狼の減少

(6)　Δt の間のこの年齢層の人口の変化（増加をプラスとする）は，式 (9.31) より，

$$N(x, t+\Delta t)\Delta x - N(x, t)\Delta x \tag{9.37}$$

である。これは，式 (9.33) ひく式 (9.35) ひく式 (9.36) に等しいはずだ。そのことから，次式を示せ。

$$N(x, t+\Delta t)\Delta x - N(x, t)\Delta x$$
$$\fallingdotseq N(x, t)\Delta t - \frac{\partial N}{\partial x}(x, t) \times \left(\frac{\Delta x}{2} + \frac{\Delta t}{2}\right)\Delta t$$
$$- N(x, t)\Delta t - \frac{\partial N}{\partial x}(x, t) \times \left(\frac{\Delta x}{2} - \frac{\Delta t}{2}\right)\Delta t$$
$$- \alpha(x)N(x, t)\Delta x\Delta t \tag{9.38}$$

(7)　式 (9.38) から，次式を導け：

$$N(x, t+\Delta t)\Delta x - N(x, t)\Delta x$$
$$\fallingdotseq -\frac{\partial N}{\partial x}(x, t)\Delta x\Delta t - \alpha(x)N(x, t)\Delta x\Delta t \tag{9.39}$$

(8)　式 (9.39) から，次式を導け：

$$\frac{N(x, t+\Delta t) - N(x, t)}{\Delta t}$$
$$\fallingdotseq -\frac{\partial N}{\partial x}(x, t) - \alpha(x)N(x, t) \tag{9.40}$$

(9)　式 (9.40) で，Δx と Δt を限りなく0に近づけることで，次式を示せ。

$$\frac{\partial N}{\partial t} = -\frac{\partial N}{\partial x} - \alpha(x)N \qquad (9.41)$$

これが，人口の年齢構成の変動に関する支配方程式である。

ここで，諸君は何か変だと思わなかっただろうか？ 上の議論では，死亡する人のことは考えたが，生まれる人のことは全く考えていなかった。それでは人口の行く末を議論することなどできないではないか！

生まれる人は，必ず $N(0,t)$ のグループに入るから，0 より大きい x に関する $N(x,t)$ の動態には，生まれる人のことを，直接的に（explicit，つまり陽に）反映することはできないのだ。逆に言えば，$N(0,t)$ は，生まれる人の数を考慮しないと決まらない。つまり，偏微分方程式の構造そのものとは別の考察によって，$N(0,t)$ を与えなければならない。そういう条件を，<u>境界条件</u>という。$x=0$ のときの t に関する関数形を与えるのが境界条件である。

一方，$t=0$ のときの年齢構成，つまり $N(x,0)$ も，あらかじめ与えられないと，その先の動態を求めることはできない。これを初期条件という。初期条件は，$t=0$ のときの x に関する境界条件とみなすこともできる。

こうしてみると，偏微分方程式は，それぞれの独立変数（この場合は x と t）をゼロに固定したときの他の独立変数に関する関数形，つまり，独立変数の数だけの境界条件を，なんらかの形で与えてやらねば解けない。

問 145 式 (9.41) の性質を，調べてみよう。ここでは，簡単な場合として，「誰も死なない，誰も生まれない」というような恐ろしい条件で，国の人口分布がどうなるかを調べてみよう。つまり，恒等的に $\alpha=0$ であり，かつ，境界条件は $N(0,t)=0$ である。

(1) この条件で，式 (9.41) は次式のようになることを示せ：

$$\frac{\partial N}{\partial t} = -\frac{\partial N}{\partial x} \qquad (9.42)$$

これは P.110 式 (9.8) の形の波動方程式（片方に伝わる波の方程式）ではないか‼

(2) この式 (9.42) は，P.110 式 (9.8) の特殊な場合

であることを示せ。ヒント：式 (9.8) で $c=1$ とすればよい。

(3) 微分可能な任意の関数 $f(x)$ について，$N = f(x-t)$ は式 (9.42) の解であることを示せ。

(4) ある時刻 t における年齢構成のグラフ（横軸を年齢，縦軸を N とする）は，時間 t がたつにつれ，形を変えずに右側に移動していく。なぜそうなるか，人口変動の観点から考察せよ。

前問で示した，式 (9.41) は，人口の年齢構成の変動に関する，ごくシンプルなモデルである。実際は，男女別に考えたり，初期条件（出生者数）を女性の年齢構成から与えたりできる。そうすれば，より精密な人口変動予測ができるだろう。また，ロジスティック方程式やロトカ・ヴォルテラ方程式のように競争条件を加えたりもできる。そうすれば，人間以外の生物の個体数変動も精密に検討できるだろう。ともあれ，そういう複雑な調整をするしないはともかく，このモデルの基本は波動方程式なのである。

9.4　正弦波がわかれば波がわかる

さて，線型な波動現象の場合，重ね合わせの原理が効くので，複雑な波形も，単純な波形の線型結合に置き換えることができるかもしれない。であれば，単純な波のことをしっかり調べれば，複雑な波のこともわかってくるかもしれない。

では「最も単純な波」とは何だろう？ 主観的な判断になるが，物理学や数学では「最も単純な波」として，三角関数で表現される波形つまり「正弦波」を考える。そして，線型な波動現象の波形を複数の正弦波の線型結合として表現して，その現象を取り扱うのだ（フーリエ級数展開やフーリエ変換）。従って正弦波をしっかりと調べておく必要がある。

いま，ある 1 次元の波が時刻 0 で

$$\psi = A\sin kx \qquad (9.43)$$

のような波形であったとする。ここで x は 1 次元の位置を表す座標である。A, k は適当な実数である。このグラフを考えれば，kx の値が 2π 増えるごとに，同じ波形が繰りかえされる。つまり，x の値が $2\pi/k$ 増えるごとに同じ波形が繰りかえされる。

従って，「ひとつの波」の長さは $2\pi/k$ である。これを波長（wave length）と呼び，慣習的に λ で表す。それに対して k を波数（wave number）とよぶ。波数と波長の関係（次式）はよく理解し，記憶しておこう[*5]：

$$\lambda = \frac{2\pi}{k}, \quad k = \frac{2\pi}{\lambda} \tag{9.44}$$

関数のグラフの拡大と縮小[*6]について思い出せば，式 (9.43) について，k が大きくなるほど波形は x 方向につまった感じ，つまり波長 λ が小さくなることがわかるだろう。また，A が大きくなるほど波形は縦に伸びることもわかるだろう。実際，$\sin kx$ は -1 から 1 の間の値をとるから，$A\sin kx$ は $-A$ と A の間の値をとる。つまり，A は振動の幅（の半分）を決める。そこで A を振幅（amplitude）とよぶ。

では，時刻 0 で式 (9.43) のような波形であった波は，時間が経つにつれてどういう波形になるだろうか？ もしこの波が右向き（x 軸の正の向き）に一定速度で動くならば，その波形は，時刻 t では P.109 式 (9.2) において f を $A\sin kx$ にしたものになるだろう。すなわち，

$$\psi = A\sin k(x - ct) \tag{9.45}$$

となる。c は波の速さである。これを変形すると，

$$\psi = A\sin(kx - kct) \tag{9.46}$$

となる。ここで，

$$kc = \omega \tag{9.47}$$

と書けば，

$$\psi = A\sin(kx - \omega t) \tag{9.48}$$

となる。この式に基づいて，$x = 0$ つまり原点で，波高が時間とともにどう変わっていくかを見てみよう。この式で $x = 0$ とすれば，

$$\psi = -A\sin \omega t \tag{9.49}$$

となる。これは，ωt の値が 2π 増えるごとに，同じ状態に戻る。つまり，t の値が $2\pi/\omega$ 増えるごと

に同じ振動が繰りかえされる。従って，「ひとつの振動」にかかる時間は $2\pi/\omega$ である。これを周期（period）と呼び，慣習的に T で表す。それに対して，ω を角速度（angular velocity）とか角振動数とか角周波数とよび，単位時間あたりに進む位相（角）である。角速度と周期の関係（次式）は，よく理解し記憶しておこう[*7]：

$$T = \frac{2\pi}{\omega}, \quad \omega = \frac{2\pi}{T} \tag{9.50}$$

さて，式 (9.48) のように，物理現象が時間的・空間的に周期的に起きる場合，いま，その周期ひとつぶんの中の，どのあたりにいるのか，が大事な情報になってくる。式 (9.48) で言えば，$\sin$ の内側，つまり $kx - \omega t$ である。この部分は，本質的には 0 から 2π までの値をとる（2π を過ぎたらもとに戻る）。このような，「周期の中のどのあたりにいるか」を 1 周が 2π になるような値で表したものを位相（phase）という。

問 146　(1) 周期的な現象において，位相とは何か？ (2) 関数 $\sin x$ の位相を $\pi/2$ だけ進めると $\cos x$ になることを示せ。

問 147　(1) 振動数（周波数ともいう）とは何か，調べよ。(2) 振動数 ν と[*8]角速度 ω の関係を述べよ。(3) 振動数 ν と周期 T の関係を述べよ。

また，式 (9.47) で $kc = \omega$ と置いたので，次式が成り立つ。これも大切な式である：

$$c = \frac{\omega}{k} \tag{9.51}$$

問 148　波の速さ c，振動数 ν，波長 λ の間に以下の式が成り立つことを示せ（ヒント：式 (9.44) と問 147(2) を使って式 (9.51) を変形）：

$$c = \nu\lambda \tag{9.52}$$

問 149　式 (9.48) は次式のようにも書けること

[*5]　高校物理では，波長は馴染み深いが波数はほとんど聞いたことがなかっただろう。しかし大学の物理学では，波長よりも波数のほうをよく使う。

[*6]　「ライブ講義 大学1年生のための数学入門」第4章

[*7]　高校物理では，周期は馴染み深いが角速度はほとんど聞いたことがなかっただろう。しかし，大学の物理学では，周期よりも角速度のほうをよく使う。

[*8]　ν はギリシア文字のニューの小文字である。v ではない。また，振動数は f と書くことも多い。

を示せ：

$$\psi = A \sin 2\pi \left(\frac{x}{\lambda} - \frac{t}{T} \right) \tag{9.53}$$

$$\psi = A \sin \omega \left(\frac{x}{c} - t \right) \tag{9.54}$$

$$\psi = A \sin \frac{2\pi}{T} \left(\frac{x}{c} - t \right) \tag{9.55}$$

さて，式 (9.48) は，$t = 0$, $x = 0$ で位相が 0 である（つまり波高はゼロである）が，一般に，正弦波には，そのような制約があるとは限らない。そこで，$t = 0$, $x = 0$ での位相を δ と書く。これを初期位相という。すると式 (9.48) は，

$$\psi = A \sin(kx - \omega t + \delta) \tag{9.56}$$

のように一般化できる。波が左向きの場合は，式 (9.45) を式 (9.3) に戻って修正して式 (9.56) と同様に考えると，

$$\psi = A \sin(kx + \omega t + \delta) \tag{9.57}$$

であることがわかる。この式 (9.56)(9.57) は，1 次元の正弦波の一般的な表現である。

問 150 ▶ 式 (9.56) より，

(1) 次式を導け：

$$\psi = -A \sin(\omega t - kx - \delta) \tag{9.58}$$

(2) $-A$ を改めて A, $-\delta$ を改めて δ と置き直せば，次式になる：

$$\psi = A \sin(\omega t - kx + \delta) \tag{9.59}$$

今まで暗に k や ω は正符号であると考えてきたが，この式 (9.59) では，k に正負の符号を許そう（ω は正とする）。この波は，k が正のとき右向き（x 軸の正の向き），k が負のとき左向き（x 軸の負の向き）に進むことを示せ。このように，波数 k は，波の進む向きも表現してくれるのだ。

(3) この式 (9.59) は，P.110 の方程式 (9.12) を満たすことを示せ。ヒント：式 (9.51)

(4) ある人は，1 次元の正弦波を，適当な実数 A, δ' を使って，

$$\psi = A \cos(\omega t - kx + \delta') \tag{9.60}$$

と表現したい！と言う。式 (9.59) を式 (9.60) のように書き直せ。ヒント：δ' の部分で調節できる。

(5) ある人は，1 次元の正弦波を，適当な実数 a, b を使って，

$$\psi = a \cos(\omega t - kx) + b \sin(\omega t - kx) \tag{9.61}$$

と表現したい！と言う。式 (9.59) を式 (9.61) のように書き直せ。ヒント：加法定理

(6) 式 (9.59) を，角速度と波数の代わりに，周期と波長を使って書き直せ。

(7) 式 (9.59) を，角速度と波数の代わりに，振動数と波の速さを使って書き直せ。

このように，1 次元の正弦波には，様々な表現方法があるが，本質的には，振幅 A，波数 k（又は波長 λ），角速度 ω（又は周期 T 又は周波数 ν），そして初期位相 δ によって決まる。ただし式 (9.61) では，A と δ が無いかわりに，a と b が振幅と初期位相の両方の情報を含む。

9.5　波動方程式で津波を考える

前節までに学んだスキルを使って，基本的な物理法則をもとに，いくつかの実際の波動現象を理解してみよう。まず，津波が海上を伝わる様子を考えよう（図 9.5）。

海底は水平面とし，海底の一点に原点をとる。一方向に伝播する津波を考え，津波の伝わる方向に平

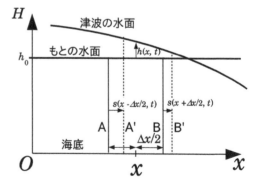

図 9.5　津波の断面図。津波は x 軸の正の方向に伝わるとする。もとの水面と海底と面 A，面 B で囲まれる部分を水塊 Ω とよぶ。津波が来ると面 A は A' に移動し，面 B は B' に移動する。AB 間の距離より A'B' 間の距離が小さいと水塊 Ω は幅が狭くなって上に盛り上がるため，水面が上昇する。

行に x 軸をとる。

津波が来る前（静止状態）の水面の高さを h_0（定数）と置き，津波が来たときの水面の高さを $H = h_0 + h$ と置く。x と時刻 t の 2 変数関数 $h(x, t)$ を決定する方程式を導出しよう[*9]。

静止状態で位置 x にある水は，津波がやってくると，全体的に x 軸の正負の方向に微妙に移動する。その移動量を $s(x, t)$ としよう[*10]。つまり，元々 x にあった水は，時刻 t では $x + s(x, t)$ にある。$s > 0$ なら水は x の正の方向に動き，$s < 0$ なら水は x の負の方向に動いたことになる。この移動量は水深によって異なるかもしれないが，ここでは近似的に考え，水深によらないとする。

さて，静止状態で，$x - \Delta x/2$ にある面 A と $x + \Delta x/2$ にある面 B に挟まれた，幅 Δx で奥行き w の水塊を Ω と呼ぼう。幅 Δx は狭いとする。

津波がやってくると，面 A や面 B は隣の水塊に押されて，左右に移動する。そのとき，面 A は位置

$$x - \frac{\Delta x}{2} + s\left(x - \frac{\Delta x}{2}, t\right) \tag{9.62}$$

に移動し（その面を面 A' とよぼう），面 B は位置

$$x + \frac{\Delta x}{2} + s\left(x + \frac{\Delta x}{2}, t\right) \tag{9.63}$$

に移動する（その面を面 B' とよぼう）。水塊 Ω の幅は移動後は面 A' と面 B' の距離であり，それは式 (9.63) から式 (9.62) を引いて，次式になる：

$$\Delta x + s\left(x + \frac{\Delta x}{2}, t\right) - s\left(x - \frac{\Delta x}{2}, t\right) \tag{9.64}$$

これがもとの幅 Δx よりも小さいとき，すなわち，

$$s\left(x + \frac{\Delta x}{2}, t\right) < s\left(x - \frac{\Delta x}{2}, t\right) \tag{9.65}$$

のとき（つまり面 B の変位より面 A の変位の方が大きいとき）は，幅が狭くなる分，水は行き場を失い，上に盛り上がり，その結果，水面はもとの高さ h_0 よりも高くなるだろう。逆に，

$$s\left(x + \frac{\Delta x}{2}, t\right) > s\left(u - \frac{\Delta x}{2}, t\right) \tag{9.66}$$

ならば，水塊 Ω の幅はもとの幅 Δx より大きくな

---

*9 以下，$h(x, t)$ の (x, t) という部分を，適宜，省略して書く。h は x と t の関数であるということを諸君に思い出して欲しいときや，x, t に特別な値を代入したいときは $h(x, t)$ と書く。h 以外の関数についても同様。

*10 $s(x, t)$ も，(x, t) という部分を適宜省略する。

り，水面は h_0 より低くなるだろう。

問 151

(1) 水塊 Ω の体積は，面 A と面 B に挟まれているときと，面 A' と面 B' に挟まれているときで変わらないことから次式を導け：

$$h_0 w \Delta x =$$
$$(h_0 + h) w \left\{ \Delta x + s\left(x + \frac{\Delta x}{2}, t\right) \right.$$
$$\left. - s\left(x - \frac{\Delta x}{2}, t\right) \right\} \tag{9.67}$$

(2) 式 (9.67) から次式を導け：

$$h_0 \fallingdotseq (h_0 + h)\left(1 + \frac{\partial s}{\partial x}\right) \tag{9.68}$$

(3) h も s も微小量である。従って，

$$h\frac{\partial s}{\partial x} \tag{9.69}$$

は微小量どうしの積なので，近似的に無視できる。そのことを使って，式 (9.68) から次式を導け：

$$\frac{\partial s}{\partial x} \fallingdotseq -\frac{h}{h_0} \tag{9.70}$$

式 (9.70) で，水の移動と波の高さを関係づけられた。

次に，水の移動の仕方を規定する式を作ろう。水でも何でも，質量のある物体の移動（運動）の様子を規定するのはニュートンの運動方程式だ。運動方程式を立てるには，まず，その物体にかかる力を記述しなければならない。というわけで，水塊 Ω にかかる力を考える。水塊 Ω には，面 A を介して左の水塊から右向きの水圧を受け，面 B を介して右の水塊から左向きの水圧を受ける。一般論として，水深（水面からの距離）y での水圧は $\rho g y$ であることが知られている（ρ は水の密度，g は重力加速度）。従って，海底から高さ H までの垂直面（奥行き w）にかかる力は，その面の各水深における圧力をぜんぶ足したものだから次式になる：

$$\int_0^H \rho g y w \, dy = \frac{\rho g w H^2}{2} \tag{9.71}$$

従って，水塊 Ω の左から（面 A を介して）かかる力は

$$\frac{\rho gw\left\{h_0 + h\left(x - \frac{\Delta x}{2}, t\right)\right\}^2}{2} \qquad (9.72)$$

であり，水塊 Ω の右から（面 B を介して）かかる力は

$$-\frac{\rho gw\left\{h_0 + h\left(x + \frac{\Delta x}{2}, t\right)\right\}^2}{2} \qquad (9.73)$$

である（マイナス符号は左向きを意味する）。

問 152

(1) 水塊 Ω に，面 A と面 B を介してかかる，x 軸方向の合力 F は，次式で表されることを示せ：

$$F \fallingdotseq -\rho gw\left(h_0 + h(x,t)\right)\frac{\partial h}{\partial x}\Delta x \quad (9.74)$$

(2) 水塊 Ω の質量を m とする。次式を示せ：

$$m = \rho h_0 w \Delta x \qquad (9.75)$$

(3) 水塊 Ω の，x 方向の加速度 a は次式であることを示せ：

$$a = \frac{\partial^2 s}{\partial t^2} \qquad (9.76)$$

(4) 水塊 Ω の，x 軸方向の運動方程式，すなわち $F = ma$ から，次式を示せ：

$$\frac{\partial^2 s}{\partial t^2} = -g\frac{h_0 + h}{h_0}\frac{\partial h}{\partial x} \qquad (9.77)$$

(5) $|h| << h_0$ とみなし，次式を示せ：

$$\frac{\partial^2 s}{\partial t^2} \fallingdotseq -g\frac{\partial h}{\partial x} \qquad (9.78)$$

式 (9.78) が，水の移動の仕方を規定する式である。最後に，式 (9.70) と式 (9.78) を組み合わせよう：

問 153 式 (9.78) の両辺を x で偏微分し，式 (9.70) を使うことで次式を導け：

$$\frac{\partial^2 h}{\partial t^2} \fallingdotseq gh_0\frac{\partial^2 h}{\partial x^2} \qquad (9.79)$$

式 (9.79) は P.110 式 (9.12) と同じ形の方程式，つまり波動方程式になっている。

問 154

(1) 津波の速さ c は次のようになることを示せ：

$$c = \sqrt{gh_0} \qquad (9.80)$$

(2) 2011 年 3 月 11 日の東北太平洋沖地震では，震源域から三陸沿岸までの距離は約 200 km あった。その間の水深は平均 1500 m 程度だった。震源域で発生した津波が沿岸に到達するまでの時間を見積もれ。

(3) 津波は沿岸に近づくほど波が高くなると言われている。それを，水深と速度の関係に基づいて説明せよ。

9.6　波動方程式で音を考える

　空気中を音波が伝わる様子を考えよう今，簡単のため，一方向に伝播する音波を考え，伝播方向に x 軸をとる（図 9.6）。

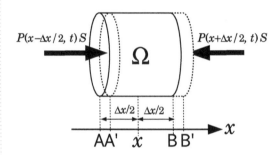

図 9.6　音波を考える概念図

　場所 x での気圧（圧力）を $P(x) = P_0 + p(x)$ としよう。ここで P_0 は静止状態（無音の状態）の気圧であり，全ての場所で等しい。$p(x)$ は，音が鳴っている状態の気圧 $P(x)$ から無音状態の気圧 P_0 を引いたものであり，音圧と呼ばれる。音圧は，音がやってくると，ゼロをまたいで増減するが，その大きさは，P_0 よりはるかに微小である。すなわち $p << P_0$ である。実際，音圧はせいぜい 10 Pa 程度であり，標準大気圧（約 10^5 Pa）の 1 万分の 1 程度である。

　ここでは，音圧は x 軸に沿って変わるが，x 軸に直交する方向では変わらないとする。静止状態（無音の状態）で位置 x にある空気は，音がやってくると，x 軸の正負の方向に微妙に移動する（空気の混合や，風による移流は考えない）。その移動量を $s(x,t)$ としよう。つまり，元々 x にあった空気は，時刻 t では $x + s(x,t)$ にある。

さて，静止状態（無音の状態）で，点 A: $x - \Delta x/2$ と点 B: $x + \Delta x/2$ の間にある，断面積 S の筒状の空気塊 Ω を考える（図 9.6）。空気塊 Ω の体積を V とする。特に，静止状態での V を V_0 と書く。明らかに

$$V_0 = S\Delta x \tag{9.81}$$

である。ところが，音がやってくると，空気は微妙に移動するので，V も微妙に変化する。そこで，

$$V = V_0 + v(x, t) \tag{9.82}$$

と書こう。このように，空気塊が時刻と場所によって移動し，その結果，体積を変えるため，圧力（気圧）も時刻と場所によって変わるだろう。その関係を求めよう：

問 155

(1) 静止状態で点 A: $x - \Delta x/2$ にあった空気分子は，時刻 t のとき，座標

$$x - \frac{\Delta x}{2} + s\left(x - \frac{\Delta x}{2}, t\right) \tag{9.83}$$

の点（これを A' とよぶ）に来ることを示せ。同様に，静止状態で点 B: $x + \Delta x/2$ にあった空気分子は，時刻 t のとき，座標

$$x + \frac{\Delta x}{2} + s\left(x + \frac{\Delta x}{2}, t\right) \tag{9.84}$$

の点（これを B' とよぶ）に来ることを示せ。

(2) 点 A' と点 B' の距離は，

$$\Delta x + \frac{\partial s}{\partial x}\Delta x \tag{9.85}$$

と近似できることを示せ。ヒント：A' と B' のそれぞれの座標について，s を線型近似し，引き算する。

(3) 次式を示せ：

$$V_0 + v \coloneqq S \times \left(\Delta x + \frac{\partial s}{\partial x}\Delta x\right) \tag{9.86}$$

ヒント：左辺は V である。静止状態で点 A と点 B の間にあった空気塊 Ω は，時刻 t では点 A' と点 B' の間に来る。

(4) 前小問の式から，次式を導け。ヒント：式 (9.81)。

$$V_0 + v \coloneqq V_0 + \frac{\partial s}{\partial x}V_0 \tag{9.87}$$

(5) 前小問の式から，次式を導け：

$$\frac{v}{V_0} \coloneqq \frac{\partial s}{\partial x} \tag{9.88}$$

(6) 空気は断熱変化することを仮定すると，

$$PV^\gamma = \text{一定値} \tag{9.89}$$

となる（これは熱力学第一法則と，気体の状態方程式から導かれる）。ここで，γ は「比熱比」と呼ばれる定数で，その定義は，定圧モル比熱 C_P と定積モル比熱 C_V の比である：

$$\gamma \coloneqq C_P/C_V \tag{9.90}$$

γ の値は気体分子の構造によって異なり，

単原子分子気体の場合：$\gamma = 5/3$ (9.91)
2 原子分子気体の場合：$\gamma = 7/5$ (9.92)

であることを化学や物理学で学んだだろう[11]。さて，式 (9.89) から，

$$PV^\gamma = P_0 V_0^\gamma \tag{9.93}$$

となる。このことから，次式を示せ：

$$(P_0 + p)(V_0 + v)^\gamma = P_0 V_0^\gamma \tag{9.94}$$

(7) 前小問の式から次式を導け：

$$(P_0 + p)\left(1 + \frac{v}{V_0}\right)^\gamma = P_0 \tag{9.95}$$

ヒント：両辺を V_0^γ で割る。

(8) ここで，v の絶対値は V_0 より十分に小さいとして，

$$\left(1 + \frac{v}{V_0}\right)^\gamma \coloneqq 1 + \gamma\frac{v}{V_0} \tag{9.96}$$

と近似し，また，pv は 0 に近いとして無視すると[12]，前小問の式は次のようになることを示せ：

$$\gamma P_0 \frac{v}{V_0} + p \coloneqq 0 \tag{9.97}$$

(9) このことから次式を導き（v は十分に 0 に近い

---

[11] 単原子分子の運動エネルギーは，直線運動に付随する運動エネルギーだけだが，2 原子分子になると，回転運動に付随する運動エネルギーもある。そのことが，γ の違いを生じさせる。

[12] 元々 p も v も微妙（微小）としているので，両者の積は 0 にとても近い。

として，$\fallingdotseq$ は $=$ に書き換えた）：

$$\frac{v}{V_0} = -\frac{p}{P_0\gamma} \tag{9.98}$$

(10)　式 (9.88) と式 (9.98) より，次式を導け：

$$\frac{\partial s}{\partial x} = -\frac{p}{P_0\gamma} \tag{9.99}$$

式 (9.99) によって，空気塊の変位と圧力（気圧）の関係が定まった。

次に，空気の運動を規定する式を作ろう。津波の水塊と同じように，この空気塊についても，その移動を規定するのはニュートンの運動方程式である。

問 156

(1)　空気塊 Ω の質量を m とすれば，

$$m = \rho_0 V_0 = \rho_0 S\Delta x \tag{9.100}$$

であることを示せ。ここで，ρ_0 は，静止状態における空気の密度（定数）である。

(2)　空気塊 Ω の左端に働く力は，$P(x-\Delta x/2, t)S$ であり，右端に働く力は，$-P(x+\Delta x/2, t)S$ であることを示せ。ここで，点 A と点 A' は非常に近いので，点 A' での圧力は，点 A での圧力とほぼ等しいとみなす。同様に，点 B' での圧力は，点 B での圧力とほぼ等しいとみなす。

(3)　空気塊 Ω に働く x 方向の合力は，近似的に

$$-\frac{\partial P}{\partial x}S\Delta x \tag{9.101}$$

となることを示せ。ヒント：前問で考えた，左右端に働く力をそれぞれ線型近似して足し合わせる。

(4)　以上より，空気塊 Ω の x 方向の運動方程式は，以下のようになることを示せ：

$$m\frac{\partial^2 s}{\partial t^2} \fallingdotseq -\frac{\partial P}{\partial x}S\Delta x \tag{9.102}$$

(5)　式 (9.102) と式 (9.100) から次式を導け：

$$\frac{\partial^2 s}{\partial t^2} = -\frac{1}{\rho_0}\frac{\partial p}{\partial x} \tag{9.103}$$

ここで，$P = P_0 + p$ であり，P_0 は定数なので，$\partial P/\partial x = \partial p/\partial x$ となることに注意せよ。

式 (9.103) によって，空気塊の運動が定まった。では，式 (9.99) と式 (9.103) を組み合わせよう。

問 157　式 (9.103) を，x で偏微分し，式 (9.99) から $\partial s/\partial x$ を $-p/P_0\gamma$ で置き換えれば，次式のようになることを示せ：

$$\frac{\partial^2 p}{\partial t^2} = \frac{P_0\gamma}{\rho_0}\frac{\partial^2 p}{\partial x^2} \tag{9.104}$$

式 (9.104) は P.110 式 (9.12) と同じ形の方程式，つまり波動方程式になっている。この式に従って，圧力の分布が波として伝播するのが音波である。

問 158　式 (9.104) を用いて，大気圧（$P_0 = 1.0 \times 10^5$ Pa）常温（300 K）での空気の音速（音の速さ）を求めよう。空気の平均分子量を 30 とする。

(1)　音速（音の速さ）c が次式で表されることを示せ：

$$c = \sqrt{P_0\gamma/\rho_0} \tag{9.105}$$

(2)　$\rho_0 = 1.2$ kg/m^3 を示せ。

(3)　空気はほとんどが N_2 と O_2 だ。$\gamma \fallingdotseq 7/5$ を示せ。

(4)　$c \fallingdotseq 340$ m/s を示せ。

9.7　面を伝わる波の波動方程式

ピンと張られた膜（太鼓の皮など）に伝わる波を考えよう。図 9.7 のように x, y, z の 3 つの直交する軸を考える。膜は静止状態では xy 平面に沿ってピンと張られている。膜が上下に振動することによって，膜に波が生じる。膜は z 方向だけに動くとする。xy 平面上の位置 (x, y) における，時刻 t での膜の高さ（上下方向の変位）を $z(x, y, t)$ とする。z は微小であると仮定する。

図 9.7 のように，膜の上に四角形 ABCD を考え，それを Σ とよぶ。膜の静止状態では Σ は xy 平面上にあり，辺 AB，辺 CD は x 軸に平行で，その長さは Δx で，中点の x 座標を x とする。同じく膜の静止状態では，辺 BC，辺 DA は y 軸に平行で，その長さは Δy で，中点の y 座標を y とする。辺 AB，辺 BC，辺 CD，辺 DA にそれぞれ働く力を以下のように定める：

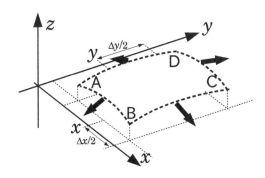

図 9.7　膜の上を伝わる波の一部（拡大図）。太い点線で囲まれた四角形 Σ は膜の上にある。4 つの太い矢印は，四角形 Σ の各辺にかかる膜の張力で，その大きさは辺の長さに比例し，向きは膜に平行で辺に垂直である。

$$\mathbf{F}_1 = (f_{1x}, f_{1y}, f_{1z}) \tag{9.106}$$

$$\mathbf{F}_2 = (f_{2x}, f_{2y}, f_{2z}) \tag{9.107}$$

$$\mathbf{F}_3 = (f_{3x}, f_{3y}, f_{3z}) \tag{9.108}$$

$$\mathbf{F}_4 = (f_{4x}, f_{4y}, f_{4z}) \tag{9.109}$$

膜の張力（膜を横切る単位長さあたりにかかる力の大きさ）を K とする。現実的には膜が伸縮することで K は多少は変わるかもしれないが，ここではその影響は無視し，K は場所や時刻によらず一定とする。重力は無視する。

問 159　次式が成り立つことを示せ：

$$|\mathbf{F}_1| = |\mathbf{F}_3| = K\Delta x \tag{9.110}$$

$$|\mathbf{F}_2| = |\mathbf{F}_4| = K\Delta y \tag{9.111}$$

また，各辺に働く力は辺に垂直であるとみなし，

$$f_{1x} = f_{2y} = f_{3x} = f_{4y} = 0 \tag{9.112}$$

とおく。

さて，たとえば辺 BC に働く力を考えよう。その力は，この辺を境界として四角形 ABCD の隣の膜から引っ張られることによって生じるはずだ。従って，その力の向きは，隣の膜の方向である。すなわち，その力は膜に接する（膜に平行な）方向である。それは，膜を辺 BC に垂直な面で切ったときに，切り口に現れる曲線の接線の向きでもある。従って，次式が成り立つ：

$$\frac{f_{2z}}{f_{2x}} \fallingdotseq \frac{\partial z}{\partial x}\left(x + \frac{\Delta x}{2}, y, t\right) \tag{9.113}$$

問 160

(1)　次式を示せ：

$$\sqrt{f_{2x}^2 + f_{2z}^2} = K\Delta y \tag{9.114}$$

(2)　次式を示せ：

$$f_{2x} \fallingdotseq K\Delta y \tag{9.115}$$

$$f_{2z} \fallingdotseq K\Delta y \frac{\partial z}{\partial x}\left(x + \frac{\Delta x}{2}, y, t\right) \tag{9.116}$$

(3)　次式を示せ：

$$f_{1y} \fallingdotseq -K\Delta x \tag{9.117}$$

$$f_{3y} \fallingdotseq K\Delta x \tag{9.118}$$

$$f_{4x} \fallingdotseq -K\Delta y \tag{9.119}$$

$$f_{1z} \fallingdotseq -K\Delta x \frac{\partial z}{\partial y}\left(x, y - \frac{\Delta y}{2}, t\right) \tag{9.120}$$

$$f_{3z} \fallingdotseq K\Delta x \frac{\partial z}{\partial y}\left(x, y + \frac{\Delta y}{2}, t\right) \tag{9.121}$$

$$f_{4z} \fallingdotseq -K\Delta y \frac{\partial z}{\partial x}\left(x - \frac{\Delta x}{2}, y, t\right) \tag{9.122}$$

(4)　この膜に働く合力を $\mathbf{F} = (f_x, f_y, f_z)$ とする。次式のようになることを示せ[13]：

$$f_x \fallingdotseq 0 \tag{9.123}$$

$$f_y \fallingdotseq 0 \tag{9.124}$$

$$f_z \fallingdotseq K\left(\frac{\partial^2 z}{\partial x^2} + \frac{\partial^2 z}{\partial y^2}\right)\Delta x\Delta y \tag{9.125}$$

(5)　膜の面密度（単位面積当たりの質量）を σ とする。次式を示せ（ヒント：運動方程式）：

$$\sigma\Delta x\Delta y \frac{\partial^2 z}{\partial t^2} = f_z \tag{9.126}$$

(6)　次式を示せ：

$$\frac{\partial^2 z}{\partial t^2} \fallingdotseq \frac{K}{\sigma}\left(\frac{\partial^2 z}{\partial x^2} + \frac{\partial^2 z}{\partial y^2}\right) \tag{9.127}$$

式 (9.127) は，2 次元の波動方程式である。ここでは詳述しないが，一般に，波動方程式は，位置と時刻に依存する何らかの物理量 ψ について，

1 次元：　$$\frac{\partial^2 \psi}{\partial t^2} = c^2 \frac{\partial^2 \psi}{\partial x^2} \tag{9.128}$$

2 次元：　$$\frac{\partial^2 \psi}{\partial t^2} = c^2 \left(\frac{\partial^2 \psi}{\partial x^2} + \frac{\partial^2 \psi}{\partial y^2}\right) \tag{9.129}$$

---

[13] $\frac{\partial^2 z}{\partial x^2}$ などには本来は (x, y, t) をつけるべきだが，省略してある。位置や時刻が特別な値（$x + \Delta x/2$ とか）でないときは，このように引数を書くことを省略する。

3 次元：　$\dfrac{\partial^2 \psi}{\partial t^2} = c^2 \left(\dfrac{\partial^2 \psi}{\partial x^2} + \dfrac{\partial^2 \psi}{\partial y^2} + \dfrac{\partial^2 \psi}{\partial z^2} \right)$

(9.130)

のような形に書けるのだ（3 次元の波動方程式は，本書の最後に光の方程式として現れる）。そして，右辺の係数に現れる c は，いずれも，波の速さに相当する。

問 161　上で紹介した，2 次元，3 次元の波動方程式（式 (9.129) と式 (9.130)）について，(1) これらは，いずれも線型同次偏微分方程式であることを示せ。　(2) 波が動かないとき（つまり ψ が t に依存しないとき，つまり波が治まっているとき），これらはラプラス方程式になることを示せ。

演習問題 11　問 158 と同じ温度・圧力で，純粋なヘリウム気体の音速は $c \fallingdotseq 1020$ m/s となることを示せ。ヒント：ヘリウム気体の密度と γ を求めよ。いずれも問 158 で考えた空気の場合とは違うことに注意せよ。

演習問題 12　元々ハ長調の歌を，声の出し方を同じままで，ヘリウム気体を吸って歌うと，何調の歌に聞こえるか？[*14]。

問の解答

答 140　時刻 t での波形は，関数 $\psi = f(x)$ のグラフを x 軸の負の方向に ct だけ移動したものであり，それは $\psi = f(x + ct)$ となる。

答 141　(1) 時刻 t での波形を $\psi(x, t)$ とする。時刻 $t + \Delta t$ での波形 $\psi(x, t + \Delta t)$ は，$\psi(x, t)$ を x 軸の負の方向に $c\Delta t$ だけ平行移動したものなので，

$$\psi(x, t + \Delta t) = \psi(x + c\Delta t, t)$$

(9.131)

となる。Δt が十分に 0 に近ければ，上の式の左辺と右

辺は，それぞれ以下のように近似される：

$$\psi(x, t + \Delta t) \fallingdotseq \psi(x, t) + \frac{\partial \psi}{\partial t} \Delta t$$

$$\psi(x + c\Delta t, t) \fallingdotseq \psi(x, t) + c\frac{\partial \psi}{\partial x} \Delta t$$

従って，次式が成り立つ：

$$\psi(x, t) + \frac{\partial \psi}{\partial t} \Delta t \fallingdotseq \psi(x, t) + c\frac{\partial \psi}{\partial x} \Delta t \qquad (9.132)$$

これを整理して Δt を 0 に近づけると，次式を得る：

$$\frac{\partial \psi}{\partial t} = c\frac{\partial \psi}{\partial x}$$

(9.133)

答 142　(2) $f(x)$ の導関数と 2 階導関数をそれぞれ $f'(x), f''(x)$ とする。

$$\frac{\partial}{\partial x} f(x - ct) = f'(x - ct)$$

従って，

$$\frac{\partial^2}{\partial x^2} f(x - ct) = \frac{\partial}{\partial x} \left(\frac{\partial}{\partial x} f(x - ct) \right)$$
$$= \frac{\partial}{\partial x} f'(x - ct) = f''(x - ct) \qquad (9.134)$$

同様に，

$$\frac{\partial}{\partial t} f(x - ct) = -cf'(x - ct)$$

従って，

$$\frac{\partial^2}{\partial t^2} f(x - ct) = \frac{\partial}{\partial t} \left(\frac{\partial}{\partial t} f(x - ct) \right)$$
$$= \frac{\partial}{\partial t} \left(-cf'(x - ct) \right) = c^2 f''(x - ct) \qquad (9.135)$$

式 (9.134)(9.135) より，

$$\frac{\partial^2}{\partial t^2} f(x - ct) = c^2 \frac{\partial^2}{\partial x^2} f(x - ct)$$

答 143　以下，略解。(1) 静止状態ではこの部分の長さは Δx である。線密度が ρ なので，その質量は $\rho\Delta x$ となる。上下に振動していても質量は変わらない。　(2) 張力 (f_x, f_y) の大きさは S なので，式 (9.17) が成り立つ。張力は糸に沿った方向に働くので，(f_{1x}, f_{1y}) は弦の接線と平行である。（図 9.3 右上の直角三角形 ABC を見ればわかるように）その傾きは f_{1y}/f_{1x} である。一方，時刻 t，位置 $x + \Delta x/2$ における弦の接線の傾きは，微分係数の定義から，

$$\frac{\partial y}{\partial x} \left(x + \frac{\Delta x}{2}, t \right)$$

(9.136)

である。従って，式 (9.18) が成り立つ。　(3) 式 (9.17) で，$|f_{1y}| \ll |f_{1x}|$ として $|f_{1y}|^2$ を無視すれば，$f_{1x}^2 = S^2$

を得る。この部分に対して，右端では張力は右向きに働くので，$f_{1x} > 0$。従って，$f_{1x} = S$。これを，式 (9.18) 代入すれば，式 (9.20) を得る。　(4) 略。式 (9.20) を x について線型近似する。　(5) 略。(2)(3) と同様に考えればよい。ただし f_{2x} は x 軸と逆向きなので，負の値をとることに注意。　(6) 略。(4) と同様。　(7) 式 (9.19) と式 (9.22) を辺々足せば，式 (9.27) を得る。式 (9.21) と式 (9.24) を辺々足せば，式 (9.28) を得る。

(8) この部分の y 方向の運動方程式は，

$$\Delta m \frac{\partial^2 y}{\partial t^2} = F_y \tag{9.137}$$

である。右辺に式 (9.28) を代入すればよい。　(9) 式 (9.29) に式 (9.16) を代入し，両辺を $\rho \Delta x$ で割ればよい。(10) 式 (9.30) と式 (9.12) をくらべると，$S/\rho = c^2$ となる。ここから与式を得る（c は速度でなく「速さ」なので，負の値は考えないでよい）。　(11) 前小問より，c は $\sqrt{S}$ に比例する。従って張力の大きさ S を 2 倍すると，c は $\sqrt{2}$ 倍になる。

答146 (1) 物理現象が時間的・空間的に周期的に起きる場合，「周期の中のどのあたりにいるか」を 1 周が 2π になるような値で表したものを位相という。

(2) $\sin(x + \pi/2) = \cos x$ より明らか。

答147 (1) ある点において，単位時間あたりに波が振動する回数を振動数 ν という。　(2) 振動 1 回につき，位相は 2π 進むから，角速度，すなわち単位時間あたりどのくらい（何ラジアン）位相が進むかは，ν の 2π 倍になる。つまり，$\omega = 2\pi\nu$ となる。　(3) ある時間 t の間に，波は νt 回振動する。従って，周期 T，すなわち 1 回あたりの振動に要する時間は，「かかった時間」÷「振動回数」，すなわち $t/(\nu t) = 1/\nu$ である。従って $T = 1/\nu$。

答150

(1) $\psi = A\sin(kx - \omega t + \delta) = A\sin\{-(-kx + \omega t - \delta)\} = -A\sin(-kx + \omega t - \delta) = -A\sin(\omega t - kx - \delta)$

(2) $0 < k$ のとき $k = |k|$ だから与式は

$$\psi = A\sin(\omega t - |k|x + \delta)$$
$$= -A\sin\left(|k|\left(x - \frac{\omega}{|k|}t\right) - \delta\right)$$

となり，$\omega/|k| = c$ とおくと $\psi = f(x - ct)$ の形になる。これは x 軸の正の向きに進む波。$k < 0$ のときは，$k = -|k|$ だから与式は

$$\psi = A\sin(\omega t + |k|x + \delta)$$
$$= A\sin\left(|k|\left(x + \frac{\omega}{|k|}t\right) + \delta\right)$$

となり，$\omega/|k| = c$ とおくと $\psi = f(x + ct)$ の形になる。これは x 軸の負の向きに進む波。

(3) 略。（$c = \omega/k$ に注意せよ。）

(4) 式 (9.59) において，$\delta = \delta' + \pi/2$ とすれば，$\psi = A\sin(\omega t - kx + \delta' + \pi/2)$。この式について，問 146(2) より，$\psi = A\cos(\omega t - kx + \delta')$。

(5) 式 (9.56) において，位相を $\omega t - kx$ と δ の和と見て $\sin$ の加法定理を使えば，$\psi = A\sin\{(\omega t - kx) + \delta\}$ $= A\{\sin(\omega t - kx)\cos\delta + \cos(\omega t - kx)\sin\delta\}$。ここで $A\cos\delta = b$，$A\sin\delta = a$ と置けば，

$$\psi = a\cos(\omega t - kx) + b\sin(\omega t - kx)$$

(6) 周期と波長をそれぞれ T, λ とする。$\omega = 2\pi/T$，$k = 2\pi/\lambda$ より，

$$\psi = A\sin\left(\frac{2\pi}{T}t - \frac{2\pi}{\lambda}x + \delta\right)$$

(7) 振動数と速度をそれぞれ ν, c とする。$\omega = 2\pi\nu$，$k = \omega/c = 2\pi\nu/c$ より，

$$\psi = A\sin\left(2\pi\nu t - \frac{2\pi\nu}{c}x + \delta\right)$$

答151 (1) 略（ヒント：静止しているときの水塊 Ω は，底面積 $w\Delta x$，高さ h_0 の直方体を満たしている。従って，その体積は式 (9.67) の左辺のようになる。動いているときの水塊 Ω の体積も同様に考えて，式 (9.67) の右辺になることを示せばよい。ただし，水面が必ずしも水平ではないため，直方体にはならないのではないか，と思う人がいるだろう。そのとおりなのだが，ここは直方体として近似してかまわない。また，高さとしてどの位置での $h_0 + h$ を使うべきか迷う人もいるだろう。それもそのとおりなのだが，ここでは変位 s は十分に小さいとみなして，x での高さを使えばよい。）　(2) 略（ヒント：式 (9.67) の右辺において，s について線型近似を使う。つまり，

$$s\left(x + \frac{\Delta x}{2}, t\right) \fallingdotseq s(x, t) + \frac{\partial s}{\partial x}\frac{\Delta x}{2} \tag{9.138}$$

などを使う。）　(3) 式 (9.68) の右辺を展開すると，

$$h_0 \fallingdotseq h_0 + h + h_0\frac{\partial s}{\partial x} + h\frac{\partial s}{\partial x} \tag{9.139}$$

右辺の最後の項を，問題文に従って無視すると，

$$h_0 \fallingdotseq h_0 + h + h_0\frac{\partial s}{\partial x} \tag{9.140}$$

この両辺から h_0 を引くと，

$$0 \fallingdotseq h + h_0\frac{\partial s}{\partial x} \tag{9.141}$$

この両辺を h_0 で割って適当に移項すると，与式を得る。

答 152

(1) 略（ヒント：F は，式 (9.72) と式 (9.73) の和である。h について線型近似を行うこと。h^2 は無視。）

(2) 水塊 Ω は，元々高さ h_0，幅 Δx，奥行き w の直方体に入っているので，その体積は $h_0 w \Delta x$。これと密度 ρ の積が質量なので，与式を得る。

(3) 略（ヒント：加速度の定義を思い出そう）。

(4) 略（ヒント：式 (9.74)，式 (9.75)，式 (9.76) を $F = ma$ に代入する）。

(5) 略（ヒント：式 (9.77) で h/h_0 を無視する）。

答 153　式 (9.78) を x で偏微分して，左辺の偏微分の順序を入れ替えると，

$$\frac{\partial^2}{\partial t^2}\frac{\partial s}{\partial x} \doteqdot -g\frac{\partial^2 h}{\partial x^2} \tag{9.142}$$

となる（g は定数であることに注意）。この右辺の $\partial s/\partial x$ を，式 (9.70) によって $-h/h_0$ で置き換えると，

$$\frac{\partial^2}{\partial t^2}\left(-\frac{h}{h_0}\right) \doteqdot -g\frac{\partial^2 h}{\partial x^2} \tag{9.143}$$

となる。$1/h_0$ は定数なので偏微分の前に出し，両辺に -1 を掛けると，

$$\frac{1}{h_0}\frac{\partial^2 h}{\partial t^2} \doteqdot g\frac{\partial^2 h}{\partial x^2} \tag{9.144}$$

となる。この両辺に h_0 をかけて与式を得る。

答 154　(1) 式 (9.79) は，$c = \sqrt{gh_0}$ とすると式 (9.12) に一致する。式 (9.12) の c は波の速さであることが既にわかっている。　(2) 略（約 30 分間）。　(3) 沿岸に近づくにつれて水深は浅くなるので，波の速さ $\sqrt{gh_0}$ は小さく（遅く）なる。すると，津波全体では，先頭部は後続部より速さが小さい（遅い）ことになる。すると，後続部が先頭部に接近するため，津波全体が，次第に狭い領域に圧縮されることになる。その結果，波が高くなる。この効果は，遠浅な海岸で顕著である。

答 155　(2) 式 (9.84) から式 (9.83) を引くと，

$$\Delta x + s\left(x + \frac{\Delta x}{2}, t\right) - s\left(x - \frac{\Delta x}{2}, t\right)$$

となる。s を線型近似すると，これは，

$$\Delta x + s(x,t) + \frac{\partial s}{\partial x}\frac{\Delta x}{2} - s(x,t) + \frac{\partial s}{\partial x}\frac{\Delta x}{2}$$

となる。これは与式に等しい。　(3) 与式の左辺は，元々 A から B までの円筒にあった空気塊が時刻 t でどの程度の体積になったかを表している。それは A' から B' までの円筒に相当するが，その体積は，前問の結果に断面

積 S をかけたもの。それは与式の右辺。

答 158　(1) 式 (9.104) において $p = \psi$，$P_0\gamma/\rho_0 = c^2$ とおけば式 (9.12) に一致する。c が波の速さを表すので，音速は $c = \sqrt{P_0\gamma/\rho_0}$。　(3) N_2 も O_2 も 2 原子分子なので，P.119 式 (9.92) より $\gamma = 7/5$。実際は H_2O など 3 原子分子や，He, Ne などの単原子分子も空気中には存在するが，それらは微量であり，その影響はここでは無視する。

答 159　（略解）辺 AB には，単位長さあたり K の大きさの力がかかる。辺 AB の長さは Δx である。従って，辺 AB にかかる力の大きさは，$K\Delta x$ となる。他も同様。

注意：膜が変形すると辺 AB は伸びて Δx よりも大きくなるかもしれない。しかし，膜の変位 z は微小だと仮定しているので，この影響は無視してよい。

答 160　(1) 式 (9.111) より，$|\mathbf{F}_2| = K\Delta y$ である。また，式 (9.107) より，$|\mathbf{F}_2| = \sqrt{f_{2x}^2 + f_{2y}^2 + f_{2z}^2}$ である。さらに，式 (9.112) より，$f_{2y} = 0$。以上より，与式を得る。　(2) 膜の変位 z は微小なので，膜はほとんど水平に近い。従って，式 (9.114) において，$f_{2x} >> f_{2z}$ とみなして f_{2z}^2 を無視し，式 (9.115) を得る。それを式 (9.113) に代入すると，式 (9.116) を得る。　(4) 略解：

$$f_x = f_{1x} + f_{2x} + f_{3x} + f_{4x}$$
$$\doteqdot 0 + K\Delta y + 0 - K\Delta y = 0 \tag{9.145}$$
$$f_y = f_{1y} + f_{2y} + f_{3y} + f_{4y}$$
$$\doteqdot -K\Delta x + 0 + K\Delta x + 0 = 0 \tag{9.146}$$

f_z については，式 (9.120)，式 (9.116)，式 (9.121)，式 (9.122) をぜんぶ足せばよい。その前に，それぞれ線型近似しておくと，

$$f_{1z} \doteqdot -K\Delta x\left(\frac{\partial z}{\partial y} - \frac{\partial}{\partial y}\frac{\partial z}{\partial y}\frac{\Delta y}{2}\right) \tag{9.147}$$

$$f_{2z} \doteqdot K\Delta y\left(\frac{\partial z}{\partial x} + \frac{\partial}{\partial x}\frac{\partial z}{\partial x}\frac{\Delta x}{2}\right) \tag{9.148}$$

$$f_{3z} \doteqdot K\Delta x\left(\frac{\partial z}{\partial y} + \frac{\partial}{\partial y}\frac{\partial z}{\partial y}\frac{\Delta y}{2}\right) \tag{9.149}$$

$$f_{4z} \doteqdot -K\Delta y\left(\frac{\partial z}{\partial x} - \frac{\partial}{\partial x}\frac{\partial z}{\partial x}\frac{\Delta x}{2}\right) \tag{9.150}$$

従って，$f_z = f_{1z} + f_{2z} + f_{3z} + f_{4z}$

$$\doteqdot K\Delta x\frac{\partial}{\partial y}\frac{\partial z}{\partial y}\Delta y + K\Delta y\frac{\partial}{\partial x}\frac{\partial z}{\partial x}\Delta x$$
$$= K\left(\frac{\partial^2 z}{\partial x^2} + \frac{\partial^2 z}{\partial y^2}\right)\Delta x\Delta y \tag{9.151}$$

(5) この膜の質量は,

$$m = \sigma \Delta x \Delta y \tag{9.152}$$

である。また，この膜の z 方向の加速度は，

$$a_z = \frac{\partial^2 z}{\partial t^2} \tag{9.153}$$

である。また，この膜の z 方向の運動方程式は，

$$f_z = ma_z \tag{9.154}$$

である。式 (9.154) に，式 (9.152)，式 (9.153) を代入すると，与式を得る。　(6) 式 (9.126) の右辺に式 (9.125) を代入し，両辺を $\Delta x \Delta y$ で割れば，与式を得る。

よくある質問 53　$\psi = f(x-ct)$ について，$\partial \psi / \partial t = -cf'(x-ct), \partial \psi / \partial x = f'(x-ct)$ で，なぜどちらも $f'(x-ct)$ となるのか分からなかったです。… では $\xi = x-ct$ と置きましょうか。$\psi = f(x-ct) = f(\xi)$ です。$df/d\xi = f'(\xi)$ と書きます。ここでまず x を固定して（定数とみなして）ψ を t で微分すれば（つまり t で偏微分するのと同じこと），合成関数の微分の公式から，$d\psi/dt = (df/d\xi)(d\xi/dt)$ となります。$df/d\xi = f'(\xi)$ で $d\xi/dt = -c$ だから，$d\psi/dt = f'(\xi)(-c) = -cf'(x-ct)$ となります。同様に考えれば，$\partial \psi / \partial x = f'(x-ct)$ となることもわかるでしょう。

よくある質問 54　人口ピラミッドは波だという話は信じがたいです。波は物理現象に限らないということなんでしょうか…でもなんだか拒絶反応が出ました。…　波の定義によりますね。何らかの物理量が，似たようなパターンを保って空間を伝播することを波というのなら，人口ピラミッドは波とは言えません。だって人口ピラミッドは人口の統計であり，空間を伝播するものではありませんから。ただし，人口ピラミッドが波動方程式（の片割れ）と同じような方程式に従うことは事実だし，その結果，人口ピラミッドのグラフの形が，似たようなパターンを保って時と共に移動するのも事実です。ちなみにこの考え方は，生態学などでもよく使います。新型コロナウイルス感染症の数理モデルとして使われたケルマック・マッケンドリック方程式の中にも入っています。

学生の感想 5　重ね合わせの原理の重要性がわかりました。津波がそれほど速いとは知らなかったで

す。津波が深い所では速く，浅い所では遅くなる理由が数学的に分かった気がします。

第10章

線型偏微分方程式2：
変数分離法・拡散方程式

前章で，様々な物理現象を線型偏微分方程式で表すことに成功しました。それではそれらを解いてみましょう。微分方程式は「解く」ことで多くのことが予測できますので。本章では，線型偏微分方程式の解析的な解法のひとつである変数分離法を学びます。

10.1 線型偏微分方程式の変数分離法

これまで見たように，P.110 式 (9.12) の波動方程式，すなわち関数 $\psi(x, t)$ に関する次の偏微分方程式：

$$\frac{\partial^2 \psi}{\partial t^2} = c^2 \frac{\partial^2 \psi}{\partial x^2} \tag{10.1}$$

は，弦を伝わる波・津波・音波等，様々な波動現象を司る。従ってこれを解ければ波動現象を予測・解明できる。

実は既にこの方程式は解けている。それは式 (9.15) で示したように，任意の 2 つの関数 f, g による，

$$\psi(x, t) = f(x - ct) + g(x + ct) \tag{10.2}$$

というものだった。そして，$f(x - ct)$ は右に進む波，$g(x + ct)$ は左に進む波を表すのだった。

ここでは，別のアプローチで，式 (10.1) を解いてみよう。既に解けているものを何で今更，と思うかもしれないが，これから学ぶ方法は，この方程式以外にも適用できる，強力な方法なのである。

まず，唐突ではあるが，式 (10.1) の解として，

$$\psi(x, t) = X(x)T(t) \tag{10.3}$$

というふうに，2 つの関数 $X(x), T(t)$ の積で表されるものを考えることにしよう。$X(x)$ は x だけの関数であり，t には依存しない。$T(t)$ は t だけの関数であり，x には依存しない。式 (10.3) のような解が

都合よく求まるかどうかわからないが，とにかく強引に進める。なお，以下で，$X(x)$ の (x) は，x に相当する部分が特殊な式や値，たとえば $x + ct$ 等でないときは，適宜，省略し，$X(x)$ を X と書く。$T(t)$ の (t) についても同様に適宜，省略する。

問 162 ▶

(1) 式 (10.3) を式 (10.1) に代入することで以下を示せ：

$$X \frac{\partial^2 T}{\partial t^2} = c^2 T \frac{\partial^2 X}{\partial x^2} \tag{10.4}$$

(2) $XT \neq 0$ を仮定し，次式を示せ：

$$\frac{1}{T} \frac{\partial^2 T}{\partial t^2} = c^2 \frac{1}{X} \frac{\partial^2 X}{\partial x^2} \tag{10.5}$$

式 (10.5) の左辺は t のみの関数であり，x には依存しない。一方，右辺は x のみの関数であり，t には依存しない。それらが互いに等しいということは，結局，それらは x にも t にも依存しない。x と t 以外に変数は存在しないので，それは定数になるしかない。それを $-\omega^2$ と置こう（A や a のようなシンプルな文字でなく，なぜ $-\omega^2$ という変な置き方をするかは，そのうちわかる）。すなわち，

$$\frac{1}{T} \frac{\partial^2 T}{\partial t^2} = c^2 \frac{1}{X} \frac{\partial^2 X}{\partial x^2} = -\omega^2 \tag{10.6}$$

とする。これを 2 つの式に分離する：

$$\frac{1}{T} \frac{\partial^2 T}{\partial t^2} = -\omega^2 \tag{10.7}$$

$$c^2 \frac{1}{X} \frac{\partial^2 X}{\partial x^2} = -\omega^2 \tag{10.8}$$

式 (10.7) の両辺に T をかけ，式 (10.8) の両辺に X/c^2 を掛けると，それぞれ次のようになる：

$$\frac{\partial^2 T}{\partial t^2} = -\omega^2 T \tag{10.9}$$

$$\frac{\partial^2 X}{\partial x^2} = -\frac{\omega^2}{c^2} X \tag{10.10}$$

式 (10.9) は 1 つだけの変数 t を持つ関数に関する微分方程式なので，常微分方程式である。式 (10.10) も同様に常微分方程式である。従って，もはや偏微分記号 ∂ を使い続ける必要は無く，

$$\frac{d^2 T}{dt^2} = -\omega^2 T \tag{10.11}$$

$$\frac{d^2 X}{dx^2} = -\frac{\omega^2}{c^2} X \tag{10.12}$$

となる。各式の右辺を左辺に移項すれば，

$$\frac{d^2 T}{dt^2} + \omega^2 T = 0 \tag{10.13}$$

$$\frac{d^2 X}{dx^2} + \frac{\omega^2}{c^2} X = 0 \tag{10.14}$$

となる。式 (10.13) は，P.69 式 (5.27):

$$\frac{d^2 x}{dt^2} + \omega^2 x = 0 \tag{10.15}$$

の $x(t)$ を $T(t)$ と置き換えただけの式である。従って，式 (5.27)（式 (10.15) に再掲）の解である式 (5.31):

$$x(t) = a\cos\omega t + b\sin\omega t \tag{10.16}$$

を流用して，（a_1, a_2 を任意の定数として）

$$T(t) = a_1 \sin\omega t + a_2 \cos\omega t \tag{10.17}$$

と書ける（式 (10.16) の a を a_2，b を a_1 と置き直した）。

また，式 (10.14) は，式 (10.15)（P.69 式 (5.27) の再掲）の x を X に，t を x に，ω を ω/c に置き換えただけの式である。従って，式 (10.16) を流用して，（b_1, b_2 を任意の定数として）

$$X(x) = b_1 \sin\frac{\omega x}{c} + b_2 \cos\frac{\omega x}{c} \tag{10.18}$$

と書ける（式 (10.16) の a を b_2，b を b_1，ω を ω/c，t を x と置き直した）。

式 (10.17)，式 (10.18) を式 (10.3) に代入すると，次式のようになる：

$$\psi = (a_1 \sin\omega t + a_2 \cos\omega t)\left(b_1 \sin\frac{\omega x}{c} + b_2 \cos\frac{\omega x}{c}\right) \tag{10.19}$$

問 163 ▶ 式 (10.19) が式 (10.1) を満たすことを確認せよ。

ここで注意：式 (10.19) は確かに式 (10.1) の解だが，だからといって，式 (10.1) の解の全てが必ずしも式 (10.19) の形になるとは限らない。

しかし，式 (10.1) は線型同次微分方程式なので，解の線型結合も解である（重ね合わせの原理）。すなわち，式 (10.19) のような関数を複数個作って，それを重ね合わせたものも解になるのだ!! 式 (10.19) の中で，$\omega, a_1, a_2, b_1, b_2$ はそれぞれ任意の定数だったことに注意して欲しい。これらの「任意の定数」にいろんな値を入れれば，いろんな関数ができるだろう。それらを重ね合わせて，それぞれの状況に応じた解を作ればよいのだ。

このように，線型同次偏微分方程式の解を，それぞれの独立変数の 1 変数関数の積と仮定して解き，その重ね合わせで一般解を得ることができる。この方法を変数分離法という。紛らわしいのだが，これは P.30 で学んだ**常微分方程式の変数分離法とは別物である**（そもそも対象が違う）。単に言葉がかぶっているのである。

問 164 ▶ 変数分離法による解が式 (10.2) を表せることを確認しよう。

(1) 以下の 4 つの関数は，式 (10.19) の形の関数（つまり変数分離法による解）であることを示せ：

$$\psi_1 = \sin\omega t \sin\frac{\omega x}{c} \tag{10.20}$$

$$\psi_2 = \cos\omega t \cos\frac{\omega x}{c} \tag{10.21}$$

$$\psi_3 = \sin\omega t \cos\frac{\omega x}{c} \tag{10.22}$$

$$\psi_4 = \cos\omega t \sin\frac{\omega x}{c} \tag{10.23}$$

(2) 次式を示せ（ヒント：三角関数の加法定理）：

$$\psi_2 + \psi_1 = \cos\left(\frac{\omega(x - ct)}{c}\right) \tag{10.24}$$

$$\psi_4 - \psi_3 = \sin\left(\frac{\omega(x - ct)}{c}\right) \tag{10.25}$$

式 (10.24)，式 (10.25) は，変数分離法による解の線型結合なので，それらも式 (10.1) の解である（これらは右に進行する正弦波）。そして，様々な値の ω について式 (10.24)，式 (10.25) のような関数を作り，重ね合わせれば，フーリエ級数展開の考え方で式 (10.2) の中の $f(x - ct)$ を表すことができるの

だ。$g(x + ct)$ についても同様である。

10.2 波動方程式の 初期条件・境界条件

現実の問題では，解は「任意の定数」を含まない特定の関数として定めたい。でないと，波動現象（津波の到達範囲や規模など）を予測・解明できない。

P.114 あたりでも述べたように，一般的に，式 (10.1) のような，時刻 t と位置 x に関する 2 変数の偏微分方程式の解を定めるには次のような 2 種類の付帯条件が必要だ：

1. 初期条件（initial condition）
2. 境界条件（boundary condition）

初期条件とは，時刻の最初（$t = 0$）でどうあるかである。境界条件とは，x の端でどのようになるかである。初期条件・境界条件は，波動のメカニズムで決まるのではなく，個々の問題設定に応じて，解析者が与えるものだ。

ここでは，例として以下のような付帯条件を与えて式 (10.1) を解いてみよう：波は $x = 0$ から $x = L$ までの線上だけに存在し，

$$\psi(x, 0) = \begin{cases} 0 & (0 \leq x < 3L/8 \text{ のとき}) \\ h & (3L/8 \leq x < 5L/8 \text{ のとき}) \\ 0 & (5L/8 \leq x \leq L \text{ のとき}) \end{cases}$$
(10.26)

$$\forall x, \quad \frac{\partial \psi}{\partial t}(x, 0) = 0 \tag{10.27}$$

$$\forall t, \quad \psi(0, t) = 0 \tag{10.28}$$

$$\forall t, \quad \psi(L, t) = 0 \tag{10.29}$$

とする。ここで h は適当な定数とする。

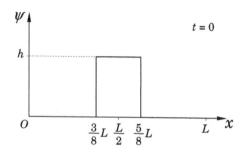

図 10.1　式 (10.26) のグラフ。波は最初はこういう形の静止状態から出発すると仮定する（初期条件）。

式 (10.26) は初期条件である。波が最初に図 10.1 のような形から始まる，ということを言っている。式 (10.27) も初期条件である。波は静止状態から始まる，ということを言っている（初期条件がこのように 2 つ必要なのは，この方程式が時刻 t に関する 2 階の微分を含むからである）。式 (10.28)，式 (10.29) は境界条件である。波は左端（$x = 0$）と右端（$x = L$）では 0 に固定されていて変位できない，ということを言っている。

式 (10.1) の解でこれらの条件を満たすような関数を，変数分離法による解（つまり式 (10.19) のような関数）の重ね合わせによって求めてみよう。

とりあえず式 (10.26) は手強いので後に回し，まず式 (10.27)，式 (10.28)，式 (10.29) を満たす解を見つけよう：

問 165 式 (10.19) のような関数を考える。この関数は「恒等的に 0」ではないとする。

(1) 式 (10.28) を満たす場合，$b_2 = 0$ となることを示せ。

(2) さらに式 (10.27) を満たす場合，$a_1 = 0$ となることを示せ。

すると，式 (10.19) は次式のようになる：

$$\psi(x, t) = A \cos \omega t \sin \frac{\omega x}{c} \tag{10.30}$$

ここで，$a_2 b_1 = A$ と置き直した。言うまでもなく，A は任意の定数である。

問 166 式 (10.30) のような関数を考える。式 (10.29) より，次の 2 つの式を示せ（n は 0 以外の任意の整数）：

$$\frac{\omega}{c} L = n\pi \tag{10.31}$$

$$\omega = \frac{cn\pi}{L} \tag{10.32}$$

その結果，式 (10.30) は次式のようになる：

$$\psi = A \cos \frac{cn\pi t}{L} \sin \frac{n\pi x}{L} \tag{10.33}$$

問 167 式 (10.33) は式 (10.1) を満たし，なおかつ，式 (10.27)，式 (10.28)，式 (10.29) を満たすことを，確認せよ。（まだ式 (10.26) は満たしてい

ない。)

当初は任意の数が許されていた ω が，式 (10.31) によって，ある値の整数倍に限定されてしまった！ ω は，時刻 t に関する三角関数（つまり振動）の中の t の係数になっている。つまり，ω は振動の角速度である。これが連続した値ではなく，ある値の整数倍という離散的な値（とびとびの値）になった。これが起きたのは，境界条件（式 (10.28) と式 (10.29)）を課したからである。

ここでは詳述しないが，一般に，波動現象の多くは，有限な領域に局在するような条件を課すと，振動の角速度や波数は離散的な値しか許されなくなる。これに対応する現象が，弦楽器や管楽器の共鳴（弦や筒の長さによって特定の周波数の音を出す現象）である。また，原子内部で電子のエネルギー準位が離散的な値になるのも，これと本質的には共通した仕組みである。これについては後でもう少し詳しく調べよう。

さて，式 (10.33) は，良い線まで行っているが，残念ながら式 (10.26) をまだ満足していない。そこで，いよいよ「重ね合わせ」を使うのだ。

問 168 式 (10.33) のような関数の重ね合わせ：

$$\psi = \sum_{n=1}^{\infty} A_n \cos\frac{cn\pi t}{L} \sin\frac{n\pi x}{L} \tag{10.34}$$

のような関数も，式 (10.1) を満たし，なおかつ，式 (10.27)，式 (10.28)，式 (10.29) を満たすことを，確認せよ。ここで，A_n は任意の定数である。

式 (10.34) は式 (10.26) 以外の条件を既に満たしていることが問 168 でわかったので，心置きなく式 (10.34) を使って式 (10.26) に挑戦しよう。式 (10.34) で $t = 0$ と置くと t に関する cos の項が全部 1 になるので，

$$\psi(x,0) = \sum_{n=1}^{\infty} A_n \sin\frac{n\pi x}{L} \tag{10.35}$$

となる。従って，式 (10.34) が式 (10.26) を満たすようにするためには，次式が成り立つように，A_n の値を決めればよいのだ：

$$\sum_{n=1}^{\infty} A_n \sin\frac{n\pi x}{L} = \begin{cases} 0 & (0 \leq x < 3L/8 \text{ のとき}) \\ h & (3L/8 \leq x < 5L/8 \text{ のとき}) \\ 0 & (5L/8 \leq x \leq L \text{ のとき}) \end{cases} \tag{10.36}$$

これを実現するためにフーリエ級数展開を使う。まず，式 (10.36) の右辺は $x = 0$ から $x = L$ までで定義されているが，これを便宜上，$x = -L$ から $x = 0$ に，奇関数として拡張しよう（これはフーリエ級数展開を楽にするための工夫。実体としては，$x < 0$ への拡張には意味が無いが，数学的操作のためには有用なのだ）。これを $\phi(x)$ と書く。$\phi(x)$ の式とグラフは以下のようになる：

$$\phi(x) = \begin{cases} 0 & (-L \leq x < -5L/8 \text{ のとき}) \\ -h & (-5L/8 \leq x < -3L/8 \text{ のとき}) \\ 0 & (-3L/8 \leq x < 3L/8 \text{ のとき}) \\ h & (3L/8 \leq x < 5L/8 \text{ のとき}) \\ 0 & (5L/8 \leq x \leq L \text{ のとき}) \end{cases} \tag{10.37}$$

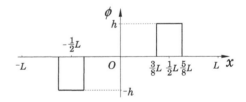

図 10.2　$\phi(x)$，つまり式 (10.37) のグラフ

そして，次式が成り立つように A_n を定めるのが，当面の目標である（これが成り立てば式 (10.36) は自動的に成り立つ）：

$$\phi(x) = \sum_{n=1}^{\infty} A_n \sin\frac{n\pi x}{L} \tag{10.38}$$

そのためには $\phi(x)$ をフーリエ級数展開したいのだが，諸君が知っているフーリエ級数展開は，$-\pi \leq x \leq \pi$ で定義された関数に関するものなので，この場合の定義域（$-L \leq x \leq L$）とは少し違う。そこで，フーリエ級数展開のやり方もちょっと変えなければならない：

問 169 $x = -L$ から $x = L$ の間で定義された実数値関数（正確に言えば，2 乗して積分できる関

数）の集合 W を考える（それは $\mathbb{R}$ を体とする線型空間である）。W の任意の要素 $f(x), g(x)$ について，

$$\langle f(x), g(x) \rangle = \frac{1}{L} \int_{-L}^{L} f(x)g(x)dx \quad (10.39)$$

という演算を内積として導入する（これが内積の公理を満たすことは，少し考えればわかるだろう）。

(1) 以下の集合は，W の正規直交基底であることを示せ（ただし，W の任意の要素をこの線型結合で表現できる，ということの証明は難しいので省略せよ）。

$$\left\{ \frac{1}{\sqrt{2}}, \cos\frac{\pi x}{L}, \cos\frac{2\pi x}{L}, \cdots, \cos\frac{n\pi x}{L}, \cdots, \right.$$
$$\left. \sin\frac{\pi x}{L}, \sin\frac{2\pi x}{L}, \cdots, \sin\frac{n\pi x}{L}, \cdots \right\} \quad (10.40)$$

ここで n は 1 以上の任意の整数。

(2) W の任意の要素 $f(x)$ を，

$$f(x) = \frac{P_0}{\sqrt{2}} + \sum_{n=1}^{\infty} \left\{ P_n \cos\frac{n\pi x}{L} + Q_n \sin\frac{n\pi x}{L} \right\} \quad (10.41)$$

と表すとき（$P_0, P_1, P_2, \cdots, Q_1, Q_2, \cdots$ は適当な定数），次式を示せ：

$$P_0 = \frac{1}{L} \int_{-L}^{L} \frac{f(x)}{\sqrt{2}} \, dx \quad (10.42)$$

$$P_n = \frac{1}{L} \int_{-L}^{L} f(x) \cos\frac{n\pi x}{L} \, dx \quad (10.43)$$

$$Q_n = \frac{1}{L} \int_{-L}^{L} f(x) \sin\frac{n\pi x}{L} \, dx \quad (10.44)$$

ヒント：P.102 問 133。

問 170　式 (10.38) で定義した $\phi(x)$ を式 (10.41) のように表すと，次式が成り立つことを示せ：

(1) $P_0 = 0$ (10.45)

(2) $P_n = 0$ (10.46)

(3) $Q_n = \frac{4h}{n\pi} \sin\frac{n\pi}{2} \sin\frac{n\pi}{8}$ (10.47)

(4) $\phi(x) = \sum_{n=1}^{\infty} \frac{4h}{n\pi} \sin\frac{n\pi}{2} \sin\frac{n\pi}{8} \sin\frac{n\pi x}{L}$ (10.48)

式 (10.38) と式 (10.48) を見比べてみよう。目標が達成できたことがわかるだろう。つまり，式 (10.38) の A_n を，式 (10.47) の Q_n のように定めればよい。その結果, 式 (10.34) は次式のようになる：

$$\psi = \sum_{n=1}^{\infty} \frac{4h}{n\pi} \sin\frac{n\pi}{2} \sin\frac{n\pi}{8} \cos\frac{cn\pi t}{L} \sin\frac{n\pi x}{L} \quad (10.49)$$

式 (10.49) が，求める解である。すなわち，式 (10.49) は，式 (10.1) を満たし，なおかつ，式 (10.26) から式 (10.29) までの条件（初期条件と境界条件）を全て満たす，パーフェクトな関数である。お疲れ様 !!

では，苦労して導いた式 (10.49) をグラフに描いてみよう。といっても，$n = \infty$ まで計算することはできないので，ここでは $n = 11$ までとしよう。

問 171

(1) 式 (10.47) において，n が偶数の時は $Q_n = 0$（従って $A_n = 0$）となることを示せ。

(2) 次式を示せ：

$$A_1 = \frac{4h}{\pi} \sin\frac{\pi}{8}, \quad A_3 = -\frac{4h}{\pi}\frac{1}{3}\sin\frac{3\pi}{8}$$
$$A_5 = \frac{4h}{\pi}\frac{1}{5}\sin\frac{5\pi}{8}, \quad A_7 = -\frac{4h}{\pi}\frac{1}{7}\sin\frac{7\pi}{8}$$
$$A_9 = \frac{4h}{\pi}\frac{1}{9}\sin\frac{9\pi}{8}, \quad A_{11} = -\frac{4h}{\pi}\frac{1}{11}\sin\frac{11\pi}{8}$$
$$\cdots \quad (10.50)$$

(3) $L = 4, h = 1, c = 1$ とする（単位は考えない）。表計算ソフトを使って，式 (10.49) のグラフを，$t = 0, 0.5, 1, 2, 3, 4$ のそれぞれについて描け。ただし，和は $n = 11$ までで打ち切ってよい（やる気があればもっとたくさんまでやってもよい）。縦軸のスケールをグラフ間で統一すること。

図 10.3 に，この解のグラフの例を示す。ただし，このグラフは厳密な解ではない。たとえば，$t = 0$ では式 (10.26) からずれている部分がある。式 (10.26)，つまり図 10.1 では，グラフの山は $x = 3L/8$ と $x = 5L/8$ で垂直な壁を持ち，その間ではフラットな山頂と裾野を持つはずだが，図 10.3 の $t = 0$ で

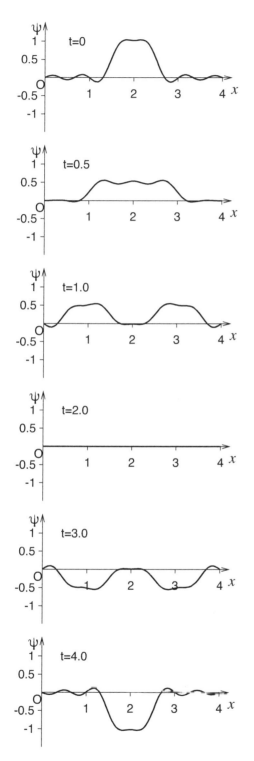

図 10.3 式 (10.49) のグラフ。$L = 4, h = 1, c = 1$ とする。$n = 11$ まで。

は，壁が崩れているし，フラットであるべきところもフラットではない。これは，式 (10.49) を $n = 11$ までしか計算していないからである。もっと多くの項まで計算すれば，よりシャープに式 (10.26) を再現するはずである。

式 (10.49) を $n = 31$ まで計算したグラフを図 10.4 に示す。図 10.3 よりもシャープに波形を再現していることがわかる。このグラフの細かい特徴を見ていこう：

$t = 0.5$ では，山の高さが半分に，幅が 2 倍になっている。これは，最初の山の半分（上下の半分。左右方向の半分ではない）が左方向へ，もう半分が右方向へ進む波になったからである。実際，波は速さが $c = 1$ なので，$t = 0.5$ のときに，x 方向は 0.5 だけ移動しているはずだ。もとの山の半分を左に 0.5 だけずらし，もう半分を右に 0.5 だけずらせば，このようなグラフになることは明らかである。うまく辻褄が合っているではないか（形が若干崩れているのは仕方ない。計算を有限項で打ち切ったことによる誤差である）。

$t = 1$ では，半分半分に分かれた波が，左と右にそれぞれさらに進んで，完全に分離した状態である。この後，間もなく，それぞれは $x = 0$ と $x = 4$ の境界にぶつかることになる。

$t = 2$ では，それぞれの波が境界にぶつかり，既に反射した波が，まだ反射していない波と重なり合って，互いに打ち消し合った瞬間である。一見，波は消えてしまって静穏が訪れたように見えるが，そうではない。波は動いており，ψ は今にも上下に変化しようとしている（ψ は 0 でも $\partial\psi/\partial t$ は 0 ではない）。

$t = 3$ では，それぞれの波が境界に衝突し終わり，反射した波だけが存在する状態だ。境界（つまり両端）では $\psi = 0$ という条件のために，ψ は 0 以外の値をとりようがない，つまりそこで波は変位できないから，反射波は上下がひっくり返った形になる。（こういう条件を固定端条件という。ちなみに境界条件には「自由端条件」というのもある。自由端条件では，反射波は上下がひっくり返らない。固定端条件と自由端条件を線型結合したような境界条件もある）。その理由を簡単に言うと，ひっくり返った反射波がもとの波と重ね合わさることで，両者が境界で互いに打ち消し合って，そこでは ψ が常に 0

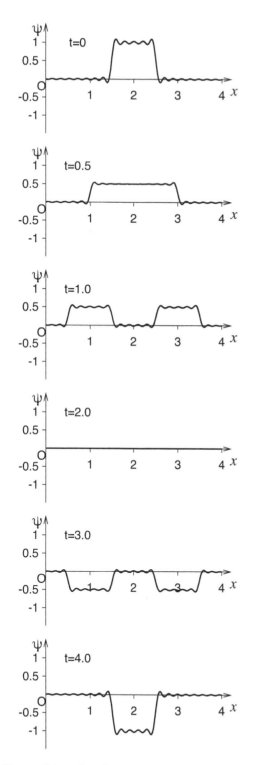

図 10.4　式 (10.49) のグラフ。$L = 4, h = 1, c = 1$ とする。$n = 31$ まで。

になるのである。境界条件を満たすには，反射波は
ひっくりかえらざるを得ないのである。

$t = 4$ では，左右に進んだ波が反射波として戻っ
てきて再び重なり合い，もとの波形をそっくり上下
逆にしたような形になっている。

問 172　式 (10.49) は，$t = 5, 6, 7, 8$ ではそれぞ
れどうなるか，予想してグラフの概形を描け。

10.3　熱伝導方程式・拡散方程式

農学や環境科学の研究対象には，温度や熱に関連
する現象が多い。たとえば，食品加工や殺菌処理に
は，熱処理が欠かせない。熱処理では，対象物体を，
必要な温度に，必要な時間だけ，維持しなければな
らない。温度が高すぎても低すぎてもダメだし，時
間が長すぎても短すぎてもダメである。従って，物
体の温度と熱の挙動を，定量的に解析する手法は，
我々にとって必須のものである。我々が学んできた
線型微分方程式の考え方は，ここでも大いに活躍す
るのである。

では，手始めに，以下のような問題を考えよう：
x 軸に沿って線状の物体がある。熱は物体に沿って
伝導し，物体と外界との間で熱のやりとりは無いと
する。その物体の，位置 x，時刻 t における温度を，
$T(x, t)$ と書こう。この関数 $T(x, t)$ が従う方程式を
これから見つけよう。

熱力学第二法則によれば，一般に，熱は，温かい
部分から冷たい部分に向けて伝わるものである。そ
こで，いま，位置 x において，単位時間あたりに x
の正の方向に通過する熱量 $J(x, t)$ は，

$$J = -k\frac{\partial T}{\partial x} \tag{10.51}$$

と書けると仮定しよう。右辺の $\partial T / \partial x$ は温度勾配
である。すなわち，x の正の方向に単位距離だけ進
むと温度がどれだけ上がるかである。その値が大き
いほど，温度は x に沿って急激に高くなる。右辺に
マイナスがついているのは，温度勾配の方向と熱移
動の方向が逆であることを表す。k は熱伝導率と呼
ばれる定数である。

式 (10.51) は，フーリエの法則と呼ばれ，多くの
状況で成り立つことが確認されている。ちなみに，
この法則から P.31 式 (2.12) が導かれる。

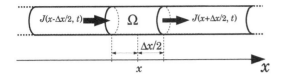

図 10.5 　線状の物体に熱が伝わる様子。J は断面を単位時間あたりに通過する熱量。

さて，位置 $x - \Delta x/2$ と位置 $x + \Delta x/2$ で挟まれた狭い部分を Ω と呼ぼう（図 10.5 参照）。

Ω の温度変化を考える。Ω には，時間 Δt の間に，Ω の左端（$x - \Delta x/2$ の位置）で左隣から

$$J\left(x - \frac{\Delta x}{2}, t\right)\Delta t \tag{10.52}$$

という熱量が入り，Ω の右端（$x + \Delta x/2$ の位置）で右隣へ

$$J\left(x + \frac{\Delta x}{2}, t\right)\Delta t \tag{10.53}$$

という熱量が出て行く。差し引き，

$$q = J\left(x - \frac{\Delta x}{2}, t\right)\Delta t - J\left(x + \frac{\Delta x}{2}, t\right)\Delta t \tag{10.54}$$

という熱量が，Ω に蓄積される（無論，この値が負であるなら，そのぶんだけ熱量が失われる）。

問 173 　式 (10.54) は，Δx が十分に 0 に近ければ，次式のように近似できることを示せ：

$$q \fallingdotseq -\frac{\partial J}{\partial x}\Delta x \Delta t \tag{10.55}$$

この物体の，単位長さあたりの熱容量を η とする（熱容量とは物体の温度を単位温度だけ上げるのに必要な熱量のこと）。すると，Ω の長さは Δx なのだから，Ω の熱容量は $\eta \Delta x$ となる。従って，Ω の温度を ΔT だけ上げるには，$\eta \Delta x \Delta T$ という熱量が必要である。従って，Ω に熱量 q が入るときは，

$$q = \eta \Delta x \Delta T \tag{10.56}$$

という式を満たすような温度変化 ΔT が起きる。ここで，Ω の温度を位置 x における温度で代表すると，

$$\Delta T = T(x, t + \Delta t) - T(x, t) \tag{10.57}$$

とできるから，結局，式 (10.56) は次式になる：

$$q = \eta \Delta x \{T(x, t + \Delta t) - T(x, t)\} \tag{10.58}$$

問 174

(1) 　式 (10.58) は，Δt が十分に 0 に近ければ，次式のように近似できることを示せ：

$$q \fallingdotseq \eta \frac{\partial T}{\partial t}\Delta x \Delta t \tag{10.59}$$

(2) 　式 (10.55) と式 (10.59) から次式を示せ：

$$-\eta \frac{\partial T}{\partial t} = \frac{\partial J}{\partial x} \tag{10.60}$$

(3) 　式 (10.51) と式 (10.60) から次式を示せ：

$$\eta \frac{\partial T}{\partial t} = \frac{\partial}{\partial x}\left(k\frac{\partial T}{\partial x}\right) \tag{10.61}$$

(4) 　特に，k が位置によらない定数ならば，式 (10.61) は次式のように書けることを示せ：

$$\frac{\partial T}{\partial t} = \frac{k}{\eta}\frac{\partial^2 T}{\partial x^2} \tag{10.62}$$

式 (10.61) や式 (10.62) が，我々が探していた「関数 $T(x, t)$ が従う方程式」である。これらを 1 次元の熱伝導方程式とよぶ。熱伝導率 k は必ずしも定数とは限らない。材料が位置によって異なっていたり，線がところどころ細かったり太かったりすると，k は x の関数になる。従って，式 (10.61) の方が一般性の高い方程式であるが，実用上や教育上は，式 (10.62) のほうがよく現れる。

一般に，x, t の関数 $\psi(x, t)$ について，

$$\frac{\partial \psi}{\partial t} = K\frac{\partial^2 \psi}{\partial x^2} \tag{10.63}$$

のような方程式を，1 次元の拡散方程式とよぶ。$\psi = T, K = k/\eta$ と置けば，これは式 (10.62) になる。つまり，熱伝導方程式は拡散方程式の一種である。従って，拡散方程式を解くことができれば，物体の温度を予測・解析できるわけだ。

10.4 　変数分離法で拡散方程式を解く

では，拡散方程式 (10.63) を解いてみよう。簡単のため，K は x, t によらない定数であるとする[*1]。

波動方程式のときは，演算子を因数分解して右向

[*1] これは多くの実用的な問題で成り立つ仮定だが，成り立たない場合も当然存在する。たとえばパンを焼くときパンの温度変化を計算しようとすると，パンが焼けて膨らんでいくうちに，熱伝導率 k は低くなる（空隙のせいで熱が伝わりにくくなる）。

きの波と左向きの波の重ね合わせに帰着する，ということができたが，拡散方程式では，時刻に関する偏微分が 1 階なので，波動方程式のような演算子の因数分解はできない。そこで，変数分離法の出番である。式 (10.63) は線型同次微分方程式である。従って，重ね合わせの原理が成り立つ。それを踏まえて，式 (10.63) の解を，

$$\psi(x,t) = X(x)Y(t) \tag{10.64}$$

と置こう。式 (10.63) の解は必ずしもこのように書けるとは限らないが，ともかく強引に進める。我々には重ね合わせの原理という強い味方があるのだから！

問 175　式 (10.64) を式 (10.63) に代入することで，次式を示せ：

$$\frac{1}{Y}\frac{\partial Y}{\partial t} = \frac{K}{X}\frac{\partial^2 X}{\partial x^2} \tag{10.65}$$

式 (10.65) の左辺は t のみの関数で，右辺は x のみの関数である。これらが等しくなるには，これらが t にも x にも依存しない定数であることが必要である（P.126 あたりと同様の議論）。それを $-\lambda$ と置こう。マイナスをつけなくてもよいのだが，後々，形式的にはマイナスがあるほうが便利なのでつける。

問 176

(1)　式 (10.65) は次式のようになることを示せ：

$$\frac{dY}{dt} = -\lambda Y \tag{10.66}$$

$$\frac{d^2 X}{dx^2} = -\frac{\lambda}{K}X \tag{10.67}$$

(2)　式 (10.66)，式 (10.67) はそれぞれ以下のように解けることを示せ：

$$Y = a\exp(-\lambda t) \tag{10.68}$$

$$X = b_1 \sin\sqrt{\frac{\lambda}{K}}\,x + b_2 \cos\sqrt{\frac{\lambda}{K}}\,x \tag{10.69}$$

ここで，a, b_1, b_2 は任意の定数である。

(3)　式 (10.64) は任意定数 a_1, a_2 を使って次式のようになることを示せ（ヒント：ab_1 を改めて a_1 に，ab_2 を改めて a_2 と置き直す）：

$$\psi(x,t)$$
$$= \exp(-\lambda t)\left(a_1 \sin\sqrt{\frac{\lambda}{K}}\,x + a_2 \cos\sqrt{\frac{\lambda}{K}}\,x\right) \tag{10.70}$$

式 (10.70) のような関数は確かに式 (10.63) を満たすが，式 (10.63) を満たす関数の中には，式 (10.70) のように書けないものもあるかもしれない。しかし，そのようなものでも，式 (10.70) の形の関数を様々な λ, a_1, a_2 について作って重ね合わせれば構成できるのである。

10.5　拡散方程式の初期条件と境界条件

式 (10.70) から先に進むには，初期条件・境界条件が必要である。ここでは，例として以下のような条件を与えてみよう：$\psi(x,t)$ は $x = 0$ から $x = L$ までの線上だけに存在し，

$$\psi(x,0) = \begin{cases} 0 & (0 \le x < 3L/8 \text{ のとき}) \\ h & (3L/8 \le x < 5L/8 \text{ のとき}) \\ 0 & (5L/8 \le x \le L \text{ のとき}) \end{cases} \tag{10.71}$$

$$\forall t, \quad \psi(0,t) = 0 \tag{10.72}$$

$$\forall t, \quad \psi(L,t) = 0 \tag{10.73}$$

ここで h は適当な定数とする。式 (10.71) は初期条件，式 (10.72)，式 (10.73) は境界条件である。注：これらは 10.2 節で解析した波動方程式の初期条件・境界条件とほぼ同じだ。実際，初期条件式 (10.71) は P.128 式 (10.26) と全く同じだし，2 つの境界条件も P.128 式 (10.28)，式 (10.29) と全く同じだ。ただし，式 (10.27) に相当する条件がここでは欠けている。その理由の詳細は割愛するが，これは拡散方程式 (10.63) が時刻に関して一階の微分しか含まない（つまり時刻に関する条件が 1 つだけで十分である）ことによる。

以上の条件で，式 (10.63) の解を求めてみよう。

問 177

(1)　式 (10.70) が式 (10.72)，式 (10.73) を満たす

とき，式 (10.70) は次式のようになることを示せ（A は任意の定数，n は 0 以外の任意の整数）：

$$\psi(x,t) = A \exp\left[-K\left(\frac{n\pi}{L}\right)^2 t\right] \sin\frac{n\pi x}{L} \tag{10.74}$$

(2) 次式は式 (10.63) と式 (10.72), 式 (10.73) を満たすことを示せ（A_n は任意の定数）：

$$\psi(x,t) = \sum_{n=1}^{\infty} A_n \exp\left[-K\left(\frac{n\pi}{L}\right)^2 t\right] \sin\frac{n\pi x}{L} \tag{10.75}$$

式 (10.75) が式 (10.71) を満たすように A_n を決定しよう。式 (10.75) に $t=0$ を代入して式 (10.71) を使うと次式を得る：

$$\sum_{n=1}^{\infty} A_n \sin\frac{n\pi x}{L} = \begin{cases} 0 & (0 \leq x < 3L/8 \text{ のとき}) \\ h & (3L/8 \leq x < 5L/8 \text{ のとき}) \\ 0 & (5L/8 \leq x \leq L \text{ のとき}) \end{cases} \tag{10.76}$$

式 (10.76) は P.129 式 (10.36) と全く同じ形なので，式 (10.36) 以降の解析結果をそのまま流用できる。すなわち，

$$A_n = \frac{4h}{n\pi}\sin\frac{n\pi}{2}\sin\frac{n\pi}{8} \tag{10.77}$$

とすればよい。すると，式 (10.75) は次式のようになる：

$$\psi = \sum_{n=1}^{\infty}\frac{4h}{n\pi}\sin\frac{n\pi}{2}\sin\frac{n\pi}{8}\exp\left[-K\left(\frac{n\pi}{L}\right)^2 t\right]\sin\frac{n\pi x}{L} \tag{10.78}$$

式 (10.78) が，求める解である。すなわち，式 (10.78) は，式 (10.63) を満たし，なおかつ，式 (10.71) から式 (10.73) までの条件（初期条件と境界条件）を全て満たす，パーフェクトな関数である。お疲れ様 !!

問 178 $L=4, h=1, K=0.1$ とする。表計算ソフトを使って，式 (10.78) のグラフを，$t=0, 0.5, 1, 2, 3, 4$ のそれぞれについて描け。和は $n=11$ 程度で打ち切ってよい。縦軸のスケールをグラフ間で統一すること。結果は図 10.6 のようになるはず。

10.6 線型偏微分方程式と固有値・固有関数

さて，これまで線型同次偏微分方程式を変数分離法で解いたが，その過程で現れた P.127 式 (10.11), 式 (10.12), P.134 式 (10.66), 式 (10.67) は，いずれも，何らかの線型微分演算子 L と何らかの関数 f, 何らかの定数 λ について，次式のように表される：

$$Lf = \lambda f \tag{10.79}$$

たとえば式 (10.12) では，$L = d^2/dx^2, f = X(x),$ $\lambda = -\omega^2/c^2$ とみなせば式 (10.79) の形になる。

ここで，線型微分演算子は線型写像なので行列で表現でき，関数はベクトルなので数ベクトルで表現できることを思い出せば，式 (10.79) は，正方行列 A の固有値 λ と固有ベクトル $\mathbf{x}$ の定義（P.25 式 (1.185)）：

$$A\mathbf{x} = \lambda\mathbf{x} \tag{10.80}$$

と同じ形だとわかるだろう。そこで，式 (10.79) の λ と f を，線型微分演算子 L のそれぞれ固有値，固有関数とよび，式 (10.79) や式 (10.80) を固有方程式とよぶ。

このように，**線型偏微分方程式と行列の固有値問題は密接に関係している**のだ。このことは次章（量子力学）の「シュレーディンガー方程式」という話題で重要になる。

問の解答

答 162 (1) 略（代入するだけ。なお，X は t を含まないから，$\partial^2/\partial t^2$ では定数とみなして前に出せる。同様に，T は x を含まないから $\partial^2/\partial x^2$ では定数とみなす。）
(2) 略（式 (10.4) の両辺を XT で割る。）

答 163 略（式 (10.19) を式 (10.1) の両辺にそれぞれ代入して計算し，互いに等しくなることを示せばよい。）

答 164 (1) 略（たとえば，式 (10.19) で $a_1 = b_1 = 1$, $a_2 = b_2 = 0$ とすれば，ψ_1 になる。このようにそれぞれの式について，a_1, a_2, b_1, b_2 を適切に決めてやる。） (2) 三角関数の加法定理を使って，

$$\psi_2 + \psi_1 = \cos\omega t\cos\frac{\omega x}{c} + \sin\omega t\sin\frac{\omega x}{c}$$
$$= \cos\left(\omega t - \frac{\omega x}{c}\right) = \cos\left(\frac{c\omega t - \omega x}{c}\right)$$

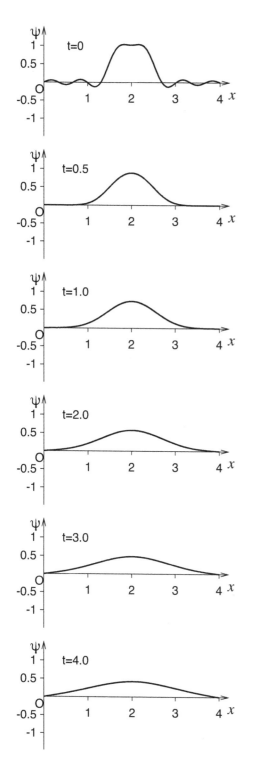

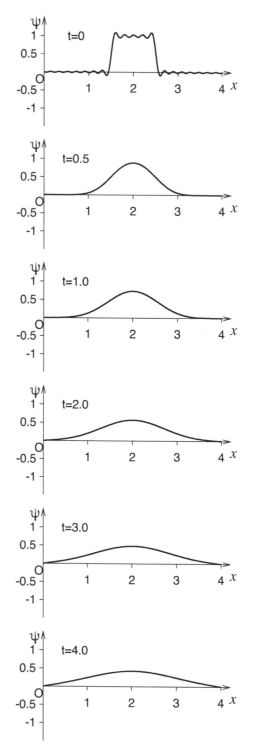

図10.6　式 (10.78) のグラフ。$L = 4, h = 1, K = 0.1$ とする。$n = 11$ まで計算。

図10.7　式 (10.78) のグラフ。図 10.6 と同じ定数条件だが，$n = 41$ まで計算。

$$= \cos\left(\frac{\omega x - c\omega t}{c}\right) = \cos\left(\frac{\omega(x - ct)}{c}\right)$$

残りも同様。

答 165 (1) 式 (10.19) で $x = 0$ とすると，$\psi(0, t) = b_2(a_1 \sin \omega t + a_2 \cos \omega t)$ となる。式 (10.28) より，これがどんな t についても 0 に等しい。それには，$b_2 = 0$ となるか，$a_1 = a_2 = 0$ となるしかない。ところが，もし $a_1 = a_2 = 0$ なら，式 (10.19) は恒等的に 0 になり，仮定に反する。従って $b_2 = 0$ である。 (2) 前小問の結果 ($b_2 = 0$) より，式 (10.19) は次式のようになる：

$$\psi = (a_1 \sin \omega t + a_2 \cos \omega t) b_1 \sin \frac{\omega x}{c} \qquad (10.81)$$

これを t で偏微分すると，

$$\frac{\partial \psi}{\partial t} = (a_1 \omega \cos \omega t - a_2 \omega \sin \omega t) b_1 \sin \frac{\omega x}{c}$$

となる。これに $t = 0$ を代入すると，

$$\frac{\partial \psi}{\partial t}(x, 0) = a_1 \omega b_1 \sin \frac{\omega x}{c}$$

となる。式 (10.27) より，これが恒等的に 0 に等しい。それには，$a_1 = 0$ 又は $\omega = 0$ 又は $b_1 = 0$ となるしかない。ところが，もし $\omega = 0$ なら，式 (10.81) が恒等的に 0 になってしまい，仮定に反する。また，もし $b_1 = 0$ となっても，式 (10.81) が恒等的に 0 になってしまい，仮定に反する。従って，$a_1 = 0$ となるしかない。

答 166 式 (10.30) に $x = L$ を代入すると，

$$\psi(L, t) = A \cos \omega t \sin \frac{\omega L}{c} \qquad (10.82)$$

となる。式 (10.29) より，これがどんな t についても 0 に等しい。特に，$t = 0$ とすれば，

$$\psi(L, 0) = A \sin \frac{\omega L}{c} = 0 \qquad (10.83)$$

となる。これが成り立つには，$A = 0$ か，$\sin(\omega L/c) = 0$ である必要がある。ところが $A = 0$ なら，式 (10.30) は恒等的に 0 になってしまい，仮定に反する。従って $\sin(\omega L/c) = 0$ である。それが成り立つには，n を任意の整数として，$\omega L/c = n\pi$ であればよい（ただし $n = 0$ だと $\omega = 0$ となり，式 (10.30) が恒等的に 0 になるのでまずい）。こうして式 (10.31) が得られた。これを変形すれば式 (10.32) を得る。

答 168 略。(式 (10.34) を式 (10.1) の左辺と右辺にそれぞれ代入して式変形し，両者が等しくなることを示す。その他の条件についても，素直に左辺に式 (10.34) を代入して式変形して右辺に到達することを示せばよい)

答 169 (1) n, m は 1 以上の整数で，$n \neq m$ とする。

$$\left\langle \frac{1}{\sqrt{2}}, \frac{1}{\sqrt{2}} \right\rangle = \frac{1}{L} \int_{-L}^{L} \frac{1}{2} dx = \frac{2L}{2L} = 1$$

$$\left\langle \cos \frac{n\pi x}{L}, \cos \frac{n\pi x}{L} \right\rangle = \frac{1}{L} \int_{-L}^{L} \cos^2 \frac{n\pi x}{L} dx$$
$$= (\text{途中計算略}) = 1$$

$$\left\langle \sin \frac{n\pi x}{L}, \sin \frac{n\pi x}{L} \right\rangle = \frac{1}{L} \int_{-L}^{L} \sin^2 \frac{n\pi x}{L} dx$$
$$= (\text{途中計算略}) = 1$$

$$\left\langle \frac{1}{\sqrt{2}}, \cos \frac{n\pi x}{L} \right\rangle = \frac{1}{L} \int_{-L}^{L} \frac{1}{\sqrt{2}} \cos \frac{n\pi x}{L} dx$$
$$= \frac{1}{n\pi\sqrt{2}} \left[\sin \frac{n\pi x}{L} \right]_{-L}^{L} = 0$$

$$\left\langle \frac{1}{\sqrt{2}}, \sin \frac{n\pi x}{L} \right\rangle = \frac{1}{L} \int_{-L}^{L} \frac{1}{\sqrt{2}} \sin \frac{n\pi x}{L} dx$$
$$= -\frac{1}{n\pi\sqrt{2}} \left[\cos \frac{n\pi x}{L} \right]_{-L}^{L} = 0$$

$$\left\langle \cos \frac{n\pi x}{L}, \sin \frac{n\pi x}{L} \right\rangle = \frac{1}{L} \int_{-L}^{L} \cos \frac{n\pi x}{L} \sin \frac{n\pi x}{L} dx$$
$$= (\text{途中計算略}) = 0$$

$$\left\langle \cos \frac{n\pi x}{L}, \sin \frac{m\pi x}{L} \right\rangle = \frac{1}{L} \int_{-L}^{L} \cos \frac{n\pi x}{L} \sin \frac{m\pi x}{L} dx$$
$$= (\text{途中計算略}) = 0$$

$$\left\langle \cos \frac{n\pi x}{L}, \cos \frac{m\pi x}{L} \right\rangle = \frac{1}{L} \int_{-L}^{L} \cos \frac{n\pi x}{L} \cos \frac{m\pi x}{L} dx$$
$$= (\text{途中計算略}) = 0$$

$$\left\langle \sin \frac{n\pi x}{L}, \sin \frac{m\pi x}{L} \right\rangle = \frac{1}{L} \int_{-L}^{L} \sin \frac{n\pi x}{L} \sin \frac{m\pi x}{L} dx$$
$$= (\text{途中計算略}) = 0$$

(2)

$$\left\langle f(x), \frac{1}{\sqrt{2}} \right\rangle$$
$$= \left\langle \frac{P_0}{\sqrt{2}} + \sum_{n=1}^{\infty} \left\{ P_n \cos \frac{n\pi x}{L} + Q_n \sin \frac{n\pi x}{L} \right\}, \frac{1}{\sqrt{2}} \right\rangle$$
$$= \left\langle \frac{P_0}{\sqrt{2}}, \frac{1}{\sqrt{2}} \right\rangle + \sum_{n=1}^{\infty} \left\langle P_n \cos \frac{n\pi x}{L}, \frac{1}{\sqrt{2}} \right\rangle$$
$$+ \sum_{n=1}^{\infty} \left\langle Q_n \sin \frac{n\pi x}{L}, \frac{1}{\sqrt{2}} \right\rangle = P_0$$

となる（ここで (1) で示した，正規直交基底の性質を使った）。一方，式 (10.39) より，

$$\left\langle f(x), \frac{1}{\sqrt{2}} \right\rangle = \frac{1}{L} \int_{-L}^{L} \frac{f(x)}{\sqrt{2}} dx \qquad (10.84)$$

となる。これらをあわせて，式 (10.42) が成り立つ。式 (10.43), 式 (10.44) も同様。

答 170 （略解）注：$\phi(x)$ が奇関数であることに注意せよ。(1) 式 (10.42) の $f(x)$ を $\phi(x)$ とする。被積分関数 $\phi(x)/\sqrt{2}$ は奇関数なので，対称な積分区間での積分は 0。よって $P_0 = 0$。 (2) 式 (10.43) の $f(x)$ を $\phi(x)$ とする。被積分関数 $\phi(x)\cos(n\pi x/L)$ は奇関数なので（奇関数×偶関数は奇関数！），対称な積分区間での積分は 0。よって $P_n = 0$。 (3) 式 (10.44) の $f(x)$ を $\phi(x)$ とする。被積分関数 $\phi(x)\sin(n\pi x/L)$ は偶関数なので（奇関数×奇関数は偶関数！），$-L$ から L までの積分は，0 から L までの積分の 2 倍に等しい。従って，

$$Q_n = \frac{2}{L}\int_0^L \phi(x)\sin\frac{n\pi x}{L}dx \tag{10.85}$$

となる。$\phi(x) = 0$ となる区間での積分は 0 なので考える必要は無い。$\phi(x) = h$ となる区間だけを取り出して，

$$Q_n = \frac{2}{L}\int_{3L/8}^{5L/8} h\sin\frac{n\pi x}{L}dx \tag{10.86}$$

となる。これを計算すると次式になる：

$$Q_n = \frac{2h}{n\pi}\left(\cos\frac{3n\pi}{8} - \cos\frac{5n\pi}{8}\right) \tag{10.87}$$

これを三角関数の和積公式（「ライブ講義 大学 1 年生のための数学入門」参照）で変形すると，与式を得る。

答 171 略。(1) では，n が偶数のとき $\sin(n\pi/2)$ の中身 $(n\pi/2)$ が π の整数倍になるから，その $\sin$ が 0 になることに注意。

(3) トラブル解決のヒント：まず，よくあるのが，グラフに表示される x の値がおかしいとか，なぜか $\psi = x$ のグラフが表示される，というトラブル：これは表計算ソフトでグラフを作るとき誤って「折れ線グラフ」などを選んでいる可能性が高い。「散布図」を選ぶこと。

次によくあるのは，$t = 2$ でグラフがおかしな形になるトラブル：$t = 2$ では理論的に ψ が至る所で 0 になる為，数値計算結果も，0 に近い値になる。それを計算機が勝手に気をきかせて無理に拡大して表示してくれているのだ。このような場合，縦軸（ψ 軸）のスケールに 2E-016 などという数字が現れるが，これは 2×10^{-16} というものすごく 0 に近い値である。縦軸（ψ 軸）のスケールを，他の時刻でのグラフと同じように，たとえば -1 から 1 までに設定変更すれば，きれいなグラフになるはずだ。

答 173 （略解）線型近似を使って，

$$J\left(x - \frac{\Delta x}{2}, t\right) \fallingdotseq J(x,t) - \frac{\partial J}{\partial x}(x,t)\frac{\Delta x}{2}$$

$$J\left(x + \frac{\Delta x}{2}, t\right) \fallingdotseq J(x,t) + \frac{\partial J}{\partial x}(x,t)\frac{\Delta x}{2}$$

とできる。これらを式 (10.54) に代入して与式を得る。

答 174 （略解）(1) 線型近似を使って，

$$T(x, t + \Delta t) \fallingdotseq T(x,t) + \frac{\partial T}{\partial t}\Delta t$$

となる。右辺の $T(x,t)$ を左辺に移項すると，

$$T(x, t + \Delta t) - T(x,t) \fallingdotseq \frac{\partial T}{\partial t}\Delta t$$

となる。これを式 (10.58) の右辺に代入して与式を得る。(2) 略（式 (10.55) と式 (10.59) の右辺どうしを等しいと置いて等式を作り，その両辺を $\Delta x\Delta t$ で割ればよい。Δx と Δt を限りなく 0 に近づけて考えることで，$\fallingdotseq$ を $=$ にした。） (3) 略（式 (10.51) の J を式 (10.60) に代入し，両辺に -1 を掛ける。） (4) 略（式 (10.61) 右辺の最初の偏微分において，k を定数として前に出す。）

答 175 略。（代入してから両辺を $X(x)Y(t)$ で割る）

答 176 （略解）(1) 式 (10.65) の両辺が $-\lambda$ に等しいことから，

$$\frac{1}{Y}\frac{\partial Y}{\partial t} = -\lambda, \quad \frac{K}{X}\frac{\partial^2 X}{\partial x^2} = -\lambda$$

となる。この第 1 式の両辺に Y を掛けると式 (10.66) を得るし，第 2 式の両辺に X/K を掛けると式 (10.67) を得る。各関数は 1 変数関数なので，偏微分記号を使い続ける必要は無い為，∂ を d と書き直した。 (2) 式 (10.66) を（常微分方程式の）変数分離法で普通に解けば式 (10.68) を得る。式 (10.67) は式 (10.12) の解法と同じ（ω^2/c^2 が λ/K になっただけ）。 (3) 式 (10.68) と式 (10.69) を式 (10.64) に代入してヒントに従えば与式を得る。

答 177 （略解）(1) 式 (10.70) に $x = 0$ を代入し，式 (10.72) を使うと，$\psi(0,t) = a_2\exp(-\lambda t) = 0$ となる。これが任意の t に成立するので，特に $t = 0$ を代入すると，$\psi(0,0) = a_2 = 0$ となり，$a_2 = 0$ を得る。従って，式 (10.70) は次式のようになる：

$$\psi(x,t) = a_1\exp(-\lambda t)\sin\sqrt{\frac{\lambda}{K}}x \tag{10.88}$$

これに $x = L$ を代入し，式 (10.73) を使うと次式になる：

$$\psi(L,t) = a_1\exp(-\lambda t)\sin\sqrt{\frac{\lambda}{K}}L = 0 \tag{10.89}$$

これが任意の t に成立するので，特に $t = 0$ を代入す

ると，

$$\psi(L,0) = a_1 \sin\sqrt{\frac{\lambda}{K}}\,L = 0 \tag{10.90}$$

が成り立つ。もし $a_1 = 0$ なら，この式は成り立つが，式 (10.88) が恒等的に 0 になってしまい，あとでどんなに重ね合わせを使っても式 (10.71) を満たすことができない。従って，上式が成り立つには，

$$\sin\sqrt{\frac{\lambda}{K}}\,L = 0 \tag{10.91}$$

となる必要がある。それには n を 0 以外の任意の整数として，

$$\sqrt{\frac{\lambda}{K}}\,L = n\pi \tag{10.92}$$

となることが必要。この式は次のように変形できる：

$$\sqrt{\frac{\lambda}{K}} = \frac{n\pi}{L} \tag{10.93}$$

$$\lambda = K\left(\frac{n\pi}{L}\right)^2 \tag{10.94}$$

これらを式 (10.88) に代入し，a_1 を A と書き直せば，与式を得る。　(2) 略（代入して計算せよ）。なお，式 (10.74) で $n < 0$ のときは，係数 A を調整することで，$n > 0$ のときに集約できる。

学生の感想 6　困難なものを作るときには，それを要素に分けて，解いて，足して，近似するというのが，重ね合わせの原理の利用法なのかなと思った。

学生の感想 7　高校の時にベクトルと行列が大好きだったので抽象的な概念を持つ線型代数の世界へ中々離陸できません。具体的に考えようとしてしまう自分。

第 11 章

量子力学入門

量子力学は多くの科学の基礎なので，理系大学生の多くが量子力学を学びますが，多くが挫折します。というのも，量子力学の理解には，数学がみっちり必要なのです。本書はそれにはまだ足りないですが，量子力学の片鱗なら少しは理解可能なレベルに到達しています。これまで学んだ線型代数（特に計量空間）と微積分，そして確率論がそれです。それらを使って，量子力学の世界を覗いてみましょう。

11.1 状態ベクトルが量子の全てを表す

諸君が学んできた物理学は，「運動の3法則」（慣性の法則，運動方程式，作用反作用の法則）を基本原理とし，それをもとに物体が「いつ，どこにいるか」を定めることが目標で，それは運動方程式 $\mathbf{F} = m\mathbf{a}$ を直接的・間接的に解くことで達成される。このような物理学を「ニュートン力学」という。日常のスケールの現象ならほとんどがこれでいける。

ところが，原子レベルの小さなスケールの現象では，物体が「いつ，どこにいるか」が必ずしも問題設定としてうまくないことがわかってきた。たとえ話で説明しよう：

いま，君は非常においしいラーメンを食べている。ラーメンに没頭し「ラーメンがうまい！」という幸せで満たされている。そのとき君に LINE の通知が入り，友人から，「明日提出のレポートできた？」と聞かれたとする。とたんに君は憂鬱になる。「そういえばレポートまだできてない。やばい」…ラーメンのうまさを忘れて，君の頭はレポートのことでいっぱいになる。せっかくラーメンに没頭していたのに，嫌なことを思い出させた友人に腹が立つ。そうなると，ラーメンもそれほどおいしくなくなってきた。聞かれる前は，それなりの心理状態（ラー

メンうまい）にあったのに，「レポートできた？」と聞かれることで別の心理状態（レポートやばい）になったのだ。

物体に「どこにいるか」と問うことは，この話に似ている。君の心理状態が必ずしもレポートの出来不出来だけで決まるのではないように，物体の状態は，必ずしも「どこにいるか」だけで決まるのではない。ところが「レポートできた？」と聞かれた瞬間に，君の心理状態は他のこと（ラーメンのうまさ）を忘れてレポートだけで決まるようになるのと同様（？）に，「どこにいるか」と聞かれると，その瞬間，物体の状態は「他のこと」を「忘れて」，「どこにいるか」だけで決まるようになるのだ。

なんだか不思議でわけわからない話だが，それは比喩だからだ。量子力学を語るには比喩では無理で，多かれ少なかれ，数学が必要になる。

量子力学では，量子力学的な物体（量子）の状態は $\mathbb{C}$ を体とする計量空間の要素（ベクトル）で表すことができると信じる。それを状態ベクトルという。この状態ベクトルは，位置ベクトルや速度や力や運動量のようなユークリッド空間の幾何ベクトルではない。どういうものかは具体的にはイメージが難しいが，その物体の状態に関する全ての情報が含まれている何かである。その何かを集めると，$\mathbb{C}$ を体とする計量空間になるのだ。なぜ？ とかは考えず，頭から無理やりそう信じ込めば，とにかく **辻褄が合うのだ！** これは，ちょうどニュートン力学で，$\mathbf{F} = m\mathbf{a}$ を固く信じれば，物体の運動をきっちり予測できたのと同じような状況である。信じるものは救われるのだ。

しかし，これは世界の認識の仕方として，大きな飛躍である。ニュートン力学では「いつどこにいるか」を興味の対象としたのに，量子力学では，「状態ベクトル」を興味の対象とするのだ。

さて，状態ベクトルは計量空間の要素だというのだから，正規直交基底があるだろう。それがどんなものなのかは知らないが，とにかくそれらを，

$$\{\mathbf{e}_1, \mathbf{e}_2, \ldots, \mathbf{e}_n\} \tag{11.1}$$

としよう。すると，物体の任意の状態ベクトル $\mathbf{x}$ は，次式のように線型結合で表されるはずだ（基底による分解）。

$$\mathbf{x} = x_1\mathbf{e}_1 + x_2\mathbf{e}_2 + \cdots + x_n\mathbf{e}_n \tag{11.2}$$

たとえば，1 個の電子が陽子（水素原子核）のまわりの $1s$ 軌道にいるときに，その電子の状態ベクトル $\mathbf{x}$ は，

$$\mathbf{x} = x_1\mathbf{e}_{1su} + x_2\mathbf{e}_{1sd} \tag{11.3}$$

というふうに，$\mathbf{e}_{1su}$, $\mathbf{e}_{1sd}$ という 2 つの互いに直交する単位ベクトル（前者は $1s$ 軌道の上向きスピンの状態，後者は $1s$ 軌道の下向きスピンの状態）の線型結合で表現される，と考えるのだ。このとき，

$$\{\mathbf{e}_{1su}, \mathbf{e}_{1sd}\} \tag{11.4}$$

は，「$1s$ 軌道にいる電子の状態ベクトルの集合の正規直交基底」である。

ここでもし $x_1 = 1$ で[*1]，$x_2 = 0$ ならば，電子は上向きスピンの状態だけにいることになるが，そうでなければ，電子は上向きスピンの状態と下向きスピンの状態が「混ざった状態」にいることになる。

もう少し厳密に言おう。元々状態ベクトルの集合は線型空間（計量空間）をなすのだから，「複数の状態ベクトルの線型結合」もひとつの状態ベクトル，つまり「ひとつの状態」なのだ。

ここで先ほどの例を思い出そう。量子力学的にいえば，ラーメンを堪能している君の「ラーメンうまい」という状態ベクトルを，「レポート OK」という状態ベクトルと「レポートやばい」という状態ベクトルの線型結合で表すようなものである。つまり，

「ラーメンうまい」
$$= x_1\text{「レポート OK」} + x_2\text{「レポートやばい」} \tag{11.5}$$

ということだ。これは無茶である。ラーメンを堪能する幸福がレポートの出来不出来で表現できる？しかもレポート OK とレポートやばいという相反する状態が混ざっている？わけがわからない。しかし量子力学では実際にこんな妙なことが普通にあるのだ。たとえば，ニュートン力学では，物体の位置と速度は[*2]独立な物理量に思える。実際，ある位置に物体があることと，その物体がある速度を持つこととは独立した話である。一方，量子力学では，ある箇所に局限されて存在する物体は，様々な速度（というよりむしろ運動量）を持つ様々な状態の線型結合で表される，と考える。つまり，あらゆる速度の状態を「混ぜる」ことで，その物体が「空間のある特定の場所に存在する」という状態を表現できるのだ。

しかも，式 (11.3) や式 (11.5) の x_1, x_2 は複素数である。なぜ複素数？どういう意味？わけわからないが，そう考えないと，量子力学は，いろんな意味で**辻褄が合わない**のだ。実際，x_1, x_2 には物理的な意味がある。量子力学では，物体が状態 $\mathbf{x}$ にいるときに，それが状態 $\mathbf{y}$ になる確率が，$\mathbf{x}$ と $\mathbf{y}$ の内積の絶対値の 2 乗，つまり

$$|\langle \mathbf{x} | \mathbf{y} \rangle|^2 \tag{11.6}$$

で決まるとされている[*3]。なぜそうなるのかは誰にもわからないが，そう考えれば**辻褄が合う**のだ。

では，「ラーメンうまい」という心理状態にある君が，「レポートできた？」と聞かれたときに，「OK」と答える確率を量子力学的に考えてみよう（もちろんこれは無意味でばかげていて誤った話である。あくまで量子力学の形式を理解するための比喩である）。もし「レポートやばい」という状態ベクトルと「レポート OK」という状態ベクトルが互いに直交してそれぞれノルムが 1 ならば，式 (11.5) を使って，

$$\langle \text{ラーメンうまい} | \text{レポート OK} \rangle = x_1 \tag{11.7}$$

になる。従って，求める確率は，式 (11.6) より

[*1] 正確にいうと，ここで x_1 は $x_1 = 1$ である必要はなく，$|x_1| = 1$ となる複素数であればよい。

[*2] 前述したが，位置や速度を表す「位置ベクトル」や「速度ベクトル」と，この話で出てきている「状態ベクトル」は全く別物である。前者は $\mathbb{R}$ を体とするユークリッド空間の幾何ベクトル（「向きと大きさ」を持つベクトル）であり，後者は $\mathbb{C}$ を体とする抽象的な計量空間の要素である。

[*3] 式 (8.14) 参照。

$$|\langle \text{ラーメンうまい} \,|\, \text{レポート OK} \rangle|^2 = |x_1|^2 \tag{11.8}$$

となる。つまり，線型結合の係数（の絶対値の 2 乗）は，確率を表すのだ。

同様に，電子が式 (11.3) のような状態にあるとすれば，この電子のスピンが上向きである確率は，

$$|\langle \mathbf{x} \,|\, \mathbf{e}_{1su} \rangle|^2 = |x_1|^2 \tag{11.9}$$

であり，この電子のスピンが下向きである確率は，

$$|\langle \mathbf{x} \,|\, \mathbf{e}_{1sd} \rangle|^2 = |x_2|^2 \tag{11.10}$$

である[*4]。

ここで注意。どんな状態 $\mathbf{x}$ についても，電子が「その特定の状態 $\mathbf{x}$」にいるときに「その特定の状態 $\mathbf{x}$」にいる確率は当然 1 なのだから，式 (11.6) より，$|\langle \mathbf{x} \,|\, \mathbf{x} \rangle|^2 = 1$ である。ところがノルムの定義（式 (8.19)）を思い出すと，$\langle \mathbf{x} \,|\, \mathbf{x} \rangle = |\mathbf{x}|^2$ である。従って，電子の状態ベクトル $\mathbf{x}$ のノルム $|\mathbf{x}|$ は 1 でなければならない。そう言われると戸惑う人もいるだろう。「状態ベクトルは線型空間（計量空間）の要素だろ？ ならスカラー倍ができるはずだ。なのに，ノルムが 1 に制限されるのは矛盾していないか？」そこは臨機応変に対応するのだ。すなわち，もしノルムが 1 でない状態ベクトル $|\mathbf{x}|$ があったら，それを $\mathbf{x}/|\mathbf{x}|$ というふうにしてノルムが 1 になるように調整する，という約束をするのだ。

11.2 線型写像が状態ベクトルを変化させる

さて，電子の挙動は時間とともに変わる可能性がある。それは，状態ベクトルが時間とともに変化しうるということだ。その変化の様子がわかれば，電子の挙動が予測できるだろう。では電子の状態ベクトルは，どのような法則で変化するのだろう？

今，1 個の電子を考える。この電子の状態ベクトルの集合（それは計量空間である）の正規直交基底を

$$\{\phi_1, \phi_2, \cdots, \phi_n\} \tag{11.11}$$

とする。電子のどんな状態 ψ も式 (11.11) の線型結合で表される。従って，時刻 t における電子の状態ベクトル $\psi(t)$ も，

$$\psi(t) = a_1(t)\phi_1 + a_2(t)\phi_2 + \cdots + a_n(t)\phi_n \tag{11.12}$$

と表されるだろう。ここで，$a_1(t), a_2(t), \cdots, a_n(t)$ は，複素数の値を持つ，時刻 t の関数である。これらを並べてできる数ベクトル

$$\begin{bmatrix} a_1(t) \\ a_2(t) \\ \vdots \\ a_n(t) \end{bmatrix} \tag{11.13}$$

は，式 (11.11) を基底とする，状態ベクトル $\psi(t)$ の座標だ。P.89 で述べた考え方に従えば，状態ベクトル $\psi(t)$ は，この座標（数ベクトル）と同一視できる。すなわち，

$$\psi(t) = \begin{bmatrix} a_1(t) \\ a_2(t) \\ \vdots \\ a_n(t) \end{bmatrix} \tag{11.14}$$

とおいても構わないだろう（これは，式 (11.12) を簡略的に書いたものだ。平面の幾何ベクトルを 2 次元の数ベクトルと同一視するのと同じような概念操作である）。以下，この同一視を前提に，話を進める。すると，微小時間 dt が経過したとき，つまり時刻 $t + dt$ における状態は，

$$\psi(t+dt) = \begin{bmatrix} a_1(t+dt) \\ a_2(t+dt) \\ \vdots \\ a_n(t+dt) \end{bmatrix} \tag{11.15}$$

となる。

さて，量子力学では，**どんな要因であれ，状態の変化は，元々の状態に対する線型写像で表される**，と考える。そう考えれば辻褄が合うのだ。従って，$\psi(t)$ から $\psi(t+dt)$ への変化は線型写像で表される（この写像は P.82 式 (6.52) に似ている!!）。P.90 7.4 節で学んだように，基底の線型結合（つまり座標）で表されたベクトルに関する線型写像は，係数を並べてできる数ベクトルに行列を掛けることと同

[*4] ただし，確率の総和は 1 でなければならないので，$|x_1|^2 + |x_2|^2 = 1$ となるように，$\mathbf{x}$ はあらかじめスカラー倍で調整されている必要がある。

じだ。すなわち，

$$\boldsymbol{\psi}(t+dt) = A\boldsymbol{\psi}(t) \tag{11.16}$$

となるはずだ（A は適当な n 次の正方行列）。念のため成分で書くと，この式は次式と同じである：

$$\begin{bmatrix} a_1(t+dt) \\ a_2(t+dt) \\ \vdots \\ a_n(t+dt) \end{bmatrix} = A \begin{bmatrix} a_1(t) \\ a_2(t) \\ \vdots \\ a_n(t) \end{bmatrix} \tag{11.17}$$

ここで，dt が十分に 0 に近いので，変化は小さいはずだから，A は単位行列に近いはずだ。すなわち，

$$A = I + B\,dt \tag{11.18}$$

とできるはずだ。ここで I は単位行列であり，B は適当な n 次正方行列。これを式 (11.16) に代入すると，

$$\boldsymbol{\psi}(t+dt) = \boldsymbol{\psi}(t) + B\,dt\,\boldsymbol{\psi}(t) \tag{11.19}$$

となる。右辺第 1 項を左辺に移項し，両辺を dt で割ると，

$$\frac{d}{dt}\boldsymbol{\psi}(t) = B\,\boldsymbol{\psi}(t) \tag{11.20}$$

となる。行列 B がわかっていれば，この微分方程式を解くことで，電子の状態ベクトルの時間変化がわかる。

では，行列 B の意味を考えていこう。簡単のために，ここで，B は $(1,1)$ 成分以外は 0 であり，また，$\boldsymbol{\psi}(t)$ は，式 (11.12) において，$\boldsymbol{\phi}_1$ の成分だけを持つ，すなわち座標は $a_1(t)$ 以外の全てが恒等的に 0 であるという状況を考えよう。すると，式 (11.12)，式 (11.20) はそれぞれ，

$$\boldsymbol{\psi}(t) = a_1(t)\,\boldsymbol{\phi}_1 \tag{11.21}$$

$$\frac{d}{dt}a_1(t) = b_{11}\,a_1(t) \tag{11.22}$$

となる。ここで b_{11} は行列 B の $(1,1)$ 成分である。式 (11.21) は，$t=0$ のとき，次式になる：

$$\boldsymbol{\psi}(0) = a_1(0)\,\boldsymbol{\phi}_1 \tag{11.23}$$

さて式 (11.22) は常微分方程式であり，これを解けば，

$$a_1(t) = a_1(0)\exp(b_{11}t) \tag{11.24}$$

となる。これを式 (11.21) に代入すると，

$$\boldsymbol{\psi}(t) = a_1(0)\exp(b_{11}t)\boldsymbol{\phi}_1 \tag{11.25}$$

となる。右辺を式 (11.23) で変形すると，

$$\boldsymbol{\psi}(t) = \exp(b_{11}t)\boldsymbol{\psi}(0) \tag{11.26}$$

となる。ここで，両辺のノルムをとってみよう。状態ベクトルのノルムは必ず 1 になるという制限から，

$$|\boldsymbol{\psi}(t)| = |\exp(b_{11}t)||\boldsymbol{\psi}(0)| = 1 \tag{11.27}$$

である。$t=0$ のときもこれが成り立たねばならないから，$|\boldsymbol{\psi}(0)| = 1$ である。従って，式 (11.27) は，

$$|\boldsymbol{\psi}(t)| = |\exp(b_{11}t)| = 1 \tag{11.28}$$

となる。ところが，もし b_{11} が 0 以外の実数なら，t が増えるに連れて，$|\exp(b_{11}t)|$ は 0 か無限大に近づくので，1 にとどまることはできない。ノルムが 1 でない状態ベクトルは，「そのノルム分の 1」倍すればよいことになっているが，さすがにノルムが 0 や無限大になるのはまずい。困った！ しかし，b_{11} が純虚数ならば，OK である。そこで，

$$b_{11} = -i\omega \tag{11.29}$$

と置くと（i は虚数単位，ω は適当な実数。マイナスをつけるのは慣習），

$$|\exp(b_{11}t)| = |\exp(-i\omega t)| = 1 \tag{11.30}$$

が無理なく成立する（オイラーさんありがとう！）。というわけで，この場合の状態ベクトルは，式 (11.26) より，

$$\boldsymbol{\psi}(t) = \exp(-i\omega t)\boldsymbol{\psi}(0) \tag{11.31}$$

となる。

11.3 シュレーディンガー方程式（行列表示）

式 (11.31) をよく見ると，素晴らしいことがわかる。電子の状態ベクトルは，常に同じ状態ベクトル $\boldsymbol{\psi}(0)$ のスカラー倍なのだが，そのスカラー

$\exp(-i\omega t)$ は $\cos\omega t - i\sin\omega t$ というふうに，複素数の世界の中で，角速度 ω で振動（回転）しているのだ。一般向けの物理学の解説書などでは「電子は波の性質を持つ」というが，これがその「波の性質」の正体（の一部）である。

式 (11.31) のように，時間に依存しない状態ベクトルに $\exp(-i\omega t)$ が掛かったような形の状態を定常状態という。

ところで化学や高校物理学で，電子のエネルギー E は，プランク定数 h と振動数 ν とによって，

$$E = h\nu \tag{11.32}$$

と表されることを学んだ。ここで，振動数 ν は単位時間あたり何回振動するかである。その「振動」は，上記の $\exp(-i\omega t)$ のことである。この中の角速度 ω は，単位時間あたり何ラジアン進むかなので，$\omega = 2\pi\nu$ という関係がある（P.115 問 147）。これを使って式 (11.32) を書き換えると，

$$E = \frac{h}{2\pi}\omega \tag{11.33}$$

となる。ここで $\hbar := h/(2\pi)$ という新しい記号 $\hbar$（エイチバーと読む）を導入すると，

$$E = \hbar\omega \tag{11.34}$$
$$\omega = \frac{E}{\hbar} \tag{11.35}$$

である。今のケースでは，E は電子が ϕ_1 にとどまり続けるときのエネルギーである。つまり振動の様子はエネルギーと関係しているのだ。エネルギーが大きいほど ω は大きい，つまり振動は激しい。

さて，式 (11.35) を式 (11.29) と式 (11.31) に代入すると，

$$b_{11} = -\frac{i}{\hbar}E \tag{11.36}$$
$$\psi(t) = \exp\left(-\frac{i}{\hbar}E\,t\right)\psi(0) \tag{11.37}$$

となる。多少飛躍するが，同様の議論が，$b_{22}, b_{33},$ … についても可能である。つまり，B の対角成分は，基底の各要素の状態にとどまり続けるときのエネルギーに $-i/\hbar$ を掛けたものに等しい。そう考えると，いっそのこと，$-i/\hbar$ という係数をあらかじめ行列の外に出してしまって，

$$B = -\frac{i}{\hbar}H = \frac{1}{i\hbar}H \tag{11.38}$$

というように，新しい n 次正方行列 H を考えると，H は対角成分に各定常状態のエネルギーが並んでくれるので，きれいになる。すると，P.143 式 (11.20) は，次式のようになる：

$$i\hbar\frac{d}{dt}\psi = H\psi \tag{11.39}$$

これを，「行列表示されたシュレーディンガー方程式」という。右辺の行列 H を，ハミルトニアン行列という。ハミルトニアン行列の対角成分は，各状態にとどまり続けるエネルギーを表す。では非対角成分は，何を表すのだろう？ 式 (11.39) で行列 H に (p,q) 成分（p,q は正の整数で $p \neq q$ とする，つまり非対角成分）が 0 でないとすると，ある瞬間のベクトル ψ の第 q 成分が，次の瞬間のベクトル ψ の第 p 成分に影響を及ぼす。つまり，ハミルトニアン行列の非対角成分は，状態どうしの間の移りやすさを表すのだ（これは「ライブ講義 大学 1 年生のための数学入門」の行列の章で学んだマルコフ過程とよく似ている）。

11.4   定常状態ではエネルギーが確定する

式 (11.34) で見た $E = \hbar\omega$ は，量子力学において重要な式だ。すなわち，ある系のエネルギーは状態ベクトルの角速度 ω に比例する。ところが「状態ベクトルの角速度」が定義できるのは，状態ベクトルが式 (11.31) や式 (11.37) のような形で時間に依存する場合，つまり定常状態だ。つまり定常状態でなければエネルギーという概念は存在しないのだ。

定常状態とはどのようなときに実現されるか，もう少し一般的に考えてみよう（先程は，b_{11} 以外の B の成分が全て 0 であるという状況を考えたが，こんどはそのような単純化は行わない）。まず，定常状態であろうがなかろうが，状態ベクトルは必ず式 (11.39) に従う。そこで，式 (11.37) のような定常状態

$$\psi(t) = \exp\left(-\frac{i}{\hbar}E\,t\right)\psi(0) \tag{11.40}$$

を式 (11.39) に代入してみよう。左辺は，

$$i\hbar\frac{d}{dt}\exp\left(-\frac{i}{\hbar}E\,t\right)\psi(0)$$
$$= i\hbar\left(-\frac{i}{\hbar}E\right)\exp\left(-\frac{i}{\hbar}E\,t\right)\psi(0)$$

$$= E \exp\left(-\frac{i}{\hbar} E t\right) \psi(0) \tag{11.41}$$

となり，右辺は，

$$H \exp\left(-\frac{i}{\hbar} E t\right) \psi(0) \tag{11.42}$$

となる。式 (11.42) と式 (11.41) が互いに等しいので，

$$H \exp\left(-\frac{i}{\hbar} E t\right) \psi(0) = E \exp\left(-\frac{i}{\hbar} E t\right) \psi(0) \tag{11.43}$$

となる。この両辺を $\exp\left(-\frac{i}{\hbar} E t\right)$ で割ると（ここで H は時間に依存しないとする），

$$H\psi(0) = E\psi(0) \tag{11.44}$$

となる。初心者はこの式を見て，「ならば $H = E$ だ」と思うかもしれないが，それは間違いである。H は行列，E はスカラー（エネルギー）だから，$H = E$ とはならない。この式は，$\psi(0)$ というベクトルに行列 H を掛けたものが，ベクトル $\psi(0)$ のスカラー倍になる，ということを言っている。それって…P.25 で学んだ固有値・固有ベクトルじゃないか‼

そう，定常状態は，ハミルトニアン行列の固有ベクトル（に $\exp\left(-\frac{i}{\hbar} E t\right)$ をかけたもの）であり，そのときのエネルギーは，固有値に相当するのだ！そこで，定常状態のことを固有状態と呼び，そのエネルギーを固有エネルギーとかエネルギー固有値とよぶ。

化学物質（化合物）の中の電子のエネルギーを議論するときは，まず適当な基底を選び，それに基づいてハミルトニアン行列 H を決定し，その固有値を求める，という話になる。式 (11.44) を，行列表示された，**定常状態のシュレーディンガー方程式**という。

11.5 分子軌道法で 共有結合を理解しよう

これまでに学んだことを，実際の化学の問題に応用してみよう。ここでは，2 つの水素原子が 1 個の電子を共有することで結合する「共有結合」を検討する。

例 11.1 空間に，2 つの水素原子核（陽子）P1, P2 が存在している系を考える。そこに 1 個の電子を投入する。まず，P1 と P2 が十分に離れているとする。電子は陽子に引きつけられるので，やがて電子は陽子 P1 か陽子 P2 のどちらかの近くに行くだろう。P1 の近くに行けば，P1 は電子を捉えて水素原子となるが，P2 は裸の原子核のままである。逆もまた然り。電子が P1 に捉えられている状態を ϕ_1 とする。電子が P2 に捉えられている状態を ϕ_2 とする。ϕ_1, ϕ_2 はいずれも式 (11.44) の $\psi(0)$ のように，時刻 t に依存しない（時刻依存性は切り離した）状態ベクトルであるとする。

さて，P1 と P2 が十分に離れているなら，電子の状態は ϕ_1 か ϕ_2 のどちらかだ。ところが，P1 と P2 をだんだん近づけて考えると，電子は P1 と P2 の間を行ったり来たりする可能性が出てくる。このような「どっちつかずの状態」を ψ とする。ここで，ψ は，ϕ_1 と ϕ_2 の線型結合で表される，と考えるのだ。つまり，様々な ψ からなる集合（計量空間）において，$\{\phi_1, \phi_2\}$ が正規直交基底である，とみなすのだ。そうすると，

$$\psi(t) = a_1(t)\phi_1 + a_2(t)\phi_2 \tag{11.45}$$

と書ける。あるいは，座標の考え方によって，状態ベクトルを数ベクトルと同一視して，

$$\psi(t) = \begin{bmatrix} a_1(t) \\ a_2(t) \end{bmatrix} \tag{11.46}$$

と書くことができる。

このとき，定常状態のシュレーディンガー方程式 (11.44) は，

$$H \begin{bmatrix} a_1(0) \\ a_2(0) \end{bmatrix} = E \begin{bmatrix} a_1(0) \\ a_2(0) \end{bmatrix} \tag{11.47}$$

と書ける。左辺の H はハミルトニアン行列であり，今のケースでは 2 次正方行列である。H を以下のように成分で表す：

$$H = \begin{bmatrix} H_{11} & H_{12} \\ H_{21} & H_{22} \end{bmatrix} \tag{11.48}$$

ここで，H_{11} は電子が P1 に捉えられているときのエネルギーであり，H_{22} は電子が P2 に捉えられているときのエネルギーである。これらは互いに対称

な状況なので, $H_{11} = H_{22}$ である。これを E_0 としよう。また, H_{12} は P1 から P2 への電子の「飛び移りやすさ」を表し, H_{21} は P2 から P1 への電子の「飛び移りやすさ」を表す。これらも互いに対称な状況なので, $H_{12} = H_{21}$ である[*5]。これを $-\epsilon$ としよう。ここで ϵ は正の実数とする（負の実数や複素数の可能性もあるが, 今は簡単のため, それは考えない。考えたとしても, 結局は同じような結論になる）。マイナスをつけるのは慣習。すると,

$$H = \begin{bmatrix} E_0 & -\epsilon \\ -\epsilon & E_0 \end{bmatrix} \tag{11.49}$$

となり, 式 (11.47) は次式のようになる：

$$\begin{bmatrix} E_0 & -\epsilon \\ -\epsilon & E_0 \end{bmatrix} \begin{bmatrix} a_1(0) \\ a_2(0) \end{bmatrix} = E \begin{bmatrix} a_1(0) \\ a_2(0) \end{bmatrix} \tag{11.50}$$

問 179 式 (11.50) を満たす固有値 E と固有ベクトルは, 以下のようになることを示せ。ただし, 固有ベクトルのノルムは 1 になるようにせよ（状態ベクトルのノルムは 1 になって欲しいので）。

$$E = E_0 - \epsilon \text{ のとき,} \begin{bmatrix} a_1(0) \\ a_2(0) \end{bmatrix} = \begin{bmatrix} 1/\sqrt{2} \\ 1/\sqrt{2} \end{bmatrix} \tag{11.51}$$

$$E = E_0 + \epsilon \text{ のとき,} \begin{bmatrix} a_1(0) \\ a_2(0) \end{bmatrix} = \begin{bmatrix} 1/\sqrt{2} \\ -1/\sqrt{2} \end{bmatrix} \tag{11.52}$$

問 180 この系の 2 つの定常状態について, エネルギーの低い方を ψ_A, 高い方を ψ_B とし, それぞれのエネルギーを E_A, E_B とすると, 以下のようになることを示せ：

$$E_A = E_0 - \epsilon \tag{11.53}$$

$$\psi_A(t) = \exp\left[-\frac{i}{\hbar}E_A t\right]\left(\frac{1}{\sqrt{2}}\phi_1 + \frac{1}{\sqrt{2}}\phi_2\right) \tag{11.54}$$

$$E_B = E_0 + \epsilon \tag{11.55}$$

[*5] 実は, このあたりは少し微妙。H_{12}, H_{21} は複素数であり, 量子力学の詳しい理論によれば, $H_{12} = \overline{H_{21}}$ であればよい。

$$\psi_B(t) = \exp\left[-\frac{i}{\hbar}E_B t\right]\left(\frac{1}{\sqrt{2}}\phi_1 - \frac{1}{\sqrt{2}}\phi_2\right) \tag{11.56}$$

ここで, 2 つの定常状態を得た。それらはいずれも,「どちらかの原子核に捉えられている」という状態の重ね合わせである。まさしく「どっちつかずの状態」である。それらは, 電子が片方の原子にだけ存在していた状態のエネルギーよりも, 高いエネルギーをもつ状態と, 低いエネルギーをもつ状態である。このような新しい状態ができると, 元々の, 電子が片方の原子にだけ存在する状態はもはや定常状態ではなくなる（従って, そういう状態のエネルギーは確定しない）。

図 11.1 は, このような状況を模式的に表す。このような図を「エネルギー準位図」という。化学の教科書によく出てくる。

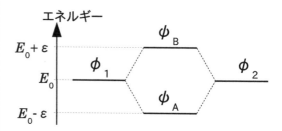

図 11.1 H_2 分子内の電子のエネルギー準位図。図の上に行くほどエネルギーが高いことを表す。実線の横棒は電子の状態を表す。ϕ_1 と ϕ_2 という 2 つの状態が同じエネルギー E_0 で存在していたのが, 原子どうしが近づくと, 互いに混ざり合って, ψ_A と ψ_B という新しい状態を生じる。

エネルギーの低い方の定常状態, すなわち式 (11.54) を, 結合性軌道という。結合性軌道では, エネルギー E_A は, 片方の原子に捉えられていたときのエネルギー E_0 よりも, ϵ だけ低い。これが, 2 つの原子核を結びつける力の源である。

エネルギーの高い方の定常状態, すなわち式 (11.56) を, 反結合性軌道という。反結合性軌道では, エネルギー E_B は, 片方の原子に捉えられていたときのエネルギー E_0 よりも, ϵ だけ高い。従って, 反結合性軌道は, 通常は 2 つの原子を結合することに寄与しない。

結合性軌道も反結合性軌道も, 1 つの電子が 2 つの原子核に「共有」されることで生じる。従って, これらの軌道に電子が入ることで生じる結合を, 共

有結合という。

　このように，複数の原子に電子が共有される状態を，個々の原子に電子が捉えられているときの状態の重ね合わせで表現し，解析する手法を，分子軌道法という。ここで見たのは最もシンプルな分子軌道法である。実際は，多くの原子が存在し，電子も複数個存在するような状態を解析するために，様々な工夫がなされる。

　ここでは，2 つの状態の線型結合で表される系を考えた。これは，磁場の中に電子や陽子が存在するときの様子などを記述する際にも同じ手法が使える。それは，NMR などの計測技術の理論的基礎である。

11.6　固有状態どうしは直交する

問 181　前節で得られた 2 つの固有ベクトル：式 (11.51) と式 (11.52) は，互いに直交していることを示せ。

　これらのベクトルが互いに直交しているのは偶然ではない。この例 11.1 のハミルトニアン行列（式 (11.49)）をよく見ると対称行列である。この例だけでなくどんな系であっても，一般的にハミルトニアン行列は，対称行列か，もしくはそれを複素数に拡張した行列（エルミート行列という）である。これは量子力学の基本原理の一つであることが知られている（そうしないと辻褄の合わないことが発生する）。そして，対称行列の固有ベクトルは，必ず互いに直交する，ということを P.49 の 3.6 節で学んだ。従って，量子力学的な固有状態は必ず互いに直交するのだ。

　直交するということを，幾何学的な意味で捉えてはならない。これらは幾何ベクトルでなく，「状態ベクトル」だ。状態ベクトルどうしが直交するとは，それらの状態ベクトルが属する計量空間の内積が，それらの状態ベクトルについて 0 である，という意味である。それは，片方の状態からもう片方の状態に移る可能性が 0 ということだ。

11.7　シュレーディンガー方程式 （偏微分方程式）

　さて，化学や量子力学では，シュレーディンガー方程式は，以下のような姿でも現れる：

$$-\frac{\hbar^2}{2m}\left(\frac{\partial^2\psi}{\partial x^2}+\frac{\partial^2\psi}{\partial y^2}+\frac{\partial^2\psi}{\partial z^2}\right)+V(x,y,z)\psi=i\hbar\frac{\partial\psi}{\partial t} \tag{11.57}$$

ここで，(x,y,z) は空間の座標であり，t は時刻，m は粒子の質量である。$V(x,y,z)$ はポテンシャルエネルギーである。$\psi(x,y,z,t)$ は波動関数とよばれる。後で述べるが，波動関数はこれまで見てきた状態ベクトルを関数で表したものである。

　これからおいおい説明するが，式 (11.57) は，P.144 式 (11.39) と同じことを，行列を使わずに，かわりに偏微分方程式として表したものである。

問 182　式 (11.57) は，ψ に関する，線型同次偏微分方程式であることを示せ（従って波動関数について重ね合わせの原理が成り立つ）。

問 183　式 (11.57) において，今，波動関数が，

$$\psi(x,y,z,t)=\phi(x,y,z)\chi(t) \tag{11.58}$$

というふうに，位置 (x,y,z) だけに依存する何らかの関数 $\phi(x,y,z)$ と，時刻 t だけに依存する何らかの関数 $\chi(t)$ の関数の積として表されると仮定し，変数分離法によって次式を示せ。ただし E は適当な定数とする。

$$i\hbar\frac{d\chi}{dt}=E\chi \tag{11.59}$$
$$-\frac{\hbar^2}{2m}\left(\frac{\partial^2\phi}{\partial x^2}+\frac{\partial^2\phi}{\partial y^2}+\frac{\partial^2\phi}{\partial z^2}\right)+V(x,y,z)\phi=E\phi \tag{11.60}$$

問 184　式 (11.59) を解き（常微分方程式の普通の変数分離法で解けばよい），次式を示せ（α は任意定数）：

$$\chi=\alpha e^{-iEt/\hbar} \tag{11.61}$$

　式 (11.61) を式 (11.58) に代入すると，波動関数

は次式のようになる（ここで α は省略した[*6]）：

$$\psi(x, y, z, t) = \phi(x, y, z)\, e^{-iEt/\hbar} \tag{11.62}$$

これは，P.144 式 (11.40) とよく似ている。電子は，定常状態において，時間 t に対して $\exp\left(-\frac{i}{\hbar} E t\right)$ の形で依存することを思い出そう。式 (11.62) はまさしくその形になっている。従って，式 (11.62) の E は式 (11.40) の E と同様にエネルギーを意味する。ただし，その数学的な由来は異なる。式 (11.40) では E は行列の固有値として出てくるのだが，式 (11.62) では E は偏微分方程式の変数分離解法における定数として出てくるのだ。しかし，いったん変数分離をしたあとの式を見て欲しい。たとえば，式 (11.60) では，左辺のごちゃごちゃした部分を，演算子の考え方を使って

$$\left[-\frac{\hbar^2}{2m}\left(\frac{\partial^2}{\partial x^2} + \frac{\partial^2}{\partial y^2} + \frac{\partial^2}{\partial z^2}\right) + V(x, y, z) \right]\phi = E\phi \tag{11.63}$$

と書き換えると，[ ] の中は明らかに線型微分演算子であり，それを H と置けば，式 (11.60) は，

$$H\phi = E\phi \tag{11.64}$$

となる。これは，P.145 式 (11.44) とそっくりの式ではないか……！

　待て待て，式 (11.64) の H は線型微分演算子であり，式 (11.44) の H は行列である。これらは一見，異なるものである。しかし，既に学んだように，線型微分演算子は線型写像であり，線型写像は，適当な基底をとれば行列で表すことができる……。つまり，式 (11.63) の H は，適当な基底（それによって波動関数を線型結合で表すことができるような関数の集合）を用意すれば，行列で表すことができ，その際，波動関数は数ベクトルと同一視され，その結果，式 (11.64) は式 (11.44) になるのだ！ そう考えると，式 (11.62) の E が，行列の固有値でもあるということが納得できるだろう。そして，式 (11.63) の線型微分演算子 H は，本質的にはハミルトニアン行列と同じことを意味する。そこで，この線型微分演算子 H を，ハミルトニアン演算子とよぶ。

　そう考えると，波動関数 ϕ は結局，状態ベクトルと同じではないのか，と思うだろう。初学者はそう思ってもおおむね差し支えない。きちんと言えば，波動関数は，状態ベクトルを，「位置 (x, y, z) に粒子が存在する」という状態ベクトルの集合（それはひとつの基底になる）の線型結合で表した時の係数を並べたもの（(x, y, z) の関数），つまり，状態ベクトルの座標の一種である[*7]。ベクトルはその座標と同一視してよい，という考え方に基づけば，これらが「同じ」だと考えても，的外れではないのだ。

　ちなみに，ハミルトニアン演算子 H を使うと，式 (11.57) は，

$$H\psi = i\hbar \frac{\partial}{\partial t}\psi \tag{11.65}$$

となる。これは，P.144 式 (11.39) とそっくりではないか！ これらも，同じことを 2 つの違った形式で表したものなのである。

　注：化学などでは，式 (11.60) が「シュレーディンガー方程式」と紹介されることがよくあるが，本来，シュレーディンガー方程式は式 (11.57) である。これに「定常状態」という制限をつけて変形したものが式 (11.60) である。従って，式 (11.60) は「**定常状態のシュレーディンガー方程式**」とよぶべきである。

11.8　シュレーディンガー方程式は拡散・波動方程式

　式 (11.57) は，「シュレーディンガーの波動方程式」ともよばれる。波動方程式と言えば P.110 式 (9.12) のような方程式が思い起こされるが，式 (11.57) はそのような形にはあまり似ていない。とりわけ，時間に関する偏微分が，式 (9.12) では 2 階なのに，式 (11.57) では 1 階であり，しかも時間に関する微分に虚数単位が掛かっている。それにもかかわらず，式 (11.57) は，「波」を解に持つのだということを説明しよう。

[*6]　そんなことが許されるのか？ と思う人へ：許されるのだ。というのも，式 (11.60) は線型同次微分方程式なので，その解 ϕ の任意のスカラー倍も式 (11.60) の解になる。従って，定数 α を ϕ の方に押し付けて，$\alpha\phi$ を改めて ϕ とおけば，α は消える。

[*7]　従って，その値の絶対値の 2 乗は，その位置に粒子が存在する確率を表す，確率密度関数になる（それは，P.142 式 (11.9) で見たように，座標の絶対値の 2 乗が，その状態にある確率を表すというのと同じ事）。ただし，ここではその理由は述べないが，電子のスピンに関する情報は，位置 (x, y, z) だけの波動関数で表すことはできない。

今，簡単のために，式 (11.57) を 1 次元（x 方向）に限定し，さらに，V を恒等的に 0 だという状況に限定すれば，次式のようになる：

$$\frac{\partial \psi}{\partial t} = i\frac{\hbar}{2m}\frac{\partial^2 \psi}{\partial x^2} \tag{11.66}$$

問 185 ▶ 以下の関数は，式 (11.66) の解であることを示せ（A は任意の定数）：

$$\psi(x,t) = A\exp[i(kx - \omega t)] \tag{11.67}$$

$$\psi(x,t) = A\exp[i(-kx - \omega t)] \tag{11.68}$$

$$\text{ただし, } k^2 = \frac{2m\omega}{\hbar} \tag{11.69}$$

ヒント：式 (11.66) に代入して成立することを確認すればよい。

式 (11.67)，式 (11.68) は，オイラーの公式を使って，

$$\psi(x,t) = A\cos(kx - \omega t) + iA\sin(kx - \omega t)$$

$$\psi(x,t) = A\cos(kx + \omega t) - iA\sin(kx + \omega t)$$

と書ける。これらは，P.116 式 (9.61) とよく似ている。つまり，式 (11.57) は，場合によっては実際に「波」（複素数の波）を解とするのだ。だから式 (11.57) は「波動方程式」と呼ばれるのだ。

一方，式 (11.66) は，P.133 式 (10.63) の拡散方程式：

$$\frac{\partial \psi}{\partial t} = K\frac{\partial^2 \psi}{\partial x^2}$$

にもよく似ている。実際，$i\hbar/2m$ を K とおけば同じ式になる。ただし，その場合は K は虚数になる。式 (10.63) では，K が虚数になることは想定していなかった。従って，シュレーディンガー方程式は拡散方程式と完全に同じとは言い切れない。それでも，シュレーディンガー方程式には拡散方程式のような性質がある。たとえば，電子が空間の特定の 1 箇所に存在するという状況（電子の粒子的な性質が際立っている状態）は，時間が経つにつれて，波動関数が値を持つ範囲が次第に空間全体に広がっていき，やがて電子が空間のどこにいるのかわからない状態（電子の波としての性質が際立っている状態）に移行する。これは拡散方程式のような性質である。このように，シュレーディンガー方程式は，波

動方程式と拡散方程式の両方の性質を兼ね備えており，そのことによって，電子の粒子的な性質と波としての性質が矛盾なく数学的に表現されるのだ。その根幹は，係数が虚数であることにあるのだ。

他にも，シュレーディンガー方程式（偏微分方程式）は，我々が第 9 章以降に学んだ波動方程式と共通する性質をいくつか持つ。特に，その解（つまり波動関数）が空間的に局在する時（電子が原子核から受ける静電気力によって原子核の近くに束縛される時）は，E は離散的な値しか許されなくなり，それに連動して，P.144 式 (11.34) によって角速度も離散的な値しか許されなくなることが示される。これは第 10 章で波動方程式を境界条件のもとで解いた時と似た状況である。原子や分子の内部で電子のエネルギー準位が離散的な値になるのは，このような仕組みによるものである。

11.9 ここから始まる量子力学の旅

以上は量子力学の入り口に過ぎない。量子力学は，いくつもの分野の数学が互いにリンクしあって，ひとつの調和した理論体系を構成する。それは人の直感を裏切りつつ，現実の物理現象を見事に予測する。その不思議さ・壮大さ・美しさは，他の何にも例えようがない。我々と同じ人間がこのような代物を思いついたとは，信じ難いではないか。

ただし，この理論は物理学者が直感や理詰めだけで構築したのではない。ガリレオ・ガリレイ以降，物理学者は，物理法則は全て数学で記述できると信じている。それを頼りに，実験事実に**辻褄が合うような数学**を探して，泥臭い試行錯誤の繰り返しの末にここに至ったのだ。電子工学から生化学まで，現代文明の多くは量子力学の理解に立脚していることを思えば，現代の文明は数学に導かれた文明だと言えるのではないだろうか。

量子力学をさらに知りたい人には以下の本を勧める：
リチャード・ファインマン（釜江常好，大貫昌子訳）『光と物質のふしぎな理論』岩波書店
松浦壮『量子とはなんだろう』講談社ブルーバックス
朝永振一郎『鏡の中の物理学』講談社学術文庫（この中の「素粒子は粒子であるか」「光子の裁判」）

た…。ですが，分子軌道法のところで，結合性軌道と反結合性軌道が現れるということを，数学的に表すことができたので，感動しました。

問の解答

答 179 ▶ 略。ヒント：行列 H の固有値と固有ベクトルを求めればよい。やり方は P.25 の 1.19 節に詳しいので，ここでは略記する。特性方程式 $\det(H - EI) = (E_0 - E)^2 - \epsilon^2 = 0$ を解くと，$E = E_0 - \epsilon$ と $E = E_0 + \epsilon$ という 2 つの解（固有値）が定まる。それぞれを式 (11.50) に代入し，それぞれ代表的な解を得て，それらをそれぞれのノルムで割ると，式 (11.51) と式 (11.52) が求まる。

答 180 ▶ $E_A < E_B$ だから，前問より，$E_A = E_0 - \epsilon$，$E_B = E_0 + \epsilon$ である。式 (11.40) において，$E = E_A$ と $E = E_B$ をそれぞれ考え，式 (11.45) と式 (11.46) の同一視を考慮して与式を得る（状態ベクトルを数ベクトルに同一視していたものを，元々の表記に書き直す）。

答 181 ▶ 略。ヒント：式 (11.51) と式 (11.52) の内積をとって，それが 0 になることを言えばよい。

答 182 ▶ 略。ヒント：線型同次微分方程式の定義に戻って考えれば簡単。

答 183 ▶ 式 (11.58) を式 (11.57) に代入し，両辺を $\phi\chi$ で割ると，

$$-\frac{\hbar^2}{2m\phi}\left(\frac{\partial^2\phi}{\partial x^2} + \frac{\partial^2\phi}{\partial y^2} + \frac{\partial^2\phi}{\partial z^2}\right) + V(x, y, z) = \frac{i\hbar}{\chi}\frac{\partial\chi}{\partial t}$$

となる。この左辺は (x, y, z) のみに，右辺は t のみに依存する式なので，それらが等しくなるには，それらが同じ定数 E に等しい状況に限る。従って，

$$-\frac{\hbar^2}{2m\phi}\left(\frac{\partial^2\phi}{\partial x^2} + \frac{\partial^2\phi}{\partial y^2} + \frac{\partial^2\phi}{\partial z^2}\right) + V(x, y, z) = E$$

$$\frac{i\hbar}{\chi}\frac{\partial\chi}{\partial t} = E$$

この第 1 式の両辺に ϕ をかけ，第 2 式の両辺に χ をかければ，与式を得る。なお，χ は 1 変数関数なので，t による偏微分は通常の微分として扱って構わない。

よくある質問 55 　量子コンピュータの仕組みに興味を持って，少し調べてみました。古典コンピュータでは 1 ビットに 0 か 1 のデータが対応していますが，量子コンピュータでは 1 ビットを線型結合で表すということで合ってますか？… はい，量子コンピュータは 0 という状態と 1 という状態の重ね合わせで，1 ビットを表現します。0 か 1 かのどちらかしかない古典的コンピュータとは大違いだね！

学生の感想 8 　今までで一番ぼんやりとした章でし

第**12**章

線型代数7：行列式

行列式は，正方行列の成分に関する，ある種の多項式です。これは，数ベクトルが張る図形（平行四辺形や平行六面体）の大きさ（面積や体積）を表したり，空間の「向き」を定めたり，数ベクトルの線型独立性を示したりできる強力な概念です。量子力学や，この後に学ぶ多変数の積分（ヤコビアン）でも重要な役割を演じます。

本章では，特に断らないときは，n を任意の正の整数とし，定数や変数は実数とする。

12.1　2次の行列式は平行四辺形の面積

いま，平面上の任意の2つの幾何ベクトル $\mathbf{a}, \mathbf{b}$ を考える。それらをデカルト座標系で，

$$\mathbf{a} = \begin{bmatrix} a_1 \\ a_2 \end{bmatrix}, \qquad \mathbf{b} = \begin{bmatrix} b_1 \\ b_2 \end{bmatrix} \tag{12.1}$$

と表そう。これらはつまり，平面に何らかの正規直交基底 $\{\mathbf{e}_1, \mathbf{e}_2\}$ を選び出し，その線型結合によって $\mathbf{a}, \mathbf{b}$ を

$$\mathbf{a} = a_1\mathbf{e}_1 + a_2\mathbf{e}_2, \qquad \mathbf{b} = b_1\mathbf{e}_1 + b_2\mathbf{e}_2 \tag{12.2}$$

のように表したときの，各式右辺に現れた係数をそれぞれ列ベクトルに書き換えたものである。（行ベクトルではなく列ベクトルで書いたのは，後の話と一貫させるため）。式 (12.1) は数ベクトルだが，同時に，式 (12.2) のような幾何ベクトルでもある，と解釈する。それが P.20 の 1.14 節で学んだ「幾何ベクトルと数ベクトルの同一視」である。

当然ながら $\mathbf{e}_1 = 1\mathbf{e}_1 + 0\mathbf{e}_2$, $\mathbf{e}_2 = 0\mathbf{e}_1 + 1\mathbf{e}_2$ なので，

$$\mathbf{e}_1 = \begin{bmatrix} 1 \\ 0 \end{bmatrix}, \quad \mathbf{e}_2 = \begin{bmatrix} 0 \\ 1 \end{bmatrix} \tag{12.3}$$

である。

さて，$\mathbf{a}, \mathbf{b}$ が張る平行四辺形の面積を，$S(\mathbf{a}, \mathbf{b})$ とする（すぐ後で，この定義は微修正される）。この関数でしばらく遊んでみよう。

まず，片方の辺が長さ 0 ならば平行四辺形はできない（面積ゼロになる）から，任意の幾何ベクトル $\mathbf{a}$ について

$$S(\mathbf{a}, \mathbf{0}) = S(\mathbf{0}, \mathbf{a}) = 0 \tag{12.4}$$

である。また，同じベクトルが2辺となったら平行四辺形はつぶれてしまう（面積ゼロになる）から，

$$S(\mathbf{a}, \mathbf{a}) = 0 \tag{12.5}$$

である。さて，図 12.1 のように幾何学的に考えれば，任意の正の実数 p について，

$$S(p\mathbf{a}, \mathbf{b}) = pS(\mathbf{a}, \mathbf{b}) \tag{12.6}$$
$$S(\mathbf{a}, p\mathbf{b}) = pS(\mathbf{a}, \mathbf{b}) \tag{12.7}$$

となることがわかる（片方の辺が何倍かになれば，面積も何倍かになる）。

また，図 12.2 のように幾何学的に考えれば，平面の幾何ベクトル $\mathbf{a}, \mathbf{b}, \mathbf{c}$ について，

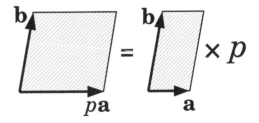

図12.1　平行四辺形の片方の辺が p 倍になれば面積も p 倍になる。

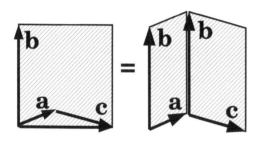

図 12.2　1 辺が 2 つのベクトルの和で作られる平行四辺形の面積 (左) は，1 辺が各ベクトルである 2 つの平行四辺形 (右) の面積の和と等しい。

$$S(\mathbf{a} + \mathbf{c}, \mathbf{b}) = S(\mathbf{a}, \mathbf{b}) + S(\mathbf{c}, \mathbf{b}) \qquad (12.8)$$

となることがわかる。式 (12.8) において $\mathbf{c}$ を $-\mathbf{a}$ と置き換えれば，

$$S(\mathbf{a} + (-\mathbf{a}), \mathbf{b}) = S(\mathbf{a}, \mathbf{b}) + S(-\mathbf{a}, \mathbf{b}) \quad (12.9)$$

であり，一方，式 (12.4) によって，次式が成り立つ：

$$S(\mathbf{a} + (-\mathbf{a}), \mathbf{b}) = S(\mathbf{0}, \mathbf{b}) = 0 \qquad (12.10)$$

式 (12.9)，式 (12.10) より，$S(\mathbf{a}, \mathbf{b}) + S(-\mathbf{a}, \mathbf{b}) = 0$ となる。従って，

$$S(-\mathbf{a}, \mathbf{b}) = -S(\mathbf{a}, \mathbf{b}) \qquad (12.11)$$

である…ちょっと待て！ 式 (12.11) によると，$S(-\mathbf{a}, \mathbf{b})$ と $S(\mathbf{a}, \mathbf{b})$ は符号が違う。ということは，「両方が零」でない限りは，どちらかが負の値をとることになる。これは変だ。$S(-\mathbf{a}, \mathbf{b})$ も $S(\mathbf{a}, \mathbf{b})$ も，それぞれ，2 つのベクトルが張る平行四辺形の面積であると定義した以上，その値は必ず 0 以上であるはずで，負になることはありえない！ という疑問が諸君の心に生じるだろう。

それはそうなのだが，ここではこのまま押し通してしまう。つまり，$S(\mathbf{a}, \mathbf{b})$ に負の値の存在を許容するのだ。つまり，$S(\mathbf{a}, \mathbf{b})$ はただの面積ではなく，「符号つきの面積」であり，その絶対値は面積を表すものの，その符号は場合に応じて正になったり負になったりすることもある，と約束するのだ。すると，式 (12.11) のような式の成立が許容される。このように，数学では，「都合が悪くなったら定義を修正・拡大する」ということがしばしば行われる。人為的な定義が数学の自然な構造とうまく噛み合わなければ，定義がまずいのだと考えるのだ。

問 186　式 (12.8) と同様に考えれば，

$$S(\mathbf{a}, \mathbf{b} + \mathbf{c}) = S(\mathbf{a}, \mathbf{b}) + S(\mathbf{a}, \mathbf{c}) \qquad (12.12)$$

が成り立つ。そのことから，次式を示せ：

$$S(\mathbf{a}, -\mathbf{b}) = -S(\mathbf{a}, \mathbf{b}) \qquad (12.13)$$

式 (12.11)，式 (12.13) より，式 (12.6)，式 (12.7) は，任意の実数 p について ($0 < p$ に限定しなくても) 成り立つ。式 (12.6)，式 (12.7)，式 (12.8)，式 (12.12) から，$S(\mathbf{a}, \mathbf{b})$ は，$\mathbf{a}$ と $\mathbf{b}$ のそれぞれについて線型写像である。いわば「二重線型写像」と言えよう。

一方，幾何学的に考えれば，$|S(\mathbf{a}, \mathbf{b})| = |S(\mathbf{b}, \mathbf{a})|$ である。従って，

$$S(\mathbf{a}, \mathbf{b}) = \pm S(\mathbf{b}, \mathbf{a}) \qquad (12.14)$$

である。この右辺の符号は，正負のどちらだろうか？ それを知るために，以下の式を考えよう：

$$S(\mathbf{a}, \mathbf{a}) + S(\mathbf{b}, \mathbf{a}) + S(\mathbf{a}, \mathbf{b}) + S(\mathbf{b}, \mathbf{b}) \quad (12.15)$$

これは，式 (12.8)，式 (12.12) を適宜用いると，

$$\begin{aligned} &= \{S(\mathbf{a}, \mathbf{a}) + S(\mathbf{b}, \mathbf{a})\} + \{S(\mathbf{a}, \mathbf{b}) + S(\mathbf{b}, \mathbf{b})\} \\ &= S(\mathbf{a} + \mathbf{b}, \mathbf{a}) + S(\mathbf{a} + \mathbf{b}, \mathbf{b}) \\ &= S(\mathbf{a} + \mathbf{b}, \mathbf{a} + \mathbf{b}) \qquad (12.16) \end{aligned}$$

となる。式 (12.5) より，式 (12.16) は 0 である。従って，式 (12.15) は 0 である：

$$S(\mathbf{a}, \mathbf{a}) + S(\mathbf{b}, \mathbf{a}) + S(\mathbf{a}, \mathbf{b}) + S(\mathbf{b}, \mathbf{b}) = 0 \qquad (12.17)$$

ところが，式 (12.5) より，$S(\mathbf{a}, \mathbf{a}) = S(\mathbf{b}, \mathbf{b}) = 0$ だから，式 (12.17) は $S(\mathbf{b}, \mathbf{a}) + S(\mathbf{a}, \mathbf{b}) = 0$ となる。従って，

$$S(\mathbf{b}, \mathbf{a}) = -S(\mathbf{a}, \mathbf{b}) \qquad (12.18)$$

である。つまり，2 つのベクトルを入れ替えると，符号が変わるのだ。

問 187　式 (12.5) (12.6) (12.7) (12.8) (12.12) (12.18) を使って $S(\mathbf{a}, \mathbf{b})$ の具体的な式を導こう。

(1)　次式を示せ：

$$S(\mathbf{e}_1, \mathbf{e}_1) = S(\mathbf{e}_2, \mathbf{e}_2) = 0 \qquad (12.19)$$

(2)　式 (12.2) の $\mathbf{a}$, $\mathbf{b}$ について，次式を示せ：

$$S(\mathbf{a}, \mathbf{b}) = a_1 S(\mathbf{e}_1, \mathbf{b}) + a_2 S(\mathbf{e}_2, \mathbf{b})$$

(3) 次式を示せ:

$$S(\mathbf{a}, \mathbf{b}) = a_1 b_2 S(\mathbf{e}_1, \mathbf{e}_2) + a_2 b_1 S(\mathbf{e}_2, \mathbf{e}_1)$$

(4) 次式を示せ:

$$S(\mathbf{a}, \mathbf{b}) = (a_1 b_2 - a_2 b_1) S(\mathbf{e}_1, \mathbf{e}_2) \quad (12.20)$$

$\mathbf{e}_1$ と $\mathbf{e}_2$ が張る平行四辺形は, 一辺の長さ 1 の正方形だから面積は 1 である。そこで, 以下のように**定めよう**。

$$S(\mathbf{e}_1, \mathbf{e}_2) = S\left(\begin{bmatrix} 1 \\ 0 \end{bmatrix}, \begin{bmatrix} 0 \\ 1 \end{bmatrix}\right) := 1 \quad (12.21)$$

すると, 式 (12.20) の右辺は単に $a_1 b_2 - a_2 b_1$ になる。それは, P.23 式 (1.173) に一致しているではないか。つまり, $S(\mathbf{a}, \mathbf{b})$ は, $\mathbf{a}, \mathbf{b}$ をそれぞれ列ベクトルとして並べてできる 2 次正方行列 (それを $[\mathbf{a}\,\mathbf{b}]$ と書く) の行列式と一致するのだ:

$$S(\mathbf{a}, \mathbf{b}) = S\left(\begin{bmatrix} a_1 \\ a_2 \end{bmatrix}, \begin{bmatrix} b_1 \\ b_2 \end{bmatrix}\right) = \det[\mathbf{a}\,\mathbf{b}]$$

$$= \det \begin{bmatrix} a_1 & b_1 \\ a_2 & b_2 \end{bmatrix}$$

$$= a_1 b_2 - a_2 b_1 \quad (12.22)$$

つまり, 2 次の行列式は, 列ベクトルの張る平行四辺形の (符号付きの) 面積なのだ。

ところでこれは, 平面図形の面積を求めるときに非常に有用な道具である。直線で構成された多角形なら, どんなものでも, 適当に分割すれば 3 角形の集合に帰着されるので, 個々の 3 角形の面積を

$$\frac{S(\mathbf{a}, \mathbf{b})}{2} \quad (12.23)$$

で求めて合計すれば, その多角形の面積が求まる ($\mathbf{a}, \mathbf{b}$ は 3 角形を構成する 2 本の辺に沿ったベクトルである)。

そう聞くと諸君は, 「なら別に $S(\mathbf{a}, \mathbf{b})$ でなくても, 高校で習った,

$$\frac{1}{2}\sqrt{|\mathbf{a}|^2 |\mathbf{b}|^2 - (\mathbf{a} \bullet \mathbf{b})^2} \quad (12.24)$$

という式でよいのでは?」と思うだろう。実際, 多くの学生は, 式 (12.23) よりも, 式 (12.24) に (お

そらく受験勉強で) 慣れ親しんでいる。ところが, 式 (12.23) の方が, 圧倒的に便利なのだ。なぜか? まず, 式 (12.23) の方が計算が楽である。座標で書けば (P.151 式 (12.2)), 式 (12.23), 式 (12.24) はそれぞれ,

$$\frac{a_1 b_2 - a_2 b_1}{2} \quad (12.25)$$

$$\frac{\sqrt{(a_1^2 + a_2^2)(b_1^2 + b_2^2) - (a_1 b_1 + a_2 b_2)^2}}{2} \quad (12.26)$$

となる。明らかに前者の方が計算量は少ない。

しかし, 行列式を使う方法 (式 (12.23) や式 (12.25)) には, もっと本質的な長所がある。それは「符号がある」ということだ。以下の例に示すように, 符号のおかげで, 複雑な図形の面積の計算が自動的になるのだ。

例 12.1 図 12.3 のような平面図形 ABCDEFG の面積を求めてみよう。各頂点の座標は以下の通りである:

A: $(4, 1)$

B: $(1, 5)$

C: $(-3, 0)$

D: $(1, 2)$

E: $(0, -1)$

F: $(-4, -2)$

G: $(2, -4)$

このような 7 角形を 3 角形に分割するにはいろん

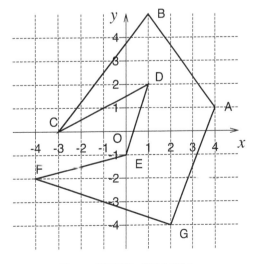

図12.3 平面図形の面積を求める。

なやりかたがある。たとえば，線分 BD，線分 AD，線分 AE，線分 EG でこの図形を 3 角形に分割し，各三角形の面積を式 (12.25) または式 (12.26) で求めれば，

$$\triangle DAB = 4.5, \quad \triangle DBC = 6, \quad \triangle DAE = 5$$

$$\triangle EAG = 8, \quad \triangle EGF = 7$$

となり，これを合計すれば，30.5 となる。　　■

　ところがこういう方法が通用するのは，図形が単純で，簡単に分割できるときだけである。頂点が何百個にもなるような複雑な多角形を相手にする場合は，どのように分割すればよいか，戸惑うだろう。シンプルな図形であっても，その数が大量になると計算機に自動的に処理させたくなる。そういうときには，人の目で見て分割するという作業はできるだけ避けたい。

　そういう願いを叶えてくれる方法を，次の例で示す：

例 12.2 まず，A から G まで順に並んでいる頂点に対して，隣接する 2 頂点と原点 O でできる 3 角形を考え，その「符号付き面積」を式 (12.25) で計算する：

$$\triangle OAB = (4 \cdot 5 - 1 \cdot 1)/2 = 19/2$$

$$\triangle OBC = (1 \cdot 0 - 5 \cdot (-3))/2 = 15/2$$

$$\triangle OCD = (-3 \cdot 2 - 0 \cdot 1)/2 = -6/2$$

$$\triangle ODE = (1 \cdot (-1) - 2 \cdot 0)/2 = -1/2$$

$$\triangle OEF = (0 \cdot (-2) - (-1) \cdot (-4))/2 = -4/2$$

$$\triangle OFG = (-4 \cdot (-4) - (-2) \cdot 2)/2 = 20/2$$

$$\triangle OGA = (2 \cdot 1 - (-4) \cdot 4)/2 = 18/2$$

マイナスの面積も現れてしまったが，気にしないで（符号はそのままにして）これらを合計してしまおう：

$$\frac{19}{2} + \frac{15}{2} - \frac{6}{2} - \frac{1}{2} - \frac{4}{2} + \frac{20}{2} + \frac{18}{2} = 30.5 \tag{12.27}$$

例 12.1 で求めた結果と同じ値が出てくるではないか！　　■

　例 12.2 の計算過程を振り返ると，「符号付き面積」

が負の値になったのは，$\triangle$OCD，$\triangle$ODE，$\triangle$OEF であった。これらの 3 角形は，原点 O から順に頂点をたどると時計回りに回る。そういうときに符号が負になるのだ。他の 3 角形は，頂点が反時計回りの順に並んでいるので，「符号付き面積」は正である。図形が入り組んでいるところ（この場合は C, D, E, F のあたり）は，この正の面積と負の面積が，ちょうどうまく余分な部分を打ち消しあって，対象とする図形の内側の部分だけをうまくカウントするのだ。

　一般に，平面上の多角形（n 角形；$3 \leq n$ とする）について，その頂点を反時計回りに並べると

$$P_k : (x_k, y_k) \tag{12.28}$$

（ただし，$k = 1, 2, 3, \cdots, n, n+1$ とし，$P_{n+1} = P_1$ とする）となる場合，その多角形の面積 S は，

$$S = \sum_{k=1}^{n} \frac{x_k y_{k+1} - x_{k+1} y_k}{2} \tag{12.29}$$

となる。証明は省くが，例 12.2 からわかるだろう。ここまでは多角形の話だったが，曲線で構成された図形も，曲線上の多くの点を近接して抽出し，直線でつなげば多角形で近似できるので，この話が（多少の誤差は伴うものの）そのまま適用できる。

　これは，測量や画像解析などで，何かの面積を測定する際の基本的で有用な考え方だ。これを知らないと，求めたい図形と相似の図形を紙に描いて切り抜いて，その重さを測ることで面積を求めたりすることになるので，よく理解しておこう！

問 188 以下の頂点で順に囲まれた多角形の面積を求めよ：　$P_1 : (1, -2)$, $P_2 : (3, 1)$, $P_3 : (-1, 3)$, $P_4 : (0, -1)$, $P_5 : (-2, 4)$, $P_6 : (-1, -1)$, $P_7 : (-2, -5)$, P_1

12.2　3 次の行列式は 平行六面体の体積

　上の話を，3 次元に拡張してみよう。すなわち，3 次元ユークリッド空間の任意の 3 つのベクトル $\mathbf{a}, \mathbf{b}, \mathbf{c}$ を考える。それらをデカルト座標で，

$$\mathbf{a} = \begin{bmatrix} a_1 \\ a_2 \\ a_3 \end{bmatrix}, \mathbf{b} = \begin{bmatrix} b_1 \\ b_2 \\ b_3 \end{bmatrix}, \mathbf{c} = \begin{bmatrix} c_1 \\ c_2 \\ c_3 \end{bmatrix} \tag{12.30}$$

と表そう。これはつまり，ユークリッド空間の中の
ある正規直交基底（互いに直交する単位ベクトル
の組）

$$\{\mathbf{e}_1, \mathbf{e}_2, \mathbf{e}_3\} \tag{12.31}$$

を用いて，$\mathbf{a}, \mathbf{b}, \mathbf{c}$ が以下のように書けるというこ
とだ：

$$\mathbf{a} = a_1\mathbf{e}_1 + a_2\mathbf{e}_2 + a_3\mathbf{e}_3 \tag{12.32}$$

$$\mathbf{b} = b_1\mathbf{e}_1 + b_2\mathbf{e}_2 + b_3\mathbf{e}_3 \tag{12.33}$$

$$\mathbf{c} = c_1\mathbf{e}_1 + c_2\mathbf{e}_2 + c_3\mathbf{e}_3 \tag{12.34}$$

ここで，$\mathbf{a}, \mathbf{b}, \mathbf{c}$ が張る平行六面体（図 12.4）の
「符号つき体積」$V(\mathbf{a}, \mathbf{b}, \mathbf{c})$ を考える（符号の意味は
後述する）。

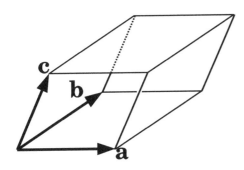

図 12.4 $\mathbf{a}, \mathbf{b}, \mathbf{c}$ が張る平行六面体

$S(\mathbf{a}, \mathbf{b})$ の議論と同様に，3辺のうち2辺が同じ
ベクトルなら平行六面体は潰れて体積ゼロになって
しまうから，

$$V(\mathbf{a}, \mathbf{a}, \mathbf{c}) = V(\mathbf{a}, \mathbf{b}, \mathbf{b}) = V(\mathbf{a}, \mathbf{b}, \mathbf{a}) = 0 \tag{12.35}$$

である。また，P.151 図 12.1 を平行六面体に拡張し
て考えれば，任意の実数 p について，

$$V(p\mathbf{a}, \mathbf{b}, \mathbf{c}) = pV(\mathbf{a}, \mathbf{b}, \mathbf{c}) \tag{12.36}$$

$$V(\mathbf{a}, p\mathbf{b}, \mathbf{c}) = pV(\mathbf{a}, \mathbf{b}, \mathbf{c}) \tag{12.37}$$

$$V(\mathbf{a}, \mathbf{b}, p\mathbf{c}) = pV(\mathbf{a}, \mathbf{b}, \mathbf{c}) \tag{12.38}$$

となる。いずれかの辺が p 倍になれば，体積も p 倍
になる，というわけだ。ただし，p が負の数なら，p
倍された体積が負になってしまうかもしれないが，
V を「符号付き」体積としたことで，その矛盾（？）
は後で解消する。

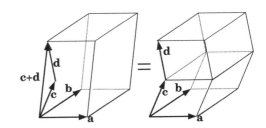

図 12.5 1辺が2つのベクトルの和で作られる平行六面体
（左）の体積は，1辺が各ベクトルである2つの平行六面体
（右）の体積の和と等しい（式 (12.39) の説明）。P.152 図 12.2
の立体版。

また，P.152 図 12.2 を平行六面体に拡張して考え
れば（図 12.5），ユークリッド空間のベクトル $\mathbf{d}$ に
ついて，

$$V(\mathbf{a}, \mathbf{b}, \mathbf{c} + \mathbf{d}) = V(\mathbf{a}, \mathbf{b}, \mathbf{c}) + V(\mathbf{a}, \mathbf{b}, \mathbf{d}) \tag{12.39}$$

$$V(\mathbf{a}, \mathbf{b} + \mathbf{d}, \mathbf{c}) = V(\mathbf{a}, \mathbf{b}, \mathbf{c}) + V(\mathbf{a}, \mathbf{d}, \mathbf{c}) \tag{12.40}$$

$$V(\mathbf{a} + \mathbf{d}, \mathbf{b}, \mathbf{c}) = V(\mathbf{a}, \mathbf{b}, \mathbf{c}) + V(\mathbf{d}, \mathbf{b}, \mathbf{c}) \tag{12.41}$$

となることがわかる。式 (12.36)〜式 (12.41) より，
$V(\mathbf{a}, \mathbf{b}, \mathbf{c})$ は，$\mathbf{a}$ と $\mathbf{b}$ と $\mathbf{c}$ のそれぞれについて線型
写像，つまり「三重線型写像」であることがわかる。

問 189

(1) 次式を示せ。ヒント：式 (12.35)。

$$V(\mathbf{a} + \mathbf{b}, \mathbf{a} + \mathbf{b}, \mathbf{c}) = 0 \tag{12.42}$$

(2) 次式を示せ。ヒント：式 (12.41)。

$$V(\mathbf{a} + \mathbf{b}, \mathbf{a} + \mathbf{b}, \mathbf{c}) = V(\mathbf{a}, \mathbf{a} + \mathbf{b}, \mathbf{c}) \\ + V(\mathbf{b}, \mathbf{a} + \mathbf{b}, \mathbf{c}) \tag{12.43}$$

(3) 式 (12.43) の右辺は以下のように変形される
こと示せ。ヒント：式 (12.40)。

$$= V(\mathbf{a}, \mathbf{a}, \mathbf{c}) + V(\mathbf{a}, \mathbf{b}, \mathbf{c}) \\ + V(\mathbf{b}, \mathbf{a}, \mathbf{c}) + V(\mathbf{b}, \mathbf{b}, \mathbf{c}) \tag{12.44}$$

(4) 式 (12.44) はさらに以下のように変形される
こと示せ。ヒント：式 (12.35)。

$$= V(\mathbf{a}, \mathbf{b}, \mathbf{c}) + V(\mathbf{b}, \mathbf{a}, \mathbf{c}) \tag{12.45}$$

(5) 以上から次式を示せ：

$$V(\mathbf{a}, \mathbf{b}, \mathbf{c}) = -V(\mathbf{b}, \mathbf{a}, \mathbf{c}) \tag{12.46}$$

同様に，

$$V(\mathbf{a}, \mathbf{c}, \mathbf{b}) = -V(\mathbf{a}, \mathbf{c}, \mathbf{b}) \tag{12.47}$$

$$V(\mathbf{a}, \mathbf{b}, \mathbf{c}) = -V(\mathbf{c}, \mathbf{b}, \mathbf{a}) \tag{12.48}$$

となる。つまり，2 つのベクトルを入れ替えると，V の符号は変わるのだ。

では，これらの代数的な性質を使って，V の具体的な式を決めてみよう。

問 190 式 (12.31)〜式 (12.34) を念頭に，

(1) 次式を示せ。ヒント：式 (12.46)。

$$V(\mathbf{e}_2, \mathbf{e}_1, \mathbf{e}_3) = -V(\mathbf{e}_1, \mathbf{e}_2, \mathbf{e}_3)$$

(2) 次式を示せ：

$$V(\mathbf{e}_1, \mathbf{e}_2, \mathbf{e}_3) = V(\mathbf{e}_2, \mathbf{e}_3, \mathbf{e}_1) = V(\mathbf{e}_3, \mathbf{e}_1, \mathbf{e}_2)$$

(3) 次式を示せ：

$$V(\mathbf{e}_2, \mathbf{e}_1, \mathbf{e}_3) = V(\mathbf{e}_1, \mathbf{e}_3, \mathbf{e}_2) = V(\mathbf{e}_3, \mathbf{e}_2, \mathbf{e}_1)$$

(4) 式 (12.32) を使って次式を示せ。ヒント：V は三重線型写像であることを使う。

$$\begin{aligned} V(\mathbf{a}, \mathbf{b}, \mathbf{c}) = {} & a_1 V(\mathbf{e}_1, \mathbf{b}, \mathbf{c}) \\ & + a_2 V(\mathbf{e}_2, \mathbf{b}, \mathbf{c}) \\ & + a_3 V(\mathbf{e}_3, \mathbf{b}, \mathbf{c}) \end{aligned} \tag{12.49}$$

(5) さらに，式 (12.33)，式 (12.34) を使って，V が三重線型写像であることも使って，式 (12.49) の右辺を以下のように変形せよ：

$$\begin{aligned} = {} & (a_1 b_2 c_3 + a_2 b_3 c_1 + a_3 b_1 c_2 \\ & - a_2 b_1 c_3 - a_1 b_3 c_2 - a_3 b_2 c_1) V(\mathbf{e}_1, \mathbf{e}_2, \mathbf{e}_3) \end{aligned} \tag{12.50}$$

ところで，$\mathbf{e}_1$ と $\mathbf{e}_2$ と $\mathbf{e}_3$ が張る平行六面体は一辺の長さが 1 の立方体だから，体積は 1 である。そこで

$$V(\mathbf{e}_1, \mathbf{e}_2, \mathbf{e}_3) = V\left(\begin{bmatrix} 1 \\ 0 \\ 0 \end{bmatrix}, \begin{bmatrix} 0 \\ 1 \\ 0 \end{bmatrix}, \begin{bmatrix} 0 \\ 0 \\ 1 \end{bmatrix} \right) := 1 \tag{12.51}$$

と**定めよう**。すると，式 (12.50) から，

$$\begin{aligned} V(\mathbf{a}, \mathbf{b}, \mathbf{c}) = {} & a_1 b_2 c_3 + a_2 b_3 c_1 + a_3 b_1 c_2 \\ & - a_2 b_1 c_3 - a_1 b_3 c_2 - a_3 b_2 c_1 \end{aligned} \tag{12.52}$$

となる。式 (12.52) の右辺は，P.23 で学んだ，3 次の行列式の定義（サラスの公式）と一致しているではないか‼ つまり，$V(\mathbf{a}, \mathbf{b}, \mathbf{c})$ は，$\mathbf{a}, \mathbf{b}, \mathbf{c}$ を列ベクトルとするような 3 次正方行列（それを $[\mathbf{a}\,\mathbf{b}\,\mathbf{c}]$ と書く）の行列式と一致するのだ：

$$V(\mathbf{a}, \mathbf{b}, \mathbf{c}) = V\left(\begin{bmatrix} a_1 \\ a_2 \\ a_3 \end{bmatrix}, \begin{bmatrix} b_1 \\ b_2 \\ b_3 \end{bmatrix}, \begin{bmatrix} c_1 \\ c_2 \\ c_3 \end{bmatrix} \right)$$

$$= \det[\mathbf{a}\,\mathbf{b}\,\mathbf{c}] = \det \begin{bmatrix} a_1 & b_1 & c_1 \\ a_2 & b_2 & c_2 \\ a_3 & b_3 & c_3 \end{bmatrix} \tag{12.53}$$

問 191 式 (12.52) の右辺は以下の式と等しいことを示せ：

$$\begin{aligned} & (a_2 b_3 - a_3 b_2) c_1 + (a_3 b_1 - a_1 b_3) c_2 \\ & + (a_1 b_2 - a_2 b_1) c_3 \end{aligned} \tag{12.54}$$

ここで，

$$\mathbf{a} \times \mathbf{b} = \begin{bmatrix} a_1 \\ a_2 \\ a_3 \end{bmatrix} \times \begin{bmatrix} b_1 \\ b_2 \\ b_3 \end{bmatrix} := \begin{bmatrix} a_2 b_3 - a_3 b_2 \\ a_3 b_1 - a_1 b_3 \\ a_1 b_2 - a_2 b_1 \end{bmatrix} \tag{12.55}$$

と定義すると，式 (12.54) は，以下のように書ける：

$$(\mathbf{a} \times \mathbf{b}) \bullet \mathbf{c} \tag{12.56}$$

式 (12.55) の $\mathbf{a} \times \mathbf{b}$ という演算を，$\mathbf{a}$ と $\mathbf{b}$ の外積またはベクトル積とよぶ（定義）。

式 (12.56) を $\mathbf{a}, \mathbf{b}, \mathbf{c}$ のスカラー三重積という。問 191 の結果から，それは $V(\mathbf{a}, \mathbf{b}, \mathbf{c})$ と等しい：

$$(\mathbf{a} \times \mathbf{b}) \bullet \mathbf{c} = V(\mathbf{a}, \mathbf{b}, \mathbf{c}) \tag{12.57}$$

式 (12.53) と式 (12.57) から，以下の 3 つは互いに同じものだとわかった。

- 「3 次の行列式」　$\det[\mathbf{a}\,\mathbf{b}\,\mathbf{c}]$
- 「平行六面体の（符号つき）体積」　$V(\mathbf{a}, \mathbf{b}, \mathbf{c})$
- 「スカラー 3 重積」　$(\mathbf{a} \times \mathbf{b}) \bullet \mathbf{c}$

12.3 空間ベクトルどうしの外積

前節に出てきた外積 (ベクトル積) は，ユークリッド幾何学[*1]や物理学で重要な道具である。そこで，行列式の話題からは少し離れて，この外積の幾何学的な性質を調べておこう。外積は 2 つの空間ベクトルから 1 つの空間ベクトルを作る演算だから，外積の結果である空間ベクトルの「向き」と「大きさ」が，もとの 2 つの幾何ベクトルとどう関係しているかを調べるのである。

まず，外積の「向き」について調べる。

問 192 式 (12.57) を利用して，次式を示せ：

$$(\mathbf{a} \times \mathbf{b}) \bullet \mathbf{a} = 0, \quad (\mathbf{a} \times \mathbf{b}) \bullet \mathbf{b} = 0 \quad (12.58)$$

つまり，$\mathbf{a} \times \mathbf{b}$ は $\mathbf{a}$ と $\mathbf{b}$ の両方に垂直である。

次に，外積の「大きさ」について調べる。

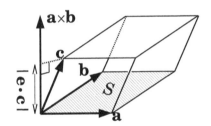

図 12.6　スカラー 3 重積と外積の図形的な意味。

ここで，図 12.6 のように，$\mathbf{a}, \mathbf{b}, \mathbf{c}$ が張る平行六面体の体積を考えよう。$\mathbf{a}, \mathbf{b}$ が張る平行四辺形を底面と考えれば，高さは，$\mathbf{c}$ を底面の法線方向へ正射影した長さである (法線とは面に垂直な直線のこと)。従って，底面の単位法線ベクトル (面に垂直で大きさ 1 のベクトル) を $\mathbf{e}$ とすると，高さは，$|\mathbf{e} \bullet \mathbf{c}|$ である。従って，底面積を S とすると，この平行六面体の体積 V $(= |V(\mathbf{a}, \mathbf{b}, \mathbf{c})|)$ は，

$$V = S|\mathbf{e} \bullet \mathbf{c}| \quad (12.59)$$

と表される。ところが，先ほど確認したように，$\mathbf{a} \times \mathbf{b}$ は $\mathbf{a}$ と $\mathbf{b}$ の両方に垂直である。つまり $\mathbf{a} \times \mathbf{b}$ は $\mathbf{a}$ と $\mathbf{b}$ の張る平行四辺形に垂直であり，従ってこの平行六面体の底面の法線ベクトルである。従って，

$$\mathbf{e} = \frac{\mathbf{a} \times \mathbf{b}}{|\mathbf{a} \times \mathbf{b}|} \quad (12.60)$$

とできる。これを式 (12.59) に代入すると，

$$V = S\left|\frac{\mathbf{a} \times \mathbf{b}}{|\mathbf{a} \times \mathbf{b}|} \bullet \mathbf{c}\right| = S\frac{|(\mathbf{a} \times \mathbf{b}) \bullet \mathbf{c}|}{|\mathbf{a} \times \mathbf{b}|}$$
$$= S\frac{|V(\mathbf{a}, \mathbf{b}, \mathbf{c})|}{|\mathbf{a} \times \mathbf{b}|} = S\frac{V}{|\mathbf{a} \times \mathbf{b}|} \quad (12.61)$$

となる。この最左辺と最右辺で V を約分して $|\mathbf{a} \times \mathbf{b}|$ を両辺に掛けると，

$$|\mathbf{a} \times \mathbf{b}| = S \quad (12.62)$$

となる。つまり，$\mathbf{a} \times \mathbf{b}$ の大きさは，$\mathbf{a}, \mathbf{b}$ が張る平行四辺形の面積 S に等しい。

さて，ここでは詳述しないが，$V(\mathbf{a}, \mathbf{b}, \mathbf{c})$ は，$\mathbf{a}$ から $\mathbf{b}$ に右ネジをまわすときにネジが進む側に $\mathbf{c}$ があるときはプラス，そうでないときはマイナスである[*2]。前者のときは，$(\mathbf{a} \times \mathbf{b}) \bullet \mathbf{c}$ はプラスである。つまり $\mathbf{a} \times \mathbf{b}$ は $\mathbf{c}$ と同じ方 (角度は 0 から $\pi/2$ までの間) にある。

つまり，$\mathbf{a} \times \mathbf{b}$ は $\mathbf{a}$ から $\mathbf{b}$ に右ネジをまわすときにネジが進む側にある。

以下の問 193〜問 195 では，$\mathbf{a}, \mathbf{b}, \mathbf{c}$ はそれぞれ，3 次元ユークリッド空間の任意のベクトル (およびデカルト座標で表された座標) であるとする。

問 193 次式を示せ (θ は $\mathbf{a}, \mathbf{b}$ のなす角で，$0 \le \theta \le \pi$ とする)：

$$|\mathbf{a} \times \mathbf{b}| = |\mathbf{a}||\mathbf{b}|\sin\theta \quad (12.63)$$

問 194 式 (12.55) に基づいて，以下を証明せよ (p は任意の実数とする)。

(1) $\mathbf{a} \times \mathbf{b} = -\mathbf{b} \times \mathbf{a}$ $\quad$ (12.64)

(2) $\mathbf{a} \times \mathbf{a} = \mathbf{0}$ $\quad$ (12.65)

(3) $(\mathbf{a} \times \mathbf{b}) \bullet \mathbf{a} = 0$ $\quad$ (12.66)

(4) $(\mathbf{a} \times \mathbf{b}) \bullet \mathbf{b} = 0$ $\quad$ (12.67)

(5) $(\mathbf{a} + \mathbf{b}) \times \mathbf{c} = \mathbf{a} \times \mathbf{c} + \mathbf{b} \times \mathbf{c}$ $\quad$ (12.68)

(6) $(p\mathbf{a}) \times \mathbf{b} = p(\mathbf{a} \times \mathbf{b})$ $\quad$ (12.69)

問 195

$$\mathbf{a} = \begin{bmatrix} a_1 \\ a_2 \\ a_3 \end{bmatrix}, \mathbf{b} = \begin{bmatrix} b_1 \\ b_2 \\ b_3 \end{bmatrix}, \mathbf{c} = \begin{bmatrix} c_1 \\ c_2 \\ c_3 \end{bmatrix}$$

について，以下の式を考えよう：

$$\mathbf{a} \times (\mathbf{b} \times \mathbf{c}) \tag{12.70}$$

(1)　上の式を，成分で書くと次式になることを示せ：

$$\begin{bmatrix} a_1 \\ a_2 \\ a_3 \end{bmatrix} \times \begin{bmatrix} b_2c_3 - b_3c_2 \\ b_3c_1 - b_1c_3 \\ b_1c_2 - b_2c_1 \end{bmatrix}$$

(2)　前小問の式を次式に変形せよ：

$$\begin{bmatrix} a_2(b_1c_2 - b_2c_1) - a_3(b_3c_1 - b_1c_3) \\ a_3(b_2c_3 - b_3c_2) - a_1(b_1c_2 - b_2c_1) \\ a_1(b_3c_1 - b_1c_3) - a_2(b_2c_3 - b_3c_2) \end{bmatrix}$$

(3)　前小問の式を次式に変形せよ：

$$\begin{bmatrix} a_2b_1c_2 - a_2b_2c_1 - a_3b_3c_1 + a_3b_1c_3 \\ a_3b_2c_3 - a_3b_3c_2 - a_1b_1c_2 + a_1b_2c_1 \\ a_1b_3c_1 - a_1b_1c_3 - a_2b_2c_3 + a_2b_3c_2 \end{bmatrix}$$

(4)　前小問の式を次式に変形せよ：

$$\begin{bmatrix} (a_2b_1c_2 + a_3b_1c_3) - (a_2b_2c_1 + a_3b_3c_1) \\ (a_3b_2c_3 + a_1b_2c_1) - (a_3b_3c_2 + a_1b_1c_2) \\ (a_1b_3c_1 + a_2b_3c_2) - (a_1b_1c_3 + a_2b_2c_3) \end{bmatrix}$$

(5)　前小問の式を次式に変形せよ：

$$\begin{bmatrix} (a_2c_2 + a_3c_3)b_1 - (a_2b_2 + a_3b_3)c_1 \\ (a_3c_3 + a_1c_1)b_2 - (a_3b_3 + a_1b_1)c_2 \\ (a_1c_1 + a_2c_2)b_3 - (a_1b_1 + a_2b_2)c_3 \end{bmatrix}$$

(6)　前小問の式を次式に変形せよ：

$$\begin{bmatrix} (\mathbf{a} \bullet \mathbf{c} - a_1c_1)b_1 - (\mathbf{a} \bullet \mathbf{b} - a_1b_1)c_1 \\ (\mathbf{a} \bullet \mathbf{c} - a_2c_2)b_2 - (\mathbf{a} \bullet \mathbf{b} - a_2b_2)c_2 \\ (\mathbf{a} \bullet \mathbf{c} - a_3c_3)b_3 - (\mathbf{a} \bullet \mathbf{b} - a_3b_3)c_3 \end{bmatrix}$$

(7)　前小問の式を次式に変形せよ：

$$\begin{bmatrix} (\mathbf{a} \bullet \mathbf{c})b_1 - (\mathbf{a} \bullet \mathbf{b})c_1 \\ (\mathbf{a} \bullet \mathbf{c})b_2 - (\mathbf{a} \bullet \mathbf{b})c_2 \\ (\mathbf{a} \bullet \mathbf{c})b_3 - (\mathbf{a} \bullet \mathbf{b})c_3 \end{bmatrix}$$

(8)　前小問の式を次式に変形せよ：

$$\begin{bmatrix} (\mathbf{a} \bullet \mathbf{c})b_1 \\ (\mathbf{a} \bullet \mathbf{c})b_2 \\ (\mathbf{a} \bullet \mathbf{c})b_3 \end{bmatrix} - \begin{bmatrix} (\mathbf{a} \bullet \mathbf{b})c_1 \\ (\mathbf{a} \bullet \mathbf{b})c_2 \\ (\mathbf{a} \bullet \mathbf{b})c_3 \end{bmatrix}$$

(9)　以上より，次式を示せ：

$$\mathbf{a} \times (\mathbf{b} \times \mathbf{c}) = (\mathbf{a} \bullet \mathbf{c})\mathbf{b} - (\mathbf{a} \bullet \mathbf{b})\mathbf{c} \tag{12.71}$$

式 (12.71) はベクトル三重積とよばれる，物理学で大切な公式である。本書後半でも出てくる。

12.4　行列式を n 次に拡張する

行列式に話を戻す。12.1 節と 12.2 節で，2 次と 3 次の行列式が，それぞれ（符号付きの）面積 $S(\mathbf{a}, \mathbf{b})$ と（符号付きの）体積 $V(\mathbf{a}, \mathbf{b}, \mathbf{c})$ と同じものだということに基づいて，それらの性質を調べた。中でも重要な知見をまとめると，以下のようになる：n を 2 または 3 とすると，

行列式の大切な性質

(1)　n 次行列式は，n 次の列ベクトル n 個に対してスカラー 1 個を対応づける写像である。

(2)　それぞれの列ベクトルについて行列式は線型写像である。

(3)　2 つの列ベクトルを入れ替えると行列式の値は符号が反転する。

(4)　単位行列の行列式は 1 である。

これらを具体的に振り返っておこう。まず (1) はよいとして，(2) は $S(\mathbf{a}, \mathbf{b})$ が二重線型写像，$V(\mathbf{a}, \mathbf{b}, \mathbf{c})$ が三重線型写像という話であり，(3) は P.152 式 (12.18)，P.155 式 (12.46)～式 (12.48) であり，(4) は P.153 式 (12.21) と P.156 式 (12.51) に該当する。

逆に，これらの性質から出発すれば，2 次行列式（P.153 式 (12.22)）も 3 次行列式（P.156 式 (12.52)；サラスの公式）も導出できた。ということは，上記の性質は行列式の本質的な性質ではないだろうか？そこでこれらの性質を使って，4 次以上の行列式を

定義しよう。すなわち,

> ### 行列式の一般的な定義
> n を 2 以上の任意の整数とする。n 次行列式とは, 上記の「行列式の大切な性質」を全て満たすようなものである。

この定義に基づいて, 実際に大きな次数の正方行列の行列式を求めることができるのだが, その準備のために, 以下の定理を証明しておこう。ここで n を 2 以上の整数とし, n 本の n 次列ベクトル $\mathbf{a}_1, \mathbf{a}_2, \cdots \mathbf{a}_n$ を横に並べてできる n 次正方行列 $[\mathbf{a}_1, \mathbf{a}_2, \cdots, \mathbf{a}_n]$ を A とし, その行列式を $\det A$ と書く。i, j を 1 以上 n 以下の任意の整数とする (ただし $i \ne j$)。

問 196 もし, $\mathbf{a}_i = \mathbf{a}_j$ ならば, $\det A = 0$ であることを示せ。つまり, 列ベクトルに重複があると, 行列式は 0 になるのだ。

問 197 p を任意のスカラーとする。A の第 i 列に第 j 列の p 倍を加えてできる行列の行列式:

$$\det[\mathbf{a}_1, \mathbf{a}_2, \cdots, \mathbf{a}_i + p\mathbf{a}_j, \cdots, \mathbf{a}_n] \quad (12.72)$$

は $\det A$ に等しいことを示せ。

問 198 対角行列の行列式は, 対角成分をすべて掛けあわせた値に等しいことを示せ。

問 197 の結果と, 上記の行列式の新しい定義を使うと, 行列式に関して以下のことが一般的に言える:

- どれかの列ベクトルに別の列ベクトルのスカラー倍を加えること (これを変形 1 と呼ぼう) によって行列式の値は変わらない。
- どれかの列ベクトルをスカラー倍すること (これを変形 2 と呼ぼう) によって行列式の値はそのスカラー倍になる (行列式が列ベクトルに関する線型写像であることから明らか)。
- 2 つの列ベクトルを入れ替えること (これを変

形 3 と呼ぼう) によって行列式の値は符号が逆転する (これは性質 3 から明らか)。

変形 1, 2, 3 を, 列基本変形とよぶ。これらを使うと, 行列式の値を具体的に計算できる。

例 12.3 以下の行列:

$$A = \begin{bmatrix} 1 & 1 & 2 \\ 1 & 2 & 4 \\ 1 & 3 & 5 \end{bmatrix} \quad (12.73)$$

の行列式, $\det A$ を計算しよう。直接, サラスの公式を使えば, $\det A = -1$ であることがわかるが, ここではあえて列基本変形を使ってやってみよう。まず, 第 2 列から第 1 列を引いてみる。これは変形 1 である (第 2 列に第 1 列の (-1) 倍を足す) ので, 行列式の値は変わらないはず。従って,

$$\det A = \det \begin{bmatrix} 1 & 1-1 & 2 \\ 1 & 2-1 & 4 \\ 1 & 3-1 & 5 \end{bmatrix} = \det \begin{bmatrix} 1 & 0 & 2 \\ 1 & 1 & 4 \\ 1 & 2 & 5 \end{bmatrix}$$

となる。この最右辺の行列は $(1, 2)$ 成分に 0 が現れたので, 式 (12.73) より少しシンプルになった気がする。さらに, その第 3 列から第 1 列の 2 倍を引こう。これも変形 1 なので行列式の値は変わらないから,

$$\det A = \det \begin{bmatrix} 1 & 0 & 2-2 \\ 1 & 1 & 4-2 \\ 1 & 2 & 5-2 \end{bmatrix} = \det \begin{bmatrix} 1 & 0 & 0 \\ 1 & 1 & 2 \\ 1 & 2 & 3 \end{bmatrix}$$

となる。さらに, この第 3 列から第 2 列の 2 倍を引けば,

$$\det A = \det \begin{bmatrix} 1 & 0 & 0 \\ 1 & 1 & 0 \\ 1 & 2 & -1 \end{bmatrix} \quad (12.74)$$

となる。ここまで 0 成分が増えれば, 暗算でサラスの公式を計算できるが, あえてそうせずにもうちょっと頑張る。第 1 列から第 2 列を引くと,

$$\det A = \det \begin{bmatrix} 1 & 0 & 0 \\ 0 & 1 & 0 \\ -1 & 2 & -1 \end{bmatrix} \quad (12.75)$$

第 1 列から第 3 列を引き, 第 2 列に第 3 列の 2 倍

を足すと，

$$\det A = \det \begin{bmatrix} 1 & 0 & 0 \\ 0 & 1 & 0 \\ 0 & 0 & -1 \end{bmatrix} \tag{12.76}$$

第 3 列の -1 を，-1×1 とみなすと（変形 2），これは

$$\det A = -1 \times \det \begin{bmatrix} 1 & 0 & 0 \\ 0 & 1 & 0 \\ 0 & 0 & 1 \end{bmatrix} \tag{12.77}$$

に等しい。ここで単位行列の行列式が 1 であることを使うと，$\det A = -1$ と決まる。　■

　変形の方針としては，まず，第 1 列と変形 1 を使って，他の列の第 1 成分を消す。次に，第 2 列と変形 1 を使って，他の列の第 2 成分を消す。そうやっていくと，対角成分だけが残る。そうしたら変形 3 を使って，単位行列に帰着させる。

　時として，たとえば第 1 列の第 1 成分（第 1 行の成分）が 0 になっているようなこともあり得る。そのようなときは，変形 1 を使っても他の列の第 1 成分を消せないから，先に変形 3 を使って，第 1 列を他の列（第 1 成分が 0 でない列）と入れ替えればよい。

例 12.4 以下の行列式を考えよう：

$$\det \begin{bmatrix} 1 & 2 & -1 & 1 \\ 2 & 5 & -1 & 0 \\ 1 & 3 & 1 & 1 \\ 0 & 1 & 2 & -1 \end{bmatrix} \tag{12.78}$$

　↓　(2 列)$-2\times$(1 列)，(3 列)$+$(1 列)，
　　　(4 列)$-$(1 列)

$$= \det \begin{bmatrix} 1 & 0 & 0 & 0 \\ 2 & 1 & 1 & -2 \\ 1 & 1 & 2 & 0 \\ 0 & 1 & 2 & -1 \end{bmatrix} \tag{12.79}$$

　↓　(1 列)$-2\times$(2 列)，(3 列)$-$(2 列)，
　　　(4 列)$+2\times$(2 列)

$$= \det \begin{bmatrix} 1 & 0 & 0 & 0 \\ 0 & 1 & 0 & 0 \\ -1 & 1 & 1 & 2 \\ -2 & 1 & 1 & 1 \end{bmatrix} \tag{12.80}$$

　↓　(1 列)$+$(3 列)，(2 列)$-$(3 列)，
　　　(4 列)$-2\times$(3 列)

$$= \det \begin{bmatrix} 1 & 0 & 0 & 0 \\ 0 & 1 & 0 & 0 \\ 0 & 0 & 1 & 0 \\ -1 & 0 & 1 & -1 \end{bmatrix} \tag{12.81}$$

　↓　(1 列)$-$(4 列)，(3 列)$+$(4 列)

$$= \det \begin{bmatrix} 1 & 0 & 0 & 0 \\ 0 & 1 & 0 & 0 \\ 0 & 0 & 1 & 0 \\ 0 & 0 & 0 & -1 \end{bmatrix} \tag{12.82}$$

$$= -1 \tag{12.83}$$

　注意：実は，行列式の値を求める時，列基本変形は，単位行列になるまでやる必要はないのだ。例 12.4 では，式 (12.81) までで OK で，この対角成分を掛けあわせればよいのだ。というのも，この行列は，対角成分より上の部分（行列の右上の部分）が全部 0 になっており，0 でない成分は対角成分と，対角成分より下の部分（行列の左下の部分）にしか残っていない。左下に残った各成分は，その行の対角成分を持つ列のスカラー倍を足すことで消せる。従って，左下に残った成分は列基本変形 1 によって（対角成分や右上に影響を与えることなく）結局は 0 になり，行列は対角行列（対角成分以外が 0 の行列）になる。問 198 で見たように，対角行列の行列式は，対角成分を全部掛けあわせたものである。

問 199 以下を，列基本変形を利用して計算せよ。どういう変形をしたかも明記せよ。

$$\det \begin{bmatrix} 1 & 2 & 2 \\ 1 & 4 & 4 \\ 1 & 6 & 5 \end{bmatrix}$$

問 200 以下の行列式の値を求めよ：

$$\det \begin{bmatrix} 0 & 0 & 0 & 1 & 0 \\ 0 & 0 & 1 & 0 & 0 \\ 0 & 1 & 0 & 0 & 0 \\ 1 & 0 & 0 & 0 & 0 \\ 0 & 0 & 0 & 0 & 1 \end{bmatrix}$$

ヒント：変形 3 を何回か使って単位行列に変形する。変形 3 を 1 回使うたびに，行列式は (-1) 倍されることに注意。

問 201 以下の行列式の値を計算せよ（どういう列基本変形をしたかも明記せよ）：

$$\det \begin{bmatrix} 1 & 2 & 2 & 1 \\ 2 & 5 & 4 & -1 \\ 1 & 6 & 5 & 1 \\ 2 & 5 & 4 & 1 \end{bmatrix}$$

行列式には，他にも大切な性質がまだある。それらを証明なしで述べておこう（これらは $n = 2$ の場合は簡単に証明できる。一般的な証明を知りたい人は長谷川『線型代数』（日本評論社）等を参照しよう）：

行列式に関する重要定理 1: 積の行列式は行列式の積。すなわち，任意の n 次正方行列 A, B について，

$$\det(AB) = \det(A)\det(B) \tag{12.84}$$

行列式に関する重要定理 2: 転置の行列式は元の行列式。すなわち，任意の n 次正方行列 A について，

$$\det({}^{t}A) = \det(A) \tag{12.85}$$

行列式に関する重要定理 3: 任意の n 次正方行列 A が正則である（逆行列を持つ）ことと，$\det(A) \neq 0$ は同値。

問 202 これらを用いて，以下を証明せよ。(1) 任意の次数の正則行列 A について，$\det(A^{-1}) = 1/\det(A)$。(2) 任意の次数の直交正方行列 Q について，$\det(Q)$ は 1 または -1。

12.5 分析化学と線型代数

本書の線型代数はここで一区切りである。抽象的な話が続いたので，最後に線型代数の応用例を化学からひとつ示そう。

溶液中の化学物質濃度の測定法に，吸光光度法というものがある。これは，特定の化学物質（種類は既知とする）が溶け込んでいる溶液に光を透過させて，その減衰の様子から溶質（化学物質）の濃度を推定する。その装置を分光光度計という（分光とは光を波長ごとに分けること）。その仕組みは『ライブ講義 大学 1 年生のための数学入門』の 6.8 節で説明したが，大まかには次のようなものである：

分光光度計内部は，光源・セル（ガラス製や石英製の透明容器）・センサーで構成される。光源から波長 λ の光が出てセルに当たり，試料溶液に入る（入射光）。光はセル内の試料溶液の中を進むにつれて，少しずつ溶質に吸収されて弱まる。セルを通り抜けた光（透過光）の強度がセンサーによって計測される。

さて，セルの入射点からの距離 x の溶液における光強度を $I(x)$，溶質（**今のところ 1 種類だけ考える**）の濃度を c とすると，

$$I(x + dx) = I(x) - \kappa c I(x)\, dx \tag{12.86}$$

と考えられる。ここで κ は溶媒の種類，溶質の種類，そして光の波長 λ によって決まる，適当な正の定数（x や c には依らない）である。式 (12.86) は要するに，光がわずかな距離だけ進むと，その距離と溶質濃度に比例する割合で光が吸収されて弱まる，というモデルであり，実際，多くの場合にうまく当てはまる。これをランベルト・ベールの法則という。

式 (12.86) は微分方程式

$$\frac{dI}{dx} = -\kappa c I \tag{12.87}$$

であり，もし c が定数（濃度がセル内部で均一）ならば，

$$I(x) = I(0)\exp(-\kappa c x) \tag{12.88}$$

$$= I(0) \cdot 10^{-(\log_{10} e)\kappa c x} \tag{12.89}$$

と解ける。ここで

$$\varepsilon := (\log_{10} e)\kappa \tag{12.90}$$

と定義する。この ε はモル吸収係数またはモル吸光係数と呼ばれ，多くの物質の値が実験によって調べ

られ，知られている。これを使うと式 (12.89) は以下のようになる：

$$I(x) = I(0) \cdot 10^{-\varepsilon c x} \tag{12.91}$$

さて，セルの幅（光が溶液を透過する距離）を δ とする。$\delta = 1\,\mathrm{cm}$ が一般的なので以後そう思ってよい。ここで，以下の量 A を吸光度 (absorbance) とよぶ：

$$A := -\log_{10}\left(\frac{I(\delta)}{I(0)}\right) \tag{12.92}$$

$I(0)$ は入射光強度，$I(\delta)$ は透過光強度だから，$I(\delta)/I(0)$ は透過率である。つまり吸光度は透過率の常用対数（の符号を反転したもの）である。

式 (12.91) で $x = \delta$ としたものを式 (12.92) の右辺に代入すると，$A = \varepsilon c \delta$ となる（確認しよう）。従って次式が成り立つ：

$$c = \frac{A}{\delta \varepsilon} \tag{12.93}$$

右辺の δ と ε は実験条件で決まるので既知である。こうして吸光度 A の測定値から濃度 c が求まる。

以上は溶質が 1 種類の場合の話だ。しかし多くの場合，溶液には**複数種の溶質**が溶け込んでおり，各種の溶質が光を吸収する。たとえば植物の葉の抽出液には様々な種類の色素（多様なクロロフィルやカロテノイド）が溶け込んでいる。そういう場合にも使えるように，上記の理論を拡張しよう。

今，溶液試料に物質 1，物質 2，$\cdots$，物質 n という n 種類の溶質が溶け込んでいるとする。それに $\lambda_1, \lambda_2, \cdots, \lambda_m$ という m 個の異なる波長の光を順に当てて，それぞれの波長で透過光を（そしてそれによって吸光度を）計測する。複数の波長の光を使う目的はすぐ後でわかる。

ランベルト・ベールの法則を各物質について独立に考慮することで，式 (12.86) は以下のように修正される（$I_l(x)$ は波長 λ_l の光の強度，κ_{lk} は光の波長 λ_l と溶媒と物質 k で決まる正の定数，c_k は物質 k の濃度）：

$$I_l(x + dx) = I_l(x) - \kappa_{l1}\, c_1\, I_l(x)\, dx$$
$$-\kappa_{l2}\, c_2\, I_l(x)\, dx - \cdots - \kappa_{ln}\, c_n\, I_l(x)\, dx \tag{12.94}$$

すなわち，式 (12.87) は次式のように拡張される：

$$\frac{dI_l}{dx} = -\left(\sum_{k=1}^{n} \kappa_{lk}\, c_k\right) I_l \tag{12.95}$$

各物質の濃度 c_k がセル内で均一とすると，式 (12.95) 右辺の括弧内は x に依存しない定数になり，式 (12.95) は以下のように解ける：

$$I_l(x) = I(0) \exp\left\{-\left(\sum_{k=1}^{n} \kappa_{lk}\, c_k\right) x\right\} \tag{12.96}$$

$$= I(0) \cdot 10^{-x \sum_{k=1}^{n} \varepsilon_{lk}\, c_k} \tag{12.97}$$

ただし，波長 λ_l，物質 k のモル吸収係数を次のように ε_{lk} と表した：

$$\varepsilon_{lk} := (\log_{10} e)\kappa_{lk} \tag{12.98}$$

これを元に，波長 λ_l の光に関する吸光度 A_l を求めよう。$x = \delta$ として式 (12.97) を吸光度の定義（式 (12.92)）に代入すると，

$$A_l = \delta \sum_{k=1}^{n} \varepsilon_{lk}\, c_k \tag{12.99}$$

これは，次式のように数ベクトルと行列を使って書ける連立一次方程式である：

$$
\begin{bmatrix} A_1 \\ A_2 \\ \vdots \\ A_m \end{bmatrix}
=
\begin{bmatrix}
\delta\varepsilon_{11} & \delta\varepsilon_{12} & \cdots & \delta\varepsilon_{1n} \\
\delta\varepsilon_{21} & \delta\varepsilon_{22} & \cdots & \delta\varepsilon_{2n} \\
\vdots & \vdots & \ddots & \vdots \\
\delta\varepsilon_{m1} & \delta\varepsilon_{m2} & \cdots & \delta\varepsilon_{mn}
\end{bmatrix}
\begin{bmatrix} c_1 \\ c_2 \\ \vdots \\ c_n \end{bmatrix}
\tag{12.100}
$$

左辺の吸光度を並べてできる数ベクトルを $\mathbf{a}$，右辺の行列（$\delta\varepsilon_{lk}$ を成分とする）を Γ，その右の濃度を並べてできる数ベクトルを $\mathbf{c}$ とおけば，

$$\mathbf{a} = \Gamma \mathbf{c} \tag{12.101}$$

となる。化学分析で欲しいのは $\mathbf{c}$ である。行列 Γ が正方行列であり，逆行列を持つ場合は容易に求まる：

$$\mathbf{c} = \Gamma^{-1}\mathbf{a} \tag{12.102}$$

これは式 (12.93) の「多種類版」である。

例 12.5 植物の葉の 80 ％ アセトン・20 ％ 純水混合液による抽出液について，$n = m = 2$ とし，物質 1 をクロロフィル a，物質 2 をクロロフィル b，$\lambda_1 = 663.6\,\mathrm{nm}$，$\lambda_2 = 646.6\,\mathrm{nm}$ とすると，式 (12.102) の Γ^{-1} は，

$$\Gamma^{-1} = \begin{bmatrix} 12.25\,\mu g/ml & -2.55\,\mu g/ml \\ -4.91\,\mu g/ml & 20.31\,\mu g/ml \end{bmatrix} \quad (12.103)$$

であることが知られている（ただし，2 つの吸光度 A_1, A_2 は，測定値からあらかじめ 750 nm での吸光度が引かれたもの。Porra *et al.*, *Biochimica et Biophysica Acta* (1989), 384–394）。

問 203 上の例の実験条件で，ある葉の抽出液について分光光度計による測定の結果，$A_1 = 0.30$, $A_2 = 0.13$ だった。クロロフィル a とクロロフィル b の濃度をそれぞれ求めよ。

　実際の環境計測や食品工学における化学分析では，より多種の物質の混合溶液が対象になるだろう。その場合，式 (12.101) のベクトルや行列は巨大になる。そのとき，式 (12.101) がうまく解けるかどうかが問題になる。とりあえず，物質の種類の数 n と測定に使う波長の数 m は，$m < n$ だと方程式の数が未知数の数より少ないので解けない（不定）。$m = n$ なら，Γ が正方行列になるが，式 (12.102) に持って行くには，Γ に逆行列が存在すること，つまり $\det(\Gamma) \neq 0$ であることが必要だ（P.161 の「行列式に関する重要定理 3」）。

　実際は，精度を高めるために，$m > n$ とすることが多い。つまり未知数よりも多くの方程式を作るのだ。この場合，解は「不能」（全ての方程式を同時に満たす解が存在しない）になり得るが，その場合は Γc を a に厳密に一致させることを諦め，そのかわりに $|\Gamma c - a|^2$ を最小にするような c を求める。これを最小二乗法という。詳細は割愛するが，その結果は以下のようになる（この場合，行列 Γ は正方行列ではないので逆行列 Γ^{-1} が存在しないが，${}^t\Gamma\Gamma$ は正方行列なので逆行列はあり得ることに注意せよ）：

$$c = ({}^t\Gamma\Gamma)^{-1}\,{}^t\Gamma a \quad (12.104)$$

これは式 (12.102) をさらに拡張した式である。

　ところで諸君は，ここで登場した数ベクトル a は，第 3 章 3.9 節で紹介した「特徴ベクトル」の一種であり，第 8 章 8.5 節で紹介した「吸収スペクトル」の一種であることに，ちゃんと気づいてくれただろうか？ このような技法は化学分析に留まらない。航空機や人工衛星に載せた分光計つきのカメラ

で地表を観測して得られる「反射スペクトル」からは，農作物種や樹種を推定できるし，マイクで拾った音のスペクトルからは，人や動物の声を抽出・識別できる（機械学習）。これらはいずれも，スペクトルという数ベクトルで構成される特徴空間を対象とした線型代数なのだ。

演習問題 13 n 本の n 次列ベクトル $a_1, a_2, \cdots, a_n$ を横に並べてできる n 次正方行列 $[a_1, a_2, \cdots, a_n]$ を A とする。$\{a_1, a_2, \cdots, a_n\}$ が線型従属であれば，$\det A = 0$ であることを示せ。ヒント：線型従属だから，いずれかの列ベクトル（それを第 k 列とよぶ）が，他の列ベクトルの線型結合で表わされる。すると，列基本変形 1 を繰り返すことによって，第 k 列が 0 になるように A を変形でき，それによって行列式の値は変わらない。行列式は第 k 列に関して線型写像だから，第 k 列が 0 ならば行列式は 0 にならざるを得ない。

演習問題 14 電子が複数個存在する状況では，スレーター行列式というものを使って状態ベクトルを表現することがよくある。このスレーター行列式について調べ，行列式の数学的な性質が電子のどのような性質をうまく表現するのか述べよ。

問の解答

答 186 式 (12.12) において，c を $-b$ にすれば，$S(a, b + (-b)) = S(a, b) + S(a, -b)$ であり，一方，式 (12.4) によって，$S(a, b + (-b)) = S(a, 0) = 0$ となる。従って，$S(a, b) + S(a, -b) = 0$ となる。従って，$S(a, -b) = -S(a, b)$ すなわち式 (12.13) が成り立つ。

答 187 (1) 式 (12.5) で $a = e_1$ とすれば，$S(e_1, e_1) = 0$。$S(e_2, e_2)$ も同様。

(2) 式 (12.2) から，$S(a, b) = S(a_1 e_1 + a_2 e_2, b)$。式 (12.8) より，これは，$S(a_1 e_1, b) + S(a_2 e_2, b)$ に等しい。さらに式 (12.6) より，これは $a_1 S(e_1, b) + a_2 S(e_2, b)$ に等しい。

(3) 前小問より，$S(a, b) = a_1 S(e_1, b) + a_2 S(e_2, b)$ である。式 (12.2) の第 2 式より，これは次式に等しい：$a_1 S(e_1, b_1 e_1 + b_2 e_2) + a_2 S(e_2, b_1 e_1 + b_2 e_2)$。式 (12.12)，式 (12.7) より，これは次式に等しい：$a_1 b_1 S(e_1, e_1) + a_1 b_2 S(e_1, e_2) + a_2 b_1 S(e_2, e_1) +$

$a_2 b_2 S(\mathbf{e}_2, \mathbf{e}_2)$。ところが，小問 (1) の結果から，この第一項と第四項はゼロである。すなわち，この式は，$a_1 b_2 S(\mathbf{e}_1, \mathbf{e}_2) + a_2 b_1 S(\mathbf{e}_2, \mathbf{e}_1)$ に等しい。

(4) 式 (12.18) より，$S(\mathbf{e}_2, \mathbf{e}_1) = -S(\mathbf{e}_1, \mathbf{e}_2)$ である。これを使うと，前小問の結果は，$a_1 b_2 S(\mathbf{e}_1, \mathbf{e}_2) - a_2 b_1 S(\mathbf{e}_1, \mathbf{e}_2)$ となり，与式を得る。

答 188 （略解）17

答 189 (1) 略（式 (12.35) より，3 つの変数のうち 2 つが同じなら V は 0 になる。この場合は $\mathbf{a} + \mathbf{b}$）。

(2) 略（式 (12.41) より，最初の変数の和は分解できる）。

(3) 略（式 (12.40) より，2 つめの変数の和を分解する）。

(4) 式 (12.35) より，3 つの変数のうち 2 つが同じなら V は 0 になるので，$V(\mathbf{a}, \mathbf{a}, \mathbf{c}) = 0$ かつ，$V(\mathbf{b}, \mathbf{b}, \mathbf{c}) = 0$。これを前小問の右辺に代入すれば与式を得る。

(5) 前小問の式は 0 になる（小問 (1) より）。従って，$V(\mathbf{a}, \mathbf{b}, \mathbf{c}) + V(\mathbf{b}, \mathbf{a}, \mathbf{c}) = 0$。ここから与式を得る。

答 190 (1) 式 (12.46) において，$\mathbf{a} = \mathbf{e}_2, \mathbf{b} = \mathbf{e}_1, \mathbf{c} = \mathbf{e}_3$ とおけば与式を得る。

(2) 式 (12.46)，式 (12.47)，式 (12.48) で明らかなように，V は 2 つの変数（ベクトル）を入れ替えると，符号が変わる。そのことを繰り返し使って，

$$V(\mathbf{e}_1, \mathbf{e}_2, \mathbf{e}_3) = -V(\mathbf{e}_2, \mathbf{e}_1, \mathbf{e}_3) = V(\mathbf{e}_2, \mathbf{e}_3, \mathbf{e}_1)$$
$$V(\mathbf{e}_1, \mathbf{e}_2, \mathbf{e}_3) = -V(\mathbf{e}_1, \mathbf{e}_3, \mathbf{e}_2) = V(\mathbf{e}_3, \mathbf{e}_1, \mathbf{e}_2)$$

従って与式を得る。

(3) 前小問の証明過程で，次式も明らかになった：$V(\mathbf{e}_2, \mathbf{e}_1, \mathbf{e}_3) = V(\mathbf{e}_1, \mathbf{e}_3, \mathbf{e}_2)$。また，$V(\mathbf{e}_2, \mathbf{e}_1, \mathbf{e}_3) = -V(\mathbf{e}_2, \mathbf{e}_3, \mathbf{e}_1) = V(\mathbf{e}_3, \mathbf{e}_2, \mathbf{e}_1)$。従って与式を得る。

(4) $\mathbf{a} = a_1 \mathbf{e}_1 + a_2 \mathbf{e}_2 + a_3 \mathbf{e}_3$。これと式 (12.36)，式 (12.41) より，$V(\mathbf{a}, \mathbf{b}, \mathbf{c}) = a_1 V(\mathbf{e}_1, \mathbf{b}, \mathbf{c}) + a_2 V(\mathbf{e}_2, \mathbf{b}, \mathbf{c}) + a_3 V(\mathbf{e}_3, \mathbf{b}, \mathbf{c})$

(5) 前小問で $\mathbf{a}$ についてやったのと同様に，

$$\mathbf{b} = b_1 \mathbf{e}_1 + b_2 \mathbf{e}_2 + b_3 \mathbf{e}_3, \quad \mathbf{c} = c_1 \mathbf{e}_1 + c_2 \mathbf{e}_2 + c_3 \mathbf{e}_3$$

についても式 (12.37)，式 (12.38)，式 (12.40)，式 (12.39) を用いて展開すると，$V(\mathbf{a}, \mathbf{b}, \mathbf{c})$

$$= a_1 b_1 c_1 V(\mathbf{e}_1, \mathbf{e}_1, \mathbf{e}_1) + a_1 b_1 c_2 V(\mathbf{e}_1, \mathbf{e}_1, \mathbf{e}_2)$$
$$+ a_1 b_1 c_3 V(\mathbf{e}_1, \mathbf{e}_1, \mathbf{e}_3) + a_1 b_2 c_1 V(\mathbf{e}_1, \mathbf{e}_2, \mathbf{e}_1)$$
$$+ a_1 b_2 c_2 V(\mathbf{e}_1, \mathbf{e}_2, \mathbf{e}_2) + a_1 b_2 c_3 V(\mathbf{e}_1, \mathbf{e}_2, \mathbf{e}_3)$$
$$+ \cdots + a_3 b_3 c_3 V(\mathbf{e}_3, \mathbf{e}_3, \mathbf{e}_3)$$

ここで，式 (12.35) より，$V(\mathbf{e}_1, \mathbf{e}_1, \mathbf{e}_2)$ などのように同

じベクトルが引数として V に与えられると 0 になるから，上の式の右辺で 0 にならずに残るのは $\mathbf{e}_1, \mathbf{e}_2, \mathbf{e}_3$ がひとつずつ引数として V に与えられている項だけである。従って，$V(\mathbf{a}, \mathbf{b}, \mathbf{c})$

$$= a_1 b_2 c_3 V(\mathbf{e}_1, \mathbf{e}_2, \mathbf{e}_3) + a_1 b_3 c_2 V(\mathbf{e}_1, \mathbf{e}_3, \mathbf{e}_2)$$
$$+ a_2 b_1 c_3 V(\mathbf{e}_2, \mathbf{e}_1, \mathbf{e}_3) + a_2 b_3 c_1 V(\mathbf{e}_2, \mathbf{e}_3, \mathbf{e}_1)$$
$$+ a_3 b_1 c_2 V(\mathbf{e}_3, \mathbf{e}_1, \mathbf{e}_2) + a_3 b_2 c_1 V(\mathbf{e}_3, \mathbf{e}_2, \mathbf{e}_1)$$

一方，小問 (2), (3) より，

$$V(\mathbf{e}_1, \mathbf{e}_2, \mathbf{e}_3) = V(\mathbf{e}_2, \mathbf{e}_3, \mathbf{e}_1) = V(\mathbf{e}_3, \mathbf{e}_1, \mathbf{e}_2),$$
$$V(\mathbf{e}_2, \mathbf{e}_1, \mathbf{e}_3) = V(\mathbf{e}_3, \mathbf{e}_2, \mathbf{e}_1) = V(\mathbf{e}_1, \mathbf{e}_3, \mathbf{e}_2)$$
$$= -V(\mathbf{e}_1, \mathbf{e}_2, \mathbf{e}_3)$$

従って，$V(\mathbf{a}, \mathbf{b}, \mathbf{c})$

$$= a_1 b_2 c_3 V(\mathbf{e}_1, \mathbf{e}_2, \mathbf{e}_3) - a_1 b_3 c_2 V(\mathbf{e}_1, \mathbf{e}_2, \mathbf{e}_3)$$
$$- a_2 b_1 c_3 V(\mathbf{e}_1, \mathbf{e}_2, \mathbf{e}_3) + a_2 b_3 c_1 V(\mathbf{e}_1, \mathbf{e}_2, \mathbf{e}_3)$$
$$+ a_3 b_1 c_2 V(\mathbf{e}_1, \mathbf{e}_2, \mathbf{e}_3) - a_3 b_2 c_1 V(\mathbf{e}_1, \mathbf{e}_2, \mathbf{e}_3)$$

ここから与式を得る。

答 192 $(\mathbf{a} \times \mathbf{b}) \bullet \mathbf{a} = V(\mathbf{a}, \mathbf{b}, \mathbf{a})$。これは P.155 式 (12.35) より 0。$(\mathbf{a} \times \mathbf{b}) \bullet \mathbf{b} = V(\mathbf{a}, \mathbf{b}, \mathbf{b})$。これも P.155 式 (12.35) より 0。

答 193 本文の解説で明らかになったように，$\mathbf{a} \times \mathbf{b}$ の大きさは，$\mathbf{a}, \mathbf{b}$ が張る平行四辺形の面積に等しい。この平行四辺形について，$|\mathbf{a}|$ を底辺とすると，高さは $|\mathbf{b}| \sin\theta$。従って，面積は底辺掛ける高さで $|\mathbf{a}||\mathbf{b}| \sin\theta$。

答 194

(1) $\mathbf{b} \times \mathbf{a} = \begin{bmatrix} b_2 a_3 - b_3 a_2 \\ b_3 a_1 - b_1 a_3 \\ b_1 a_2 - b_2 a_1 \end{bmatrix} = -\begin{bmatrix} a_2 b_3 - a_3 b_2 \\ a_3 b_1 - a_1 b_3 \\ a_1 b_2 - a_2 b_1 \end{bmatrix}$

$= -\mathbf{a} \times \mathbf{b}$

(2) $\mathbf{a} \times \mathbf{a} = \begin{bmatrix} a_2 a_3 - a_3 a_2 \\ a_3 a_1 - a_1 a_3 \\ a_1 a_2 - a_2 a_1 \end{bmatrix} = \mathbf{0}$

(3) $(\mathbf{a} \times \mathbf{b}) \bullet \mathbf{a} = \begin{bmatrix} a_2 b_3 - a_3 b_2 \\ a_3 b_1 - a_1 b_3 \\ a_1 b_2 - a_2 b_1 \end{bmatrix} \bullet \begin{bmatrix} a_1 \\ a_2 \\ a_3 \end{bmatrix}$

$= (a_2 b_3 - a_3 b_2) a_1 + (a_3 b_1 - a_1 b_3) a_2$

$+ (a_1 b_2 - a_2 b_1) a_3 = \cdots = 0$

(4) $(\mathbf{a} \times \mathbf{b}) \bullet \mathbf{b} = \begin{bmatrix} a_2 b_3 - a_3 b_2 \\ a_3 b_1 - a_1 b_3 \\ a_1 b_2 - a_2 b_1 \end{bmatrix} \bullet \begin{bmatrix} b_1 \\ b_2 \\ b_3 \end{bmatrix}$

$= (a_2 b_3 - a_3 b_2) b_1 + (a_3 b_1 - a_1 b_3) b_2$

$$+(a_1 b_2 - a_2 b_1)b_3 = \cdots = 0$$

(5)　$(\mathbf{a} + \mathbf{b}) \times \mathbf{c} = \begin{bmatrix} (a_2+b_2)c_3 - (a_3+b_3)c_2 \\ (a_3+b_3)c_1 - (a_1+b_1)c_3 \\ (a_1+b_1)c_2 - (a_2+b_2)c_1 \end{bmatrix}$

$= \begin{bmatrix} a_2 c_3 - a_3 c_2 \\ a_3 c_1 - a_1 c_3 \\ a_1 c_2 - a_2 c_1 \end{bmatrix} + \begin{bmatrix} b_2 c_3 - b_3 c_2 \\ b_3 c_1 - b_1 c_3 \\ b_1 c_2 - b_2 c_1 \end{bmatrix} = \mathbf{a} \times \mathbf{c} + \mathbf{b} \times \mathbf{c}$

(6)　$(p\mathbf{a}) \times \mathbf{b} = \begin{bmatrix} pa_2 b_3 - pa_3 b_2 \\ pa_3 b_1 - pa_1 b_3 \\ pa_1 b_2 - pa_2 b_1 \end{bmatrix} = p \begin{bmatrix} a_2 b_3 - a_3 b_2 \\ a_3 b_1 - a_1 b_3 \\ a_1 b_2 - a_2 b_1 \end{bmatrix}$

$= p(\mathbf{a} \times \mathbf{b})$

答196▶ 行列式の大切な性質 (3) より，第 i 列と第 j 列を入れ替えると行列式は符号が変わるはずである。すなわち，$\det[\mathbf{a}_1, \cdots, \mathbf{a}_i, \cdots, \mathbf{a}_j, \cdots, \mathbf{a}_n] = -\det[\mathbf{a}_1, \cdots, \mathbf{a}_j, \cdots, \mathbf{a}_i, \cdots, \mathbf{a}_n]$ である。ところが $\mathbf{a}_i = \mathbf{a}_j$ だから，第 i 列と第 j 列を入れ替えても行列は変わらないので，行列式の値も変わらないはずである：$\det[\mathbf{a}_1, \cdots, \mathbf{a}_i, \cdots, \mathbf{a}_j, \cdots, \mathbf{a}_n]$ $= \det[\mathbf{a}_1, \cdots, \mathbf{a}_j, \cdots, \mathbf{a}_i, \cdots, \mathbf{a}_n]$。これらの 2 式が等しいことから，$-\det[\mathbf{a}_1, \cdots, \mathbf{a}_j, \cdots, \mathbf{a}_i, \cdots, \mathbf{a}_n]$ $= \det[\mathbf{a}_1, \cdots, \mathbf{a}_j, \cdots, \mathbf{a}_i, \cdots, \mathbf{a}_n]$。左辺を右辺に移項して 2 で割れば，$0 = \det[\mathbf{a}_1, \cdots, \mathbf{a}_j, \cdots, \mathbf{a}_i, \cdots, \mathbf{a}_n]$ となり，従って，$\det[\mathbf{a}_1, \cdots, \mathbf{a}_i, \cdots, \mathbf{a}_j, \cdots, \mathbf{a}_n] = 0$。

答197▶ 行列式の大切な性質 (2) より，

$\det[\mathbf{a}_1, \mathbf{a}_2, \cdots, \mathbf{a}_i + p\mathbf{a}_j, \cdots, \mathbf{a}_n]$
$= \det[\mathbf{a}_1, \mathbf{a}_2, \cdots, \mathbf{a}_i, \cdots, \mathbf{a}_n]$
$+ p \det[\mathbf{a}_1, \mathbf{a}_2, \cdots, \mathbf{a}_j, \cdots, \mathbf{a}_n]$

となる。ところが，$\det[\mathbf{a}_1, \mathbf{a}_2, \cdots, \mathbf{a}_j, \cdots, \mathbf{a}_n]$ に着目すると，第 i 列と第 j 列に同じ列ベクトル $\mathbf{a}_j$ が入っている。問 196 より，この行列式は 0 である。従って，

$\det[\mathbf{a}_1, \mathbf{a}_2, \cdots, \mathbf{a}_i + p\mathbf{a}_j, \cdots, \mathbf{a}_n]$
$= \det[\mathbf{a}_1, \mathbf{a}_2, \cdots, \mathbf{a}_i, \cdots, \mathbf{a}_n] = \det A$

答198▶ 対角行列を A とし，その次数を n とする。

$$A = \begin{bmatrix} a_1 & 0 & 0 & \ldots & 0 \\ 0 & a_2 & 0 & \ldots & 0 \\ 0 & 0 & \ddots & \ldots & 0 \\ \vdots & \vdots & \vdots & \ddots & \vdots \\ 0 & 0 & 0 & \ldots & a_n \end{bmatrix}$$

と置く。第 1 列について，det は線型写像だから，

$$\det A = a_1 \det \begin{bmatrix} 1 & 0 & 0 & \ldots & 0 \\ 0 & a_2 & 0 & \ldots & 0 \\ 0 & 0 & \ddots & \ldots & 0 \\ \vdots & \vdots & \vdots & \ddots & \vdots \\ 0 & 0 & 0 & \ldots & a_n \end{bmatrix}$$

となる。同様に，第 2 列，第 3 列，…について，それぞれ det が線型写像であることを順に使うと，

$$\det A = a_1 a_2 \cdots a_n \det \begin{bmatrix} 1 & 0 & 0 & \ldots & 0 \\ 0 & 1 & 0 & \ldots & 0 \\ 0 & 0 & \ddots & \ldots & 0 \\ \vdots & \vdots & \vdots & \ddots & \vdots \\ 0 & 0 & 0 & \ldots & 1 \end{bmatrix}$$

となる。右辺に現れた行列は単位行列だから，その行列式は 1 である。従って，$\det A = a_1 a_2 \cdots a_n$ となる。

答199▶

$\det \begin{bmatrix} 1 & 2 & 2 \\ 1 & 4 & 4 \\ 1 & 6 & 5 \end{bmatrix}$　　(12.105)

↓ (2 列)$-2\times$(1 列),(3 列)$-2\times$(1 列)

$= \det \begin{bmatrix} 1 & 0 & 0 \\ 1 & 2 & 2 \\ 1 & 4 & 3 \end{bmatrix}$　　(12.106)

↓ (1 列)$-(1/2)\times$(2 列),(3 列)$-$(2 列)

$= \det \begin{bmatrix} 1 & 0 & 0 \\ 0 & 2 & 0 \\ -1 & 4 & -1 \end{bmatrix}$　　(12.107)

↓ (1 列)$-$(3 列),(2 列)$+4\times$(3 列)

$= \det \begin{bmatrix} 1 & 0 & 0 \\ 0 & 2 & 0 \\ 0 & 0 & -1 \end{bmatrix}$　　(12.108)

↓ 変形 2

$= 2 \times (-1) \times \det \begin{bmatrix} 1 & 0 & 0 \\ 0 & 1 & 0 \\ 0 & 0 & 1 \end{bmatrix} = -2$　(12.109)

注：式 (12.107) で列基本変形を終了し，その時点での対角成分を掛け合わせるだけでもよい。

答200▶ 第 1 列と第 4 列を入れ替え，第 2 列と第 3 列を入れ替えると，行列は単位行列になり，行列式には $(-1)^2$ がかかる。従って行列式は 1。

答201▶ 略解：6

答202▶ (1) $\det(AA^{-1}) = \det(A)\det(A^{-1})$（$\because$ 重要定理 1）だが，$\det(AA^{-1}) = \det(I) = 1$ でもある。従って，$\det(A)\det(A^{-1}) = 1$。従って $\det(A^{-1}) = 1/\det(A)$。
(2) 直交行列なので ${}^t QQ = I$。従って，重要定理 1 よ

り，$\det({}^t\!QQ) = \det({}^t\!Q)\det(Q) = \det(I) = 1$。これ
に $\det({}^t\!Q) = \det(Q)$（∵ 重要定理 2）を代入すると，
$\det(Q)^2 = 1$。よって $\det(Q) = \pm 1$。

よくある質問 56　別の列ベクトルにまた別の列ベ
クトルのスカラー倍を加えても行列式の値が変わら
ないのは，式の上ではわかりましたが，感覚的には
とても不思議です。… 良い質問です。2 次の行列式で
考えるとわかりやすいです。その場合，行列式は平行四
辺形の面積です。図 12.7 を見て下さい。片方の列ベク
トルにもう片方の列ベクトルのスカラー倍を加えるとい
う事は，平行四辺形を，高さを変えずに歪ませることに
相当します。面積は変わらないので，行列式も変わりま
せん。

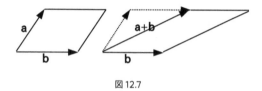

図 12.7

よくある質問 57　太字で書くべきところとそうで
ないところで混乱しています。… 一般論を語る時の
ベクトルは太字。幾何ベクトルや数ベクトルも太字。集
合や関数や行列は細字。ただし，集合のうちでも，実数
全体の集合 $\mathbb{R}$ や複素数全体の集合 $\mathbb{C}$ などは白抜き太字。

第13章

極座標・重積分・ヤコビアン

これまで学んだ線型代数は，複数の変数を持つ量を扱うときの基礎技術です。それを実際に応用するには，問題に応じた工夫が必要です。特に，線型代数では幾何ベクトルをデカルト座標系の数ベクトルでよく表しますが，まっすぐな座標軸が取りづらい場合があります。それに応じた工夫は深い数学に発展するのですが，本書はそこまでは立ち入らず，かわりに，実用的によく現れるいくつかの手法を紹介します。そこでは意外なことに行列式が活躍します。

13.1 極座標を３次元に拡張する

P.10 で学んだ極座標を思い出そう。それはデカルト座標で表された平面上の点 (x, y) を，原点からの距離 $r = \sqrt{x^2 + y^2}$ と方向（x 軸からの角 θ）の組み合わせで表すものだ。極座標とデカルト座標の関係は以下のようになる：

$$\begin{bmatrix} x \\ y \end{bmatrix} = \begin{bmatrix} r\cos\theta \\ r\sin\theta \end{bmatrix} \tag{13.1}$$

これを，３次元ユークリッド空間に拡張しよう。つまりデカルト座標空間中の点 (x, y, z) を原点からの距離と方向で表すのだ。３次元ではこの「方向」にちょっと工夫が必要である。

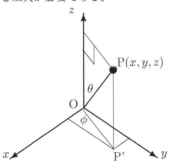

いま，この図のように，３次元ユークリッド空間

の中の１点 $P(x, y, z)$ を考える。原点 O から P までの距離を r とすると，

$$r = \sqrt{x^2 + y^2 + z^2} \tag{13.2}$$

である。また，z 軸の正の方向とベクトル $\overrightarrow{OP}$ とのなす角を θ とすると，

$$z = r\cos\theta \tag{13.3}$$

である。P を xy 平面に正射影した点を P' とすると，明らかに P' のデカルト座標は $(x, y, 0)$ である。OP' の距離を r' としよう。直角三角形 OPP' を考えて，角 OPP' は θ（錯角）に等しいから，

$$r' = \text{OP} \sin\angle\text{OPP'} = r\sin\theta = \sqrt{x^2 + y^2} \tag{13.4}$$

となる。x 軸の正の方向とベクトル $\overrightarrow{OP'}$ とのなす角を ϕ とすると，xy 平面上の極座標を考えて，

$$x = r'\cos\phi = r\sin\theta\cos\phi \tag{13.5}$$
$$y = r'\sin\phi = r\sin\theta\sin\phi \tag{13.6}$$

となる（式 (13.4) も使った）。式 (13.3)，式 (13.5)，式 (13.6) をまとめると，

$$\begin{bmatrix} x \\ y \\ z \end{bmatrix} = \begin{bmatrix} r\sin\theta\cos\phi \\ r\sin\theta\sin\phi \\ r\cos\theta \end{bmatrix} \tag{13.7}$$

となる。ただし，$0 \le r, 0 \le \theta \le \pi, 0 \le \phi < 2\pi$ である。

このようにデカルト座標 (x, y, z) で表されるような点を，式 (13.7) のように r, θ, ϕ で表すことを，３次元極座標もしくは球面座標とよぶ。そこでは「方向」を表すのに，θ と ϕ という２つの角を使うのだ。

これは地理学で地球上の場所を表すのに緯度と経度という２つの角を使うのとほぼ同じ発想だ。ϕ は

経度と同じである（x 軸が東経=0 を定める）。θ は直角から緯度を引いたものである。

よくある質問 58 （3 次元極座標で）ϕ を θ にした方が 2 次元の極座標と記号が一致して混乱がないと思いません？… 慣習だから仕方ありませんが，私もそう思うことはありますね。

例 13.1 次の 3 次元極座標で表される点の位置を，デカルト座標で表してみよう：

$$r = 2, \theta = \frac{\pi}{3}, \phi = \pi \tag{13.8}$$

式 (13.7) より，

$$x = r\sin\theta\cos\phi = 2\sin(\pi/3)\cos\pi = -\sqrt{3}$$
$$y = r\sin\theta\sin\phi = 2\sin(\pi/3)\sin\pi = 0$$
$$z = r\cos\theta = 2\cos(\pi/3) = 1$$

従って，$(x, y, z) = (-\sqrt{3}, 0, 1)$ となる。

例 13.2 デカルト座標

$$(x, y, z) = \left(\frac{1}{2}, \frac{\sqrt{3}}{2}, \sqrt{3}\right)$$

で表される点の位置を，3 次元極座標で表してみよう。

$$r^2 = \left(\frac{1}{2}\right)^2 + \left(\frac{\sqrt{3}}{2}\right)^2 + (\sqrt{3})^2 = 4$$

だから，$r = 2$ である（r は距離だから非負）。

$$\cos\theta = \frac{z}{r} = \frac{\sqrt{3}}{2}$$

だから，$\theta = \pi/6$ である。また，

$$\cos\phi = \frac{x}{\sqrt{x^2+y^2}} = \frac{1}{2},$$
$$\sin\phi = \frac{y}{\sqrt{x^2+y^2}} = \frac{\sqrt{3}}{2}$$

だから，$\phi = \pi/3$ である。以上より，次が 3 次元極座標である：

$$r = 2, \theta = \frac{\pi}{6}, \phi = \frac{\pi}{3}$$

問 204 以下の r, θ, ϕ によって 3 次元極座標で表される点を，デカルト座標 (x, y, z) で表せ。

(1) $r = 1, \theta = 0, \phi = 0$
(2) $r = 1, \theta = \pi/2, \phi = 0$
(3) $r = 1, \theta = \pi/2, \phi = \pi/4$
(4) $r = 1, \theta = \pi/4, \phi = 0$
(5) $r = 1, \theta = \pi/4, \phi = \pi$
(6) $r = 1, \theta = \pi/6, \phi = \pi/4$
(7) $r = 2, \theta = 2\pi/3, \phi = \pi/4$
(8) $r = 3, \theta = \pi/4, \phi = \pi/4$

問 205 以下のデカルト座標 (x, y, z) で表される点を 3 次元極座標で表す場合の，r, θ, ϕ を求めよ。必要なら電卓を使うこと。

(1) $(1, 0, 0)$　　　(2) $(0, 1, 0)$
(3) $(0, 1, 1)$　　　(4) $(1, 1, 1)$
(5) $(1, 1, -1)$　　(6) $(-1/2, \sqrt{3}/2, \sqrt{3})$

　3 次元極座標の応用として，球面上の 2 点間を結ぶ最短距離を求めてみよう。もちろん直線距離が最短だが，ここでは球内部は通過せず，球の表面に沿う経路に限定して考える。その最短経路は，2 点と球の中心を含む平面で球を切ったときの切口（大円という）に沿うことが知られている。証明はしないが直感的に明らかだろう。このように，曲面上の 2 点間を結ぶ，曲面に沿った最短経路を測地線とよぶ。

問 206 原点 O を中心とする半径 r の球面の上の 2 点を P_1, P_2 とし，点 P_1 の 3 次元極座標を r, θ_1, ϕ_1 とし，点 P_2 の 3 次元極座標を r, θ_2, ϕ_2 とする。

(1) P_1 と P_2 のデカルト座標をそれぞれ求めよ。
(2) (1) を元に $\overrightarrow{OP_1} \bullet \overrightarrow{OP_2}$ を求めよ。
(3) (2) を元に $\angle P_1OP_2 = \psi$ とする。$\cos\psi$ を求めよ。
(4) P_1, P_2 の間の球面上の測地線最短距離は，$r\psi$ であることを示せ。
(5) 東京（北緯 36 度，東経 140 度）とパリ（北緯 49 度，東経 2 度）の間の，測地線最短距離を求めよ。ただし地球を半径 6400 km の球とする。

13.2　2 次元極座標上での積分

　P.28 で面積分を学んだ際，平面を x 軸と y 軸に

平行な線群によって微小な長方形に分割し，その微小面積を関数に掛けて足し上げた。実は，これ以外にも面の分割のやり方がある。例として，極座標による面積分を学ぼう。

図13.1のように，平面を，原点を中心とする多くの同心円と，原点から四方八方に放射状に伸びる多くの直線で分割する。隣接する同心円の間隔を Δr とし，隣接する直線どうしのなす角を $\Delta\theta$ とする。

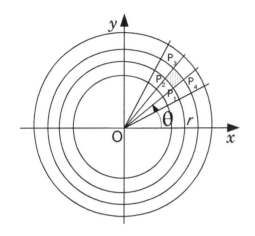

図13.1　2次元極座標の面積分

この図上で点 P_1, P_2, P_3, P_4 を考える。それぞれの位置を2次元極座標で表すと，

$P_1 : r, \theta$

$P_2 : r, \theta + \Delta\theta$

$P_3 : r + \Delta r, \theta + \Delta\theta$

$P_4 : r + \Delta r, \theta$

である。この4つの点を頂点とし，同心円と直線で囲まれる，ちょっと歪んだ四角形を考えよう。平面は，このような四角形（無論，場所によって向きも形も大きさも違うが）で敷き詰められているとみなせる。

この「歪んだ四角形」は，$\Delta\theta$ が微小であれば，長方形として近似できる。つまり，本来は辺 P_1P_2 と辺 P_4P_3 は扇形の弧だからどちらもまっすぐではないし，P_4P_3 の方がわずかに長そうだが，$\Delta\theta$ が微小であれば，これらを同じ長さの直線と近似できそうだ。また，辺 P_2P_3 と辺 P_1P_4 は本来は平行ではないが，$\Delta\theta$ が微小であれば，これらを平行と近似できそうだ。というわけで，この四角形の面積 ΔS

は，辺 P_1P_2 の長さ（$r\Delta\theta$）と辺 P_1P_4 の長さ（Δr）の積で表される：

$$\Delta S \fallingdotseq r\Delta r\Delta\theta \qquad (13.9)$$

この微小な長方形の面積を，半径 R の円全体で足し上げると，

$$\sum_\theta \sum_r \Delta S \fallingdotseq \sum_\theta \sum_r r\Delta r\Delta\theta \qquad (13.10)$$

となる。ここで $\sum_\theta$ は $0 \le \theta \le 2\pi$ の区間を分割する場合の総和を表し，$\sum_r$ は，$0 \le r < R$ の区間を分割する場合の総和を表す。分割を無数に増やし，Δr と $\Delta\theta$ を0に近づければ，式 (13.10) は，

$$\int_0^{2\pi} \int_0^R r\,dr\,d\theta \qquad (13.11)$$

となる。この積分は，内側から計算できて，

$$= \int_0^{2\pi} \left[\frac{1}{2}r^2\right]_0^R d\theta = \frac{1}{2}R^2 \int_0^{2\pi} d\theta = \frac{1}{2}R^2 \Big[\theta\Big]_0^{2\pi}$$
$$= \pi R^2 \qquad (13.12)$$

となり，円の面積の公式が出てくる。

ここで振り返ると，P.28の図1.13のような長方形領域の積分は単に dx と dy の掛け算でできたが，極座標の積分では，dr と $d\theta$ の掛け算の前に r が入った。この r の元をたどると，式 (13.9) に行き着く。そこで微小な「四角形」の面積が，r に比例していたことが源である。これは考えれば当然で，原点から遠ざかるほど，微小四角形が円周方向に広がるからである。

さて，式 (13.11) では単に微小面積を足しただけなので，積分の結果はその領域の面積だが，積分本来の定義である「何らかの関数に微小量（微小面積）をかけて足す」ことも同様の考え方でできる：

例 13.3　半径 R の円形の底面を持つ高さ H の円錐の体積 V を求めてみよう。デカルト座標系を考え，円錐の底面を xy 平面に置き，その中心が原点に来るようにする。高さ方向に z 軸をとる。xz 平面による円錐の断面の上縁（の片側）は，デカルト座標系で $(0,0,h)$ と $(R,0,0)$ を通る直線である。その傾きは $-H/R$，切片は H なので，この直線は $z = -Hx/R + H$。従って，底面上で原点から r だけ離れた位置では，その上に $-Hr/R + H$ の高さ

に円錐の側面がある。従って，図 13.1 の点 P_1 の上には，高さ $-Hr/R + H$ のところに円錐の側面がある。つまり四角形 $P_1 P_2 P_3 P_4$ の上には，高さ $-Hr/R + H$ の角柱があるとみなせる（角柱の高さは P_1, P_2 と P_3, P_4 で同じではないが，四角形が微小ならほぼ一緒とみなせる）。その角柱の体積 ΔV は

$$\Delta V \fallingdotseq \left(-\frac{Hr}{R} + H\right) r \Delta r \Delta \theta \tag{13.13}$$

となる。円錐の体積 V はこの総和なので，

$$\begin{aligned}
V &= \int_0^{2\pi} \int_0^R \left(-\frac{Hr}{R} + H\right) r \, dr \, d\theta \\
&= \int_0^{2\pi} \int_0^R \left(-\frac{Hr^2}{R} + Hr\right) dr \, d\theta \\
&= \int_0^{2\pi} \left[-\frac{Hr^3}{3R} + \frac{Hr^2}{2}\right]_0^R d\theta \\
&= \int_0^{2\pi} \left(-\frac{HR^2}{3} + \frac{HR^2}{2}\right) d\theta \\
&= \int_0^{2\pi} \frac{HR^2}{6} \, d\theta = 2\pi \frac{HR^2}{6} = \frac{\pi R^2 H}{3}
\end{aligned}$$
$$\tag{13.14}$$

となる。　　　　　　　　　　　　　　　　　■

ここで，2 次元デカルト座標と 2 次元極座標で面積分がどうなるかをまとめておこう。すなわち，(x, y) をデカルト座標，(r, θ) を極座標として，

$$x = r\cos\theta, \quad y = r\sin\theta \tag{13.15}$$

という関係のもとで，関数 $f(x, y) = g(r, \theta)$ について，平面上の領域 D における面積分 I は，

$$I = \iint_D f(x, y) \, dx \, dy \tag{13.16}$$

$$= \iint_D g(r, \theta) \, r \, dr \, d\theta \tag{13.17}$$

となる。式 (13.17) の被積分関数に r が入ることに注意しよう。

この式の D は，どのような形の図形でもかまわない。たとえば P.28 で考えた「雨の降る農地」では長方形だし，式 (13.11) の場合は半径 R の円である。場合によっては星型とか台形とか楕円形とかになるかもしれない。それぞれの場合で D を無数の微小面積に刻んで（その刻み方は座標のとり方に

よって様々である），関数にその微小面積をかけて足すのである。

面積を極座標で考える利点は，被積分関数や積分領域 D が，極座標で表す方がシンプルになる場合にある。特に，原点からの距離 r だけに依存するような関数を面積分するときは，関数は x, y で表すよりも，$\sqrt{x^2 + y^2}$ を r とと置き換える方が簡単になる。また，D が円や円環や扇型の場合は，x, y による面積分では x と y のそれぞれの下限と上限を設定するのがめんどくさいが，極座標なら簡単だ。

さて，式 (13.16) と式 (13.17) を組み合わせると，すごい公式を証明できる：

問 207 以下の積分を考える（ガウス積分）：

$$J = \int_{-\infty}^{\infty} \int_{-\infty}^{\infty} e^{-x^2 - y^2} \, dx \, dy \tag{13.18}$$

これは，xy 平面全域にわたる面積分である。以下，(r, θ) を 2 次元極座標とする。

(1) 次式を示せ：

$$-x^2 - y^2 = -r^2 \tag{13.19}$$

(2) 次式を示せ：

$$J = \int_0^{2\pi} \int_0^{\infty} e^{-r^2} r \, dr \, d\theta \tag{13.20}$$

(3) 次式を示せ（C は積分定数）：

$$\int e^{-r^2} r \, dr = -\frac{1}{2} e^{-r^2} + C \tag{13.21}$$

(4) 次式を示せ：

$$\int_0^{\infty} e^{-r^2} r \, dr = \frac{1}{2} \tag{13.22}$$

(5) 次式を示せ：

$$J = \int_0^{2\pi} \frac{1}{2} \, d\theta = \pi \tag{13.23}$$

(6) 次式を示せ：

$$J = \left(\int_{-\infty}^{\infty} e^{-x^2} \, dx\right) \left(\int_{-\infty}^{\infty} e^{-y^2} \, dy\right) \tag{13.24}$$

(7) 次式を示せ：

$$J = \left(\int_{-\infty}^{\infty} e^{-x^2} \, dx\right)^2 \tag{13.25}$$

(8)　次式を示せ：

$$\int_{-\infty}^{\infty} e^{-x^2}\, dx = \sqrt{\pi} \qquad (13.26)$$

13.3 3次元極座標上での積分

次に，3次元極座標での積分を学ぼう。

問 208 3次元極座標を使って，球面の面積の公式を導いてみよう。原点 O を中心とし，半径 r の球面を考え，その球面上の点 $P_1(x, y, z)$ を考えよう。P_1 の極座標を，r, θ, ϕ とする。P_1 のすぐ近くに，

極座標 $r, \theta, \phi + \Delta\phi$ となる点 P_2
極座標 $r, \theta + \Delta\theta, \phi$ となる点 P_4
極座標 $r, \theta + \Delta\theta, \phi + \Delta\phi$ となる点 P_3

を考える。$\Delta\phi$ や $\Delta\theta$ は十分に小さいとすれば，球面上の領域 $P_1 P_2 P_3 P_4$ は，近似的に長方形と見ることができるだろう。

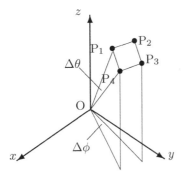

(1)　辺 $P_1 P_4$ の長さは，近似的に $r\,\Delta\theta$ に等しいことを示せ。

(2)　辺 $P_1 P_2$ の長さは，近似的に $r\sin\theta\,\Delta\phi$ に等しいことを示せ。

(3)　長方形 $P_1 P_2 P_3 P_4$ の面積を ΔS とすると，

$$\Delta S \fallingdotseq r^2 \sin\theta\,\Delta\theta\,\Delta\phi \qquad (13.27)$$

となることを示せ。

(4)　球面の面積 S は，この ΔS を，θ と ϕ の取りうる範囲にわたって足したもの（つまり積分）である。つまり，

$$S = \int_0^{2\pi} \int_0^{\pi} r^2 \sin\theta\, d\theta\, d\phi \qquad (13.28)$$

である。この積分を実行して，次式を示せ。

$$S = 4\pi r^2 \qquad (13.29)$$

問 209 前問の考え方を応用して，球の体積の公式を示してみよう。点 P_1, P_2, P_3, P_4 はそのままにして，それぞれの点について，同じ θ，同じ ϕ を持つけど，r が Δr だけ大きい点を考えよう。たとえば点 P_1 について，極座標 $r + \Delta r, \theta, \phi$ となる点を P_1' とする。同様に，たとえば P_3 については，極座標 $r + \Delta r, \theta + \Delta\theta, \phi + \Delta\phi$ となる点を P_3' と考える。

すると，面 $P_1 P_2 P_3 P_4$ と，面 $P_1' P_2' P_3' P_4'$ は，厳密には後者のほうが大きいけど，Δr が十分にゼロに近ければ，ほとんど同じ形・同じ大きさの長方形とみなすことができるだろう。そして，面 $P_1 P_2 P_3 P_4$ と，面 $P_1' P_2' P_3' P_4'$ にはさまれた領域は，直方体と考えることができる。その直方体の体積を ΔV としよう。

(1)　辺 $P_1 P_1'$ の長さが Δr であることから次式を示せ。

$$\Delta V \fallingdotseq \Delta S \Delta r \fallingdotseq r^2 \sin\theta\,\Delta\theta\,\Delta\phi\,\Delta r \quad (13.30)$$

(2)　球の体積 V は，この ΔV を，r と θ と ϕ の取りうる範囲にわたって総和したもの（つまり積分）である。つまり，

$$V = \int_0^R \int_0^{2\pi} \int_0^{\pi} r^2 \sin\theta\, d\theta\, d\phi\, dr \qquad (13.31)$$

である（R は球の半径）。次式を示せ。

$$V = \frac{4\pi R^3}{3} \qquad (13.32)$$

問 210 北緯 30 度以上 60 度以下，東経 120 度以上 150 度以下の範囲の面積は，地球の全表面積の何パーセントか？ ただし地球を球とみなす。ヒント：基本的な考え方は式 (13.28) とほぼ同様。ただし，積分区間は球面の一部に限定される。それは即ち，θ の範囲と ϕ の範囲が限定されることである。前者は緯度，後者は経度で決まる。ただし θ がそのまま緯度になるわけではないことと，度ではなくラジアンで考えねばならないことに注意しよう。

ここまで，球や球面を微小に分割する方法を調べた。それらを単純に足し合わせると球の体積や球面

の特定領域の面積を導出できた。これに関数を掛けて足し合わせることで，関数の体積分（3 重積分）や球面上の関数の面積分（2 重積分）になる：

$$\iiint_{\Omega} f(x, y, z)\, dV$$

$$= \iiint_{\Omega} g(r, \theta, \phi)\, r^2 \sin\theta\, d\theta\, d\phi\, dr \quad (13.33)$$

$$\iint_{\Sigma} f(x, y, z)\, dS$$

$$= \iint_{\Sigma} g(r, \theta, \phi)\, r^2 \sin\theta\, d\theta\, d\phi \quad (13.34)$$

ここで，関数 $f(x, y, z)$ を 3 次元極座標の r, θ, ϕ で書き換えたものを $g(r, \theta, \phi)$ とする（すなわち $f(x, y, z) = g(r, \theta, \phi)$）。また，$dV$ は微小体積，dS は原点中心半径 r の球面上の微小面積である。Ω は立体領域であり，Σ は球面上の面的領域である。

13.4　多変数の置換積分はヤコビアンで

さて，2 次元や 3 次元の極座標における積分は，微小面積や微小体積をそれぞれの座標で考えたとき，近似的に長方形とか直方体とみなすことができたので，各辺の長さを掛けるだけで，微小面積や微小体積を表すことができた。しかし，微小面積や微小体積が必ずしも長方形や直方体にならないときにはもう少し工夫が必要である。それが，ここで学ぶヤコビアンである。それは，いわば「多変数版の置換積分の公式」である。

今，2 次元ユークリッド空間（平面）の各点のデカルト座標 (x, y) が，u, v という 2 つの変数で，

$$\begin{bmatrix} x \\ y \end{bmatrix} = \begin{bmatrix} x(u, v) \\ y(u, v) \end{bmatrix} \quad (13.35)$$

と表されるとしよう。このとき，u, v で面積分をするにはどうすればよいだろうか？

図 13.2 のように，u が u から $u + du$ まで変わり，v が v から $v + dv$ まで変わるようなとき，点は，平面上で微小な平行四辺形 $P_1 P_2 P_3 P_4$ を描く。この微小平行四辺形は，以下の 2 つのベクトルで張られる：

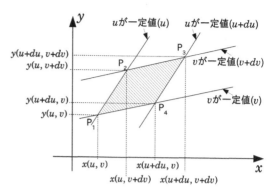

図 13.2　一般の座標における面積分（ヤコビアン）の説明図。斜線のかかった微小な平行四辺形は，変数 u が一定値となる曲線 2 本（u と $u + du$）と，変数 v が一定値となる曲線 2 本（v と $v + dv$）で囲まれている。各辺は，du, dv が微小であれば近似的に直線とみなせる。互いに向きあう辺は，du, dv が微小であれば近似的に平行とみなせる。4 隅の位置は，u, v, du, dv で表すことができる。たとえば点 P_2 は変数 u が u という値をとる線と，変数 v が $v + dv$ という値をとる線の交点に位置するため，そのデカルト座標は $(x(u, v + dv), y(u, v + dv))$ となる。他の点も同様。

$$\overrightarrow{P_1 P_4} = \begin{bmatrix} x(u + du, v) - x(u, v) \\ y(u + du, v) - y(u, v) \end{bmatrix}$$

$$= \begin{bmatrix} \frac{\partial x}{\partial u} du \\ \frac{\partial y}{\partial u} du \end{bmatrix} \quad (13.36)$$

$$\overrightarrow{P_1 P_2} = \begin{bmatrix} x(u, v + dv) - x(u, v) \\ y(u, v + dv) - y(u, v) \end{bmatrix}$$

$$= \begin{bmatrix} \frac{\partial x}{\partial v} dv \\ \frac{\partial y}{\partial v} dv \end{bmatrix} \quad (13.37)$$

従って，その面積 dS は，この 2 つのベクトルを並べてできる行列の行列式の絶対値に等しい（P.151 の 12.1 節より）：

$$dS = \left| \det \begin{bmatrix} \frac{\partial x}{\partial u} du & \frac{\partial x}{\partial v} dv \\ \frac{\partial y}{\partial u} du & \frac{\partial y}{\partial v} dv \end{bmatrix} \right|$$

$$= \left| \det \begin{bmatrix} \frac{\partial x}{\partial u} & \frac{\partial x}{\partial v} \\ \frac{\partial y}{\partial u} & \frac{\partial y}{\partial v} \end{bmatrix} \right| du\, dv \quad (13.38)$$

従って，

デカルト座標と一般座標での面積分

関数 $f(x, y) = g(u, v)$ について，平面上の領域 D における面積分 I は，

$$
I = \iint_D f(x, y)\, dx\, dy
$$

$$
= \iint_D g(u, v) \left| \det \begin{bmatrix} \frac{\partial x}{\partial u} & \frac{\partial x}{\partial v} \\ \frac{\partial y}{\partial u} & \frac{\partial y}{\partial v} \end{bmatrix} \right| du\, dv
\tag{13.39}
$$

となる。式 (13.39) は，置換積分を面積分に拡張したものでもある。最後の項の中にある行列（実はこれは第 1 章で出てきたヤコビ行列である）の行列式を，ヤコビアンという。ヤコビアンは，慣習的に，以下のように表記する：

$$
\frac{\partial(x, y)}{\partial(u, v)} := \det \begin{bmatrix} \frac{\partial x}{\partial u} & \frac{\partial x}{\partial v} \\ \frac{\partial y}{\partial u} & \frac{\partial y}{\partial v} \end{bmatrix}
\tag{13.40}
$$

この記号を使うと，式 (13.39) の最後の式は以下のようにも書ける：

$$
\iint_D g(u, v) \left| \frac{\partial(x, y)}{\partial(u, v)} \right| du\, dv
\tag{13.41}
$$

さて，この考え方を 3 次元ユークリッド空間に拡張すると，積分領域は立体になり，微小体積は微小な平行六面体になり，積分は 3 重積分になり，ヤコビアンは 3 次の行列式になることがなんとなくわかるだろう。P.170 式 (13.17) の r や，式 (13.33) の $r^2 \sin\theta$ は，実はヤコビアンだったのだ。

問 211 ▶ 式 (13.39) から式 (13.17) を導け。

問 212 ▶ 3 次のヤコビアンを考えて，式 (13.33) を導き，その特別な場合として式 (13.31) を導け。

演習問題 15　秋分の午後 2 時，北緯 30 度の地表の地点 E での太陽天頂角と太陽方位角（真北からの角度）を求めてみよう[*1]。

太陽は正午に南中するとして[*2]，午後 2 時は南中

[*1]　太陽天頂角と方位角は，農林業における生産性を数値モデルで解析する際に不可欠な要素である。

[*2]　これは近似。実際は南中時刻は季節変化する（均時差）。

時から 2 時間後である。

地球中心を原点 O，地軸を z 軸にとろう。地点 E を通る経線と赤道の交点を Q とする。O から Q に向かって x 軸をとろう。z 軸と x 軸の両方に垂直な方向は 2 つあるが，そのうち，地点 E から見て東向きの方向に y 軸をとろう。

地球中心 O から地点 E へ向かう単位ベクトルを **E** とする。地球中心 O から太陽 S に向かう単位ベクトルを **S** とする。緯度を η とする。

(1)　$\mathbf{E} = (\cos\eta, 0, \sin\eta)$ であることを示せ。

(2)　$\mathbf{S} = (\sin\theta\cos\phi, \sin\theta\sin\phi, \cos\theta)$ とすると，$\phi = -2\pi \times 2/24$，$\theta = \pi/2$ であることを示せ。

(3)　**S** と **E** の内積が，この瞬間の太陽天頂角のコサインである。それを利用して，この瞬間の太陽天頂角を有効数字 2 桁で度単位で求めよ。

(4)　$\mathbf{S} \times \mathbf{E}$ を求めよ。このベクトルは，この地点の地面（水平面）に平行であり，この地点に立つ人には，太陽を水平面に正射影したときの方向から西へ 90 度まわった向きを向いている。

(5)　この地点で地表面に接して北を向く単位ベクトル **N** を考えよう。**N** は xz 面内にあるから y 成分はない。$\mathbf{N} = (-\sin\eta, 0, \cos\eta)$ となることを示せ。

(6)　$\mathbf{S} \times \mathbf{E}$ と **N** のなす角から太陽方位角を求めよう。結果として，太陽は，真南から約 49 度だけ西にまわったところにあることを示せ。

問の解答

答 204 ▶ (1) $(0, 0, 1)$　　(2) $(1, 0, 0)$

(3) $(1/\sqrt{2}, 1/\sqrt{2}, 0)$　　(4) $(1/\sqrt{2}, 0, 1/\sqrt{2})$

(5) $(-1/\sqrt{2}, 0, 1/\sqrt{2})$

(6) $(1/(2\sqrt{2}), 1/(2\sqrt{2}), \sqrt{3}/2)$

(7) $(\sqrt{3}/\sqrt{2}, \sqrt{3}/\sqrt{2}, -1)$　　(8) $(3/2, 3/2, 3/\sqrt{2})$

答 205 ▶ (1) $r = 1$，　$\theta = \pi/2$，　$\phi = 0$

(2) $r = 1$，　$\theta = \pi/2$，　$\phi = \pi/2$

(3) $r = \sqrt{2}$，　$\theta = \pi/4$，　$\phi = \pi/2$

(4) $r = \sqrt{3}$，　$\theta = \cos^{-1}(1/\sqrt{3}) - 0.055\,\text{rad} \fallingdotseq 54$ 度，$\phi = \pi/4$

(5) $r = \sqrt{3}$，　$\theta = \cos^{-1}(-1/\sqrt{3}) = 2.186\,\text{rad} \fallingdotseq 125$ 度，　$\phi = \pi/4$

(6) $r = 2$，　$\theta = \pi/6$，　$\phi = 2\pi/3$

答 206

(1) $\overrightarrow{\mathrm{OP_1}} = (r\sin\theta_1\cos\phi_1, \ r\sin\theta_1\sin\phi_1, \ r\cos\theta_1)$
　　$\overrightarrow{\mathrm{OP_2}} = (r\sin\theta_2\cos\phi_2, \ r\sin\theta_2\sin\phi_2, \ r\cos\theta_2)$

(2) $\overrightarrow{\mathrm{OP_1}} \bullet \overrightarrow{\mathrm{OP_2}} = r^2\{\sin\theta_1\sin\theta_2(\cos\phi_1\cos\phi_2$
　　　　　　　　　$+ \sin\phi_1\sin\phi_2) + \cos\theta_1\cos\theta_2\}$
　　　　　$= r^2\{\sin\theta_1\sin\theta_2\cos(\phi_1-\phi_2) + \cos\theta_1\cos\theta_2\}$

(3) $\cos\psi = \overrightarrow{\mathrm{OP_1}} \bullet \overrightarrow{\mathrm{OP_2}}/(|\overrightarrow{\mathrm{OP_1}}||\overrightarrow{\mathrm{OP_2}}|)$
　　　$= \sin\theta_1\sin\theta_2\cos(\phi_1-\phi_2) + \cos\theta_1\cos\theta_2$

(4) $\mathrm{P_1}$, $\mathrm{P_2}$ の間の球面上の最短経路は，この 2 点を通る大円上の弧 $\mathrm{P_1P_2}$ であり，その長さは，$r\psi$ である。

(5) 東京（北緯 36 度，東経 140 度）を $\mathrm{P_1}$，
パリ（北緯 49 度，東経 2 度）を $\mathrm{P_2}$ として，
　$\theta_1 = 90\ 度 - 36\ 度 = 54\ 度,\ \phi_1 = 140\ 度,$
　$\theta_2 = 90\ 度 - 49\ 度 = 41\ 度,\ \phi_2 = 2\ 度$
を (3) の結果に代入すると，$\cos\psi \fallingdotseq 0.049$。よって $\psi \fallingdotseq \cos^{-1}0.049 \fallingdotseq 1.522$ ラジアン。よって，弧 $\mathrm{P_1P_2}$ の長さは，$r\psi = 9700$ km。

答 207　略。以下，ヒントのみ。　(1) $r = \sqrt{x^2+y^2}$ より明らか。　(2) 式 (13.16) で $f(x,y) = e^{-x^2-y^2}$ とおき，式 (13.17) で $g(r,\theta) = e^{-r^2}$ とおく。積分範囲 D は平面全体として，r が 0 から ∞ まで，θ が 0 から 2π まで。　(3) $r^2 = s$ として置換積分。s の式を r の式に戻すのを忘れないように。　(4) 前小問の結果を利用する。　(5) 式 (13.22) を式 (13.20)（の内側の積分）に代入。　(6) 式 (13.18) で，$e^{-x^2-y^2} = e^{-x^2}e^{-y^2}$ とすれば，x に関する積分と y に関する積分を分離できる：

$$J = \int_{-\infty}^{\infty}\int_{-\infty}^{\infty} e^{-x^2}e^{-y^2}\,dx\,dy$$
$$= \int_{-\infty}^{\infty}\left(\int_{-\infty}^{\infty} e^{-x^2}e^{-y^2}\,dx\right)dy$$
$$= \int_{-\infty}^{\infty}\left(\int_{-\infty}^{\infty} e^{-x^2}\,dx\right)e^{-y^2}\,dy$$
$$= \left(\int_{-\infty}^{\infty} e^{-x^2}\,dx\right)\int_{-\infty}^{\infty} e^{-y^2}\,dy$$

2 行目から 3 行目の変形には，e^{-y^2} が x にとっては定数なので x に関する積分の外に出せることを使った。3 行目から 4 行目の変形には，x に関する積分全体が，y にとっては定数なので y に関する積分の外に出せることを使った。　(7) 定積分は，積分変数をどのような記号で書いても結果は同じなので，式 (13.24) の y に関する積分で y を x と書き換えてよい。すると与式を得る。　(8) 式 (13.23) と式 (13.25) を等しいと置き，両辺の平

方根をとればよい。その際，$\pm$ が気になるが，e^{-x^2} は常に正なので，その積分も正。

答 208　(1) 辺 $\mathrm{P_1P_4}$ は，半径 r，角 $\Delta\theta$ の円弧で近似できるから，その長さは近似的に $r\,\Delta\theta$ に等しい。　(2) 辺 $\mathrm{P_1P_2}$ は，半径 $r\sin\theta$，角 $\Delta\phi$ の円弧で近似できるから，その長さは近似的に $r\sin\theta\,\Delta\phi$ に等しい。　(3)（略解）前 2 問によって，$\mathrm{P_1P_2P_3P_4}$ の 2 辺の長さがわかった。それらの辺は互いに直交しているので，それらの長さを掛け合わせると，長方形 $\mathrm{P_1P_2P_3P_4}$ の面積を得る。(4)（略解）式 (13.28) について，被積分関数に ϕ が無いから，ϕ に関する積分は，単に 2π 倍に相当する。それに注意すれば，$S = 4\pi r^2$ は導けるはず。

答 210　略。答は $(\sqrt{3}-1)/48 = 0.01525\cdots$，すなわち約 1.5 パーセント。

答 211　$u = r, v = \theta$ とおいて，$x = r\cos\theta, y = r\sin\theta$ だから，ヤコビアンは，

$$\frac{\partial(x,y)}{\partial(r,\theta)} = \det\begin{bmatrix} \dfrac{\partial x}{\partial r} & \dfrac{\partial x}{\partial \theta} \\ \dfrac{\partial y}{\partial r} & \dfrac{\partial y}{\partial \theta} \end{bmatrix}$$
$$= \det\begin{bmatrix} \cos\theta & -r\sin\theta \\ \sin\theta & r\cos\theta \end{bmatrix}$$
$$= (\cos\theta)(r\cos\theta) - (-r\sin\theta)(\sin\theta)$$
$$= r\cos^2\theta + r\sin^2\theta = r(\cos^2\theta + \sin^2\theta) = r \quad (13.42)$$

従って，式 (13.39) は，次式のようになる：

$$I = \int_D g(r,\theta)\left|\frac{\partial(x,y)}{\partial(r,\theta)}\right|dr\,d\theta = \int_D g(r,\theta)\,r\,dr\,d\theta$$

答 212　3 次元ユークリッド空間の各点 (x,y,z) が，u, v, w という 3 つの変数で，

$$\begin{bmatrix} x \\ y \\ z \end{bmatrix} = \begin{bmatrix} x(u,v,w) \\ y(u,v,w) \\ z(u,v,w) \end{bmatrix} \quad (13.43)$$

と表されるとしよう。ここで (x,y,z) はデカルト座標である。u が u から $u+du$ まで変わり，v が v から $v+dv$ まで変わり，w が w から $w+dw$ まで変わるようなとき，点 (x,y,z) は，空間内で微小な平行六面体を描く。この微小平行六面体は，以下の 3 つのベクトルで張られる：

$$\begin{bmatrix} x(u+du,v,w) - x(u,v,w) \\ y(u+du,v,w) - y(u,v,w) \\ z(u+du,v,w) - z(u,v,w) \end{bmatrix} = \begin{bmatrix} \dfrac{\partial x}{\partial u}du \\ \dfrac{\partial y}{\partial u}du \\ \dfrac{\partial z}{\partial u}du \end{bmatrix} \quad (13.44)$$

$$\begin{bmatrix} x(u,v+dv,w) - x(u,v,w) \\ y(u,v+dv,w) - y(u,v,w) \\ z(u,v+dv,w) - z(u,v,w) \end{bmatrix} = \begin{bmatrix} \dfrac{\partial x}{\partial v}dv \\ \dfrac{\partial y}{\partial v}dv \\ \dfrac{\partial z}{\partial v}dv \end{bmatrix} \quad (13.45)$$

$$\begin{bmatrix} x(u,v,w+dw)-x(u,v,w) \\ y(u,v,w+dw)-y(u,v,w) \\ z(u,v,w+dw)-z(u,v,w) \end{bmatrix} = \begin{bmatrix} \frac{\partial x}{\partial w}dw \\ \frac{\partial y}{\partial w}dw \\ \frac{\partial z}{\partial w}dw \end{bmatrix} \quad (13.46)$$

従って，その体積 dV は，

$$dV = \left| \det \begin{bmatrix} \frac{\partial x}{\partial u}du & \frac{\partial x}{\partial v}dv & \frac{\partial x}{\partial w}dw \\ \frac{\partial y}{\partial u}du & \frac{\partial y}{\partial v}dv & \frac{\partial y}{\partial w}dw \\ \frac{\partial z}{\partial u}du & \frac{\partial z}{\partial v}dv & \frac{\partial z}{\partial w}dw \end{bmatrix} \right|$$

$$= \left| \det \begin{bmatrix} \frac{\partial x}{\partial u} & \frac{\partial x}{\partial v} & \frac{\partial x}{\partial w} \\ \frac{\partial y}{\partial u} & \frac{\partial y}{\partial v} & \frac{\partial y}{\partial w} \\ \frac{\partial z}{\partial u} & \frac{\partial z}{\partial v} & \frac{\partial z}{\partial w} \end{bmatrix} \right| du\,dv\,dw \quad (13.47)$$

となる（$du\,dv\,dw > 0$ とする）。3 次元ユークリッド空間内の領域 Ω は，このような微小体積 dV の平行六面体に無数に分割できるので，

$$\iiint_\Omega f(x,y,z)\,dV =$$

$$\iiint_\Omega g(u,v,w) \left| \det \begin{bmatrix} \frac{\partial x}{\partial u} & \frac{\partial x}{\partial v} & \frac{\partial x}{\partial w} \\ \frac{\partial y}{\partial u} & \frac{\partial y}{\partial v} & \frac{\partial y}{\partial w} \\ \frac{\partial z}{\partial u} & \frac{\partial z}{\partial v} & \frac{\partial z}{\partial w} \end{bmatrix} \right| du\,dv\,dw$$

$$(13.48)$$

となる。ここで出てきた行列式が 3 次のヤコビアンであり，それを

$$\frac{\partial(x,y,z)}{\partial(u,v,w)} \quad (13.49)$$

と書く。ここで，3 次元極座標を考え，$u = r$, $v = \theta$, $w = \phi$ とおくと，ヤコビアンは P.167 式 (13.7) より

$$\frac{\partial(x,y,z)}{\partial(r,\theta,\phi)} = \det \begin{bmatrix} \frac{\partial x}{\partial r} & \frac{\partial x}{\partial \theta} & \frac{\partial x}{\partial \phi} \\ \frac{\partial y}{\partial r} & \frac{\partial y}{\partial \theta} & \frac{\partial y}{\partial \phi} \\ \frac{\partial z}{\partial r} & \frac{\partial z}{\partial \theta} & \frac{\partial z}{\partial \phi} \end{bmatrix}$$

$$= \det \begin{bmatrix} \sin\theta\cos\phi & r\cos\theta\cos\phi & -r\sin\theta\sin\phi \\ \sin\theta\sin\phi & r\cos\theta\sin\phi & r\sin\theta\cos\phi \\ \cos\theta & -r\sin\theta & 0 \end{bmatrix}$$

$$= \cdots = r^2\sin\theta \quad (13.50)$$

となる（細かい計算過程は読者でチェックして頂きたい）。すると，式 (13.48) の右辺は，

$$\iiint_\Omega g(r,\theta,\phi)\,r^2\sin\theta\,dr\,d\theta\,d\phi \quad (13.51)$$

となり，式 (13.33) の右辺に一致する。

　ここで特に，g を恒等的に 1 とし，領域 Ω として原点を中心とする半径 R の球を考えると，これは球の体積 V になるはずである。このとき r は 0 から R まで，θ は 0 から π まで，ϕ は 0 から 2π までの範囲を動くから，式 (13.51) は，

$$V = \int_0^{2\pi}\int_0^{\pi}\int_0^{R} r^2\sin\theta\,dr\,d\theta\,d\phi \quad (13.52)$$

となる。積分の順序を入れ替えると，式 (13.31) に一致する。　　　　■

よくある質問 59　積分は小さくわけたやつを足したもので面積のことだと認識してましたが，違うんですか？…　「違う」というよりも，より広い（普遍的な）概念だ，ということです。学問は，キーになる考え方（公理や法則）を，どんどん普遍的な形に作り替えることで，シンプルで強い理論体系を作るのです。その過程で，いろんな考え方が見直され「再定義」されます。積分という考え方の原始的な出発点は，確かに「面積」だったかもしれません。しかし，いつまでもそれにとらわれてはダメなのです。

第 14 章

ベクトル解析1：
場の量の演算

これまで，空間といえば線型空間や計量空間といった抽象的な話が続きましたが，本章から（正確には前章から）再び現実的・日常的な意味での空間（ユークリッド空間）の話に戻ります。現実世界の空間は，空気や水などの物質や物体で満たされています。真空の空間には物質や物体はありませんが，それでも電波や光という物理現象で満たされています（太陽から地球まで，宇宙空間を光が伝わって来るのはそのおかげです）。そのような，空間を連続的に満たす何かを扱う数学が，これから学ぶベクトル解析です。それは電磁気学や流体力学という学問の基礎であり，幅広い科学技術を支えます。人工知能・機械学習の理論や経済学の最適化問題とも密接に関係しています。

14.1 スカラー場とベクトル場

ユークリッド空間の一部の領域または全領域について，領域内の全ての点にそれぞれひとつの値がある（対応する）ような概念（存在）を場という。たとえば「部屋の中の気温の分布[*1]」は，部屋の中の各点に，そこの温度が対応する概念だから，一種の場である（「温度場」という）。温度はスカラー（大きさだけを持ち，方向は持たない量）である。このように値がスカラーであるような場をスカラー場とよぶ。

一方，部屋の中で扇風機やエアコンが稼働しているとき，「部屋の中の風速の分布」は，部屋の中の各点に，その点での風速が対応する概念だから，これも一種の場である（「風速場」という）。風速は幾何ベクトル（大きさと方向も持つ量）である。このように「値」が幾何ベクトルであるような場をベクト

ル場とよぶ。

場を数学的に扱うことを考えよう。まず，スカラー場を考える。ユークリッド空間の点（の位置）は，デカルト座標で (x, y, z) のように $\mathbb{R}^3$ の要素で表現できるし，スカラーは $\mathbb{R}$ の要素で表現できる[*2]。そのスカラーを s とすると，スカラー場は，空間の各点 (x, y, z) にスカラー s が対応するものだから，以下のように $\mathbb{R}^3$ から $\mathbb{R}$ への写像（3変数関数）で表現される：

$$s(x, y, z) \tag{14.1}$$

こんどはベクトル場を考えよう。ベクトルもデカルト座標で (u, v, w) のように $\mathbb{R}^3$ の要素で表すことができる。そのベクトルを $\mathbf{U}$ とすると，ベクトル場は，空間の中の各点 $(x, y, z) \in \mathbb{R}^3$ に，ベクトル $\mathbf{U} = (u, v, w) \in \mathbb{R}^3$ が対応するものだから，

$$\mathbf{U}(x, y, z) = \big(u(x, y, z), v(x, y, z), w(x, y, z)\big) \tag{14.2}$$

というふうに，$\mathbb{R}^3$ から $\mathbb{R}^3$ への写像（3変数関数を3つ組み合わせたもの）で表現される。

式 (14.1) や式 (14.2) の (x, y, z) はしばしば省略される。

よくある間違い6 $\mathbf{U}(x, y, z)$ と $\mathbf{U} = (x, y, z)$ を混同する… これらは違う式です。$\mathbf{U}(x, y, z)$ は，位置 (x, y, z) における $\mathbf{U}$，という意味であり，$(u(x, y, z), v(x, y, z), w(x, y, z))$ のことです。$u(x, y, z)$, $v(x, y, z)$, $w(x, y, z)$ はそれぞれが (x, y, z) の関数ですが，その具体的な形については何も言っていません。一方，$\mathbf{U} = (x, y, z)$ は，$\mathbf{U}(x, y, z) = (x, y, z)$ の省略形で，$(u(x, y, z), v(x, y, z), w(x, y, z)) = (x, y, z)$ という意味

[*1] 「確率分布」の分布ではなくて，どこにどのくらいの大きさの値があるかという空間分布。

[*2] もちろんスカラーとして複素数を考えたければ，ここは $\mathbb{R}$ ではなくて $\mathbb{C}$ になるが，今は実数に限定して考えよう。

です。

問 213 以下の場は，スカラー場かベクトル場か？
(1) 部屋の中の湿度の分布
(2) 海中の水の速度分布

問 214 スカラー場

$$s(x, y, z) = x^2 + 2y^3 + z \qquad (14.3)$$

について，$(1, 2, 3)$ における値を求めよ。

問 215 ベクトル場

$$\mathbf{U}(x, y, z) = (xyz, x + y + z, 2x + yz) \quad (14.4)$$

について，$(1, 2, 3)$ における値を求めよ。注：$\mathbf{U}$ は太字！

ベクトル場の例を物理学から示そう。これは本書のフィナーレにつながっていく伏線である：

例 14.1 空間の中で，微小な電荷 q を持った粒子が $\mathbf{v}$ という速度で運動しているとき，その粒子が受ける力 $\mathbf{F}$ が，ある 2 つのベクトル場 $\mathbf{E}, \mathbf{B}$ によって

$$\mathbf{F} = q\mathbf{E} + q\mathbf{v} \times \mathbf{B} \qquad (14.5)$$

と表されるとき，$\mathbf{E}$ を電場，$\mathbf{B}$ を磁束密度という。$\mathbf{E}$ と $\mathbf{B}$ をまとめて電磁場とよぶ。式 (14.5) のような力をローレンツ力とよぶ。

ちなみに電荷は，質量と同じように，物体が根源的に持っている性質（物理量）のひとつであり，式 (14.5) に現れるようなものである。そういうものが自然界には存在するのだとしか言いようがない。

式 (14.5) の右辺の × は P.156 で学んだ外積（ベクトル積）である。上の定義で q を微小としたのは，以下の理由による：もし q が大きな値ならば，その電荷が周りの他の電荷に大きな力を与え，電荷の分布が変わってしまい，その結果，$\mathbf{E}$ や $\mathbf{B}$ も変わってしまう可能性がある。その可能性を排除するために，q を微小としたのだ。実際は，微小でない電荷であっても，$\mathbf{E}$ や $\mathbf{B}$ が既に決定しており電荷

が既にそこに存在している状態であれば，式 (14.5) は成り立つ。

スカラー場やベクトル場は，平面（2 次元ユークリッド空間）で考えることもある。つまり，平面内の各点にスカラーが対応するのが平面のスカラー場であり，それは $\mathbb{R}^2$ から $\mathbb{R}$ への写像（2 変数関数）で表現される。また，平面内の各点に平面ベクトルが対応するのが平面のベクトル場であり，それは $\mathbb{R}^2$ から $\mathbb{R}^2$ への写像（2 つの 2 変数関数の組み合わせ）で表現される。

14.2 ナブラ演算子と勾配・発散・回転

以前 P.67 あたりで学んだ「演算子」について思い出そう。「微分する」とか「係数を掛ける」等，関数 $x(t)$ に対する何らかの「操作」を，P.67 式 (5.13) のように，形式的にひとまとめに表現したものが演算子だった。

さて，次式で定義される ∇ を**ナブラ演算子** (nabla operator) とよぶ（ナ**プ**ラではなくナ**ブ**ラ）：

$$\nabla = \left(\frac{\partial}{\partial x}, \frac{\partial}{\partial y}, \frac{\partial}{\partial z} \right) \qquad (14.6)$$

∇ は，偏微分の演算子を 3 つ，あたかも数ベクトルのように並べたものである。ナブラ演算子を手書きするとき，初学者は細字で書いてしまいがちだが，ベクトル（みたいなもの）であることを示すために，必ず太字で書こう。

∇ はスカラー場やベクトル場を操作する演算子である。これを使って，「勾配」「発散」「回転」という 3 つの概念を定義する。それが何なんだ？ なぜそんな名前なのか？ 等と思うかもしれないが，そのうちわかる。今はまず定義をしっかり頭に入れよう。

まず，∇ をスカラー場 $f(x, y, z)$ に形式的に「掛ける」と以下のようになる：

$$\nabla f = \left(\frac{\partial}{\partial x}, \frac{\partial}{\partial y}, \frac{\partial}{\partial z} \right) f = \left(\frac{\partial f}{\partial x}, \frac{\partial f}{\partial y}, \frac{\partial f}{\partial z} \right) (14.7)$$

結果は見てのとおり，3 つの成分を持つ量，つまりベクトルである。これが各点 (x, y, z) ごとにあるので，ベクトル場である。これを f の**勾配** (gradient) とよぶ。grad f と書くこともある。実は P.22 で見た $\partial f / \partial \mathbf{x}$ とも同じである。つまり，

$$\nabla f = \operatorname{grad} f = \frac{\partial f}{\partial \mathbf{x}} = \left(\frac{\partial f}{\partial x}, \frac{\partial f}{\partial y}, \frac{\partial f}{\partial z} \right) \quad (14.8)$$

である。

例 14.2　$f(x,y,z) = x^2 + y^2 + z^2$ のとき，

$$\nabla f = \operatorname{grad} f = (2x, 2y, 2z)$$

問 216　スカラー場 $f(x,y,z) = x^2 + 2y^3 + z$ の勾配を求めよ。

よくある質問 60　同じことをなぜ複数の違う表し方で書くのですか？… 分野や話題ごとの文化・慣習のためです。変数がユークリッド空間の x, y, z という 3 つの座標値で，流体や拡散や電磁場等，物理的な場を扱う場合（物理学）では，∇ や grad がよく使われます。変数がもっと多くて，物理的な場を扱うわけではない，機械学習等の分野では $\partial f/\partial \mathbf{x}$ が使われます。

こんどは，∇ を式 (14.2) のようなベクトル場 $\mathbf{U}$ に「掛けて」みよう。と言っても，∇ は形式的には数ベクトルの形であり，$\mathbf{U}$ も数ベクトルなので，単純な「掛け算」はできないが，「ベクトルとベクトルの積」つまり内積や外積ならできそうだ。まず内積をやってみると，

$$\nabla \bullet \mathbf{U} = \left(\frac{\partial}{\partial x}, \frac{\partial}{\partial y}, \frac{\partial}{\partial z} \right) \bullet (u, v, w)$$
$$= \frac{\partial u}{\partial x} + \frac{\partial v}{\partial y} + \frac{\partial w}{\partial z} \quad (14.9)$$

となる。結果は見てのとおりスカラーである。これが各点 (x, y, z) にあるので，スカラー場である。このスカラー場 $\nabla \bullet \mathbf{U}$ を，$\mathbf{U}$ の発散 (divergence) とよぶ。div $\mathbf{U}$ と書くこともある。

問 217　以下のベクトル場 $\mathbf{U}$ の発散を求めよ。

$$\mathbf{U}(x, y, z) = (xyz, x+y+z, 2x+yz) \quad (14.10)$$

次に，∇ を式 (14.2) のベクトル場 $\mathbf{U}$ に対して「外積」してみると次式のようになる：

$$\nabla \times \mathbf{U} = \left(\frac{\partial}{\partial x}, \frac{\partial}{\partial y}, \frac{\partial}{\partial z} \right) \times (u, v, w)$$
$$= \left(\frac{\partial w}{\partial y} - \frac{\partial v}{\partial z}, \frac{\partial u}{\partial z} - \frac{\partial w}{\partial x}, \frac{\partial v}{\partial x} - \frac{\partial u}{\partial y} \right) \quad (14.11)$$

結果は見てのとおり，3 つの成分を持つ量，つまりベクトル場である。このベクトルの場 $\nabla \times \mathbf{U}$ を，$\mathbf{U}$ の回転とか循環とか，rotation とか curl とよぶ。rot $\mathbf{U}$ とか curl $\mathbf{U}$ と書くこともある。

問 218　以下のベクトル場 $\mathbf{U}$ の回転を求めよ：

$$\mathbf{U}(x, y, z) = (xyz, x+y+z, 2x+yz) \quad (14.12)$$

ここで学んだ「勾配」「発散」「回転」は何やら意味ありげな名前だ。実際，それぞれには名前にふさわしい意味がある。これからそれらをひとつずつ見ていこう。

14.3　スカラー場の勾配

P.177 で定義だけ学んだ「勾配」について，もう少し詳しく学ぼう。スカラー場 f の勾配，つまり ∇f，つまり grad f は，式 (14.7) で見たようにベクトル場だ。従って，grad は，スカラー場からベクトル場を作る一種の写像である。

では勾配の意味は何か？　それを検討するためにまず，3 次元ユークリッド空間の中に，互いに近接する 2 点：

$$\mathrm{P}(x, y, z), \quad \mathrm{Q}(x+dx, y+dy, z+dz)$$

を考える（図 14.1）。dx, dy, dz はいずれも任意の微小量である。2 点間を結ぶベクトル $\overrightarrow{\mathrm{PQ}}$ を変位ベクトルと呼び，$d\mathbf{r}$ と書く（第 1 章では $d\mathbf{x}$ と書いていた）[*3]。すなわち，

$$d\mathbf{r} = \overrightarrow{\mathrm{PQ}} = (dx, dy, dz) \quad (14.13)$$

である。さて，あるスカラー場 $f(x, y, z)$ について，点 Q での値と点 P での値との差を df とする。すなわち，

$$df = f(x+dx, y+dy, z+dz) - f(x, y, z) \quad (14.14)$$

とする。P.20 式 (1.160) の全微分を考えると，次式

[*3]　dx, dy, dz は任意の微小量なので，この変位ベクトル $d\mathbf{r}$ は任意の微小なベクトルである。$d\mathbf{r}$ の d は「微小な差」を意味する d なので細字だが，$\mathbf{r}$ は太字であることに注意しよう（両方細字で dr と書くのはダメ）。

が成り立つ：

$$df = \frac{\partial f}{\partial x}\,dx + \frac{\partial f}{\partial y}\,dy + \frac{\partial f}{\partial z}\,dz \tag{14.15}$$

これは

$$df = \left(\frac{\partial f}{\partial x}, \frac{\partial f}{\partial y}, \frac{\partial f}{\partial z}\right) \bullet (dx, dy, dz)$$
$$= (\text{grad}\,f) \bullet d\mathbf{r} \tag{14.16}$$

と書ける。このように，全微分公式は勾配と変位ベクトルの内積で表すことができるのだ[4][5]。

さて，点 P を固定し，点 Q を点 P のごく近くでいろいろなところに動かすことを考えよう（図 14.1）。

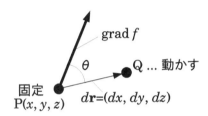

図 14.1 grad f の意味を考えよう。

点 P での grad f は，どういう向きや大きさを持つのかはまだよくわからないが，点 P での偏微分係数を並べたものなので，点 P を固定すれば一定のベクトルであり，点 Q の位置とは無関係である。いま，ベクトル grad f と変位ベクトル $d\mathbf{r}$ のなす角を θ とすると，式 (14.16) と内積の定義から，

$$df = \text{grad}\,f \bullet d\mathbf{r} = |\text{grad}\,f||d\mathbf{r}|\cos\theta \tag{14.17}$$

となる。ここで，点 Q をうろうろと動かすと，θ が直角になるケースがあることが想像できるだろう（図 14.2）。その場合，$\cos\theta$ は 0 になるから，式 (14.17) は 0 になる。すなわち，ベクトル grad f と変位ベクトル $d\mathbf{r}$ が直角になるような位置に点 Q が来ると，df は 0 になる。df は，点 Q と点 P の間での f の値の差だったから，df が 0 ということは，P と Q で f の値が等しいということだ。

そのような点 Q，つまり θ が直角になるような点 Q を集めると，点 P を通り grad f に垂直な微小平

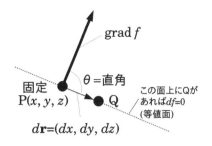

図 14.2 grad f に垂直な面に Q が来ると，P と Q で f の値に差が無くなる。

面を作ることがわかるだろう。その面では，df が 0 だから，どこをとっても f の値は等しい（ただし，Q があまりにも P から離れてしまうと式 (14.16) が成り立たないのでダメだが）。そのような平面，すなわち f の値が一定であるような微小な平面は，f の値が一定値をとる曲面（等値面）の一部である。以上の考察から次のように言える：

---

grad f の性質 1

grad f は f の等値面に垂直である。

この性質を，以下の 3 つの問の具体例で確認しよう。

問 219 $f(x, y, z) = 2x + y + 3z$ とする。
(1) grad f を求めよ。
(2) $f(x, y, z)$ が一定値のとき，点 (x, y, z) は平面を構成することを示せ。
(3) grad f はその平面に垂直であることを，「grad f の性質 1」を使わずに示せ。

ヒント：(3) その平面の法線ベクトル（その求め方は「ライブ講義 大学 1 年生のための数学入門」10.8 節参照）と grad f が平行であることを示せばよい。<u>法線ベクトル</u>とは，面や線に垂直なベクトルのこと。

問 220 $f(x, y, z) = x^2 + y^2 + z^2$ とする。
(1) grad f を求めよ。
(2) $f(x, y, z)$ が正の一定値のとき，点 (x, y, z) は原点を中心とする球面 S を構成することを示せ。
(3) 一般に，原点を中心とする球面上の点 (x, y, z)

---

*4　これは P.22 式 (1.170) で既に学んだことの復習でもある。
*5　式 (14.16) の $\bullet$ は内積である。また，grad f はベクトルなのだが，諸君は「ベクトルは太字で書け」と散々言われたのに，grad f のどこにも太字は無い。ちょっと違和感を感じるが，そういうものだと思って欲しい。

について，ベクトル (ax, ay, az) はその球面の法線ベクトルであることを，「grad f の性質 1」を使わずに示せ。ただし a はゼロ以外の任意の実数。

(4)　grad f は，点 (x, y, z) で球面 S と垂直であることを示せ。

問 221　$f(x, y, z) = 1/\sqrt{x^2 + y^2 + z^2}$ とする。

(1)　grad f を求めよ。

(2)　$f(x, y, z)$ が正の一定値のとき，点 (x, y, z) は原点を中心とする球面 S' を構成することを示せ。

(3)　grad f は，点 (x, y, z) で球面 S' と垂直であることを，「grad f の性質 1」を使わずに示せ。

　grad f の「向き」について，もう少し考えよう。さきほどの式 (14.17) について，点 Q を点 P のまわりをうろうろと動かす状況を，もういちどイメージしよう。ただし今回は PQ の距離だけは一定に保つ。つまり点 Q は点 P から一定の距離（ただし全微分公式が成り立つくらいに十分に短い距離）だけ離れたところ（それは球面になる）を動く。このとき，式 (14.17) で，df が最大になるのはどういう場合だろうか？

　この場合，変化するのは $\cos\theta$ だけだから，θ が 0 のとき $\cos\theta = 1$ で最大であり，そのとき grad f と $\overrightarrow{PQ}$ は同じ向きを向いている（θ が 0 だから）。このとき df が最大になる，すなわち，Q での f の値と P での f の値の差がいちばん大きくなる。つまり，この $\overrightarrow{PQ}$ の向き（それは grad f と同じ向きである）に進むと，f の値が最も大きく変わる（増える）のだ。まとめると，

> **grad f の性質 2**
> grad f は，f の値を最も大きく変化させる（増やす）向きを向いている。

　ちなみに，先に挙げた「性質 1」とあわせると，「f を最も大きく変化させる向き」は「f の等値面」と垂直であることがわかるだろう。

　では，grad f の「大きさ」は何を表すのだろうか？

問 222　式 (14.17) について，$\overrightarrow{PQ}$ が grad f と同じ向きを向いている場合を考えよう。このとき，$|\overrightarrow{PQ}| = dr$ と書くと，次式が成り立つことを示せ。

$$\frac{df}{dr} = |\operatorname{grad} f| \tag{14.18}$$

このことから次が言える：

> **grad f の性質 3**
> $|\operatorname{grad} f|$ は，f を最も大きく変化する向きに軸をとったときの，f の微分係数である。

　従って，f の変化が激しい場所では $|\operatorname{grad} f|$ は大きな値をとる。

　以上で勾配の意味や性質の説明は一段落した。勾配は，多変数関数の性質を記述するのに重要・有用である。たとえば経済学では，経済政策や社会政策の最適な条件を探る為に，政策の効果を表す多変数関数の勾配を使う。物理学では，以下のような応用例がある：

例 14.3　海の中の水塊に働く力を考えよう。一般に，水圧 p の水中にある，面積 a の面には，その面に垂直な向きに pa の大きさの力がかかる。この力の大きさ pa は面の向きによらない。これをパスカルの原理という。

　海中にデカルト座標系を張って，点 (x, y, z) における水圧を $p(x, y, z)$ としよう。点 (x_0, y_0, z_0) を中心とする立方体状の水塊 Ω を考える。Ω の一辺の長さを δ とする。Ω の各面はいずれも x, y, z 軸のどれかに垂直であるとする。

　Ω は，隣接する水塊から各面を介して力を受ける。そのような力の合力を

$$\mathbf{F} = (F_x, F_y, F_z) \tag{14.19}$$

とすると，$\mathbf{F}$ はどのように表されるだろうか？

　x 軸に垂直な 2 つの面を A と A' とする。A は $x = x_0 - \delta/2$ の位置にあり，A' は $x = x_0 + \delta/2$ の位置にあるとする。A には x 軸の正の方向に，

$$p(x_0 - \delta/2, y_0, z_0)\delta^2 \tag{14.20}$$

という力が働き，A' には x 軸の負の方向に，

$$p(x_0 + \delta/2, y_0, z_0)\delta^2 \tag{14.21}$$

という力が働く。A, A' 以外の面に働く力には x 方向の成分は無い（A, A' 以外の面は x 軸に平行である。パスカルの原理より，力は面に垂直に働くので，それらの面に働く力は x 軸に対して垂直である）。従って，F_x は，式 (14.20) と式 (14.21) の合力である。すなわち，

$$F_x = p(x_0 - \delta/2, y_0, z_0)\delta^2 - p(x_0 + \delta/2, y_0, z_0)\delta^2$$

となる。線型近似を用いると，この式は，

$$F_x = -\frac{\partial p}{\partial x}\delta^3 \tag{14.22}$$

となる。これが，この水塊 Ω に働く水圧による，x 軸方向の力である。同様に，y 軸，z 軸にそれぞれ垂直な面のペアを考え，それに働く水圧による，y, z 軸方向の力はそれぞれ以下のようになる：

$$F_y = -\frac{\partial p}{\partial y}\delta^3, \quad F_z = -\frac{\partial p}{\partial z}\delta^3 \tag{14.23}$$

これらをまとめて書くと，Ω に働く水圧による合力 $\mathbf{F}$ は，

$$\begin{aligned}\mathbf{F} &= (F_x, F_y, F_z) = \left(-\frac{\partial p}{\partial x}\delta^3, -\frac{\partial p}{\partial y}\delta^3, -\frac{\partial p}{\partial z}\delta^3\right)\\ &= -\delta^3\left(\frac{\partial p}{\partial x}, \frac{\partial p}{\partial y}, \frac{\partial p}{\partial z}\right)\end{aligned} \tag{14.24}$$

となる。ここで，δ^3 は立方体 Ω の体積であり，それを dV と書き換えると，

$$\mathbf{F} = -dV \operatorname{grad} p \tag{14.25}$$

となる。すなわち，水中の微小な水塊は，まわりの水から受ける水圧の合力として，水塊の体積と「水圧の勾配」の積という力を受ける。勾配の性質 2 によると，$-\operatorname{grad} p$ は，現在地から見て水圧が最も下がる向きを向いている（マイナスがあることに注意しよう）。水塊にこの向きの力が働くことは，直感的にもわかるだろう。

式 (14.25) は，水や空気等，あらゆる流体に生じる流れや波の解析に現れる大切な式である。たとえば，1 次元の音波の波動方程式を導く過程で，P.120 式 (9.101) を導いたが，あれは式 (14.25) のように拡張されるのだ。

問 223 水中の微小立方体（体積 dV）にかかる力 $\mathbf{F}$ と水圧 p の関係，すなわち式 (14.25) の導出を再現せよ。

14.4 仕事は線積分で定義

勾配はスカラー場の微分の一種だが，その逆，つまり勾配に相当するベクトル場が先にわかっていて，そこからスカラー場を構築するような積分操作が本節で学ぶ「線積分」である。その典型が物理学での「仕事」の定義である。それを題材にこれから線積分を学ぼう。

中学校の理科で，仕事とは「力と，その力が働く質点が "力と同じ向き" に動いた距離との積」と習った。我々はこれを「大人仕様」にきちんと定義し直す。

ある質点にかかる力のベクトルを $\mathbf{F}$ とし，その質点が動いた距離と方向を表すベクトル（これを変位ベクトルという）を $\Delta\mathbf{r}$ とする。$\mathbf{F}$ と $\Delta\mathbf{r}$ のなす角を θ とすると，「その力が働く質点が "力と同じ向き" に動いた距離」は，

$$|\Delta\mathbf{r}|\cos\theta \tag{14.26}$$

となる。従って，その移動中に力がなした仕事 ΔW は，中学校理科によれば，

$$\Delta W = |\mathbf{F}||\Delta\mathbf{r}|\cos\theta \tag{14.27}$$

となる。ところが，内積の定義から，これは

$$\Delta W = \mathbf{F} \bullet \Delta\mathbf{r} \tag{14.28}$$

と同じである。

よくある質問 61 ベクトルの内積なんてどうして勉強するのかと思ってましたが，こういうことだったんですね。… そうです。そして，ベクトルどうしの内積はスカラーだから，仕事はスカラー量なのです。

式 (14.28) は，質点が動く範囲で $\mathbf{F}$ が一定であるときにしか成り立たない。一般には，$\mathbf{F}$ は場所によって異なりうる。そこで，質点の移動の経路をたくさんの細かい区間に刻んで，各区間では $\mathbf{F}$ がほとんど一定であるとみなそう。

いま，空間内の点 A から点 B まで，経路 Γ に沿っ

て質点が動くとしよう。この経路を細かく細かく刻み，途中の点の位置ベクトルを $\mathbf{r}_1, \mathbf{r}_2, \ldots$ とする。始点である点 A の位置ベクトルを $\mathbf{r}_0$ とし，終点である点 B の位置ベクトルを $\mathbf{r}_n$ とする。k を 1 以上 n 以下の整数とし，$\mathbf{r}_{k-1}$ と $\mathbf{r}_k$ という隣接する 2 つの点を結ぶ変位ベクトルを

$$\Delta\mathbf{r}_k = \mathbf{r}_k - \mathbf{r}_{k-1} \tag{14.29}$$

とする。この 2 点の間で力は $\mathbf{F}_k$ でほぼ一定とする（図 14.3）。この 2 点の間で力がなす仕事 ΔW_k は，式 (14.28) より $\Delta W_k \fallingdotseq \mathbf{F}_k \bullet \Delta\mathbf{r}_k$ となる。これを全区間について合計すれば，点 A から点 B までの移動でなされる仕事 $W_{A\to B}$ になる：

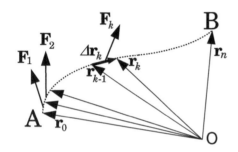

図 14.3　質点の動く経路を細かく分割する。

$$W_{A\to B} \fallingdotseq \sum_{k=1}^{n} \Delta W_k \fallingdotseq \sum_{k=1}^{n} \mathbf{F}_k \bullet \Delta\mathbf{r}_k \tag{14.30}$$

ここで刻みをどんどん小さくしていけば，

$$W_{A\to B} = \lim_{\substack{n\to\infty \\ \Delta\mathbf{r}_k\to\mathbf{0}}} \sum_{k=1}^{n} \mathbf{F}_k \bullet \Delta\mathbf{r}_k \tag{14.31}$$

となる。これは積分の定義より（Σ は $\int$ になり，Δ は d になる！），以下のようになる：

$$W_{A\to B} = \int_{A}^{B} \mathbf{F} \bullet d\mathbf{r} \tag{14.32}$$

ここで積分区間には始点の A と終点の B を書いたが，この積分は始点 A と終点 B のみならず，途中の通過点も含めた経路の設定にも依存する可能性があるから，むしろ経路 Γ を積分区間として挙げるほうがよいかもしれない：

$$W_{A\to B} = \int_{\Gamma} \mathbf{F} \bullet d\mathbf{r} \tag{14.33}$$

これらが，「経路 Γ を通って点 A から点 B に移

動する質点にかかる力 $\mathbf{F}$ のなす仕事」の定義である。中学校理科で学んだ仕事の素朴な定義をグレードアップし，最も一般的・汎用的な形にしたものである。

式 (14.32) や式 (14.33) のように，ある経路に沿って，ベクトル値関数（ベクトル場）と微小変位ベクトルの内積（や外積）を足し上げるような積分を，線積分という[6]。

例 14.4　以下のベクトル場：

$$\mathbf{U} = (-y, x, 0) \tag{14.34}$$

を考える。原点を中心とする，xy 平面上の半径 1 の円周に沿って，$(1, 0, 0)$ から $(0, 1, 0)$ を経由して $(-1, 0, 0)$ に至る経路を Γ とする。このとき，

$$\int_{\Gamma} \mathbf{U} \bullet d\mathbf{r} \tag{14.35}$$

はどうなるだろうか？ xy 平面上で，x 軸からの角を θ とする。Γ 上の点 P の位置ベクトル $\mathbf{r}$ は，xy 平面の極座標の考え方から，

$$\mathbf{r} = (x, y, z) = (\cos\theta, \sin\theta, 0)$$

と表される。このとき，θ が点 P よりも微小量 $d\theta$ だけ大きい点の位置ベクトルを $\mathbf{r} + d\mathbf{r}$ とすると，

$$\begin{aligned}
\mathbf{r} + d\mathbf{r} &= (\cos(\theta + d\theta), \sin(\theta + d\theta), 0) \\
&= (\cos\theta - \sin\theta\, d\theta, \sin\theta + \cos\theta\, d\theta, 0) \\
&= \mathbf{r} + (-\sin\theta\, d\theta, \cos\theta\, d\theta, 0) \\
&= \mathbf{r} + (-\sin\theta, \cos\theta, 0)\, d\theta
\end{aligned}$$

となる。従って，

$$d\mathbf{r} = (-\sin\theta, \cos\theta, 0)\, d\theta \tag{14.36}$$

となる。従って，

$$\begin{aligned}
\mathbf{U} \bullet d\mathbf{r} &= (-y, x, 0) \bullet (-\sin\theta, \cos\theta, 0)\, d\theta \\
&= (y\sin\theta + x\cos\theta)\, d\theta \\
&= (\sin\theta\sin\theta + \cos\theta\cos\theta)\, d\theta = d\theta
\end{aligned}$$

となる。従って，式 (14.35) は，

---

[6]　電磁気学におけるビオ・サバールの法則では，ベクトル場と微小変位ベクトルの**外積**を足し上げるような線積分を考える。

$$\int_\Gamma \mathbf{U} \bullet d\mathbf{r} = \int_0^\pi d\theta = \pi \tag{14.37}$$

となる。（例おわり）

この例のように，線積分を実際に計算せよ，という状況では，経路を一つの媒介変数（この例では θ）で表して，その媒介変数による 1 変数の定積分に持ち込むのが有効である。

問 224 以下のベクトル場：

$$\mathbf{U} = (x - y, x + y, 0) \tag{14.38}$$

を，例 14.4 で述べた経路 Γ で線積分せよ。

さて，勾配と線積分の関係を学ぼう。今，あるスカラー場 $f(\mathbf{r})$ について，点 A と点 B を両端とするある経路 Γ に沿った点 $\mathbf{r}_0, \mathbf{r}_1, \mathbf{r}_2, \cdots, \mathbf{r}_n$ を考え，各区間は微小変位であるとみなす。すると，式 (14.16) より，

$$\Delta f_k \fallingdotseq \mathrm{grad}\, f \bullet \Delta \mathbf{r}_k \tag{14.39}$$

となる（k は 1 以上 n 以下の任意の整数で，$\Delta \mathbf{r}_k$ は $\mathbf{r}_k - \mathbf{r}_{k-1}$）。式 (14.39) を $k = 1$ から $k = n$ まで考えて足しあわせれば，

$$\sum_{k=1}^n \Delta f_k \fallingdotseq \sum_{k=1}^n \mathrm{grad}\, f \bullet \Delta \mathbf{r}_k \tag{14.40}$$

となる。左辺は f の微小変化を経路の端点 A から端点 B まで積み上げたものだから，$f(\mathrm{B}) - f(\mathrm{A})$ となる。右辺は n が十分に大きく，$\Delta \mathbf{r}_k$ が十分に微小であれば，線積分で書き換えられる。従って，式 (14.40) は，

$$f(\mathrm{B}) - f(\mathrm{A}) = \int_\Gamma \mathrm{grad}\, f \bullet d\mathbf{r} \tag{14.41}$$

となる。あるいは，

$$f(\mathrm{B}) = f(\mathrm{A}) + \int_\Gamma \mathrm{grad}\, f \bullet d\mathbf{r} \tag{14.42}$$

となる。つまり，スカラー場の勾配を線積分すると，もとのスカラー場（の 2 点間の差）が出てくるのだ。

式 (14.42) は，P.13 式 (1.118) で学んだ「微積分学の基本定理」とよく似ている。これはいわば，微積分学の基本定理の多変数関数バージョン（勾配・

線積分バージョン）なのだ。

14.5 ポテンシャルエネルギーと力

勾配と線積分を理解したら，それを使って，物理学で出てくる「ポテンシャルエネルギー」を完全に理解できる。

質点が，原点 O から任意の点 A まで移動するときに，力 $\mathbf{F}$ がなす仕事 $W_{\mathrm{O} \to \mathrm{A}}$ が，途中の経路によらず，点 O と点 A の位置だけで決まるような場合，点 A におけるポテンシャルエネルギーというスカラー場 $U(\mathrm{A})$ を，

$$U(\mathrm{A}) = -W_{\mathrm{O} \to \mathrm{A}} \tag{14.43}$$

と定義する。そしてこのように，仕事が途中の経路によらず，始点と終点だけで決まるような力を保存力とよぶ。ポテンシャルエネルギーは，保存力についてのみ考えることのできる概念である。

式 (14.33) と式 (14.43) を組み合わせると，保存力 $\mathbf{F}$ について，

$$U(\mathrm{A}) = -\int_\mathrm{O}^\mathrm{A} \mathbf{F} \bullet d\mathbf{r} \tag{14.44}$$

となる（保存力なので仕事は経路には依存しないため，始点 O と終点 A を積分区間として記載した）。同様に，A とは別の任意の点 B におけるポテンシャルエネルギー $U(\mathrm{B})$ は，

$$U(\mathrm{B}) = -\int_\mathrm{O}^\mathrm{B} \mathbf{F} \bullet d\mathbf{r} \tag{14.45}$$

となる。ここで，式 (14.45) の積分経路を，O から点 A を経由して点 B に至る場合を考えよう（保存力だから経路をどうとっても構わない！）。すると，式 (14.45) の右辺はこうなる（2 段めの変形で式 (14.44) を使う）：

$$-\int_\mathrm{O}^\mathrm{B} \mathbf{F} \bullet d\mathbf{r} = -\left(\int_\mathrm{O}^\mathrm{A} \mathbf{F} \bullet d\mathbf{r} + \int_\mathrm{A}^\mathrm{B} \mathbf{F} \bullet d\mathbf{r} \right)$$
$$= U(\mathrm{A}) - \int_\mathrm{A}^\mathrm{B} \mathbf{F} \bullet d\mathbf{r}$$

つまり，

$$U(\mathrm{B}) = U(\mathrm{A}) - \int_\mathrm{A}^\mathrm{B} \mathbf{F} \bullet d\mathbf{r} \tag{14.46}$$

となる。ここで目先を変えて，式 (14.42) で f を U

とすれば,

$$U(\mathrm{B}) = U(\mathrm{A}) + \int_\mathrm{A}^\mathrm{B} \mathrm{grad}\, U \bullet d\boldsymbol{r} \qquad (14.47)$$

も成り立つ（A から B への積分経路は式 (14.46) と同じにとる）。式 (14.46) と式 (14.47) から,

$$-\int_\mathrm{A}^\mathrm{B} \mathbf{F} \bullet d\boldsymbol{r} = \int_\mathrm{A}^\mathrm{B} \mathrm{grad}\, U \bullet d\boldsymbol{r} \qquad (14.48)$$

となる。すなわち,

$$\int_\mathrm{A}^\mathrm{B} (\mathbf{F} + \mathrm{grad}\, U) \bullet d\boldsymbol{r} = 0 \qquad (14.49)$$

が, 任意の 2 点 A, B について, しかも A から B までの経路のとり方によらず, 成り立つことになる。それには,

---

ポテンシャルエネルギーと保存力の関係

$$\mathbf{F} = -\mathrm{grad}\, U \qquad (14.50)$$

となるしかない。つまり, 保存力は, ポテンシャルエネルギーの勾配にマイナスをつけたものに等しい。

　ところで, 式 (14.50) は, P.181 式 (14.25) に似ている！ これは偶然ではない。実は, 圧力はポテンシャルエネルギーに関係が深いのである。

問 225　ポテンシャルエネルギーとは何か？

問 226　位置 (x, y, z) におけるポテンシャルエネルギーが, 定数 k_1, k_2, k_3 によって,

$$U = \frac{1}{2}(k_1 x^2 + k_2 y^2 + k_3 z^2) \qquad (14.51)$$

と表されるとき, 力を求めよ。

14.6　電場・電位・電圧

　ポテンシャルエネルギーを理解したら, 電磁気学で出てくる電位や電圧という概念を理解できる（というか, ポテンシャルエネルギーを理解しないで電位や電圧を理解することはできない）。電位や電圧

は, 我々の日常に身近な概念だし, 物理学だけでなく, 化学や生物学でも出てくる, 重要な概念である。

　ポテンシャルエネルギーを電荷で割ったもの（単位電荷あたりのポテンシャルエネルギー）を電位とよぶ[*7]（定義）。電位は ϕ と表されることが多い。

　P.177 式 (14.5) で学んだように, 空間の中に, 電荷 q を持った粒子が $\mathbf{v}$ という速度で運動しているとき, その粒子が受ける力 $\mathbf{F}$ は, $\mathbf{F} = q\mathbf{E} + q\mathbf{v} \times \mathbf{B}$ となる。$\mathbf{E}$ は電場, $\mathbf{B}$ は磁束密度である。今, この電荷が静止しているか, 磁束密度が恒等的に $\mathbf{0}$ であるような場合を考えよう。このとき, 電荷にかかる力は, 磁束密度は関係せず次式のようになる：

$$\mathbf{F} = q\mathbf{E} \qquad (14.52)$$

さらに, $\mathbf{E}$ も $\mathbf{B}$ も時間的に変動しない状況を考える[*8]。このような場合, 力は保存力になる（証明は省略）。従ってポテンシャルエネルギー U が存在し, 式 (14.50) によって,

$$q\mathbf{E} = -\mathrm{grad}\, U \qquad (14.53)$$

となる。この両辺を q で割る。q は定数とみなせるので, grad の中に入れることができる：

$$\mathbf{E} = -\mathrm{grad}\, \frac{U}{q} \qquad (14.54)$$

定義より, U/q が電位であり, これを ϕ と書くと, 式 (14.54) は,

電位と静電場の関係

$$\mathbf{E} = -\mathrm{grad}\, \phi \qquad (14.55)$$

となる。ところで, 式 (14.41) で f を ϕ と置き換えれば,

$$\phi(\mathrm{B}) - \phi(\mathrm{A}) = \int_\mathrm{A}^\mathrm{B} \mathrm{grad}\, \phi \bullet d\boldsymbol{r} \qquad (14.56)$$

となる。この式に式 (14.55) を代入すれば,

$$\phi(\mathrm{B}) - \phi(\mathrm{A}) = -\int_\mathrm{A}^\mathrm{B} \mathbf{E} \bullet d\boldsymbol{r} \qquad (14.57)$$

[*7]　電位を静電ポテンシャルとよぶこともある。

[*8]　時間的に変動する場合は式 (14.54) が成り立たない。

となる。つまり（電場が時間変動していなければ）電場を線積分したもの（にマイナスをつけたもの）が，2点間の電位の差になる。電位の差のことを電圧という。

　小中学校では，電流を水流の量，電圧を高さ（の差）に喩えて感覚的に説明することが多い。しかし，そのような説明は自転車の補助輪のようなものである。補助輪つきの自転車が自転車として本来の能力（スピードや機動性）を発揮できないように，このような喩え話では概念を正確に表現することはできない。科学は数学によって正確に定義・理解され，大きな力を持つのである。

問 227 ▶ 電位とは何か？　電圧とは何か？

問の解答

答 213 ▶ (1) スカラー場　(2) ベクトル場

答 214 ▶ $1^2 + 2 \times 2^3 + 3 = 1 + 16 + 3 = 20$

答 215 ▶ $(1 \times 2 \times 3, 1 + 2 + 3, 2 \times 1 + 2 \times 3) = (6, 6, 8)$

答 216 ▶

$$\frac{\partial}{\partial x} f = \frac{\partial}{\partial x}(x^2 + 2y^3 + z) = 2x$$
$$\frac{\partial}{\partial y} f = \frac{\partial}{\partial y}(x^2 + 2y^3 + z) = 6y^2$$
$$\frac{\partial}{\partial z} f = \frac{\partial}{\partial z}(x^2 + 2y^3 + z) = 1$$

従って，$\nabla f = \left(\dfrac{\partial f}{\partial x}, \dfrac{\partial f}{\partial y}, \dfrac{\partial f}{\partial z}\right) = (2x, 6y^2, 1)$

答 217 ▶ $\mathbf{U}(x, y, z) = (u(x, y, z), v(x, y, z), w(x, y, z))$
とおく。$u = xyz$, $v = x + y + z$, $w = 2x + yz$ である。

$$\frac{\partial u}{\partial x} = \frac{\partial}{\partial x} xyz = yz$$
$$\frac{\partial v}{\partial y} = \frac{\partial}{\partial y}(x + y + z) = 1$$
$$\frac{\partial w}{\partial z} = \frac{\partial}{\partial z}(2x + yz) = y$$

従って，$\nabla \bullet \mathbf{U} = \dfrac{\partial u}{\partial x} + \dfrac{\partial v}{\partial y} + \dfrac{\partial w}{\partial z} = yz + 1 + y$

答 218 ▶ $\mathbf{U}(x, y, z) = (u(x, y, z), v(x, y, z), w(x, y, z))$
とおく。$u = xyz$, $v = x + y + z$, $w = 2x + yz$ である。

$$\frac{\partial w}{\partial y} - \frac{\partial v}{\partial z} = \frac{\partial}{\partial y}(2x + yz) - \frac{\partial}{\partial z}(x + y + z) = z - 1$$
$$\frac{\partial u}{\partial z} - \frac{\partial w}{\partial x} = \frac{\partial}{\partial z} xyz - \frac{\partial}{\partial x}(2x + yz) = xy - 2$$
$$\frac{\partial v}{\partial x} - \frac{\partial u}{\partial y} = \frac{\partial}{\partial x}(x + y + z) - \frac{\partial}{\partial y} xyz = 1 - xz$$

従って，$\nabla \times \mathbf{U} = (z - 1, xy - 2, 1 - xz)$

答 219 ▶ (1) grad $f = (2, 1, 3)$

(2) $f(x, y, z) = p$ とすると（p は定数），$2x + y + 3z = p$ となるが，これは平面を表す方程式。

(3) 上記の平面において，$(2, 1, 3)$ は法線ベクトルであり，これは小問 (1) で求めた grad f に一致する。従って grad f はこの平面に垂直。

答 220 ▶ (1) grad $f = (2x, 2y, 2z)$

(2) $f(x, y, z) = d$ とすると（d は正の定数），$x^2 + y^2 + z^2 = d$ となるが，これは半径 $\sqrt{d}$ の球面（原点中心）を表す方程式。

(3) 球面の中心から球面上の点を結ぶベクトルは，その点で球面に垂直。従って，原点中心の球面に点 (x, y, z) があるなら，ベクトル (x, y, z) はその球面に垂直。従って，それを定数倍した (ax, ay, az) もその球面に垂直。

(4) grad $f = (2x, 2y, 2z)$ なので，前小問より，これは球面 S に垂直。

答 221 ▶ $r = \sqrt{x^2 + y^2 + z^2}$ とする。

(1) grad $f = (-x/r^3, -y/r^3, -z/r^3)$

(2) $f(x, y, z) = d$ とすると（d は正の定数），$x^2 + y^2 + z^2 = 1/d^2$。これは原点中心で半径 $1/d$ の球面を表す方程式である。

(3) (1) で示した grad f は，(x, y, z) を $-1/r^3$ 倍したものである。前問 (3) において a を $-1/r^3$ とすればわかるように，grad f は球面に垂直である。

答 222 ▶ このとき，$|\overrightarrow{PQ}| = |d\mathbf{r}| = dr$ であり，$\cos\theta = 1$ なので，式 (14.17) より $df = |\text{grad } f| dr$ となる。両辺を dr で割れば，与式を得る。

答 223 ▶ 略。

答 224 ▶ xy 平面上の極座標では，例 14.4 と同様に，

$$x = \cos\theta, \quad y = \sin\theta$$
$$dx = -\sin\theta\, d\theta, \quad dy = \cos\theta\, d\theta \quad (\because 式 (14.36))$$
$$x - y = \cos\theta - \sin\theta, \quad x + y = \cos\theta + \sin\theta$$

だから，$\mathbf{U} \bullet d\mathbf{r} = (x - y, x + y) \bullet (dx, dy)$
$= (x - y)dx + (x + y)dy$
$= (\cos\theta - \sin\theta)(-\sin\theta\, d\theta) + (\cos\theta + \sin\theta)(\cos\theta\, d\theta)$
$= \sin^2\theta\, d\theta + \cos^2\theta\, d\theta = d\theta$ となる。従って，
$\displaystyle\int_\Gamma \mathbf{U} \bullet d\mathbf{r} = \int_0^\pi d\theta = \pi$

答 226 ▶ 式 (14.50) より，$\mathbf{F} = (-k_1 x, -k_2 y, -k_3 z)$。これはバネに関するフックの法則。

よくある質問 62　grad f は f が最も大きく変化す

る向きをもったベクトルだということでしたが，では，f が最大となる点での grad f はどうなるのですか？… 良い質問です。f が最大（極大）の場所では grad $f = (0, 0, 0)$ になります。どちらに進んでも f は変化しません。ちょうど，1 変数関数 $y = f(x)$ の最大（極大）では $f' = 0$ となるのと同じです。

よくある質問 63　水圧の分布がスカラー場になるのがわかりません。圧力は（単位面積当たりの）力だから，ベクトルのような気がするのですが… 海中にいる潜水艦の上面には下向きの力が，下面には上向きの力がかかるのです（そういう力に耐えるために，潜水艦は，どちらから力がかかっても均等に耐えられるような丸っこい形をしているのです）。このように，水圧による力は，面に垂直にかかります。つまり「水圧による力の向き」は，「どういう面を想定するか」で決まるのです。水圧そのものが向きを持っているのではないのです。

第 15 章

ベクトル解析2：
フラックスとその応用

空間には物質やエネルギーなど，様々な量が満ちているだけでなく，それらは流れています。「流れ」を物理学的・数学的に表現するのがフラックスという概念です。本章では，フラックスにベクトル解析を適用して，流れる量にまつわる基本的な数学を組み立てます。

15.1　フラックスは「流れ」を表す

単位時間あたり，単位面積あたりを通過する物理量を**フラックス** (flux) もしくは**流束**という（「流速」ではない）。すなわち，面積 A の面を時間 Δt の間に通過する物理量が X のとき，そのフラックスは，

$$F = \frac{X}{A\,\Delta t} \tag{15.1}$$

である（定義）。この式を変形すれば，

$$X = F A \Delta t \tag{15.2}$$

である。つまり，ある面を通過する物理量は，フラックスと面積と時間の積である。

例 15.1 水の蒸発を考えよう。面積 A の水面から時間 Δt の間に質量 $m_{\mathrm{H_2O}}$ の水が蒸発するとしよう。この水面における水（水蒸気）の質量のフラックス $F_{\mathrm{H_2O}}$ は，

$$F_{\mathrm{H_2O}} = \frac{m_{\mathrm{H_2O}}}{A\,\Delta t} \tag{15.3}$$

である。（例おわり）

問 228 フラックスとは何か？

問 229 面積 $400\ \mathrm{m^2}$ の水田から，$5\ \mathrm{h}$（5 時間）の間に，蒸発によって $200\ \mathrm{kg}$ の水が失われた。蒸発は水田全面で均一に起きたとみなす。
(1) 蒸発による水の質量のフラックスを，

$\mathrm{kg\ h^{-1}\ m^{-2}}$ という単位で求めよ。
(2) 失われた水の量をモルで表し，蒸発による水の分子数（モル）のフラックスを $\mathrm{mol\ h^{-1}\ m^{-2}}$ という求めよ。
(3) 失われた水の量を液体水の体積で表し，蒸発による液体水の体積のフラックスを $\mathrm{m\ h^{-1}}$ という単位で求めよ。
(4) (3) の答を $\mathrm{mm\ h^{-1}}$ という単位で求めよ。

前問でわかったように，同じ物質のフラックスも，物質の量の表し方によって単位も数値も変わる。特に，量を体積で表すと，フラックスは距離/時間という次元（つまり速さ）の量になることに注意しよう。よくニュースで言われる「1 時間あたり $100\ \mathrm{mm}$ の猛烈な雨が降っています」というような表現がそれである。

15.2　面の向きとフラックス

さて，フラックスは，どういう向きの面で考えるかが重要である。それを以下の例で考えよう：

例 15.2 光はエネルギーを運ぶ。実際，日光（日射）にあたると暖かいのは，太陽光が太陽から我々の体にエネルギーを運んでくるからだ。つまり光はエネルギーのフラックスなのだ。

日射のエネルギーフラックス F は，地球の大気上端で，おおよそ $F = 1370\ \mathrm{W\ m^{-2}}$ である[*1][*2]。ただしこれは，日射に対して垂直な面を通過するフラックスである。もし，日射に対して面が平行であ

[*1] W はワットという単位（SI 組み立て単位）で，$\mathrm{J\ s^{-1}}$。
[*2] ただし地球の公転軌道は厳密には楕円形なので，地球と太陽の距離は 1 年の間で変化する。そのため，この値も微妙に変化する。

れば，日射はその面を通過することはないので，エ
ネルギーフラックスはゼロである（図 15.1 右）。（例
おわり）

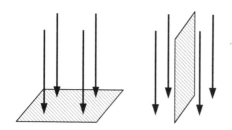

図 15.1　面が受けるフラックス。物理量が流れて来る方向と
面が垂直ならば，面は物理量をもろに受け，フラックスは最大
になる（左）。物理量が流れて来る方向と面が平行ならば，面
は物理量を全く受けずにやり過ごし，フラックスはゼロにな
る（右）。

　では，面の向きとフラックスの関係を一般的に考
えてみよう。図 15.2 において，ある物理量の流れ
（下向きの矢印）の中に，面 0 と面 1 があるとする。
面 0 は，流れて来る方向に垂直である。面 1 は，面
0 から θ だけ傾いているとする。面 0 は面 1 を流れ
方向に正射影したものになっているとする。面 0，
面 1 の面積をそれぞれ A_0, A とする。面 0，面 1 に
おける物理量のフラックスを，それぞれ F_0, F と
する。

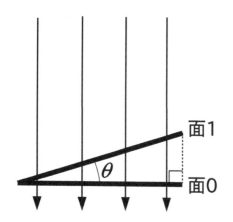

図 15.2　傾いた面が受けるフラックス。面 0，面 1 を真横か
ら見ているので，各面は直線に見えている。

図から明らかに，

$$A_0 = A \cos \theta \tag{15.4}$$

である。また，図から明らかに，通過する物理量の
総量は面 0 と面 1 で等しい。それを X としよう。
さて，式 (15.2) を面 0，面 1 についてそれぞれ考え
れば，

$$\text{面 0 について：} X = F_0 A_0 \Delta t \tag{15.5}$$

$$\text{面 1 について：} X = F A \Delta t \tag{15.6}$$

となる。従って，$F_0 A_0 = F A$ となり，従って，

$$F = \frac{A_0}{A} F_0 \tag{15.7}$$

となる。式 (15.4)，式 (15.7) より，

$$F = F_0 \cos \theta \tag{15.8}$$

となる。これは重要な式である。フラックスは，面
が流れに垂直なとき（$\theta = 0$）に最大で，傾くにつ
れて $\cos \theta$ に比例して小さくなる（地球上で，低緯
度で暑く，高緯度で寒いのはこのせいである）。

　ここで面 1 の「傾き」θ を定義するときに，まず
流れに垂直な面（面 0）を考え，次に面 0 と面 1 と
のなす角を考えた。これは二度手間であり，もっと
複雑な状況になると不便である。そこで，もっとシ
ンプルに「傾き」を表現しよう：図 15.3 のように，
面 1 の単位法線ベクトル **n** と[*3]，流れて来る方向
のなす角は，面 0 と面 1 のなす角 θ に等しい。そこ
で，改めてこれを式 (15.8) の中の θ の定義とすれ
ばよいのだ。こうすれば，わざわざ面 0 を考える必
要は無い。

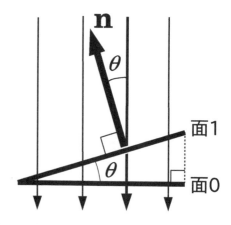

図 15.3　傾いた面が受けるフラックス。図 15.2 と同じ状況だ
が，面 1 の向きを，面 1 の単位法線ベクトルで表現する。

[*3] **n** の "n" は normal vector の頭文字からとっている。
normal とは「正常な」という意味の他に「垂直な」という
意味がある。辞書で調べてみよう。

問 230 北緯 30 度にある水田に今年も秋がやってきた。この地点では秋分の日の正午に，太陽天頂角（鉛直上向きと太陽方向のなす角）は 30 度になる。このとき，

(1) 日射は大気によってほとんど減衰されないとすると[*4]，この水田にあたる日射のエネルギーフラックスは約 1190 W m^{-2} であることを示せ。

(2) このエネルギーが全て水の蒸発に使われるとしたら，蒸発による水のフラックスはどのくらいか？ kg s^{-1} m^{-2} と，mm s^{-1} の両方の単位で答えよ。水の蒸発の潜熱は，2.5 MJ kg^{-1} である[*5]。

ところがここで，慎重な人は，「ちょっと待て！面 1 の単位法線ベクトルは，図 15.3 の **n** だけでなく，その逆向きにもあるはずだ。なら角 θ も 2 通りありえるぞ？」と思っただろう。実際，図 15.4 からわかるように，面 1 の単位法線ベクトルは，**n** と **n′** の 2 つの方向がありえる。それぞれと「流れてくる方向とのなす角」は，θ と θ' の 2 通りになる。図から明らかに，$\theta' = \pi - \theta$ なので，もし式 (15.8) の中の θ のかわりに θ' を入れてみると，符号が反転してしまう。すなわち，

$$F_0 \cos\theta' = -F_0 \cos\theta \qquad (15.9)$$

つまり，フラックスがマイナスになってしまう！

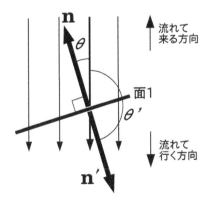

図15.4 傾いた面が受けるフラックス。図 15.2, 図 15.3 と同じ状況だが，面 1 の単位法線ベクトルが 2 つある！ さてどうする？

「そんなひねくれたことを考える方が悪いのだ，素直に図 15.2 や図 15.3 のように考えれば済む話じゃないか？」と思う人もあろう。しかし，これは本質的な問題である。たとえば，図 15.5 のように，流れの向きが逆になったらどうだろう？ その場合，面を通過する「単位面積当たり単位時間あたり通過する物理量」は変わらないけど，状況は明らかに違う。単に「通過する」だけでなく，その向き，つまり「物理量がその面のどちら側からどちら側へ通過するのか」も，大切な情報なのだ。

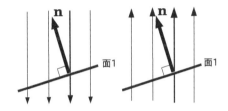

図15.5 流れの方向が逆だとどうなる？

そこで，世界を「面 1 より上側の領域」と「面 1 より下側の領域」に 2 分すると，図 15.5 左の状況では，物理量は「上側」から「下側」に移動する。すると，「上側」は物理量を失い，「下側」は物理量を獲得する。図 15.5 右では，それが逆である。このような状況（各領域の収支）を区別して表現したいのだ。そのためには，面に「内側」と「外側」を定義すればよい。そして「内側」が獲得するようなフラックスを正，「内側」が失う（「外側」が獲得する）ようなフラックスを負と定義すればよい。面 1 の下側を「内側」と定義すれば，図 15.5 左図で表される流れは外側から内側に向かうので正のフラックスを作り，図 15.5 右図の流れは負のフラックスを作る。

そのような定義を簡潔に行うには，単位法線ベクトルを使うのだ。すなわち，面の単位法線ベクトルを，「内側から外側へ行く方向」に定めるのだ。図 15.4 で言えば，面 1 の下側を「内側」としたいときは面 1 の単位法線ベクトルは **n** であり，面 1 の上側を「内側」としたいときは面 1 の単位法線ベクトルは **n′** となる。つまり，**n** と **n′** は，同じ面の単位法線ベクトルのように思えていたが，面の内外（表裏）まで区別するならば，互いに違う面（同じ場所にあるけれど内外が互いに逆である面）の単位法線ベクトルなのだ！

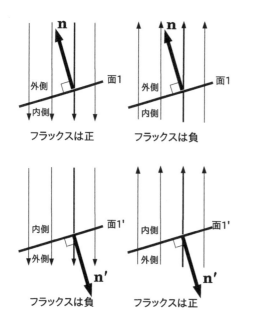

図 15.6 フラックスの符号のまとめ。一見、面 1 と面 1' は同じようだが、内外の区別が逆なので、互いに違う面とみなす。$\mathbf{n}$ と $\mathbf{n}'$ はそれぞれ面 1 と面 1' の単位法線ベクトル。

これで、「面の向き」を、その内側・外側の区別も含めて、単位法線ベクトルで統一的に表現できることがわかった。

15.3　流れの向きとフラックス

これまで主に面の方向について考えてきたが、「流れの方向」も、図 15.2 や図 15.3 のように真上から真下（もしくはその逆）に向かうような単純な場合だけでなく、様々な場合があり得る。その取り扱いについて考えよう。

問 231　暴風雨がやってきた。南から吹いてくる猛烈な風のせいで、雨粒が真上からでなく斜め上から降ってくる（図 15.7）。その方向の天頂角を測ったら 45 度だった。地上に水平に置かれた雨量計は、1 時間あたり 20.0 mm という雨量を示している。

(1)　雨が降ってくる方向に垂直な面における、雨による水のフラックスは 28.3 mm h^{-1} であることを示せ。

(2)　山の南向き斜面（傾斜 30 度）が受ける、雨による水のフラックスは 27.3 mm h^{-1} であることを示せ。

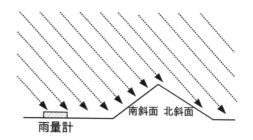

図 15.7　斜めに降ってくる雨。明らかに風上側の斜面（ここでは南斜面）のほうが風下側の斜面（ここでは北斜面）よりもたくさんの雨を受ける。

(3)　山の北向き斜面（傾斜 30 度）が受ける、雨による水のフラックスは 7.3 mm h^{-1} であることを示せ。

ヒント：式 (15.8) を使う。小問 (1) で求まるのが F_0 である。

こういう問題を考えると、いちいち、面の向きと流れの向きの相対関係を考えねばならないので面倒くさい。それを簡便にするために、フラックスの考え方を拡張しよう：流れに垂直な面を通るフラックスを F_0 とし、「大きさ F_0 を持ち、かつ、物理量が流れて行く方向を向いている幾何ベクトル $\mathbf{F}$」を考える。すなわち、

$$\mathbf{F} := F_0\,\mathbf{e}_F \tag{15.10}$$

とする。ここで $\mathbf{e}_F$ は物理量が流れて行く方向（図 15.8 参照）の単位ベクトルである。式 (15.10) のような幾何ベクトル $\mathbf{F}$ を、改めて「フラックス」ということもある。この幾何ベクトル $\mathbf{F}$ が、フラックスの元々の定義 (式 (15.1)) とどのように整合するか、調べてみよう：

面積 A、単位法線ベクトル $\mathbf{n}$ をもつ面を、時間 Δt に通過する物理量 X は、式 (15.2)、式 (15.8) より、

$$X = FA\Delta t = F_0 A(\cos\theta)\Delta t \tag{15.11}$$

である。ここで θ は、物理量が流れて**来る**方向（図 15.8 参照）と面の単位法線ベクトルがなす角である。ところが、

$$\cos\theta = -\mathbf{e}_F \bullet \mathbf{n} \tag{15.12}$$

なので（図 15.8 より、$\mathbf{e}_F$ が流れて行く方向なら $-\mathbf{e}_F$ は流れて**来る**方向である）、式 (15.10)、式 (15.11)、式 (15.12) より、

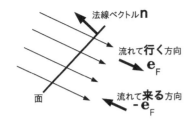

図 15.8 流れて来る方向と流れて行く方向。

$$X = F_0 A(-\mathbf{e}_F \bullet \mathbf{n})\Delta t = -\mathbf{F} \bullet \mathbf{n} A \Delta t \quad (15.13)$$

となる。従って, この面でのフラックス F は, P.187 式 (15.1) より

$$F = \frac{X}{A\Delta t} = -\mathbf{F} \bullet \mathbf{n} \quad (15.14)$$

となる。これは式 (15.8) の拡張である。

15.4 内積による面積分

P.28 では, 広大な長方形農場に降る雨量を考えた。その際, 単位時間あたりの雨量 R は式 (1.222), すなわち

$$R = \int_0^Y \int_0^X F(x,y)\,dx\,dy \quad (15.15)$$

となった（$F(x,y)$ は位置 (x,y) における単位時間あたり単位面積あたりの雨量）。

さて, 先ほど見たように, 風が強いと雨はまっすぐには落ちてこない。農場が平坦でなければ, 風上に向いた小農地は風下に向いた小農地よりも雨をたくさん受ける。そういう状況では式 (15.15) は修正が必要だ。すなわち, x 方向に i 番め, y 方向に j 番めにある小農地 i, j（面積 ΔS_{ij}）に, 単位時間に降る雨量 ΔR_{ij} は, 式 (15.13) より,

$$\Delta R_{ij} \fallingdotseq -\mathbf{F}(x_i, y_j) \bullet \mathbf{n}\Delta S_{ij} \quad (15.16)$$

である（P.28 式 (1.217) の拡張）。ここで, $\mathbf{F}(x,y)$ は, 点 (x,y) における, 降雨のフラックス（をベクトルで表現したもの）であり, $\mathbf{n}$ は各点における地面の単位法線ベクトルである。このとき ΔS_{ij} は水平面でなく斜面の面積であり, それを水平面に投影した面積が $\Delta x_i \Delta y_j$ である。従って $\Delta S_{ij} \geq \Delta x_i \Delta y_j$ である。

ΔS_{ij} を無限に 0 に近づけて式 (15.16) を畑全体で足し上げると, 式 (15.15) は次式になる:

$$R = -\iint_{\text{農場}} \mathbf{F} \bullet \mathbf{n}\,dS \quad (15.17)$$

これは P.28 式 (1.220) の拡張である。

15.5 ベクトル場の発散

P.177 の 14.2 節で学んだように, ベクトル場

$$\mathbf{U}(x,y,z) = \big(u(x,y,z), v(x,y,z), w(x,y,z)\big)$$

に対する以下のような演算 $\operatorname{div} \mathbf{U}$ を, $\mathbf{U}$ の発散 (divergence) とよぶ:

$$\operatorname{div} \mathbf{U} = \frac{\partial u}{\partial x} + \frac{\partial v}{\partial y} + \frac{\partial w}{\partial z} \quad (15.18)$$

たとえば $\mathbf{U} = (x^2, y^2, z^2)$ のとき, $\operatorname{div} \mathbf{U} = 2x + 2y + 2z$ である。

式 (15.18) の右辺は明らかにスカラー場である。「勾配」はスカラー場から新たなベクトル場を作る演算だったが, 「発散」はベクトル場から新たなスカラー場を作る演算なのだった。

問 232 以下を示せ。

(1) $\mathbf{U} = (xy, yz, zx)$ のとき, $\operatorname{div} \mathbf{U} = x + y + z$

(2) $r = \sqrt{x^2 + y^2 + z^2}$ として,

$$\mathbf{U} = \left(\frac{x}{r^3}, \frac{y}{r^3}, \frac{z}{r^3}\right) \quad (15.19)$$

のとき, $\operatorname{div} \mathbf{U} = 0$。ただし, $(x,y,z) \neq (0,0,0)$ とする。

さて, 発散の意味を考えよう。空間の中を水が流れているとして, 各場所での水の速度を

$$\mathbf{U}(x,y,z) = \big(u(x,y,z), v(x,y,z), w(x,y,z)\big) \quad (15.20)$$

とする。もちろんこれはベクトル場である。

ある点 $\mathrm{P}(x_0, y_0, z_0)$ と, その点を囲むような, 以下のような小さな直方体を考える（図 15.9）:

$$x_0 - \frac{dx}{2} \leq x \leq x_0 + \frac{dx}{2}$$
$$y_0 - \frac{dy}{2} \leq y \leq y_0 + \frac{dy}{2}$$
$$z_0 - \frac{dz}{2} \leq z \leq z_0 + \frac{dz}{2}$$

dx, dy, dz はいずれも微小量である。この直方体を

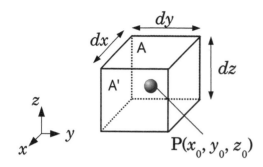

図15.9　点 P，すなわち点 (x_0, y_0, z_0) を囲む直方体

構成する 6 つの面について，

$x = x_0 - dx/2$ の面を面 A
$x = x_0 + dx/2$ の面を面 A'
$y = y_0 - dy/2$ の面を面 B
$y = y_0 + dy/2$ の面を面 B'
$z = z_0 - dz/2$ の面を面 C
$z = z_0 + dz/2$ の面を面 C'

というふうに名付けよう。

問 233 このとき，

(1) この直方体の体積 dV を，dx, dy, dz を使って表せ。

(2) 面 X（X は A, A', B, B', C, C' のいずれか）を通ってこの直方体に単位時間内に流れ込む水の量を $f(X)$ と書こう。$f(A)$ は，以下のように書けることを示せ：

$$f(A) = u\left(x_0 - \frac{dx}{2}, y_0, z_0\right) dy\, dz \quad (15.21)$$

ただし，面 A は十分に小さく，その付近では u はほぼ一定であるとみなす。

(3) また，面 A' を通ってこの直方体に単位時間内に流れこむ水の量は，以下のように書けることを示せ：

$$f(A') = -u\left(x_0 + \frac{dx}{2}, y_0, z_0\right) dy\, dz \quad (15.22)$$

ただし，面 A' も十分に小さく，その付近では u はほぼ一定であるとみなす。マイナス符号に注意せよ。

(4) この直方体に関して，単位時間内に面 A と面 A' を介する水の正味の流入量（得た量から失った量を差し引いた量のことを正味の量という）は，

$$f(A) + f(A') = \left\{ u\left(x_0 - \frac{dx}{2}, y_0, z_0\right) \right.$$
$$\left. - u\left(x_0 + \frac{dx}{2}, y_0, z_0\right) \right\} dy\, dz$$
$$(15.23)$$

となることを示せ。

(5) この式は，次のように近似できることを示せ。

$$f(A) + f(A') = -\frac{\partial u}{\partial x} dx\, dy\, dz \quad (15.24)$$

(6) 同様に，単位時間内に面 B と面 B' を介する水の正味の流入量は，次のように近似できる：

$$f(B) + f(B') = -\frac{\partial v}{\partial y} dx\, dy\, dz \quad (15.25)$$

同様に，単位時間内に面 C と面 C' を介する水の正味の流入量は，次のように近似できる：

$$f(C) + f(C') = -\frac{\partial w}{\partial z} dx\, dy\, dz \quad (15.26)$$

従って，単位時間内に 6 つの面 A, A', B, B', C, C' を介してこの直方体に流入する水は，正味で，

$$f(A) + f(A') + f(B) + f(B') + f(C) + f(C')$$
$$= -\left(\frac{\partial u}{\partial x} + \frac{\partial v}{\partial y} + \frac{\partial w}{\partial z}\right) dx\, dy\, dz \quad (15.27)$$

となることを示せ。

(7) この式は，次式のように書けることを示せ：

$$f(A) + f(A') + f(B) + f(B') + f(C) + f(C')$$
$$= -(\mathrm{div}\,\mathbf{U}) dV \quad (15.28)$$

このように，$-\mathrm{div}\,\mathbf{U}$ は，単位時間あたり，単位体積あたりに流入する正味の水の量である。符号を逆にすると，$\mathrm{div}\,\mathbf{U}$ は，単位時間あたり，単位体積あたりから流出する正味の水の量である。水がその直方体からわきだしてくるイメージである。だからこれを「発散」というのだ[*6]。

流れ出す量の方が多いとき（つまり発散が正の値のとき），その場所では流れは「発散」している

[*6]　もっとも，現実の水は，ほとんど圧縮されないので，ある場所に流れ込む量と，流れ出す量は，つりあっている。そのため，正味の流入量はほとんどゼロである。従って，現実の水では，そこに湧き出し口や吸い込み口が無い限り，ほとんど常に，どんな流れの中にあっても，$\mathrm{div}\,\mathbf{U} = 0$ であると言ってよい。

という。「発散」(divergence) の対義語は「収束」
(convergence) である。すなわち，流れ込む量の方
が多いとき（つまり発散が負の値のとき），その場
所では流れは「収束」しているという。

例 15.3 気象学や地理学で熱帯収束帯 (Intertropi-
cal Convergence Zone: ITCZ) という概念がある。
地球の赤道付近で，南北から風が集まって来るよう
な場所のことである。ここでは，水平方向の風のベ
クトル場の発散が負の値になる。つまり水平面内で
風が収束する。収束する風は行き場を失って上空に
上がっていく。そうやって上昇気流が発生し，雲が
でき，雨が降る。熱帯地方や砂漠の雨季・乾季の変
化では，この ITCZ が重要な働きをしている。

　注意：「発散」「収束」は多義語であり，関数や数
列の極限でも使われる。たとえば数列 $(1, 1/2, 1/3,$
$\cdots, 1/n, \cdots)$ は，$n \to \infty$ で 0 に「収束」する。ま
たたとえば，関数 $f(x) = 1/x$ は，$x \to 0$ で「発散」
する。これらの「収束」「発散」は，本章で述べてい
るベクトル場の収束や発散とは異なる概念である。

15.6 フーリエの法則と拡散方程式の拡張

　ここまで学んだことを使って，以前に学んだ拡散
方程式を拡張してみよう。まず，拡散方程式の例と
して P.132 で学んだ熱伝導方程式を振り返る。熱
は，温かい部分から冷たい部分に向けて伝わること
から，位置 x を，単位時間あたりに x の正の方向に
通過する熱のフラックス $J(x, t)$ は，

$$J = -k\frac{\partial T}{\partial x} \tag{15.29}$$

と書ける。T は温度である。k を熱伝導率とよぶの
だった (P.132 式 (10.51))。これをフーリエの法則
とよぶのだった。

　これは 1 次元の線上での熱伝導に限定していた
が，話を 3 次元空間に拡張すると，ある点の付近を
流れる熱フラックスは，その点の近傍で最も高温の
ところから最も低温のところに向かう向きであるこ
とが想像できる。「勾配」の性質を思い出せば，その
ような向きは，$-\operatorname{grad} T$ で表現できることがわかる
だろう。また，その方向に沿った「T の微分係数」

は，$\operatorname{grad} T$ の大きさに等しい。従って，熱フラック
スは

$$\mathbf{J} = -k\operatorname{grad} T \tag{15.30}$$

となる。ここで $\mathbf{J}$ がベクトル（太字）になったこと
に注意しよう。以前は熱フラックスを 1 次元に限定
していたから細字でよかったが，ここでは熱フラッ
クスは 3 つの成分を持つベクトルになったのであ
る。式 (15.30) は式 (15.29) を拡張した式であり，
これを改めてフーリエの法則とよぶ。

　さて，1 次元の熱伝導では，熱フラックス J があ
るときに，位置 x での長さ Δx の部分に時間 Δt の
間に流入する正味の熱量 q は，

$$q \fallingdotseq -\frac{\partial J}{\partial x}\Delta x \,\Delta t \tag{15.31}$$

と書かれた (P.133 式 (10.55))。これを 3 次元に拡
張するのはたやすい。今，ある位置 (x, y, z) を取り
囲む微小な立方体 Ω を考え，その体積を ΔV とす
る。熱フラックス $\mathbf{J}$ を水のフラックスと似せて考え
れば，式 (15.28) のアイデアを使うと，時間 Δt の
間に Ω に流入する正味の熱量 q は，

$$q \fallingdotseq -\operatorname{div}\mathbf{J}\,\Delta V \,\Delta t \tag{15.32}$$

となる。これが式 (15.31) を 3 次元に拡張した式で
ある。

　また，加えられた熱量 q に比例して微小立方体 Ω
の温度が変わるので，

$$q = C\Delta V\{T(x, t+\Delta t) - T(x, t)\} \tag{15.33}$$

となる。ここで C は物質の単位体積あたりの熱容
量である。これは P.133 式 (10.58) の拡張である。

問 234

(1) 式 (15.32), 式 (15.33) を用いて次式を示せ：

$$C\frac{\partial T}{\partial t} = -\operatorname{div}\mathbf{J} \tag{15.34}$$

(2) 式 (15.30), 式 (15.34) を用いて次式を示せ：

$$C\frac{\partial T}{\partial t} = \operatorname{div}(k\operatorname{grad} T) \tag{15.35}$$

式 (15.35) は P.133 式 (10.61) の拡張である。こ
れが 3 次元の物体の熱伝導に関する支配方程式で
ある。

ここでは熱の移動を考えたが，気体や液体の中での物質の拡散にも，同じような理論が成り立つ。たとえば，物質は，濃度の高いところから低いところに向かって拡散する。つまり，

フィック（Fick）の法則

拡散によるフラックスを $\mathbf{J}$ とし，濃度を c とすると，

$$\mathbf{J} = -K\,\mathrm{grad}\,c \tag{15.36}$$

という法則が多くの場合に成り立つ。K は拡散係数と呼ばれる量である。式 (15.30) で示したフーリエの法則は，フィックの法則の親戚のようなものである。また，物質量の濃度の時間変化は，そこに流入するフラックスで決まる。すなわち，

連続の式（質量保存則）

フラックスを $\mathbf{J}$ とし，濃度を c とすると，

$$\frac{\partial c}{\partial t} = -\,\mathrm{div}\,\mathbf{J} \tag{15.37}$$

という式が一般的に成り立つ（この式のフラックス $\mathbf{J}$ は必ずしも拡散によるものでなくてもよい）。熱の場合にこれに対応するのが式 (15.34) である（左辺の C を微分の中に入れて，CT を単位体積あたりの熱量，つまり「熱の濃度」と考えればよい）。

フィックの法則と連続の式を組み合わせると，次のような方程式が得られる：

$$\frac{\partial c}{\partial t} = \mathrm{div}(K\,\mathrm{grad}\,c) \tag{15.38}$$

これが 3 次元の拡散方程式である。特に，K が位置によらない定数だとすると，式 (15.38) は次式のようになる：

$$\frac{\partial c}{\partial t} = K\,\mathrm{div}(\mathrm{grad}\,c) \tag{15.39}$$

問 235 (1) フィックの法則とは何か？
(2) 連続の式とは何か？

15.7　線型微分演算子ラプラシアン

式 (15.39) の右辺に，$\mathrm{div}(\mathrm{grad}\,c)$ という演算が出てきた。これについて考えよう。

問 236 スカラー場 $f(x, y, z)$ について，

$$\mathrm{div}(\mathrm{grad}\,f) = \nabla \bullet \nabla f = \frac{\partial^2 f}{\partial x^2} + \frac{\partial^2 f}{\partial y^2} + \frac{\partial^2 f}{\partial z^2} \tag{15.40}$$

となることを示せ。

式 (15.40) は，形式的には，

$$\left(\frac{\partial^2}{\partial x^2} + \frac{\partial^2}{\partial y^2} + \frac{\partial^2}{\partial z^2} \right) f \tag{15.41}$$

と書くことができる。この演算子

$$\left(\frac{\partial^2}{\partial x^2} + \frac{\partial^2}{\partial y^2} + \frac{\partial^2}{\partial z^2} \right) \tag{15.42}$$

を，ラプラス演算子とかラプラシアンと呼び，∇^2 とか，$\triangle$ と書く。ラプラシアンは，ナブラ演算子とは違って，x 成分，y 成分，z 成分などが無いから，$\triangle$ をベクトルのように太字で書く必要は無い。

上の導出過程から明らかに，

$$\mathrm{div}(\mathrm{grad}) = \nabla \bullet \nabla = \triangle \tag{15.43}$$

である。従って，式 (15.39) は以下のように書ける：

$$\frac{\partial c}{\partial t} = K\triangle c \tag{15.44}$$

また，P.71 式 (5.47) のようなラプラス方程式は，

$$\triangle f = 0 \tag{15.45}$$

と書ける。同様に，P.122 式 (9.130) で示した 3 次元波動方程式は次のように書ける：

$$\frac{\partial^2 \psi}{\partial t^2} = c^2 \triangle \psi \tag{15.46}$$

問 237 定常状態（場が時間に依存しない状況）では，拡散方程式（式 (15.44)）はラプラス方程式になることを示せ。

さて，もう気づいたかもしれないが，ナブラ演算子やラプラシアンは線型写像（線型微分演算子）である。たとえば，ナブラ演算子をスカラー場に

作用させる演算，つまり勾配（gradient）が線型写像であることを証明してみよう：微分可能なスカラー場 $f(x, y, z)$ と $g(x, y, z)$ があるとする。任意の $a, b, \in \mathbb{R}$ について，

$$\nabla(af + bg)$$
$$= \left(\frac{\partial}{\partial x}(af + bg), \frac{\partial}{\partial y}(af + bg), \frac{\partial}{\partial z}(af + bg)\right)$$
$$= \cdots = a\left(\frac{\partial}{\partial x}f, \frac{\partial}{\partial y}f, \frac{\partial}{\partial z}f\right) + b\left(\frac{\partial}{\partial x}g, \frac{\partial}{\partial y}g, \frac{\partial}{\partial z}g\right)$$
$$= a\nabla f + b\nabla g$$

となる。これは P.77 式 (6.9) の性質を満たす。従って，勾配（gradient）は線型写像である。

問 238　以下は線型写像であることを示せ：

(1) 発散（divergence），すなわち，ベクトル場 $\mathbf{U}$ に関して $\nabla \bullet \mathbf{U}$。

(2) ラプラシアン，すなわち，スカラー場 f に関して $\triangle f$。

問の解答

答 229　略解：(1) 質量フラックスは $0.1 \text{ kg h}^{-1} \text{ m}^{-2}$。
(2) 1.1×10^4 mol. モルフラックスは $5.6 \text{ mol h}^{-1} \text{ m}^{-2}$。
(3) 液体水の密度は（温度にもよるが）10^3 kg m^{-3}。従って，200 kg の液体水の体積は 0.2 m^3。体積フラックスは，$1.0 \times 10^{-4} \text{ m h}^{-1}$。　(4) 0.10 mm h^{-1}。

答 230　(1) 式 (15.8) より，$1370 \text{ W m}^{-2} \times \cos(\pi/6) = 1190 \text{ W m}^{-2}$
(2) $1190 \text{ J s}^{-1} \text{ m}^{-2}/(2.5 \times 10^6 \text{ J kg}^{-1}) = 4.76 \times 10^{-4} \text{ kg s}^{-1} \text{ m}^{-2}$。水 1 kg は 1 m^2 の平面に伸ばしたら，1 mm の厚さになるので，このフラックスは $4.76 \times 10^{-4} \text{ mm s}^{-1}$ に相当する。

答 231
(1) $20 \text{ mm h}^{-1}/\cos(45\text{ 度}) = 28.3 \text{ mm h}^{-1}$
(2) 雨の降ってくる方向と斜面の法線ベクトルのなす角は 45 度 $-$ 30 度 $=$ 15 度。
　従って $28.3 \text{ mm h}^{-1} \times \cos(15\text{ 度}) = 27.3 \text{ mm h}^{-1}$。
(3) 雨の降ってくる方向と斜面の法線ベクトルのなす角は 90 度 $-$ 15 度 $=$ 75 度。
　従って $28.3 \text{ mm h}^{-1} \times \cos(75\text{ 度}) = 7.3 \text{ mm h}^{-1}$。

答 232　(1) 略。　(2) 略。地道に計算するだけだが，微分操作に慣れない人はつまずきがちなので，ヒント

を示しておく。発散をいきなり計算せず，まず各成分に関する微分を個々に計算しよう。$r = (x^2 + y^2 + z^2)^{1/2}$ に注意すると，x 成分については，

$$\frac{\partial}{\partial x}\frac{x}{r^3} = \frac{\partial}{\partial x}x(x^2 + y^2 + z^2)^{-3/2}$$
$$= (x^2 + y^2 + z^2)^{-3/2} + x\frac{\partial}{\partial x}(x^2 + y^2 + z^2)^{-3/2}$$
$$= \frac{1}{r^3} - x\frac{3}{2}(x^2 + y^2 + z^2)^{-5/2}\frac{\partial}{\partial x}x^2$$
$$= \cdots$$

1 行目から 2 行目への変形は「積の微分」の公式を使った。2 行目から 3 行目への変形では $(x^2 + y^2 + z^2)^{-3/2} = 1/r^3$ であることと，「合成関数の微分」の公式を使った。このように，微分の外に出た $x^2 + y^2 + z^2$ は，適宜，r を使って書き換えていくと，処理が楽になる（たとえば 3 行目の第 2 項にある $(x^2 + y^2 + z^2)^{-5/2}$ は $1/r^5$ と書き換えられる）。同様に y 成分，z 成分の偏微分も行なって，最後に足し合わせると，うまく約分などができて，最後は $3/r^3 - 3/r^3 = 0$ という形になる。なお，この問題は，物理学における，点電荷のつくる電場の性質を表す。

答 233

(1) $dV = dx\,dy\,dz$
(2) 面 A は十分に小さく，その付近では u はほぼ一定であるとみなせば，面 A 付近の $\mathbf{U}$ は，面 A の中心点 $(x_0 - dx/2, y_0, z_0)$ での $\mathbf{U}$ で代表される。一方，$\mathbf{U}$ の 3 つの成分のうち，v と w は面 A に平行な成分なので，面 A への流入量には関係しない。すると，面 A に流入する水量は，u（に単位時間をかけたもの）と面 A の面積の積に等しい。従って，

$$f(\mathrm{A}) = u\left(x_0 - \frac{dx}{2}, y_0, z_0\right)dy\,dz$$

(3) 前問と同様に考え，面 A' の付近での $\mathbf{U}$ を面 A' の中心点 $(x_0 + dx/2, y_0, z_0)$ での $\mathbf{U}$ で代表させる。ただし，面 A のときと違って，面 A' に水が流入するときは u がマイナスである。従って，

$$f(\mathrm{A'}) = -u\left(x_0 + \frac{dx}{2}, y_0, z_0\right)dy\,dz$$

(4) この直方体に関して，単位時間内に面 A と面 A' を介する水の正味の流入量は $f(\mathrm{A}) + f(\mathrm{A'})$ になるのは自明。上の 2 つの式から，

$$f(\mathrm{A}) + f(\mathrm{A'})$$
$$= \left(u\left(x_0 - \frac{dx}{2}, y_0, z_0\right) - u\left(x_0 + \frac{dx}{2}, y_0, z_0\right)\right)dy\,dz$$

(5)

$$u(x_0 - \frac{dx}{2}, y_0, z_0) = u(x_0, y_0, z_0) - \frac{\partial u}{\partial x}\frac{dx}{2}$$

$$u(x_0 + \frac{dx}{2}, y_0, z_0) = u(x_0, y_0, z_0) + \frac{\partial u}{\partial x}\frac{dx}{2}$$

を上の式に代入すれば，

$$f(\mathrm{A}) + f(\mathrm{A'}) = -\frac{\partial u}{\partial x}dx\,dy\,dz$$

(6) 前小問と，

$$f(\mathrm{B}) + f(\mathrm{B'}) = -\frac{\partial v}{\partial y}dx\,dy\,dz$$

$$f(\mathrm{C}) + f(\mathrm{C'}) = -\frac{\partial w}{\partial z}dx\,dy\,dz$$

より，

$$f(\mathrm{A}) + f(\mathrm{A'}) + f(\mathrm{B}) + f(\mathrm{B'}) + f(\mathrm{C}) + f(\mathrm{C'})$$
$$= -\left(\frac{\partial u}{\partial x} + \frac{\partial v}{\partial y} + \frac{\partial w}{\partial z}\right)dx\,dy\,dz$$

(7) divergence の定義より，

$$\mathrm{div}\,\mathbf{U} = \frac{\partial u}{\partial x} + \frac{\partial v}{\partial y} + \frac{\partial w}{\partial z}$$

これを上の式に代入し，$dV = dx\,dy\,dz$ を使って，

$$f(\mathrm{A}) + f(\mathrm{A'}) + f(\mathrm{B}) + f(\mathrm{B'}) + f(\mathrm{C}) + f(\mathrm{C'})$$
$$= -(\mathrm{div}\,\mathbf{U})\,dV$$

答 234 (1) 式 (15.33) を線型近似すると，

$$q \fallingdotseq C\,\Delta V\frac{\partial T}{\partial t}\Delta t$$

となる。この式を式 (15.32) の左辺に代入すると，

$$C\,\Delta V\frac{\partial T}{\partial t}\Delta t \fallingdotseq -\mathrm{div}\,\mathbf{J}\,\Delta V\,\Delta t$$

となる両辺を $\Delta V\,\Delta t$ で割ると，

$$C\frac{\partial T}{\partial t} \fallingdotseq -\mathrm{div}\,\mathbf{J}$$

となる。Δt と ΔV がともに 0 に近づけば近似の精度は限りなく良くなるので，この $\fallingdotseq$ は＝に置き換えてよい。すると与式を得る。　(2) 略（ヒント：式 (15.34) の $\mathbf{J}$ に式 (15.30) を代入すればよい）。

答 236 略。（$\nabla \bullet \nabla f$ を，∇ の定義と内積の計算規則で展開するだけ）

答 237 定常状態では，場は時間に依存しないので，式 (15.44) の c は t に依存しない。つまり t に関しては定数関数とみなせる。従って，$\partial c/\partial t = 0$ である。従って，式 (15.44) の左辺は 0 になり，$0 = K\triangle c$ となる。両辺を K で割ると，$\triangle c = 0$ となり，式 (15.45) と同じ形の方程式，つまりラプラス方程式になる。

第 16 章

ベクトル解析3：
ガウスとストークスの定理

本章では，「ガウスの発散定理」と「ストークスの定理」という 2 つの定理を学びます。これらはベクトル解析の中核です。電磁気学や流体力学，水理学，気象学，移動現象論など，農学・環境科学で必要な多くの物理学を理解する上で必須のツールです。

本章では，特に断らない限り，「空間」とは 3 次元ユークリッド空間を意味する。また，出てくるスカラー場やベクトル場は何回でも微分可能とする。

16.1 ガウスの発散定理

前章の 15.5 節では，微小な直方体について水の出入りを考えたが，こんどは，そのような微小な直方体が 2 つ，隣接している状況を考えよう。

図 16.1 を見て欲しい。直方体 1 は点 P_1: (x_1, y_1, z_1) を中心に持ち，A, A', B, B', C, C' という面で構成されるとしよう。直方体 2 は点 P_2: (x_2, y_2, z_2) を中心に持ち，D, D', E, E', F, F' という面で構成されるとしよう。面 A, A', D, D' は x 軸に垂直とし，面 A' と面 D は同じ大きさ・同じ形で，互いにぴったりくっついているとする。

面 B, B', C, C', E, E', F, F' はそれぞれどこに

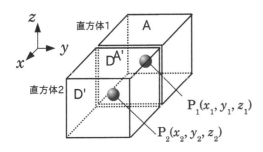

図16.1 微小な直方体が 2 つ隣接する。面 A' と面 D は，見やすいように隙間があいて描かれているが，実際はぴったりくっついているものとする。

あたるのかはあまり気にしないでよい。ここから後の話では，それらと面 A，面 D' が，「この 2 つの直方体をくっつけてできるちょっと大きな直方体」の表面を構成する，ということだけが大事なのだ。

さて，面 X（X は A, A', B, B', C, C' のいずれか）を通って単位時間内に直方体 1 に流入する水の体積を $f(X)$ と書き，面 X（X は D, D', E, E', F, F' のいずれか）を通って単位時間内に直方体 2 に流入する水の体積を $g(X)$ と書こう。水の速度を $\mathbf{U}$ とする。すると，P.192 式 (15.28) より，

$$f(A) + f(A') + f(B) + f(B') + f(C) + f(C') = -(\mathrm{div}\,\mathbf{U})_1\, dV_1 \quad (16.1)$$

$$g(D) + g(D') + g(E) + g(E') + g(F) + g(F') = -(\mathrm{div}\,\mathbf{U})_2\, dV_2 \quad (16.2)$$

となる。ここで，下つきの添字は，どの直方体についてかを区別するものである。すなわち，dV_1, dV_2 はそれぞれ直方体 1, 2 の体積である。$(\mathrm{div}\,\mathbf{U})_1$, $(\mathrm{div}\,\mathbf{U})_2$ は，それぞれ点 P_1, P_2 における $\mathrm{div}\,\mathbf{U}$ である。

さて，上の 2 つの式の各辺を足してみよう。左辺は，

$$f(A) + f(A') + f(B) + f(B') + f(C) + f(C') + g(D) + g(D') + g(E) + g(E') + g(F) + g(F')$$

となる。ところが，面 A' と面 D は，ぴったり接している。これらの面を介して，もし直方体 1 から水が出ていればそれはそっくり直方体 2 に入るし，逆も然り。従って，$f(A') = -g(D)$ である。従って，$f(A') + g(D) = 0$ である。従って，上の式は，

$$f(A) + f(B) + f(B') + f(C) + f(C') + g(D') + g(E) + g(E') + g(F) + g(F') \quad (16.3)$$

となる。これは，見て分かるように，2 つの直方体が合体してできた，少し大きな直方体の全ての面から単位時間内に流入する水の体積の和である。

一方，右辺の和は，

$$-\left\{(\operatorname{div}\mathbf{U})_1\,dV_1 + (\operatorname{div}\mathbf{U})_2\,dV_2\right\} \tag{16.4}$$

となる。式 (16.3) と式 (16.4) が等しいことから，結局，この合体直方体について，単位時間内に全表面から流入する水の体積の和は，各直方体について中心点での水の体積フラックス（すなわち水の速度 $\mathbf{U}$）の発散に体積をかけたものの，和に等しいことがわかる。

こういうことを，もっとたくさんの直方体 $1, 2, \cdots, m$ の集合について考えよう。これらは互いに隣接しあって，大きな立体を作るとする。その立体を Ω とよぼう。まるで積木細工やレゴブロックでお城や船ができるように，どんな形の立体も，たくさんの小さな直方体の集合で構成できるだろう。そして，立体 Ω の表面のことを Σ とよぼう[*1]。

さて，この場合，式 (16.3) に対応するのは，単位時間内にその立体 Ω の全表面 Σ から流入する水量の和になる。Σ は n 個の微小な面から構成されるとし，それぞれの面に番号をつける。k 番目（k は 1 以上 n 以下の整数）の面の面積を dS_k とする。k 番目の面を通って単位時間内に立体に流入する水量は，その面の単位法線ベクトル（面に垂直で長さが 1 のベクトルで，立体の内側から外側に向かう方向）を $\mathbf{n}_k$ とすると，P.191 式 (15.14) より

$$-\mathbf{U}_k \bullet \mathbf{n}_k\,dS_k \tag{16.5}$$

になる（ここで，$\mathbf{U}_k$ は，k 番目の面の中心における $\mathbf{U}$ である）。$\mathbf{n}_k$ と $\mathbf{U}_k$ が逆向きの時に流入になるから，マイナス符号がつくことに注意。式 (16.5) を全ての面について考えて，それらを足しあわせると，

$$-\sum_{k=1}^{n}\mathbf{U}_k \bullet \mathbf{n}_k\,dS_k \tag{16.6}$$

となる[*2]。ここで dS が限りなく 0 に近いことを思い出すと，式 (16.6) は，

$$-\iint_{\Sigma}\mathbf{U}\bullet\mathbf{n}\,dS \tag{16.7}$$

となる（面積分だということを忘れないように $\int$ を 2 つ書いた）。これが式 (16.3) を拡張した式である。

一方，式 (16.4) を拡張すると，

$$-\left\{(\operatorname{div}\mathbf{U})_1\,dV_1 + (\operatorname{div}\mathbf{U})_2\,dV_2\right.$$
$$\left.+\cdots+(\operatorname{div}\mathbf{U})_m\,dV_m\right\}$$
$$= -\sum_{k=1}^{m}(\operatorname{div}\mathbf{U})_k\,dV_k \tag{16.8}$$

となる。dV_k が限りなくゼロに近いことを思い出すと，これは，

$$-\iiint_{\Omega}\operatorname{div}\mathbf{U}\,dV \tag{16.9}$$

となる（体積分だということを忘れないように $\int$ を 3 つ書いた）。これが式 (16.4) に対応する式である。式 (16.7) と式 (16.9) が等しいことから，次式が成り立つ：

ガウスの発散定理

立体 Ω の表面 Σ に関して，$\mathbf{n}$ を Σ の単位法線ベクトルとすると，微分可能なベクトル場 $\mathbf{U}$ について，

$$\iint_{\Sigma}\mathbf{U}\bullet\mathbf{n}\,dS = \iiint_{\Omega}\operatorname{div}\mathbf{U}\,dV \tag{16.10}$$

これは P.192 式 (15.28) を拡張したものと言える。つまり，式 (15.28) は，微小な直方体について，「各面から出入りするフラックスの総和」が「発散掛ける体積」に等しいことを述べていたが，式 (16.10) は，それを（微小とは限らない）一般の立体に拡張するのだ。この場合，「発散掛ける体積」が，「発散の体積分」に変わるのである。

ガウスの発散定理，すなわち式 (16.10) は必ず記憶しよう。

注意 1：ガウスの発散定理は単に「ガウスの定理」とよぶこともある[*3]。

[*1]　この Σ は，和の記号 Σ と，たまたま同じ記号だが，その意味は別である。立体の表面のことを Σ とよぶのは慣習である。「表面」の英語は surface であり，その頭文字 S に対応するギリシャ文字だから Σ を使うのだ。

[*2]　この式の Σ は和の記号である。

[*3]　ドイツの数学者ガウスは，「数学の王様」と呼ばれるくらい，大量の卓越した数学的発見を残した。ガウスの名前がついた定理は，数学や物理学の様々な分野に存在する。「ガウスの定

注意 2：左辺の内積の ● を書き忘れる人が多い。

注意 3：ベクトルを太字で書かなかったり，ベクトルでないものを太字で書いたり，混乱する人が多い。式 (16.10) では，左辺の $\mathbf{U}$ と $\mathbf{n}$，そして右辺の $\mathbf{U}$ が太字（ベクトル）であり，それ以外は細字である。

注意 4：上の解説では，水の流れを例にとったが，ガウスの発散定理は，水の流れに限らず，任意の微分可能なベクトル場に対してなりたつ。なぜなら，どんなベクトル場であっても，それを速度分布とするような水の流れを仮想的に考えれば，上の議論が成り立つからだ。

注意 5：式 (16.10) 左辺の面積分は，文字どおり「面」，つまり 2 次元的な量に関する積分なので，$\int$ を 2 つ書いた。同様に，右辺の体積分は，文字どおり「体積」，つまり 3 次元的な量に関する積分なので，$\int$ を 3 つ書いた。これらを省略して $\int$ をひとつだけで下記のように書く流儀もある：

$$\int_{\Sigma} \mathbf{U} \bullet \mathbf{n} \, dS = \int_{\Omega} \operatorname{div} \mathbf{U} \, dV \qquad (16.11)$$

注意 6：式 (16.10) 左辺の $\mathbf{n} \, dS$ をまとめて $d\mathbf{S}$ と書き，

$$\iint_{\Sigma} \mathbf{U} \bullet d\mathbf{S} = \iiint_{\Omega} \operatorname{div} \mathbf{U} \, dV \qquad (16.12)$$

と書くこともある（その場合 $\mathbf{S}$ は太字）。$d\mathbf{S}$ の大きさは微小面積 dS で，向きはその微小面に垂直である。そのようなベクトルを微小面積ベクトルとか面素ベクトルとよぶ。

では，ガウスの発散定理が実際のベクトル場で成り立つ例を見てみよう。

問 239 ベクトル場 $\mathbf{U}(x, y, z) = (x, y, z)$ を考える。原点中心，半径 a の球 Ω について，ガウスの発散定理の成立を確かめよう。なお，この球の表面を Σ とよぶ。

(1) Σ 上ではどこでも，$|\mathbf{U}| = \sqrt{x^2 + y^2 + z^2} = a$ であることを示せ。

(2) Σ 上ではどこでも，$\mathbf{U}$ は Σ に垂直であることを示せ。

(3) $\mathbf{n}$ を，球の内側から外側の方向に向かう，球表

面の単位法線ベクトルとする。Σ 上ではどこでも，$\mathbf{U} \bullet \mathbf{n} = a$ であることを示せ。

(4) 次式を示せ：

$$\iint_{\Sigma} \mathbf{U} \bullet \mathbf{n} \, dS = 4\pi a^3 \qquad (16.13)$$

(5) (x, y, z) がどの場所であっても，$\operatorname{div} \mathbf{U} = 3$ であることを示せ。

(6) 小問 (5) を使って次式を示せ：

$$\iiint_{\Omega} \operatorname{div} \mathbf{U} \, dV = 4\pi a^3 \qquad (16.14)$$

小問 (4)(6) より，このベクトル場 $\mathbf{U}$ とこの球についてガウスの発散定理が成り立つことがわかる。

問 240 前問と同じベクトル場 $\mathbf{U}(x, y, z) = (x, y, z)$ を，こんどは次式で表される直方体：

$$0 \le x \le 2, \quad 0 \le y \le 3, \quad 0 \le z \le 5 \quad (16.15)$$

について成り立つことを確かめよう。以下，この直方体を Ω，その表面を Σ と呼ぼう。

(1) $x = 0$ の面 A について，次式を示せ：

$$\iint_{A} \mathbf{U} \bullet \mathbf{n} \, dS = 0 \qquad (16.16)$$

(2) $x = 2$ の面 A' について，次式を示せ：

$$\iint_{A'} \mathbf{U} \bullet \mathbf{n} \, dS = 30 \qquad (16.17)$$

(3) 次式を示せ：

$$\iint_{\Sigma} \mathbf{U} \bullet \mathbf{n} \, dS = 90 \qquad (16.18)$$

(4) $\operatorname{div} \mathbf{U} = 3$ を使って次式を示せ：

$$\iiint_{\Omega} \operatorname{div} \mathbf{U} \, dV = 90 \qquad (16.19)$$

小問 (3)(4) より，このベクトル場 $\mathbf{U}$ とこの直方体についてガウスの発散定理が成り立つことがわかる。

注意：実際には，問 239 や問 240 のようにガウスの発散定理を具体的な関数に適用することは稀で，むしろこの定理は様々な偏微分方程式の理論的な導出や変形に使われることが多い。高校数学の習性（笑）では，積分記号を見ると積分計算をしたく

なるが，式 (16.10) では，積分記号は数学的なアイデアを伝える言葉と解釈する方がよい。だからガウスの発散定理の積分が実際に計算できなくても失望したり，「ガウスの発散定理はわからない！」と諦めなくてもよい（もちろん，問 239 や問 240 の程度の計算力は基礎学力として大切だが）。

16.2　ベクトル場の回転

P.178 式 (14.11) で学んだように，ナブラ演算子を 3 次元ユークリッド空間のベクトル場 $\mathbf{U}$ に対して外積の規則で作用させる演算：

$$\nabla \times \mathbf{U} \tag{16.20}$$

を，「回転」，「循環」，rotation, curl などとよぶ。式 (16.20) を $\mathrm{rot}\,\mathbf{U}$ や $\mathrm{curl}\,\mathbf{U}$ と書くこともある：

問 241　以下を示せ：
(1)　$\mathrm{rot}\,(y, -x, 0) = (0, 0, -2)$
(2)　$\mathrm{rot}\,(-z, 0, 0) = (0, -1, 0)$

問 242　$\boldsymbol{\omega} = (\omega_1, \omega_2, \omega_3)$, $\mathbf{r} = (x, y, z)$ とする。$\omega_1, \omega_2, \omega_3$ は場所によらない定数とする。次式を示せ：

$$\mathrm{rot}\,(\boldsymbol{\omega} \times \mathbf{r}) = 2\boldsymbol{\omega} \tag{16.21}$$

注：わからなくてもよいが，参考までに，$\boldsymbol{\omega} \times \mathbf{r}$ は原点に対して角速度ベクトル $\boldsymbol{\omega}$ で回転運動する質点の速度を表す。

問 243　スカラー場 $f(x, y, z)$ について次式が恒等的に成り立つことを示せ：

$$\nabla \times (\nabla f) = \mathbf{0} \tag{16.22}$$

さて，偏微分がたくさん出てきて，書くのが面倒で窮屈になってきた。そういうときは，$\partial u/\partial x$ を u_x というふうに，x や y, z 等による偏微分を下つき添字で略記することにしよう。そして高階偏微分はこの添字を重ねて書くことにしよう。たとえば，

$$\frac{\partial v}{\partial z} = v_z, \quad \frac{\partial^2 u}{\partial x \partial y} = u_{xy}, \quad \frac{\partial^2 w}{\partial x^2} = w_{xx}$$

等と書く。この書き方は，流体力学などではよく使われるものの，それほど一般的なものではないので，よそで使うときには，あらかじめ定義して使おう。以下，∂ を使う書き方とこの書き方を併用していく。

また，今後は，なるべくナブラ記号を使い，$\mathrm{grad}\,f$ のかわりに ∇f と書き，$\mathrm{div}\,\mathbf{U}$ のかわりに $\nabla \bullet \mathbf{U}$ と書き，$\mathrm{rot}\,\mathbf{U}$ のかわりに $\nabla \times \mathbf{U}$ と書くことに慣れていこう。

問 244　上の記法を使って，空間のベクトル場 $\mathbf{U} = (u, v, w)$ の発散と回転を，$\mathbf{U}$ の成分で表記せよ。

問 245　空間のベクトル場 $\mathbf{U}$ について，次式が恒等的に成り立つことを示せ：

$$\nabla \bullet (\nabla \times \mathbf{U}) = 0 \tag{16.23}$$

ヒント：地道に成分ごとに計算する。上の記法を使えば楽。複数の変数による高階偏微分は順序の入れ替えが可能なこと（たとえば $u_{xy} = u_{yx}$）に注意。

問 246　空間のベクトル場 $\mathbf{U} = (u, v, w)$ について，

$$\nabla \times (\nabla \times \mathbf{U}) \tag{16.24}$$

を計算しよう。これは物理学で重要な演算である。
(1)　上の式を，成分で書くと次式になることを示せ：

$$\begin{bmatrix} \frac{\partial}{\partial y}(v_x - u_y) - \frac{\partial}{\partial z}(u_z - w_x) \\ \frac{\partial}{\partial z}(w_y - v_z) - \frac{\partial}{\partial x}(v_x - u_y) \\ \frac{\partial}{\partial x}(u_z - w_x) - \frac{\partial}{\partial y}(w_y - v_z) \end{bmatrix} \tag{16.25}$$

(2)　これは次式に変形できることを示せ：

$$\begin{bmatrix} -u_{yy} - u_{zz} + v_{xy} + w_{xz} \\ u_{xy} - v_{xx} - v_{zz} + w_{yz} \\ u_{xz} + v_{yz} - w_{xx} - w_{yy} \end{bmatrix} \tag{16.26}$$

(3)　これは次式に変形できることを示せ：

$$\begin{bmatrix} -u_{xx} - u_{yy} - u_{zz} + u_{xx} + v_{xy} + w_{xz} \\ -v_{xx} - v_{yy} - v_{zz} + u_{yx} + v_{yy} + w_{yz} \\ -w_{xx} - w_{yy} - w_{zz} + u_{zx} + v_{zy} + w_{zz} \end{bmatrix}$$

(4) これは次式に変形できることを示せ：

$$\begin{bmatrix} -\triangle u + \dfrac{\partial}{\partial x} \nabla \bullet \mathbf{U} \\[2mm] -\triangle v + \dfrac{\partial}{\partial y} \nabla \bullet \mathbf{U} \\[2mm] -\triangle w + \dfrac{\partial}{\partial z} \nabla \bullet \mathbf{U} \end{bmatrix} \qquad (16.27)$$

(5) 以上より，次式を示せ：

$$\nabla \times (\nabla \times \mathbf{U}) = -\triangle \mathbf{U} + \nabla(\nabla \bullet \mathbf{U})$$
$$(16.28)$$

16.3 ベクトル場の回転の意味

さきほど学んだ回転（rotation）は，何を意味する量なのだろうか？ 手始めに，次のような状況を考えてみよう。

2 次元ユークリッド空間（つまり平面）に，ベクトル場

$$\mathbf{U}(x,y) = \begin{bmatrix} u(x,y) \\ v(x,y) \end{bmatrix} \qquad (16.29)$$

があるとする（列ベクトルで書いたり行ベクトルで書いたりするが，適宜書きやすい方で書けばよい。回転や外積の演算は列ベクトルで書く方が見やすいのでここでは列ベクトルで書いている）。ある点 P(x, y) と，その点を囲むような，以下のような 4 点を考える（図 16.2）：

A : $\left(x - \dfrac{dx}{2}, y - \dfrac{dy}{2}\right)$，　B : $\left(x + \dfrac{dx}{2}, y - \dfrac{dy}{2}\right)$

C : $\left(x + \dfrac{dx}{2}, y + \dfrac{dy}{2}\right)$，　D : $\left(x - \dfrac{dx}{2}, y + \dfrac{dy}{2}\right)$

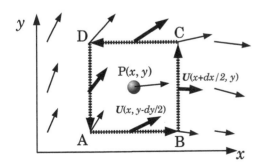

図 16.2 2 次元上のベクトル場と長方形。実線の矢印はベクトル場 $\mathbf{U}$。点線矢印は，四角形 ABCD の隣接する頂点どうしを結ぶベクトル。

dx, dy は，いずれも微小量である。明らかに，ABCD は長方形を作り，その中心に P が存在する。点 A から出発して，この長方形をぐるっと一周するような経路に沿って，$\mathbf{U}$ を線積分してみよう。すなわち，

$$I = \oint_{\mathrm{A} \to \mathrm{B} \to \mathrm{C} \to \mathrm{D} \to \mathrm{A}} \mathbf{U} \bullet d\mathbf{r} \qquad (16.30)$$

を計算するのである。ここで，$d\mathbf{r}$ は，経路に沿った微小変位である。このように，「ぐるっとまわってもとに戻る」ような線積分を，周回線積分または周回積分とよぶ。積分記号についている小さな○は，「周回」を意味する印である。

問 247

(1) 辺 AB に沿った線積分を I_{AB} とする。辺 AB は十分に短いので，その上では $\mathbf{U}$ はほぼ一定であると近似し，AB の中間点での $\mathbf{U}$ で代表させる。すると，

$$\begin{aligned} I_{\mathrm{AB}} &= \mathbf{U}\left(x, y - \dfrac{dy}{2}\right) \bullet \overrightarrow{\mathrm{AB}} \\ &= \mathbf{U}\left(x, y - \dfrac{dy}{2}\right) \bullet (dx, 0) \\ &= u\left(x, y - \dfrac{dy}{2}\right) dx \end{aligned} \qquad (16.31)$$

となることを示せ。

(2) 同様に，次の 3 つの式を示せ。

$$I_{\mathrm{BC}} = v\left(x + \dfrac{dx}{2}, y\right) dy \qquad (16.32)$$

$$I_{\mathrm{CD}} = -u\left(x, y + \dfrac{dy}{2}\right) dx \qquad (16.33)$$

$$I_{\mathrm{DA}} = -v\left(x - \dfrac{dx}{2}, y\right) dy \qquad (16.34)$$

(3) $I = I_{\mathrm{AB}} + I_{\mathrm{BC}} + I_{\mathrm{CD}} + I_{\mathrm{DA}}$ より，次式を示せ：

$$I = \left\{ v\left(x + \dfrac{dx}{2}, y\right) - v\left(x - \dfrac{dx}{2}, y\right) \right\} dy$$
$$- \left\{ u\left(x, y + \dfrac{dy}{2}\right) - u\left(x, y - \dfrac{dy}{2}\right) \right\} dx$$

(4) これは次式のように書き換えられることを示せ：

$$\begin{aligned} I &= \dfrac{\partial v}{\partial x} dx\, dy - \dfrac{\partial u}{\partial y} dx\, dy \\ &= \left(\dfrac{\partial v}{\partial x} - \dfrac{\partial u}{\partial y} \right) dx\, dy \end{aligned} \qquad (16.35)$$

前問で計算したのは，回転（rotation）そのものではないが（いわば，2 次元に単純化した回転），回転の基本的な考え方はこの中に入っている。式 (16.35) を見ると，微小長方形領域の周囲をぐるっとまわる周回線積分は，

$$\frac{\partial v}{\partial x} - \frac{\partial u}{\partial y} \qquad (16.36)$$

という量と，微小長方形の面積 $dx\,dy$ の積になっている。これが重要であり，rotation の考え方の基礎である。後に述べるストークスの定理は，これを拡張したものである。

ここで，周回線積分の意味を考えておこう。$\mathbf{U}$ が，物体にかかる力（の場）であるならば，その線積分は，物体の移動にかかる仕事である。「ぐるっとまわる」ということは，物体を移動させて元の位置まで戻すということだ。ただし，重力などの保存力であるならば，これがゼロであることを物理学では習っただろう。

さて，上の議論を 3 次元に拡張しよう。そうすれば回転（rotation）の意味が明らかになる。

空間に，ベクトル場

$$\mathbf{U}(x, y, z) = \begin{bmatrix} u(x, y, z) \\ v(x, y, z) \\ w(x, y, z) \end{bmatrix} \qquad (16.37)$$

があるとする。位置ベクトル $\mathbf{r} = (x, y, z)$ で表される点 P と，その点を囲むような，以下のような 4 点を考える（図 16.3）：

位置ベクトル $\mathbf{r} - \mathbf{a}/2 - \mathbf{b}/2$ で表される点 A
位置ベクトル $\mathbf{r} + \mathbf{a}/2 - \mathbf{b}/2$ で表される点 B
位置ベクトル $\mathbf{r} + \mathbf{a}/2 + \mathbf{b}/2$ で表される点 C

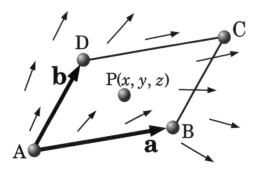

図 16.3　空間内の点 P(x, y, z) と，それを取り囲むように 2 つのベクトル $\mathbf{a}, \mathbf{b}$ で張られる平行四辺形 ABCD。細い矢印はベクトル場 $\mathbf{U}$。

位置ベクトル $\mathbf{r} - \mathbf{a}/2 + \mathbf{b}/2$ で表される点 D
ただし，$\mathbf{a}, \mathbf{b}$ は，いずれも，微小な大きさのベクトルであり，次式で表されるとする。

$$\mathbf{a} = (a_1, a_2, a_3), \quad \mathbf{b} = (b_1, b_2, b_3) \qquad (16.38)$$

問 248

(1) 次の 4 つの式を示せ：

$$\overrightarrow{AB} = \mathbf{a}, \quad \overrightarrow{BC} = \mathbf{b},$$
$$\overrightarrow{CD} = -\mathbf{a}, \quad \overrightarrow{DA} = -\mathbf{b}$$

(2) ABCD が平行四辺形となることを示せ。

(3) ABCD の中心に P が存在することを示せ。

点 A から出発して，この長方形をぐるっと一周するような経路に沿って，$\mathbf{U}$ を周回線積分してみよう。すなわち，

$$I = \oint_{A \to B \to C \to D \to A} \mathbf{U} \bullet d\mathbf{r} \qquad (16.39)$$

を計算するのである。ここで，$d\mathbf{r}$ は，経路に沿った微小変位である。

問 249 この状況で，

(1) 辺 AB に沿った線積分を I_{AB} とすると，

$$I_{AB} = \mathbf{U}\left(\mathbf{r} - \frac{\mathbf{b}}{2}\right) \bullet \overrightarrow{AB} = \mathbf{U}\left(\mathbf{r} - \frac{\mathbf{b}}{2}\right) \bullet \mathbf{a} \qquad (16.40)$$

となることを示せ。

(2) 同様に，次の 3 つの式を示せ。

$$I_{BC} = \mathbf{U}\left(\mathbf{r} + \frac{\mathbf{a}}{2}\right) \bullet \mathbf{b} \qquad (16.41)$$

$$I_{CD} = -\mathbf{U}\left(\mathbf{r} + \frac{\mathbf{b}}{2}\right) \bullet \mathbf{a} \qquad (16.42)$$

$$I_{DA} = -\mathbf{U}\left(\mathbf{r} - \frac{\mathbf{a}}{2}\right) \bullet \mathbf{b} \qquad (16.43)$$

(3) 次式を示せ：

$$I_{AB} + I_{CD}$$
$$= \left\{ \mathbf{U}\left(\mathbf{r} - \frac{\mathbf{b}}{2}\right) - \mathbf{U}\left(\mathbf{r} + \frac{\mathbf{b}}{2}\right) \right\} \bullet \mathbf{a} \qquad (16.44)$$

(4) 次式を示せ（ヒント：u, v, w について全微分を考える）：

$$\mathbf{U}\!\left(\mathbf{r} - \frac{\mathbf{b}}{2}\right) - \mathbf{U}\!\left(\mathbf{r} + \frac{\mathbf{b}}{2}\right)$$

$$= -\begin{bmatrix} u_x b_1 + u_y b_2 + u_z b_3 \\ v_x b_1 + v_y b_2 + v_z b_3 \\ w_x b_1 + w_y b_2 + w_z b_3 \end{bmatrix} \tag{16.45}$$

(5) 前問をもとに，次式を示せ：

$$I_{\mathrm{AB}} + I_{\mathrm{CD}} =$$
$$-(u_x a_1 b_1 + u_y a_1 b_2 + u_z a_1 b_3$$
$$+ v_x a_2 b_1 + v_y a_2 b_2 + v_z a_2 b_3 \tag{16.46}$$
$$+ w_x a_3 b_1 + w_y a_3 b_2 + w_z a_3 b_3)$$

(6) 同様にして，次式を示せ：

$$I_{\mathrm{BC}} + I_{\mathrm{DA}} =$$
$$(u_x a_1 b_1 + u_y a_2 b_1 + u_z a_3 b_1$$
$$+ v_x a_1 b_2 + v_y a_2 b_2 + v_z a_3 b_2 \tag{16.47}$$
$$+ w_x a_1 b_3 + w_y a_2 b_3 + w_z a_3 b_3)$$

(7) 以上から，次式を示せ：

$$I = I_{\mathrm{AB}} + I_{\mathrm{BC}} + I_{\mathrm{CD}} + I_{\mathrm{DA}}$$
$$= u_y(a_2 b_1 - a_1 b_2) + u_z(a_3 b_1 - a_1 b_3)$$
$$+ v_x(a_1 b_2 - a_2 b_1) + v_z(a_3 b_2 - a_2 b_3)$$
$$+ w_x(a_1 b_3 - a_3 b_1) + w_y(a_2 b_3 - a_3 b_2) \tag{16.48}$$

(8) 前問をもとに，次式を示せ：

$$I = (w_y - v_z)(a_2 b_3 - a_3 b_2)$$
$$+ (u_z - w_x)(a_3 b_1 - a_1 b_3) \tag{16.49}$$
$$+ (v_x - u_y)(a_1 b_2 - a_2 b_1)$$

(9) 前問をもとに，次式を示せ：

$$I = (\mathrm{rot}\,\mathbf{U}) \bullet (\mathbf{a} \times \mathbf{b}) \tag{16.50}$$

(10) 平行四辺形 ABCD の面積を dS，平行四辺形の法線ベクトル（ただし，A → B → C → D の向きに右ネジをまわすときに進む方向で，長さを 1 とする）を $\mathbf{n}$ とすると，次式が成り立つことを示せ：

$$\mathbf{a} \times \mathbf{b} = \mathbf{n}\,dS \tag{16.51}$$

(11) 以上より，次式を示せ：

$$I = (\mathrm{rot}\,\mathbf{U}) \bullet \mathbf{n}\,dS \tag{16.52}$$

ここで示した式 (16.52) が，回転（rotation）の意味を端的に表すものである（この式は式 (16.35) を 3 次元ユークリッド空間に拡張したもの）。式 (16.52) で，dS が一定のとき，様々な向きの $\mathbf{n}$ の中で，I が最も大きくなるのは，$\mathbf{n}$ が $\mathrm{rot}\,\mathbf{U}$ と同じ向きを向いているときである。つまり，rotation とは，単位面積における「ベクトル場の周回線積分」が最も大きくなるような面の法線ベクトルであり，その大きさは，その面の単位面積における「ベクトル場の周回線積分」である。

もう，わけわからん！と思うかもしれない。私もそうだった。最初はそういうものである。次第に慣れるものである。まずは上の論理をじっくり追いかけて，頭の中に，自分なりのイメージを作ってみよう。rotation を説明している教科書は，世の中にたくさんある（特に，ベクトル解析というタイトルの本）。それぞれ，すこしずつ違ったスタイルで解説しているので，いろいろ調べてみよう。

16.4　ストークスの定理

ここまで来ると，表題のストークスの定理[*4]まであとわずかである。読めばわかるように，以下の議論は，発散（divergence）の性質からガウスの法則を導いたときと似た論理である。

微小な平行四辺形が 2 つ，隣接している状況を考えよう（図 16.4 左上）。点 A, B, C, D を順に結んだものを平行四辺形 1 とし，点 E, F, G, H を順に結んだものを平行四辺形 2 とする。この 2 つの平行四辺形は，辺 BC と辺 EH を共有しているとする。つまり，点 B と点 E は同一点であり，点 C と点 H も同一点である。そこで，以後は点 E を B，点 H を C と書こう。

平行四辺形 1 の辺を巡る，A → B → C → D → A という経路での周回線積分を I_1 と書こう。平行四辺形 2 の辺を巡る，B → F → G → C → B という経路での周回線積分を I_2 と書こう。

[*4] このストークスはアイルランドの数学者であり，P.41 で見たストークス抵抗にも名前がついている。もちろんそれらは別の話題である。

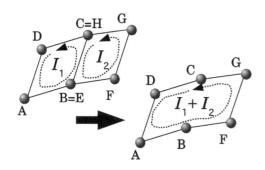

図16.4　空間内の隣接する 2 つの平行四辺形（左上）。それぞれの周回線積分の和（$I_1 + I_2$）は，2 つの平行四辺形を統合した多角形をめぐる周回線積分になる（右下）。

X や Y を，A，B，C，D，F，G のいずれかとし，点 X から点 Y までの線積分

$$\int_{X \to Y} \mathbf{U} \bullet d\mathbf{r} \tag{16.53}$$

を簡略的に

$$\int_{X \to Y} \tag{16.54}$$

と書くことにすれば，

$$\begin{aligned}
I_1 &= \oint_{A \to B \to C \to D \to A} \mathbf{U} \bullet d\mathbf{r} \\
&= \int_{A \to B} + \int_{B \to C} + \int_{C \to D} + \int_{D \to A}
\end{aligned} \tag{16.55}$$

$$\begin{aligned}
I_2 &= \oint_{B \to F \to G \to C \to B} \mathbf{U} \bullet d\mathbf{r} \\
&= \int_{B \to F} + \int_{F \to G} + \int_{G \to C} + \int_{C \to B}
\end{aligned} \tag{16.56}$$

である。ところが，C→B の線積分は B→C の線積分の同じ経路を逆向きに線積分しているので，

$$\int_{C \to B} = -\int_{B \to C} \tag{16.57}$$

である。それを考慮すれば，$I_1 + I_2$ は

$$\begin{aligned}
I_1 + I_2 &= \int_{A \to B} + \int_{B \to F} + \int_{F \to G} \\
&\quad + \int_{G \to C} + \int_{C \to D} + \int_{D \to A}
\end{aligned} \tag{16.58}$$

となり，6 つの点 A，B，F，G，C，D を順に巡って A に戻ってくる周回線積分，つまり，平行四辺形 1 と平行四辺形 2 を連結してできた面の縁をめぐる周回線積分に等しい。

このような議論を，互いにすき間なく隣接する

n 個の平行四辺形について行って全部たしあわせると，

$$I_1 + I_2 + \cdots + I_n \tag{16.59}$$

は，n 個の平行四辺形を組み合わせてできる大きな曲面 Σ の縁 Γ をまわる周回線積分になる。これを I と書こう。すなわち，

$$I = I_1 + I_2 + \cdots + I_n = \oint_{\Gamma} \mathbf{U} \bullet d\mathbf{r} \tag{16.60}$$

である。ここで k 番目の平行四辺形の面積を dS_k，法線ベクトルを $\mathbf{n}_k$ とする。式 (16.52) から，

$$\begin{aligned}
I_1 &= (\text{rot}\,\mathbf{U})_1 \bullet \mathbf{n}_1 dS_1 \\
I_2 &= (\text{rot}\,\mathbf{U})_2 \bullet \mathbf{n}_2 dS_2 \\
&\quad \cdots \\
I_n &= (\text{rot}\,\mathbf{U})_n \bullet \mathbf{n}_n dS_n
\end{aligned} \tag{16.61}$$

である（下つきの添字は，どの平行四辺形についてかを区別するものである）。従って，

$$I = I_1 + I_2 + \cdots + I_n = \sum_{k=1}^{n} (\text{rot}\,\mathbf{U})_k \bullet \mathbf{n}_k \, dS_k$$

となる。ここで，n を十分大きくし，dS_k が十分ゼロに近いと考えれば，

$$I = \iint_{\Sigma} (\text{rot}\,\mathbf{U}) \bullet \mathbf{n} dS \tag{16.62}$$

となる。以上から，次式が成り立つ（必ず記憶しよう）：

ストークスの定理

閉曲線 Γ と，それによって囲まれる曲面 Σ に関して，$\mathbf{n}$ を Σ の単位法線ベクトルとすると，微分可能なベクトル場 $\mathbf{U}$ について，

$$\oint_{\Gamma} \mathbf{U} \bullet d\mathbf{r} = \iint_{\Sigma} (\text{rot}\,\mathbf{U}) \bullet \mathbf{n} \, dS \tag{16.63}$$

問 250　以下のベクトル場を考える：

$$\mathbf{U} = (-y, x, 0) \tag{16.64}$$

図 16.5 のように，原点を中心とする，xy 平面上の半径 1 の円周に沿って，$(1, 0, 0)$ から $(0, 1, 0)$，

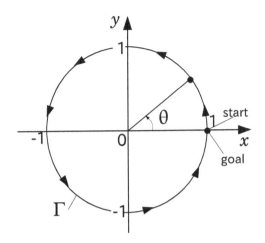

図16.5 問 250 の積分経路。単位円の上を左回りに一周する。

$(-1,0,0)$, $(0,-1,0)$ を順に経由して $(1,0,0)$ に戻る経路を Γ とする。

(1) 次式が成り立つことを，線積分を実際に行うことで示せ。ヒント：P.182 例 14.4 の積分経路（半円）を延長すればよい。

$$\oint_{\Gamma} \mathbf{U} \bullet d\mathbf{r} = 2\pi \tag{16.65}$$

(2) 次式を示せ：$\mathrm{rot}\,\mathbf{U} = (0,0,2)$

(3) この経路 Γ の内部を Σ とする。

$$\iint_{\Sigma} (\mathrm{rot}\,\mathbf{U}) \bullet \mathbf{n}\, dS = 2\pi \tag{16.66}$$

となることを，面積分を実際に行うことで示せ。ヒント：$\mathbf{n} = (0,0,1)$ である。従って，$(\mathrm{rot}\,\mathbf{U}) \bullet \mathbf{n} = (0,0,2) \bullet (0,0,1) = 2$ となる。これは定数だから積分記号の前に出せる。

式 (16.65), 式 (16.66) がともに同じ値になるのは，ストークスの定理と整合している。

演習問題 16　ベクトル場 $\mathbf{U}(x,y,z)$ が $\mathrm{rot}\,\mathbf{U} = \mathbf{0}$ を恒等的に満たすなら，$\mathbf{U}$ の線積分は，積分経路の始点と終点だけで決まり，経路のとり方に依存しないことを示せ。ヒント：2 点 A, B を結ぶ経路として，Γ_1, Γ_2 の 2 つを考える。A から Γ_1 を経由して B に至り，それから Γ_2 を逆行して A に戻るという経路はループになる。このループに沿って $\mathbf{U}$ を周回線積分すると，ストークスの定理から，それは $\mathrm{rot}\,\mathbf{U}$ の面積分になるが，$\mathrm{rot}\,\mathbf{U} = \mathbf{0}$ なので，その積分は 0 である。一方，Γ_2 を逆行する積分は，Γ_2 に沿った積分の符号を反転したものである。

問の解答

答 239

(1) Σ は原点中心，半径 a の球面だから，その上の点は，原点からの距離が a である。従って Σ 上の点 (x,y,z) において，$x^2 + y^2 + z^2 = a^2$ である。一方，その点において，$\mathbf{U} = (x,y,z)$ なので，$|\mathbf{U}| = \sqrt{x^2 + y^2 + z^2} = \sqrt{a^2} = a$ である。

(2) 略（P.179 問 220(3) で $a=1$ とすれば明らか）。

(3) 前小問より，Σ 上ではどこでも，$\mathbf{U}$ と $\mathbf{n}$ は同じ方向である。従って，それらのなす角の余弦は 1 である。従って，$\mathbf{U} \bullet \mathbf{n} = |\mathbf{U}||\mathbf{n}| = |\mathbf{U}| = a$。

(4) $\displaystyle\iint_{\Sigma} \mathbf{U} \bullet \mathbf{n}\, dS = \iint_{\Sigma} a\, dS = a\iint_{\Sigma} dS = 4\pi a^3$

(5) $\mathrm{div}\,\mathbf{U} = \dfrac{\partial x}{\partial x} + \dfrac{\partial y}{\partial y} + \dfrac{\partial z}{\partial z} = 1 + 1 + 1 = 3$

(6) $\displaystyle\iiint_{\Omega} \mathrm{div}\,\mathbf{U}\, dV = \iiint_{\Omega} 3\, dV = 3 \cdot \dfrac{4\pi a^3}{3}$
$= 4\pi a^3$

答 240

(1) $x = 0$ の面 A では，$\mathbf{U} = (0,y,z)$, $\mathbf{n} = (-1,0,0)$ である。従って $\mathbf{U} \bullet \mathbf{n} = 0$。従って与式が成り立つ。

(2) $x = 2$ の面 A' では，$\mathbf{U} = (2,y,z)$, $\mathbf{n} = (1,0,0)$ である。従って $\mathbf{U} \bullet \mathbf{n} = 2$。従って与式は

$$\iint_{\text{A'}} 2\, dS = 2\iint_{\text{A'}} dS = 2 \times 15 = 30$$

となる（面 A' の面積が $3 \times 5 = 15$ であることを使った）。

(3) $y = 0$ の面 B や $z = 0$ の面 C では，小問 (1) と同様に考えて，

$$\iint_{\text{B}} \mathbf{U} \bullet \mathbf{n}\, dS = \iint_{\text{C}} \mathbf{U} \bullet \mathbf{n}\, dS = 0$$

である。また，$y = 3$ の面 B' や $z = 5$ の面 C' では，小問 (2) と同様に考えて，

$$\iint_{\text{B'}} \mathbf{U} \bullet \mathbf{n}\, dS = \iint_{\text{C'}} \mathbf{U} \bullet \mathbf{n}\, dS = 30$$

である。従って，

$$\iint_{\Sigma} \mathbf{U} \bullet \mathbf{n}\, dS = 0 + 0 + 0 + 30 + 30 + 30 = 90$$

(4) $\mathrm{div}\,\mathbf{U} = 3$ であり，Ω の体積は $2 \cdot 3 \cdot 5 = 30$ なので，

$$\iiint_{\Omega} \mathrm{div}\,\mathbf{U}\, dV = \iiint_{\Omega} 3\, dV = 3 \times 30 = 90$$

答 241 略（それぞれ，P.178 式 (14.11) に代入して計算するだけ）。

答 242

$$\mathrm{rot}\,(\boldsymbol{\omega}\times\mathbf{r}) = \begin{bmatrix}\frac{\partial}{\partial x}\\\frac{\partial}{\partial y}\\\frac{\partial}{\partial z}\end{bmatrix}\times\begin{bmatrix}\omega_2 z-\omega_3 y\\\omega_3 x-\omega_1 z\\\omega_1 y-\omega_2 x\end{bmatrix}$$

$$=\begin{bmatrix}\frac{\partial}{\partial y}(\omega_1 y-\omega_2 x)-\frac{\partial}{\partial z}(\omega_3 x-\omega_1 z)\\\frac{\partial}{\partial z}(\omega_2 z-\omega_3 y)-\frac{\partial}{\partial x}(\omega_1 y-\omega_2 x)\\\frac{\partial}{\partial x}(\omega_3 x-\omega_1 z)-\frac{\partial}{\partial y}(\omega_2 z-\omega_3 y)\end{bmatrix}$$

$$=\begin{bmatrix}\omega_1-(-\omega_1)\\\omega_2-(-\omega_2)\\\omega_3-(-\omega_3)\end{bmatrix}=\begin{bmatrix}2\omega_1\\2\omega_2\\2\omega_3\end{bmatrix}=2\boldsymbol{\omega}$$

答 243

$$\nabla\times(\nabla f)=\begin{bmatrix}\frac{\partial}{\partial x}\\\frac{\partial}{\partial y}\\\frac{\partial}{\partial z}\end{bmatrix}\times\begin{bmatrix}\frac{\partial f}{\partial x}\\\frac{\partial f}{\partial y}\\\frac{\partial f}{\partial z}\end{bmatrix}=\begin{bmatrix}\frac{\partial}{\partial y}\frac{\partial f}{\partial z}-\frac{\partial}{\partial z}\frac{\partial f}{\partial y}\\\frac{\partial}{\partial z}\frac{\partial f}{\partial x}-\frac{\partial}{\partial x}\frac{\partial f}{\partial z}\\\frac{\partial}{\partial x}\frac{\partial f}{\partial y}-\frac{\partial}{\partial y}\frac{\partial f}{\partial x}\end{bmatrix}$$

$$=\begin{bmatrix}\frac{\partial^2 f}{\partial y\partial z}-\frac{\partial^2 f}{\partial z\partial y}\\\frac{\partial^2 f}{\partial z\partial x}-\frac{\partial^2 f}{\partial x\partial z}\\\frac{\partial^2 f}{\partial x\partial y}-\frac{\partial^2 f}{\partial y\partial x}\end{bmatrix}=\begin{bmatrix}\frac{\partial^2 f}{\partial y\partial z}-\frac{\partial^2 f}{\partial y\partial z}\\\frac{\partial^2 f}{\partial z\partial x}-\frac{\partial^2 f}{\partial z\partial x}\\\frac{\partial^2 f}{\partial x\partial y}-\frac{\partial^2 f}{\partial x\partial y}\end{bmatrix}=\begin{bmatrix}0\\0\\0\end{bmatrix}$$

ここで，高階の偏微分は順序を入れ替えても変わらないことを使った（わからない人は P.19 を参照）。

答 244

$$\nabla\bullet\mathbf{U}=u_x+v_y+w_z \tag{16.67}$$

$$\nabla\times\mathbf{U}=\begin{bmatrix}w_y-v_z\\u_z-w_x\\v_x-u_y\end{bmatrix} \tag{16.68}$$

式 (16.68) は列ベクトルで書いたが，行ベクトルで書いてもよい。

答 245 以下，偏微分を下付き添字で書き表す。

$$\nabla\bullet(\nabla\times\mathbf{U})=\nabla\bullet\begin{bmatrix}w_y-v_z\\u_z-w_x\\v_x-u_y\end{bmatrix}$$

$$=w_{xy}-v_{xz}+u_{yz}-w_{xy}+v_{xz}-u_{yz}=0$$

答 248

(1) 原点を O として，

$$\begin{cases}\overrightarrow{\mathrm{OA}}=\mathbf{r}-\mathbf{a}/2-\mathbf{b}/2\\\overrightarrow{\mathrm{OB}}=\mathbf{r}+\mathbf{a}/2-\mathbf{b}/2\\\overrightarrow{\mathrm{OC}}=\mathbf{r}+\mathbf{a}/2+\mathbf{b}/2\\\overrightarrow{\mathrm{OD}}=\mathbf{r}-\mathbf{a}/2+\mathbf{b}/2\end{cases} \tag{16.69}$$

より，

$$\overrightarrow{\mathrm{AB}}=\overrightarrow{\mathrm{OB}}-\overrightarrow{\mathrm{OA}}=\mathbf{a},\quad\overrightarrow{\mathrm{BC}}=\overrightarrow{\mathrm{OC}}-\overrightarrow{\mathrm{OB}}=\mathbf{b}$$

$$\overrightarrow{\mathrm{CD}}=\overrightarrow{\mathrm{OD}}-\overrightarrow{\mathrm{OC}}=-\mathbf{a},\quad\overrightarrow{\mathrm{DA}}=\overrightarrow{\mathrm{OA}}-\overrightarrow{\mathrm{OD}}=-\mathbf{b}$$

(2) 前小問より，$\overrightarrow{\mathrm{DC}}=-\overrightarrow{\mathrm{CD}}=\mathbf{a}$ かつ $\overrightarrow{\mathrm{AD}}=-\overrightarrow{\mathrm{DA}}=\mathbf{b}$ となる。従って，$\overrightarrow{\mathrm{AB}}=\overrightarrow{\mathrm{DC}}$，$\overrightarrow{\mathrm{BC}}=\overrightarrow{\mathrm{AD}}$。どの向かい合う 2 辺も平行なので，四角形 ABCD は平行四辺形。

(3) 四角形 ABCD の中心の位置ベクトルは，$(\overrightarrow{\mathrm{OA}}+\overrightarrow{\mathrm{OB}}+\overrightarrow{\mathrm{OC}}+\overrightarrow{\mathrm{OD}})/4$ となる。これに式 (16.69) を代入すると，$\mathbf{r}$，すなわち点 P の位置ベクトルになる。

答 249

(1) 辺 AB の中点の位置ベクトルは，式 (16.69) より $(\overrightarrow{\mathrm{OA}}+\overrightarrow{\mathrm{OB}})/2=\mathbf{r}-\mathbf{b}/2$ となる。辺 AB が十分小さければ，この付近で $\mathbf{U}$ はほとんど一定であり，AB の中点での $\mathbf{U}$ で代表させれば，

$$I_{\mathrm{AB}}=\mathbf{U}\left(\mathbf{r}-\frac{\mathbf{b}}{2}\right)\bullet\overrightarrow{\mathrm{AB}}=\mathbf{U}\left(\mathbf{r}-\frac{\mathbf{b}}{2}\right)\bullet\mathbf{a}$$

(2) 略（(1) と同様）。

(3) 略（(1) と (2) の 2 番めの式を足すだけ）。

(4) 与式の x 成分に着目すると，全微分公式より，

$$u\left(\mathbf{r}-\frac{\mathbf{b}}{2}\right)-u\left(\mathbf{r}+\frac{\mathbf{b}}{2}\right)$$
$$\fallingdotseq u(\mathbf{r})+\frac{\partial u}{\partial x}\left(-\frac{b_1}{2}\right)+\frac{\partial u}{\partial y}\left(-\frac{b_2}{2}\right)+\frac{\partial u}{\partial z}\left(-\frac{b_3}{2}\right)$$
$$-\left\{u(\mathbf{r})+\frac{\partial u}{\partial x}\left(\frac{b_1}{2}\right)+\frac{\partial u}{\partial y}\left(\frac{b_2}{2}\right)+\frac{\partial u}{\partial z}\left(\frac{b_3}{2}\right)\right\}$$
$$=-\frac{\partial u}{\partial x}b_1-\frac{\partial u}{\partial y}b_2-\frac{\partial u}{\partial z}b_3$$
$$=-(u_x b_1+u_y b_2+u_z b_3)$$

となる。y 成分，z 成分も同様に計算すると，

$$v\left(\mathbf{r}-\frac{\mathbf{b}}{2}\right)-v\left(\mathbf{r}+\frac{\mathbf{b}}{2}\right)$$
$$=-(v_x b_1+v_y b_2+v_z b_3)$$
$$w\left(\mathbf{r}-\frac{\mathbf{b}}{2}\right)-w\left(\mathbf{r}+\frac{\mathbf{b}}{2}\right)$$
$$=-(w_x b_1+w_y b_2+w_z b_3)$$

となる。これらをまとめると，

$$\mathbf{U}\left(\mathbf{r}-\frac{\mathbf{b}}{2}\right)-\mathbf{U}\left(\mathbf{r}+\frac{\mathbf{b}}{2}\right)$$
$$=-\begin{bmatrix}u_x b_1+u_y b_2+u_z b_3\\v_x b_1+v_y b_2+v_z b_3\\w_x b_1+w_y b_2+w_z b_3\end{bmatrix}$$

(5) (3) と (4) の結果を使う。

$$I_{\mathrm{AB}}+I_{\mathrm{CD}}$$
$$=\left\{\mathbf{U}\left(\mathbf{r}-\frac{\mathbf{b}}{2}\right)-\mathbf{U}\left(\mathbf{r}+\frac{\mathbf{b}}{2}\right)\right\}\bullet\mathbf{a}$$

$$
= - \begin{bmatrix} u_x b_1 + u_y b_2 + u_z b_3 \\ v_x b_1 + v_y b_2 + v_z b_3 \\ w_x b_1 + w_y b_2 + w_z b_3 \end{bmatrix} \bullet \begin{bmatrix} a_1 \\ a_2 \\ a_3 \end{bmatrix}
$$

$$
= -(u_x a_1 b_1 + u_y a_1 b_2 + u_z a_1 b_3
$$

$$
+ v_x a_2 b_1 + v_y a_2 b_2 + v_z a_2 b_3
$$

$$
+ w_x a_3 b_1 + w_y a_3 b_2 + w_z a_3 b_3)
$$

(6) (5) と同様に考えれば，

$$
I_{\mathrm{BC}} + I_{\mathrm{DA}}
$$

$$
= \left\{ \mathbf{U}\left(\mathbf{r} + \frac{\mathbf{a}}{2} \right) - \mathbf{U}\left(\mathbf{r} - \frac{\mathbf{a}}{2} \right) \right\} \bullet \mathbf{b}
$$

$$
= \begin{bmatrix} u_x a_1 + u_y a_2 + u_z a_3 \\ v_x a_1 + v_y a_2 + v_z a_3 \\ w_x a_1 + w_y a_2 + w_z a_3 \end{bmatrix} \bullet \begin{bmatrix} b_1 \\ b_2 \\ b_3 \end{bmatrix}
$$

$$
= u_x a_1 b_1 + u_y a_2 b_1 + u_z a_3 b_1
$$

$$
+ v_x a_1 b_2 + v_y a_2 b_2 + v_z a_3 b_2
$$

$$
+ w_x a_1 b_3 + w_y a_2 b_3 + w_z a_3 b_3
$$

(7) (5) と (6) の結果から，

$$
I = I_{\mathrm{AB}} + I_{\mathrm{BC}} + I_{\mathrm{CD}} + I_{\mathrm{DA}}
$$

$$
= u_y(a_2 b_1 - a_1 b_2) + u_z(a_3 b_1 - a_1 b_3)
$$

$$
+ v_x(a_1 b_2 - a_2 b_1) + v_z(a_3 b_2 - a_2 b_3)
$$

$$
+ w_x(a_1 b_3 - a_3 b_1) + w_y(a_2 b_3 - a_3 b_2)
$$

(8) (7) の結果を整理すると，

$$
I = (w_y - v_z)(a_2 b_3 - a_3 b_2)
$$

$$
+ (u_z - w_x)(a_3 b_1 - a_1 b_3)
$$

$$
+ (v_x - u_y)(a_1 b_2 - a_2 b_1)
$$

(9)

$$
\mathbf{a} \times \mathbf{b} = \begin{bmatrix} a_2 b_3 - a_3 b_2 \\ a_3 b_1 - a_1 b_3 \\ a_1 b_2 - a_2 b_1 \end{bmatrix}
$$

一方，式 (16.68) より，

$$
\nabla \times \mathbf{U} = \begin{bmatrix} w_y - v_z \\ u_z - w_x \\ v_x - u_y \end{bmatrix}
$$

従って，前小問の式は，$I = (\operatorname{rot} \mathbf{U}) \bullet (\mathbf{a} \times \mathbf{b})$ と書ける。

(10) 平行四辺形 ABCD はベクトル $\mathbf{a}$, $\mathbf{b}$ で張られるから，$\mathbf{a} \times \mathbf{b}$ の大きさは，この平行四辺形の面積 dS に等しい。また，$\mathbf{a} \times \mathbf{b}$ の向きは，$\mathbf{a}$, $\mathbf{b}$ の両方に垂直で，かつ，$\mathbf{a}$ から $\mathbf{b}$ へ右ネジをまわすときに右ネジ

が進む向きであるが，それは平行四辺形 ABCD に垂直で，かつ，右ネジを A → B → C → D の向きにまわすときに右ネジが進む方向，すなわち $\mathbf{n}$ の方向と一致する。従って，$\mathbf{a} \times \mathbf{b} = \mathbf{n} dS$。

(11) (9)(10) より自明。

よくある質問 64　微小ってどこからが微小ですか？… その範囲で関数（ベクトル場やスカラー場）に線型近似が十分な精度で成り立つ程度です。

学生の感想 9　再読してみると，1 年生の当時より各数式の意味が分かるようになっていて読むのが楽しく感じました。2 年生になり生態学や生物物理化学などの授業でも数式を用いた内容が増えたのですが，そんな時にこのテキストで物理学・生物学の数学的な内容をやっていたことで，すんなり理解できることが多くとても助けられています。入学直後に聞いた，数学が全部の基礎になっている，ということが今になってなんとなく実感できました。

第 17 章

マクスウェル方程式と電磁気学

「マクスウェル方程式」は電磁気学の基本法則（支配方程式）であり，電気・磁気の関わる現象と，それらを制御・利用する技術の基盤です。この方程式群はベクトル解析を用いた線型偏微分方程式たちですので，それらの数学の知識とスキルがあれば理解できます。皆さんはそれらをマスターしたので，本書の最後にこのマクスウェル方程式に挑戦しましょう。マクスウェル方程式が支配する美しい電磁気の世界は，きっと皆さんの視野を広げ，世界観を変えるでしょう。

17.1 基本法則マクスウェル方程式

以下の 4 つの偏微分方程式のセットをマクスウェル方程式という（記憶しよう）：

マクスウェル方程式

$$\nabla \cdot \mathbf{E} = \frac{\rho}{\epsilon_0} \tag{17.1}$$

$$\nabla \cdot \mathbf{B} = 0 \tag{17.2}$$

$$\nabla \times \mathbf{E} = -\frac{\partial \mathbf{B}}{\partial t} \tag{17.3}$$

$$\nabla \times \mathbf{B} = \mu_0 \mathbf{j} + \epsilon_0 \mu_0 \frac{\partial \mathbf{E}}{\partial t} \tag{17.4}$$

$\mathbf{E}$ は電場，$\mathbf{B}$ は磁束密度であり，いずれもベクトル場である（P.177 式 (14.5)）。

ρ は電荷密度というスカラー場で，空間の各箇所での単位体積あたりの正味の電荷（正電荷と負電荷を符号を考慮して合計したもの）を表す。

$\mathbf{j}$ は電流密度というベクトル場で，空間の各箇所での電荷のフラックス（つまり単位時間あたり単位面積を通過する電荷）である。

ϵ_0 は真空の誘電率とよばれる定数（$= 8.8541 \cdots \times 10^{-12}$ m^{-3} kg^{-1} s^4 A^2; 値を記憶する必要はない），μ_0 は真空の透磁率とよばれる定数（$= 1.2566 \cdots \times 10^{-6}$ m kg s^{-2} A^{-2}; 値を記憶する必要はない）である。

ここで注意。本によっては式 (17.4) のかわりに次式を載せるものもある：

$$c^2 \nabla \times \mathbf{B} = \frac{\mathbf{j}}{\epsilon_0} + \frac{\partial \mathbf{E}}{\partial t} \tag{17.5}$$

これは，式 (17.4) の両辺を $\epsilon_0 \mu_0$ で割り，

$$c^2 := \frac{1}{\epsilon_0 \mu_0} \tag{17.6}$$

と定義することで得られる。式 (17.4) と式 (17.5) は同等の式であり，どちらを覚えてもよい（違いは慣習に過ぎない）。ちなみに，式 (17.6) で定義される定数 c が光の速さであることを本章で学ぶ。

問 251 マクスウェル方程式を 5 回書いて記憶せよ。

問 252 式 (17.6) を使って，式 (17.4) と式 (17.5) が同じ方程式であることを示せ。

マクスウェル方程式は $\mathbf{E}$ と $\mathbf{B}$ を電荷の在り方（電荷密度と電流密度）に関連付ける。それは，$\mathbf{E}$ と $\mathbf{B}$ それぞれの発散 (divergence) と回転 (rotation) がどう決まるかを記述する。これらを組み合わせ，初期条件と境界条件を適切に与えることで，どんな状況でも $\mathbf{E}$ と $\mathbf{B}$ を決定できる。そしてあらゆる電磁気現象は，$\mathbf{E}$ と $\mathbf{B}$ 自体や，それらから力を受けた荷電粒子の運動によって表現される[*1]。従ってマ

[*1] そのためには，力学的・量子力学的な効果を考える必要もある。

クスウェル方程式は電磁気学の基本法則なのだ。

なぜこの方程式が成り立つのかは，根本的には誰にもわからない。そのように自然は造られているとしか言いようがない。昔の科学者達は，様々な実験事実に辻褄の合う方程式を求めて，試行錯誤の末にこれらを探り当てたのだ。

しかし，後世の我々がそのような基本法則を学ぶときには，「なぜそれが成り立つのだろう」「もっとわかりやすく説明してくれ」と考えてしまいがちである。つまり，その基本法則の背後には，おそらくもっとわかりやすい事実やアイデアがあって，それを使えば目の前の難しそうな基本法則とやらをスカッと理解できるのではないか，と思ってしまうのだ。しかし，そんなうまい話はほとんどない。凡人である我々にそんなことができるならば，長い時間をかけて多くの科学者たちが苦闘したはずがないのだ。

というわけで，マクスウェル方程式は「そういうものだ」として受け入れ，覚えよう！

よくある質問 65　要するに，理解せず丸暗記しなさいってことですか？　そういうの，心理的に抵抗があります。… ちょっと違います。理解するためにまず丸暗記しよう，ということです。数学や物理学はレベルアップしてくると抽象的になるので，簡単には理解できない話題が現れてきます。特に基本法則や公理（定義）はそういうものです（マクスウェル方程式も含めて）。それらに対しては，まず受け入れ，それらがどのような場面でどう活躍するかを知るうちに，少しずつ腑に落ちていく，という勉強法が効くのです。

よくある質問 66　でも暗記しなくてもよいのでは？　必要なときに本やネットを見ればよいと思います… 覚えていないと必要性に気付けないし，たとえ気付いても面倒くさいからそんなに確認しないものですよ。覚えているからこそわかることがたくさんあります。バスケやサッカーの試合を観る時も，キープレーヤーを覚えていると，試合の流れがよくわかるじゃないですか。マクスウェル方程式はキープレーヤーです。

よくある質問 67　キープレーヤーって，見ているうちに自然にわかるし自然に覚えるものでは？… 頻繁に試合観戦するマニアはそうでしょうね。そのくらい

数学・物理学が好きで，数学・物理学を日々考えていれば，マクスウェル方程式も自然に覚えるでしょう。そういうアプローチが可能な人はそれでよいし，むしろそれが望ましいでしょう。ただし，自分がどれだけ数学・物理学に熱くなれるかは，人それぞれだし，そこまでは無理，という人は読者の中に多いのではないでしょうか。

17.2 点電荷まわりの電場（クーロンの法則）

では，マクスウェル方程式がどのように活躍するかを見ていこう。

最初の例は，1 個の荷電粒子（電荷 q）が空間にぽつんと浮かんでいる状況である。まわりには何も無い。この荷電粒子の周囲の電場をマクスウェル方程式で求めてみよう。この荷電粒子を中心とする半径 r の球 Ω を考える（図 17.1）：

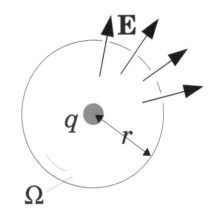

図 17.1　電荷 q を持つ荷電粒子と，それを取り囲む，半径 r の仮想的な球 Ω。その表面の電場 $\mathbf{E}$ を考える。

この球 Ω の内部で式 (17.1) を体積分すれば，

$$\iiint_\Omega \nabla \bullet \mathbf{E}\, dV = \frac{1}{\epsilon_0} \iiint_\Omega \rho\, dV \qquad (17.7)$$

である（$1/\epsilon_0$ は定数なので積分の前に出した）。式 (17.7) の左辺はガウスの発散定理（P.198 式 (16.10)）によって，

$$\iiint_\Omega \nabla \bullet \mathbf{E}\, dV = \iint_\Sigma \mathbf{E} \bullet \mathbf{n}\, dS \qquad (17.8)$$

となる。ここで Σ はこの球の表面であり，$\mathbf{n}$ はその法線ベクトル，dS は球面上の微小面積である。一方，式 (17.7) の右辺の重積分（体積分）は，球の中

の電荷密度の体積分なので，要するに球の中の総電荷である。といっても，今の場合は，球の中にある電荷は中心の荷電粒子が持つものだけだから，q である。従って式 (17.7) 右辺は q/ϵ_0 に等しい。以上から，式 (17.7) は

$$\iint_\Sigma \mathbf{E} \bullet \mathbf{n}\, dS = \frac{q}{\epsilon_0} \tag{17.9}$$

となる。さて，球の表面での電場 $\mathbf{E}$ は，球対称に分布しているはずである。球面に対して，特定の方向に傾いているとは考えられない。従って，$\mathbf{E}$ は，どの場所でも球面に対して垂直なはずだ。すなわち，$\mathbf{E} = E\mathbf{n}$ となるはずだ。ここで E は $\mathbf{E}$ の大きさである。すると，式 (17.9) の左辺は，

$$\iint_\Sigma E\mathbf{n} \bullet \mathbf{n}\, dS = \iint_\Sigma E\, dS \tag{17.10}$$

となる。球の対称性から，E は球面上ではどこでも等しい定数とみなせるはずだから，積分は単なる球面積の積になり，式 (17.10) は $4\pi r^2 E$ となる。従って式 (17.9) は $4\pi r^2 E = q/\epsilon_0$ となる。従って，

$$E = \frac{q}{4\pi\epsilon_0 r^2} \tag{17.11}$$

となる。もし，この球面上に電荷 q' が存在し静止していたら，この荷電粒子に働く力の大きさ F は，P.177 式 (14.5) より $q'E$ であり，その E に式 (17.11) を代入すると，

$$F = \frac{q\,q'}{4\pi\epsilon_0 r^2} \tag{17.12}$$

となる。この式をクーロンの法則という。このように，距離 r だけ離れた荷電粒子どうしが及ぼす力は距離の 2 乗に反比例する[*2]。

さて，ここで重ね合わせの原理について見ておこう。ある電荷密度 $\rho_1(x,y,z)$ が与えられたとき，それによって作られる電場 $\mathbf{E}_1$ に関するマクスウェル方程式の第一方程式は

$$\nabla \bullet \mathbf{E}_1(x,y,z) = \frac{\rho_1(x,y,z)}{\epsilon_0} \tag{17.13}$$

である。また，別の電荷密度 $\rho_2(x,y,z)$ が与えられたとき，それによって作られる電場 $\mathbf{E}_2$ に関するマクスウェル方程式の第一方程式は

---

*2　クーロンの法則は $F = k q_1 q_2/r^2$ という形で習うことが多い。この式は，q_1 を q に，q_2 を q' に，そして k を $1/(4\pi\epsilon_0)$ に置き換えれば，式 (17.12) に一致する。

$$\nabla \bullet \mathbf{E}_2(x,y,z) = \frac{\rho_2(x,y,z)}{\epsilon_0} \tag{17.14}$$

である。ここで式 (17.13)，式 (17.14) を足せば，

$$\nabla \bullet (\mathbf{E}_1 + \mathbf{E}_2) = \frac{\rho_1 + \rho_2}{\epsilon_0} \tag{17.15}$$

となる。この式から明らかなように，$\mathbf{E}_1 + \mathbf{E}_2$ と $\rho_1(x,y,z) + \rho_2(x,y,z)$ はマクスウェル方程式の第一方程式を満たす。従って，$\mathbf{E} = \mathbf{E}_1 + \mathbf{E}_2$ は，$\rho_1(x,y,z) + \rho_2(x,y,z)$ という電荷密度が与えられたときの電場 $\mathbf{E}$ になる。これはマクスウェル方程式の第一方程式が線型方程式であり，重ね合わせの原理が（p.82 で述べた拡張形で）成り立つことの帰結である。

17.3　直線電流のまわりの磁束密度

マクスウェル方程式を使って，磁気に関する法則を導出してみよう。今，長い直線状の導線を，電流 I が流れている状況を想像しよう。そういう電流の近くに方位磁針を置くと，針がふれることを，諸君は小学生のときに実験しただろう。

導線に直交する平面をとり，導線と平面の交点を原点 O とする（図 17.2）。この平面上に，O を中心として半径 r の円 C を考え，その内部を Σ とする。Σ で P.208 式 (17.4) の両辺を面積分すると，以下のようになる（$\mathbf{n}$ は面の単位法線ベクトル）：

$$\iint_\Sigma (\nabla \times \mathbf{B}) \bullet \mathbf{n}\, dS$$
$$= \iint_\Sigma \left(\mu_0 \mathbf{j} + \epsilon_0 \mu_0 \frac{\partial \mathbf{E}}{\partial t} \right) \bullet \mathbf{n}\, dS \tag{17.16}$$

左辺はストークスの定理（P.204 式 (16.63)）から，

$$\oint_\Gamma \mathbf{B} \bullet d\mathbf{r} \tag{17.17}$$

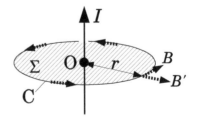

図 17.2　直線電流 I のまわりの磁束密度。円周に沿った成分 B と，円周に直交する成分 B' に分けて考える。対称性により，B も B' も，円周上のどこでも一定である。B, B' の両方に直交する方向の磁束密度はここでは考えない。

となる。Γ は，円 C の円周上のある 1 点から，円周をぐるっとまわってその点に戻るような経路である。

ここで定常状態，すなわち電磁場は時間的に変化しない状況を仮定する。すると，右辺の $\partial \mathbf{E}/\partial t$ は $\mathbf{0}$ になるので，右辺は，

$$\mu_0 \iint_{\Sigma} \mathbf{j} \bullet \mathbf{n}\, dS \tag{17.18}$$

となる（μ_0 は定数なので前に出せる）。この積分は電荷のフラックスの面積分なので，円 C を通過する単位時間あたりの電荷量，つまり電流 I である。従って，式 (17.16) は，

$$\oint_{\Gamma} \mathbf{B} \bullet d\mathbf{r} = \mu_0 I \tag{17.19}$$

となる。この系は導線を軸とする対称性を持つから，磁束密度 $\mathbf{B}$ も導線のまわりで対称のはずである。従って，円周上の $\mathbf{B}$ を円周に沿った成分 B と円周に直角な成分 B' にわけると，B も B' も，円周のどの部分でも一定である。式 (17.19) の左辺の積分は円周に沿った微小変位による線積分だから，それに直交する成分である B' は無関係であり，

$$\oint_{\Gamma} \mathbf{B} \bullet d\mathbf{r} = \oint_{\Gamma} B\, ds \tag{17.20}$$

となる（ds は $d\mathbf{r}$ の大きさ）。B は一定だから，この式は，

$$B \oint_{\Gamma} ds \tag{17.21}$$

となる。この積分は，円周に沿って微小変位の長さを足すだけだから，その結果は円周の長さになる。従って，この式は，$2\pi r B$ となる。従って，式 (17.19) は，$2\pi r B = \mu_0 I$ となる。すなわち，

$$B = \frac{\mu_0 I}{2\pi r} \tag{17.22}$$

となる。つまり，円周方向の磁束密度は導線からの半径に反比例することがわかった。

では，残りの成分，つまり B' はどうなるのだろう？ 詳細は省略するが，導線をとりまく円筒を考え，その円柱内でマクスウェル方程式の第二方程式を体積分すると，円筒の側面で，側面に垂直な成分があると困ることになる（円筒の上面と下面では，対称性により，$\mathbf{B}$ は $\mathbf{0}$ か，もしくは上下で等しくな

ければならないので，上下面を介して円筒に入る磁束密度の面積分は 0 である）。従って，$B' = 0$ としてよい。

17.4 電磁誘導

中学校理科で習ったように，ループ状の導線に，磁石を近づけたり離したりすると，導線に電流が流れる。このような現象を電磁誘導という。水力発電・火力発電・原子力発電などはどれも，何らかの方法でタービンを回すが，タービンの回転運動によるエネルギーを電気エネルギーに変換するのは，電磁誘導が原理である。

電磁誘導も，マクスウェル方程式で説明できる。

問 253 空間に，ループ状の経路 Γ を考え（図 17.3），Γ で囲まれる面を Σ とする。P.208 式 (17.3) を Σ で面積分し，ストークスの定理を使って，次式を示せ：

$$\oint_{\Gamma} \mathbf{E} \bullet d\mathbf{r} = -\frac{\partial}{\partial t} \iint_{\Sigma} \mathbf{B} \bullet \mathbf{n}\, dS \tag{17.23}$$

ヒント：時刻による偏微分を積分と順序交換してよい。

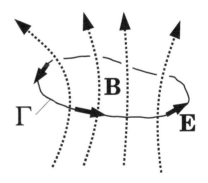

図 17.3 ループ Γ を貫く磁束密度 $\mathbf{B}$。$\mathbf{B}$ を Γ の内部（Σ）で面積分したものが磁束 Φ。Φ の時間変化が，Γ に沿ったループ状の電場 $\mathbf{E}$ をもたらす。

式 (17.23) の左辺は電場の線積分なので，電位（電圧）と同じ次元を持つ量である。これを起電力とよび，$\mathcal{E}$ と表す。右辺に現れる，ループを貫く磁束密度の面積分を磁束と呼び，Φ と表す。すると式 (17.23) は，

$$\mathcal{E} = -\frac{\partial \Phi}{\partial t} \qquad (17.24)$$

となる。つまりループに発生する起電力は，ループを貫く磁束の変化率に等しい（レンツの法則）。

ここで奇妙なことがある：ループ上の任意の一点 P を考えれば，式 (17.23) の左辺は P から出発して P に戻る線積分である。それは，P.184 式 (14.57) によって，「P と P の間の電位差」を与えるのではないか？ つまり，

$$\phi(\mathrm{P}) - \phi(\mathrm{P}) = -\oint_{\Gamma} \mathbf{E} \bullet d\mathbf{r} \ \ \dots? \qquad (17.25)$$

となるのだろうか？ もしそうなら，左辺は 0，従って右辺も 0，従って起電力は存在しないことになる。実は，そうではないのだ。式 (17.25) が成り立つのは，時間的に変動する磁束密度が存在しない時だけなのである。変動する磁束密度があるときには，そもそも式 (14.57) が成り立たないのである。詳しいことは電磁気学の教科書を勉強して欲しい。

17.5　電荷の保存則

電荷は，質量と同じように，物質の根源的な属性のひとつである。正か負のどちらか片方の電荷が突然どこかで生まれたり消えたりすることはない。これを電荷の保存則という。この法則も，マクスウェル方程式から導出できる。やってみよう！

出発点はマクスウェル方程式の第 4 方程式（式 (17.4)）である：

$$\nabla \times \mathbf{B} = \mu_0 \mathbf{j} + \epsilon_0 \mu_0 \frac{\partial \mathbf{E}}{\partial t} \qquad (17.26)$$

この両辺の発散をとってみる：

$$\nabla \bullet (\nabla \times \mathbf{B}) = \nabla \bullet \left(\mu_0 \mathbf{j} + \epsilon_0 \mu_0 \frac{\partial \mathbf{E}}{\partial t} \right) \ (17.27)$$

左辺は P.200 式 (16.23) より 0 であり，右辺の ϵ_0 と μ_0 は定数だから，式 (17.27) はこうなる（μ_0 は先に約分した）：

$$0 = \nabla \bullet \mathbf{j} + \epsilon_0 \nabla \bullet \left(\frac{\partial \mathbf{E}}{\partial t} \right) = \nabla \bullet \mathbf{j} + \epsilon_0 \frac{\partial}{\partial t} (\nabla \bullet \mathbf{E})$$

$$= \nabla \bullet \mathbf{j} + \epsilon_0 \frac{\partial}{\partial t} \left(\frac{\rho}{\epsilon_0} \right) = \nabla \bullet \mathbf{j} + \frac{\partial \rho}{\partial t} \qquad (17.28)$$

この 0 = 以後の第 1 式から第 2 式への変形では $\partial/\partial t$ と $\nabla \bullet$ の順序を入れ換えた（偏微分の順序交換；P.19）。第 3 式への変形では $\nabla \bullet \mathbf{E}$ を P.208 式

(17.1) を使って ρ/ϵ_0 に変換した。

式 (17.28) より次式を得る：

$$\frac{\partial \rho}{\partial t} = -\nabla \bullet \mathbf{j} \qquad (17.29)$$

この式は P.194 式 (15.37) によく似ている。式 (15.37) の導出過程を振り返ればわかるが，式 (17.29) は空間のある場所に流れ込む電荷のフラックス（電流密度）に応じて，その場の電荷密度（正負の電荷の差し引きの密度）が変化することを意味している。つまり，電荷の増減は，外からの流入や流出だけで決まるのであり，正負のどちらか片方の電荷が，宇宙のどこかの場所で生まれたり消えたりはしない，ということを表している。これが電荷の保存則である。

問 254　式 (17.29) の導出を再現せよ。

問 255　家の電気コンセントからは，片方の穴から電子が出てきて，諸君の電気製品を通過してもう片方の穴に帰っていく。このとき，上述した「電荷の保存則」によると，諸君は電気会社から受け取った荷電粒子（電子）や，その電荷の流れ（電流）をそのまま電気会社に返却している。ならば，諸君はなぜ電気会社に電気料金を払わねばならないのか？ ヒント：電気料金として課金されるものの単位はどうなっているだろうか？ クーロン（電荷の単位）やアンペア（電流の単位）ではないはずだ。

17.6　マクスウェル方程式が予言した電磁波

ここまでの事例を見て諸君は，マクスウェル方程式は結局，クーロンの法則や直線電流まわりの磁束密度等，高校物理で習った法則を数学を使って格好良く書き直しただけじゃないか？ と思うかもしれない。実際，マクスウェル方程式は，これらの法則に辻褄が合うような方程式を探すことで得られたので，そういう面もある。しかし，それだけではないのだ。マクスウェル方程式は，これら以外の重要な物理現象を予測し，説明することに成功したのだ。その劇的なドラマについて学ぼう。

問 256　電流も電荷もない空間（真空！）を考え

ると,

(1) マクスウェル方程式は以下のようになること
を示せ：

$$\nabla \bullet \mathbf{E} = 0 \tag{17.30}$$

$$\nabla \bullet \mathbf{B} = 0 \tag{17.31}$$

$$\nabla \times \mathbf{E} = -\frac{\partial \mathbf{B}}{\partial t} \tag{17.32}$$

$$\nabla \times \mathbf{B} = \epsilon_0 \mu_0 \frac{\partial \mathbf{E}}{\partial t} \tag{17.33}$$

(2) 式 (17.32) の両辺の回転 (rotation) を考え,
次式を示せ：

$$-\triangle \mathbf{E} + \nabla(\nabla \bullet \mathbf{E}) = -\frac{\partial}{\partial t}(\nabla \times \mathbf{B}) \tag{17.34}$$

ヒント：左辺では，P.201 式 (16.28) を使う。
右辺は，t に関する偏微分と $\nabla \times$ の順序を入
れ換えてよい（偏微分の順序交換）。

(3) これに式 (17.30) と式 (17.33) を使うと,

$$\frac{\partial^2 \mathbf{E}}{\partial t^2} = \frac{1}{\epsilon_0 \mu_0}\triangle \mathbf{E} \tag{17.35}$$

となることを示せ。これは P.194 式 (15.46)
と同じ形の式ではないか！

(4) 以下の関数（ベクトル場）$\mathbf{E}(x, y, z, t)$ を考
える：

$$\mathbf{E} = \begin{bmatrix} E_{0x}\sin(kz - \omega t) \\ 0 \\ 0 \end{bmatrix} \tag{17.36}$$

（E_{0x}, k, ω は定数とする）。次式：

$$\omega^2 = \frac{k^2}{\epsilon_0 \mu_0} \tag{17.37}$$

が成り立つとき，式 (17.36) は式 (17.35) の
解になることを示せ。

(5) 式 (17.36) は，x 軸方向に電場が振動しな
がら z 方向に移動する波である。波の速さ
c を，ϵ_0 と μ_0 で表せ（ヒント：式 (17.35)
を P.110 式 (9.12) と比較する。もしくは，
P.115 式 (9.51) を使ってもよい）。

(6) それをもとに，c の値が 3.0×10^8 m/s とな
ることを確認せよ。

このように，式 (17.35) は波動方程式である。人
類は，マクスウェル方程式の数学的操作によって，

空間に伝わる波の存在を予言した。それは，電場と
磁束密度が振動することによって伝わる波である。
その予言をもとに，1888 年，ドイツのハインリヒ・
ヘルツが実験的に電磁波を発見した（彼の名前は周
波数の単位 Hz として残っている）。それが，我々の
まわりに満ちあふれている「光」の正体だったのだ。

問 257　前問の続きを考える。

(1) 式 (17.33) の両辺の回転 (rotation) を考え,
式 (16.28), 式 (17.31), 式 (17.32) を使うこと
で，次式を示せ：

$$\frac{\partial^2 \mathbf{B}}{\partial t^2} = \frac{1}{\epsilon_0 \mu_0}\triangle \mathbf{B} \tag{17.38}$$

(2) 電場 $\mathbf{E}$ が式 (17.36) で与えられているとき,
以下の関数（ベクトル場）$\mathbf{B}(x, y, z, t)$ は，式
(17.38), 式 (17.31), 式 (17.32), 式 (17.33) を
満たすことを示せ：

$$\mathbf{B} = \begin{bmatrix} 0 \\ \frac{kE_{0x}}{\omega}\sin(kz - \omega t) \\ 0 \end{bmatrix} \tag{17.39}$$

(3) 2 つのベクトル場：式 (17.36) と式 (17.39) は,
常に，どこでも，直交していることを示せ。

前問・前々問で調べた電磁波は，図 17.4 のように
なる。波の進行方向と，電場の振動方向，そして磁
束密度の振動方向は，互いに直交することに注意し
よう。ここでは詳述しないが，このような性質はど
んな電磁波にも成り立つことを覚えておこう。

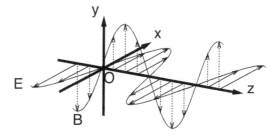

図 17.4　z 軸方向に進行する電磁波である式 (17.36), 式
(17.39) において，$t = 0$ としたときの波形。この波形が，時
間とともに，z 軸方向に平行移動していく。

さて，光，つまり電磁波の方程式（式 (17.35) や
式 (17.38)）は線型波動方程式なので，光という物
理現象には重ね合わせの原理が成り立つ。従って，

電磁波は波長の異なる複数の正弦波の重ね合わせで表現できる（その線型結合の係数，つまり波長ごとの電磁波の強さを<u>スペクトル</u>という。それについては第 8 章で学んだ）。

それだけではない。電磁波では，電場は進行方向に垂直に振動するが，そもそも「進行方向に垂直な方向」というのはたくさんの可能性があり得る。そのことと，重ね合わせの原理から，電磁波の興味深い性質が導かれる。それは「偏光」である。これは電磁波を使った計測や通信などでも考慮・活用される重要な性質である。

問 258　偏光について学ぼう。引き続き，電流も電荷もない空間（真空！）を考える。

(1)　以下のようなベクトル場を考える（E_{0y}, δ は定数）：

$$\mathbf{E} = \begin{bmatrix} 0 \\ E_{0y} \sin(kz - \omega t + \delta) \\ 0 \end{bmatrix} \quad (17.40)$$

式 (17.37) が成り立っているとき，式 (17.40) は式 (17.35) の解であることを示せ。

(2)　式 (17.36) と式 (17.40) の線型結合も式 (17.35) の解であることを確認せよ。すなわち，a, b を任意の実数として，次式が式 (17.35) を満たすことを示せ。

$$\mathbf{E} = \begin{bmatrix} aE_{0x} \sin(kz - \omega t) \\ bE_{0y} \sin(kz - \omega t + \delta) \\ 0 \end{bmatrix} \quad (17.41)$$

(3)　$aE_{0x} = bE_{0y}$ かつ，$\delta = 0$ のとき，$\mathbf{E}$ を xy 平面上にプロットした軌跡は，直線上を移動する。それはどのような直線か？

(4)　$aE_{0x} = bE_{0y}$ かつ，$\delta = \pi$ のときも，$\mathbf{E}$ を xy 平面上にプロットした軌跡は，直線上を移動する。それはどのような直線か？

(5)　$aE_{0x} = bE_{0y}$ かつ，$\delta = \pi/2$ のときは，$\mathbf{E}$ を xy 平面上にプロットした軌跡は，円を描くことを示せ。

このように，電場の振動方向で電磁波を特徴づける考え方を偏光という。電場の振動が直線上に限定されるような電磁波，つまり前小問 (3)(4) のような

電磁波を<u>直線偏光</u>という。一方，電場が円を描くように変動するような電磁波，つまり前小問 (5) のような電磁波を<u>円偏光</u>という。円偏光は図 17.5 や図 17.6 のような波形である。

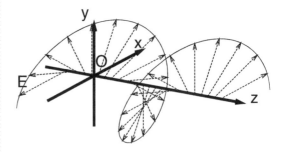

図 17.5　z 軸方向に進行する円偏光電磁波の模式図。式 (17.41) において，$aE_{0x} = bE_{0y}$, $t = 0$, $\delta = \pi/2$ としたときの波形。この波形が，時間とともに，z 軸方向に平行移動していく。電場だけを描いてあることに注意しよう。磁束密度を重ねて描くと，ごちゃごちゃして見えにくくなってしまう。

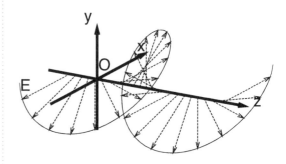

図 17.6　z 軸方向に進行する円偏光電磁波の模式図。式 (17.41) において，$aE_{0x} = bE_{0y}$, $t = 0$, $\delta = -\pi/2$ としたときの波形。

これらの中間的な偏光もある。たとえば $aE_{0x} = bE_{0y}$ かつ，$\delta = \pi/6$ のときは，$\mathbf{E}$ を xy 平面上にプロットした軌跡は楕円を描く。このような偏光を「楕円偏光」という。また，上の小問 (5) で δ が $\pi/2$ でなくて $-\pi/2$ のときは，(5) と同様に円偏光にはなるが，(5) とは軌跡の向き（電場の回転方向）が逆になる。

偏光は，実用的にも重要な物理現象だ。たとえば，微生物等の試料を観察するとき，色素を持たない（透明な）サンプルは，普通の光学顕微鏡では透き通ってしまってうまく観察できないが，微分干渉顕微鏡[*3]という，偏光を利用した特殊な顕微鏡を使

---

*3　Differential Interference Contrast microscope: DIC

うとうまく観察できたりするのだ。

　この顕微鏡は，照明光を 2 つの異なる直線偏光に分割し，少しずらして試料に当て，透過してからずれを戻して合成する。このとき，2 つの偏光が辿った経路が微妙に違うことから，試料の屈折率の分布の差（微分）が強調される。その結果，試料の内部構造に対応するコントラストが明瞭に観察できるのだ。

　偏光はパソコンや携帯電話のディスプレイでも活躍している。また，航空機や人工衛星から森林や農地，砂漠などを観測する技術（リモートセンシング）では，マイクロ波（波長が数 cm から数 10 cm 程度の電磁波）の偏光が重要な役割を果たす。地表にある樹木の幹や水面，建造物などの電気的・幾何学的な性質が，偏光別の反射の様子に反映されるのだ。また，昆虫（ミツバチなど）は偏光を利用して生きていることを諸君は習ったことがあるだろう。免疫学では蛍光偏光免疫測定法という手法で偏光が活躍している。このように，偏光の有用性や応用例は枚挙に暇がない。そして，偏光の原理は重ねあわせの原理をはじめとする，まさしく数学と物理学で理解されるのだ。

よくある質問 68　ガウスの発散定理は，高校物理でやった電場のガウスの法則と同じですか？…　違います。ベクトル解析の「ガウスの発散定理」（数学）と，電場に関する「ガウスの法則」（物理学；マクスウェル方程式の第一方程式）は別のものです（両方ガウスなのでまぎらわしいですが）。これらの 2 つを組み合わせると，荷電粒子のまわりの電場（クーロンの法則）やコンデンサー内の電場等を具体的に求めることができるのです。

問の解答

答 256　(1) 式 (17.1)〜式 (17.4) で恒等的に $\rho = 0$，$\mathbf{j} = 0$ とすれば与式を得る。(5) $c = \omega/k = 1/\sqrt{\epsilon_0 \mu_0}$

答 258　(3) $\mathbf{E} = (E_x, E_y, 0)$ とする。$aE_{0x} = bE_{0y} = A$，$\delta = 0$ とすると，$E_x = A\sin(kz - \omega t)$，$E_y = A\sin(kz - \omega t)$ となる。従って $E_y = E_x$，従って点 (E_x, E_y) を xy 平面上にプロットすると，その点は直線 $y = x$ の上を移動する。

(4) $aE_{0x} = bE_{0y} = A$，$\delta = \pi$ とすると，$E_x = A\sin(kz - \omega t)$，$E_y = A\sin(kz - \omega t + \pi) = -A\sin(kz - \omega t)$ となる。従って $E_y = -E_x$，従って点 (E_x, E_y) を xy 平面上にプロットすると，その点は直線 $y = -x$ の上を移動する。

(5) $aE_{0x} = bE_{0y} = A$，$\delta = \pi/2$ とすると，$E_x = A\sin(kz - \omega t)$，$E_y = A\sin(kz - \omega t + \pi/2) = A\cos(kz - \omega t)$ となる。従って $E_x^2 + E_y^2 = A^2$。従って点 (E_x, E_y) を xy 平面上にプロットすると，その点は半径 A の円周上を移動する。

おわりに：感染症の数理モデル

本書出版の直前に，新型コロナウィルス感染症（COVID-19）が広がり始めましたので，感染症の数学モデルの基礎を最後に説明しましょう（稲葉寿，数理科学，563，2010 を参考にしました）。これらは本書で学んだ知識で理解できます：

時刻 t での感受性人口（まだ感染していないが，これから感染する可能性のある人の数）を $S(t)$ とします。時刻 t での回復者人口（感染して回復した人の数）を $R(t)$ とします。時刻 t での，感染齢（感染してからの経過時間）τ の，感染齢あたりの感染者人口を $i(t,\tau)$ とします。

$\beta(\tau), \gamma(\tau)$ は既知の関数で，それぞれ感染率，回復率と呼びます。以下の方程式系を前期ケルマック・マッケンドリックモデルとよびます：

$$\frac{dS(t)}{dt} = -\lambda(t)S(t) \tag{18.1}$$

$$\frac{\partial i(t,\tau)}{\partial t} + \frac{\partial i(t,\tau)}{\partial \tau} = -\gamma(\tau)i(t,\tau) \tag{18.2}$$

$$i(t,0) = \lambda(t)S(t) \tag{18.3}$$

$$\frac{dR(t)}{dt} = \int_0^\infty \gamma(\tau)i(t,\tau)d\tau \tag{18.4}$$

$$\lambda(t) = \int_0^\infty \beta(\tau)i(t,\tau)d\tau \tag{18.5}$$

式 (18.1) は P.30 式 (2.3) と同じ形の式で，単位時間あたりの感受性人口の変化を表します。それは感染することによって S から出て行く人たち（新規感染者）です。λ が感染のしやすさを表す係数だとわかります。ただし λ は時間に依存し，式 (18.5) で定義されます。これを見ると，感染者数に感染齢 τ に依存する重み $\beta(\tau)$ をかけて足した形です。感染者が感染からどのくらい経ったかで他人への伝染しやすさは変わりますので，それを表現したのが $\beta(\tau)$ です。

式 (18.1) によって S から出て行った（単位時間あたりの）新規感染者（$\lambda(t)S(t)$）は，式 (18.3) によって，感染齢 0 の層 $i(t,0)$ に入ります。それが時間と共に，上の感染齢層に移っていくことを表すのが式 (18.2) です。これは P.114 式 (9.41) と同じ式ですからわかりますね。ただし式 (9.41) の x は年齢ですが，それがここでは感染齢 τ に置き換わります。そして式 (9.41) の $\alpha(x)$（その年齢層を死亡によって離脱する人の数）は，ここでは $\gamma(\tau)i(t,\tau)$ という形で，その感染齢層を病気回復によって離脱する数にしています（それが感染者人口 $i(t,\tau)$ に比例することや，比例係数 $\gamma(\tau)$ が感染者の回復しやすさを表すことは皆さんならわかるでしょう）。その感染齢ごとの回復者数を足しあげると新規回復者の全数になり，それが回復者人口 $R(t)$ を増やす，というのが式 (18.4) です。注：i が R や S と違う次元であることに注意。R, S は人数の次元，i は人数/時間の次元。i を τ で積分すると，時刻 t での総感染者数になります。また，β と γ が τ に依存しないと仮定して単純化すると，このモデルは SIR モデルというものになります。

ただし，このような数学モデルを理解することと，実際に使って感染者数予測をすることは大きく違います。実際の予測には，$\lambda(\tau)$ と $\beta(\tau)$ に関する知見が必要ですし（それは病気の種類や社会の衛生状態などに大きく依存するでしょう），微分方程式の初期条件を与えるための調査も必要です。求められる精度や得られるデータの品質，感染症の性質などに応じてモデルを作り変えていく必要もあるでしょう（たとえば回復者が再感染するとしたら？）。それらは専門家の仕事です。しかし，専門家でなくても，数学がわかれば，専門家の仕事の一部を理解できるのです。それは，専門家を信頼し，専門家のメッセージを正しく受け取るために有用な教養ではないでしょうか。

――――

さて，数学を勉強するのは，楽しいから，そして

役立つから，と「はじめに」で書きました。ここまで読んできて，皆さんはどう感じたでしょうか？

多くの先人が緻密に積み上げた数学は，抽象的で捉えにくいものですが，単なるパズルとは違う体系性があります。その体系は多くの学問を支え，私達の世界観を支えます。数学全体を巨大な城に喩えれば，私達が本書で学んだのは石垣の間のひとつの砂粒くらいのものかもしれません。それほど数学は巨大です。私達は数学専攻ではないので，数学ばかり勉強するわけにはいきませんが，さりとて「ここまで勉強すれば十分」という目安もありません。皆さんの進路によっては，ここまでの数学は必要ないかもしれないし，全然足りないかもしれません。学問や技術は日々進歩するし，人生は紆余曲折するものだからです。数学だけでなく多くの勉強はそういうものではないでしょうか。

それでも何か（数学でなくてもよい）を毎日こつこつ勉強し続けることは大切だと私は思います。学んだことはいずれ役に立ちます。直接には役に立たなくても，世界の仕組みの一部を理解することで人生は豊かになります。地道な努力の積み重ね自体も私達に規律と自信を与えてくれます。

勉強には時間が必要です。「必要なことは必要な時が来たら勉強しよう」という考えでやっていけるほど人生は長くもないし簡単でもありません。しかし，何かをこつこつ勉強すれば，意外に遠くまで行けるものではないでしょうか。

「あたかも一万年も生きるかのように行動するな。不可避のものが君の上にかかっている。生きているうちに，許されているうちに，善き人たれ。」…マルクス・アウレリウス

よくある質問 69　この後は何を学ぶとよいでしょうか？… 自分の気持ちの赴くままに楽しんで継続的に学ぶのが何より大切でしょう。あえて助言するなら，英語で書かれた教科書を読みましょう。英語の本は読者層が厚いので，選択肢が多く，その中に良書がたくさんあります。日本語でないことに心理的なハードルを感じるかもしれませんが，数学や物理の英語はシンプルでわかりやすいです。英語で書かれた教科書を 1 冊，読み上げたら，大きな自信がつきますよ !! 最初のチョイスに悩むなら，「はじめに」に挙げた線型代数の英語の本をお薦めします。内容は本書より簡単です。丁寧で読みやすいし，面白いし，本書がとばした重要な定理や違う考え方が学べます。

謝辞

本書は，2003 年度以降現在までの，筑波大学生物資源学類 1 年次授業科目「基礎数学」「基礎数学演習」「数理科学演習」の教材を元に作りました。同学類から支援を受けた他，受講生とティーチングアシスタントの諸君から多くの質問や指摘を頂き，気づきを得ました。本書は君たち「資源生」と一緒に作ったものです。誤記・誤植の発見訂正に，山崎一磨君，羽鹿孝文君，笹川大河君から多大な貢献を頂きました。他にも，渡辺百音，中嶋梨花，後藤昴，一倉夏帆，鵜木海緒，黄田佳倫，桑田和哉，鴻巣遥香，藤若燈，篠原碧，吉見高徳，嶌田将貴，菊島未来，片木仁，西谷麻菜美，三浦一輝，畑中美帆，水落裕樹，杉本卓也，本荘雄太，後藤みな，大平佳矢子，幕田裕貴，田中健太郎，松吉晴可，安藤愛の諸君にも貢献頂きました。もちろん，誤りがまだ残っていても，それはこれらの方々のせいではありません。

前著に続き本書も東京大学大学院農学生命科学研究科の熊谷朝臣先生に刊行を後押しして頂きました。筑波大学生物資源学類の同僚教員，特に橋本義輝先生，足立泰久先生，島田正志先生，首藤久人先生，源川拓磨先生からは，内容のヒントになるアイデアやご意見，励ましを頂きました。

最後に，長年の伴侶・奈佐原優子に感謝します。

2020 年 8 月 16 日　著者

索引

数字・欧字

curl 178, 200
div 178, 191
grad 177
ReLU 関数 93
$\mathbb{R}^n$ 21
rot 178
SIR モデル 216
s.t. 1

あ行

位相 115
一次結合 64
一次従属 85
一次独立 85
位置ベクトル 8
一般解 68
エネルギー固有値 145
エルミート行列 147
演算子 67
演算子法 67
円偏光 214
オイラーの公式 16
オイラー法 35

か行

回帰 55
外積 156
解析解 35
回転 178, 200
ガウス積分 170
ガウスの定理 198
ガウスの発散定理 197
ガウス平面 15
拡散方程式 133

角周波数 115
角振動数 115
角速度 115
重ね合わせ 64
重ね合わせの原理 71, 82
画像解析 154
活性化関数 93
加法定理 10
ガリレオ・ガリレイ 149
関数空間 62
機械学習 55, 93
幾何ベクトル 20
基底 88
起電力 211
逆行列 24
吸光光度法 161
吸光度 162
吸収スペクトル 103
球面座標 167
行 22
境界条件 114
共分散行列 48
行ベクトル 20
共役複素数 15
共有結合 147
行列式 23, 151, 154
極形式 16
極座標 167
虚数単位 15
虚数部 15
虚部 15
寄与率 54
キルヒホッフの法則 83
均時差 173
空間ベクトル 20
グラム・シュミットの直交化 50
クロネッカーのデルタ 100
クーロンの法則 210

計量空間 98
結合性軌道 146
ケルマック・マッケンドリックモデル 216
原点 8
高階導関数 4
高階微分係数 4
高階偏導関数 19
高階偏微分係数 19
勾配 177, 178
個体群の成長曲線 33
弧度法 9
固有エネルギー 145
固有関数 135
固有状態 145
固有値 25, 135
固有ベクトル 25
固有方程式 25, 135

さ行

最小二乗法 163
座標 89
座標形式 17
座標成分 89
サラスの公式 23, 156
三角関数 10
シグモイド関数 93
次元 20, 89
仕事 181
次数 23
指数法則 5
磁束 211
磁束密度 177, 208
実数部 15
実部 15
質量保存則 194
時定数 32

写像 75
周回線積分 201
周期 115
重積分 29
周波数 115
主成分スコア 52
主成分分析 51
主成分ベクトル 51
シュレーディンガー方程式 71, 144, 147
シュワルツの不等式 100
循環 178, 200
状態ベクトル 140
常微分方程式 70
正味の 192
初期位相 116
初期条件 31, 114
人工知能 55
真数 6
深層学習 55
振動数 115
振幅 115
数値解 35
数値解析 35
数ベクトル 20
数ベクトル空間 21, 89
スカラー 7, 60
スカラー三重積 156
スカラー積 11
スカラー場 176
ステフアン・ボルツマン定数 106
ステフアン・ボルツマンの法則 106
ストークス抵抗 41
ストークスの定理 203
スピン 141
スペクトル 103, 214
正規直交基底 100
正弦定理 11
正則行列 24
成分 8, 22
正方行列 23
絶対値 15
線型 111
線型近似 2
線型空間 60
線型結合 64
線型写像 77
線型従属 85
線型代数学 22

線型同次微分方程式 66, 80
線型同次方程式 66
線型独立 85
線型非同次微分方程式 80
線型微分演算子 80
線型微分方程式 80
線型変換 79
線積分 182
全微分 20
全分散 54
双曲線関数 17
測地線 168
測量 154
ソリトン 111

た行

体 59
大円 168
対角化 26
対角行列 26
対角成分 22
対称行列 47
代数学 59
体積分 29
ダイバージェンス 191
太陽天頂角 173
多重積分 29
多重線型写像 98
多変量解析 48
ダランベールの解 111
単位円 9
単位行列 23
単位ベクトル 98
弾性力 35
中心化 48, 52
直積 1
直線偏光 214
直交 99
直交行列 49
底 6
定常状態 33, 144
定積分 12
デカルト座標 8
デカルト座標系 8
テーラー展開 14
電圧 185
電位 184
電荷 177

電荷の保存則 212
電磁場 177
電磁波 213
電磁誘導 211
転置 45
転置行列 45
電場 177, 208
電流密度 208, 212
同一視 20, 89
導関数 2
動径 17
透磁率 208
等値面 179
特性方程式 25, 69
特徴空間 55
特徴ベクトル 55, 163
閉じている 59
ドナルドダック効果 122
朝永振一郎 149
トレース 46

な行

内積 11, 21
内積空間 98
ナブラ演算子 177
2次反応 40
ニューラルネットワーク 93
熱帯収束帯 193
熱伝導方程式 133
熱伝導率 132, 193
熱放射 105
熱容量 133
ノルム 62, 98
ノルム空間 62

は行

場 176
倍角公式 10
ハイパボリックコサイン 17
ハイパボリックサイン 17
ハイパボリックタンジェント 17
波形 109
波数 101, 115
パスカルの原理 180
波長 115
発散 178, 191
波動関数 147

波動方程式　　　　　　　110
ハミルトニアン演算子　　148
ハミルトニアン行列　　　144
反結合性軌道　　　　　　146
ビオ・サバールの法則　　182
引数　　　　　　　　　　75
微小面積ベクトル　　　　199
微小量　　　　　　　　　3
非対角成分　　　　　　　22
ピタゴラスの定理　　　　101
非同次項　　　　　　　　80
比熱比　　　　　　　　　119
微分可能　　　　　　　　4
微分干渉顕微鏡　　　　　214
微分係数　　　　　　　　3
標準基底　　　　　　　　88
標本共分散　　　　　　　47
標本相関係数　　　　　　48
ファインマン　　　　　　149
フィックの法則　　　　　194
複素共役　　　　　　　　15
複素計量空間　　　　　　105
複素内積空間　　　　　　105
複素平面　　　　　　　　15
フックの法則　　　　　　35
不定　　　　　　　　25, 86
部分集合　　　　　　　　1
部分線型空間　　　　　　62
フラックス　　　　　　　187
プランクの法則　　　　　105
フーリエ級数展開　　　　101
フーリエの法則　　　132, 193
分光光度計　　　　　　　161
分散共分散行列　　　　　48
分子軌道法　　　　　　　147

分類　　　　　　　　　　55
平行　　　　　　　　　　99
ベクトル　　　　　　　7, 60
ベクトル空間　　　　　　60
ベクトル三重積　　　　　158
ベクトル積　　　　　　　156
ベクトル場　　　　　　　176
ヘルツ　　　　　　　　　213
変位ベクトル　　　　　　178
偏角　　　　　　　　　　17
偏光　　　　　　　　　　214
変数分離法　　　　　31, 127
偏導関数　　　　　　　　19
偏微分　　　　　　　　　19
偏微分係数　　　　　　　19
偏微分方程式　　　　71, 109
ホイヘンスの原理　　　　72
法線　　　　　　　　　　157
法線ベクトル　　　　　　179
保存力　　　　　　　183, 202
ポテンシャルエネルギー　　183

ま行

マイクロ波　　　　　　　215
マクスウェル方程式　　71, 208
マクローリン展開　　　　14
マルクス・アウレリウス　217
ミカエリス・メンテンの式　41
無限小　　　　　　　　　3
面積分　　　　　　　　　29
面素ベクトル　　　　　　199
モル吸光係数　　　　　　161
モル吸収係数　　　　　　161

や行

ヤコビアン　　　　　　　173
ヤコビ行列　　　　　　　27
有限の微小量　　　　　　36
誘電率　　　　　　　　　208
有理化　　　　　　　　　15
ユークリッド空間　　　　7
ユークリッドベクトル　　20
要素　　　　　　　　　　1
余弦定理　　　　　　　　10

ら行

ラジアン　　　　　　　　9
ラプラシアン　　　　　　194
ラプラス演算子　　　　　194
ラプラス方程式　　　71, 194
ランベルト・ベールの法則　161
流束　　　　　　　　　　187
量子力学　　　　　　　　140
ルンゲ・クッタ法　　　　37
零行列　　　　　　　　　22
零ベクトル　　　　　　　7
列　　　　　　　　　　　22
列基本変形　　　　　　　159
列ベクトル　　　　　　　21
連鎖律　　　　　　　　　28
連続の式　　　　　　　　194
レンズの法則　　　　　　212
ロジスティック方程式　　33
ローディングベクトル　　51
ロトカ・ヴォルテラ方程式　38
ローレンツ力　　　　　　177

著者紹介

奈佐原顕郎　博士（農学）

1969年生まれ。岡山県立岡山一宮高等学校，東京大学工学部計数工学科卒業。北海道大学大学院理学研究科地球物理学専攻（修士），京都大学大学院農学研究科森林科学専攻（博士）修了。モンタナ大学客員研究員を経て，現在，筑波大学生命環境系准教授。専門は人工衛星を用いた地球環境観測と，農学系大学生の数学・物理学基礎教育。著書に『入門者のLinux』『ライブ講義　大学1年生のための数学入門』（いずれも講談社）がある。本書に関係するオンラインのライブ講義（筑波大学生物資源学類「基礎数学Ⅰ」）は，全学のオンライン講義（2020年前期）の中で，3位の評価を受けた（学生アンケートによる）。

NDC410　　　232p　　　26cm

ライブ講義 大学生のための応用数学入門

2020年10月13日　第1刷発行
2022年10月14日　第2刷発行

著　者　奈佐原顕郎

発行者　髙橋明男

発行所　株式会社 講談社
　　　　〒112-8001　東京都文京区音羽2-12-21
　　　　　　　　販売　（03）5395-4415
　　　　　　　　業務　（03）5395-3615

KODANSHA

編　集　株式会社 講談社サイエンティフィク
　　　　代表　堀越俊一
　　　　〒162-0825　東京都新宿区神楽坂2-14　ノービィビル
　　　　　　　　編集　（03）3235-3701

本文データ制作　株式会社 ＫＰＳプロダクツ

印刷・製本　株式会社 ＫＰＳプロダクツ

Memorandum

Memorandum

Memorandum

Memorandum

Memorandum

Memorandum

Memorandum